全国中医药行业高等教育"十二五"规划教材
全国高等中医药院校规划教材（第九版）

医学分子生物学

（供中医药相关专业用）

主　审　王继峰（北京中医药大学）
主　编　唐炳华（北京中医药大学）
副主编　（以姓氏笔画为序）
　　　　于英君（黑龙江中医药大学）
　　　　杨　云（云南中医学院）
　　　　李丽帆（广西中医药大学）
　　　　张　丹（山东中医药大学）
　　　　郑晓珂（河南中医学院）
　　　　魏敏惠（陕西中医学院）

中国中医药出版社
·北京·

图书在版编目（CIP）数据

医学分子生物学/唐炳华主编. —北京：中国中医药出版社，2014.7(2016.12 重印)
全国中医药行业高等教育"十二五"规划教材
ISBN 978 - 7 -5132 -1879 -5

Ⅰ. ①医… Ⅱ. ①唐… Ⅲ. ①医学 - 分子生物学 - 中医学院 - 教材 Ⅳ. ①Q7

中国版本图书馆 CIP 数据核字（2014）第 067025 号

中 国 中 医 药 出 版 社 出 版
北京市朝阳区北三环东路 28 号易亨大厦 16 层
邮政编码 100013
传真 010 64405750
天津市蓟县宏图印务有限公司印刷
各地新华书店经销
*
开本 787 ×1092 1/16 印张 21.25 字数 468 千字
2014 年 7 月第 1 版 2016 年 12 月第 6 次印刷
书 号 ISBN 978 - 7 - 5132 - 1879 - 5
*
定价 36.00 元
网址 www.cptcm.com
社长热线 010 64405720
购书热线 010 64065415 010 64065413
微信服务号 zgzyycbs
书店网址 csln. net /qksd/
官方微博 http://e. weibo. com /cptcm
淘宝天猫网址 http://zgzyycbs. tmall. com

全国中医药行业高等教育"十二五"规划教材
全国高等中医药院校规划教材（第九版）
专家指导委员会

名誉主任委员 王国强（国家卫生和计划生育委员会副主任
兼国家中医药管理局局长）

邓铁涛（广州中医药大学教授 国医大师）

主 任 委 员 王志勇（国家中医药管理局副局长）

副主任委员 王永炎（中国中医科学院名誉院长 教授 中国工程院院士）

张伯礼（中国中医科学院院长 天津中医药大学校长 教授
中国工程院院士）

洪 净（国家中医药管理局人事教育司巡视员）

委 员（以姓氏笔画为序）

王 华（湖北中医药大学校长 教授）

王 键（安徽中医药大学校长 教授）

王之虹（长春中医药大学校长 教授）

李亚宁（国家中医药管理局中医师资格认证中心）

王国辰（国家中医药管理局教材办公室主任
全国中医药高等教育学会教材建设研究会秘书长
中国中医药出版社社长）

王省良（广州中医药大学校长 教授）

车念聪（首都医科大学中医药学院院长 教授）

孔祥骊（河北中医学院院长 教授）

石学敏（天津中医药大学教授 中国工程院院士）

匡海学（黑龙江中医药大学校长 教授）

刘振民（全国中医药高等教育学会顾问 北京中医药大学教授）

孙秋华（浙江中医药大学党委书记 教授）

严世芸（上海中医药大学教授）

杨 柱（贵阳中医学院院长 教授）

杨关林（辽宁中医药大学校长 教授）

李大鹏（中国工程院院士）

李玛琳（云南中医学院院长 教授）

李连达（中国中医科学院研究员　中国工程院院士）

李金田（甘肃中医学院院长　教授）

吴以岭（中国工程院院士）

吴咸中（天津中西医结合医院主任医师　中国工程院院士）

吴勉华（南京中医药大学校长　教授）

肖培根（中国医学科学院研究员　中国工程院院士）

陈可冀（中国中医科学院研究员　中国科学院院士）

陈立典（福建中医药大学校长　教授）

陈明人（江西中医药大学校长　教授）

范永升（浙江中医药大学校长　教授）

欧阳兵（山东中医药大学校长　教授）

周　然（山西中医学院院长　教授）

周永学（陕西中医学院院长　教授）

周仲瑛（南京中医药大学教授　国医大师）

郑玉玲（河南中医学院院长　教授）

胡之璧（上海中医药大学教授　中国工程院院士）

耿　直（新疆医科大学副校长　教授）

徐安龙（北京中医药大学校长　教授）

唐　农（广西中医药大学校长　教授）

梁繁荣（成都中医药大学校长　教授）

程莘农（中国中医科学院研究员　中国工程院院士）

谢建群（上海中医药大学常务副校长　教授）

路志正（中国中医科学院研究员　国医大师）

廖端芳（湖南中医药大学校长　教授）

颜德馨（上海铁路医院主任医师　国医大师）

秘 书 长　王　键（安徽中医药大学校长　教授）

洪　净（国家中医药管理局人事教育司巡视员）

王国辰（国家中医药管理局教材办公室主任
　　　　全国中医药高等教育学会教材建设研究会秘书长
　　　　中国中医药出版社社长）

办公室主任　周　杰（国家中医药管理局科技司　副司长）

林超岱（国家中医药管理局教材办公室副主任
　　　　中国中医药出版社副社长）

李秀明（中国中医药出版社副社长）

办公室副主任　王淑珍（全国中医药高等教育学会教材建设研究会副秘书长
　　　　中国中医药出版社教材编辑部主任）

全国中医药行业高等教育"十二五"规划教材
全国高等中医药院校规划教材（第九版）

《医学分子生物学》编委会

前　言

　　"全国中医药行业高等教育'十二五'规划教材"（以下简称："十二五"行规教材）是为贯彻落实《国家中长期教育改革和发展规划纲要（2010—2020）》《教育部关于"十二五"普通高等教育本科教材建设的若干意见》和《中医药事业发展"十二五"规划》的精神，依据行业人才培养和需求，以及全国各高等中医药院校教育教学改革新发展，在国家中医药管理局人事教育司的主持下，由国家中医药管理局教材办公室、全国中医药高等教育学会教材建设研究会，采用"政府指导，学会主办，院校联办，出版社协办"的运作机制，在总结历版中医药行业教材的成功经验，特别是新世纪全国高等中医药院校规划教材成功经验的基础上，统一规划、统一设计、全国公开招标、专家委员会严格遴选主编、各院校专家积极参与编写的行业规划教材。鉴于由中医药行业主管部门主持编写的"全国高等中医药院校教材"（六版以前称"统编教材"），进入2000年后，已陆续出版第七版、第八版行规教材，故本套"十二五"行规教材为第九版。

　　本套教材坚持以育人为本，重视发挥教材在人才培养中的基础性作用，充分展现我国中医药教育、医疗、保健、科研、产业、文化等方面取得的新成就，力争成为符合教育规律和中医药人才成长规律，并具有科学性、先进性、适用性的优秀教材。

　　本套教材具有以下主要特色：

　　1. 坚持采用"政府指导，学会主办，院校联办，出版社协办"的运作机制

　　2001年，在规划全国中医药行业高等教育"十五"规划教材时，国家中医药管理局制定了"政府指导，学会主办，院校联办，出版社协办"的运作机制。经过两版教材的实践，证明该运作机制科学、合理、高效，符合新时期教育部关于高等教育教材建设的精神，是适应新形势下高水平中医药人才培养的教材建设机制，能够有效解决中医药事业人才培养日益紧迫的需求。因此，本套教材坚持采用这个运作机制。

　　2. 整体规划，优化结构，强化特色

　　"'十二五'行规教材"，对高等中医药院校3个层次（研究生、七年制、五年制）、多个专业（全覆盖目前各中医药院校所设置专业）的必修课程进行了全面规划。在数量上较"十五"（第七版）、"十一五"（第八版）明显增加，专业门类齐全，能满足各院校教学需求。特别是在"十五""十一五"优秀教材基础上，进一步优化教材结构，强化特色，重点建设主干基础课程、专业核心课程，增加实验实践类教材，推出部分数字化教材。

　　3. 公开招标，专家评议，健全主编遴选制度

　　本套教材坚持公开招标、公平竞争、公正遴选主编的原则。国家中医药管理局教材办公室和全国中医药高等教育学会教材建设研究会，制订了主编遴选评分标准，排除各种可能影响公正的因素。经过专家评审委员会严格评议，遴选出一批教学名师、教学一线资深教师担任主编。实行主编负责制，强化主编在教材中的责任感和使命感，为教材质量提供保证。

　　4. 进一步发挥高等中医药院校在教材建设中的主体作用

　　各高等中医药院校既是教材编写的主体，又是教材的主要使用单位。"'十二五'行规教材"，得到各院校积极支持，教学名师、优秀学科带头人、一线优秀教师积极参加，凡被选中参编的教师都以高涨的热情、高度负责、严肃认真的态度完成了本套教材的编写任务。

5. 继续发挥教材在执业医师和职称考试中的标杆作用

我国实行中医、中西医结合执业医师资格考试认证准入制度，以及全国中医药行业职称考试制度。2004 年，国家中医药管理局组织全国专家，对"十五"（第七版）中医药行业规划教材，进行了严格的审议、评估和论证，认为"十五"行业规划教材，较历版教材的质量都有显著提高，与时俱进，故决定以此作为中医、中西医结合执业医师考试和职称考试的蓝本教材。"十五"（第七版）行规教材、"十一五"（第八版）行规教材，均在 2004 年以后的历年上述考试中发挥了权威标杆作用。"十二五"（第九版）行业规划教材，已经并继续在行业的各种考试中发挥标杆作用。

6. 分批进行，注重质量

为保证教材质量，"十二五"行规教材采取分批启动方式。第一批于 2011 年 4 月，启动了中医学、中药学、针灸推拿学、中西医临床医学、护理学、针刀医学 6 个本科专业 112 种规划教材，于 2012 年陆续出版，已全面进入各院校教学中。2013 年 11 月，启动了第二批"'十二五'行规教材"，包括：研究生教材、中医学专业骨伤方向教材（七年制、五年制共用）、卫生事业管理类专业教材、中西医临床医学专业基础类教材、非计算机专业用计算机教材，共 64 种。

7. 锤炼精品，改革创新

"'十二五'行规教材"着力提高教材质量，锤炼精品，在继承与发扬、传统与现代、理论与实践的结合上体现了中医药教材的特色；学科定位更准确，理论阐述更系统，概念表述更为规范，结构设计更为合理；教材的科学性、继承性、先进性、启发性、教学适应性较前八版有不同程度提高。同时紧密结合学科专业发展和教育教学改革，更新内容，丰富形式，不断完善，将各学科的新知识、新技术、新成果写入教材，形成"十二五"期间反映时代特点、与时俱进的教材体系，确保优质教材进课堂。为提高中医药高等教育教学质量和人才培养质量提供有力保障。同时，"十二五"行规教材还特别注重教材内容在传授知识的同时，传授获取知识和创造知识的方法。

综上所述，"十二五"行规教材由国家中医药管理局宏观指导，全国中医药高等教育学会教材建设研究会倾力主办，全国各高等中医药院校高水平专家联合编写，中国中医药出版社积极协办，整个运作机制协调有序，环环紧扣，为整套教材质量的提高提供了保障，打造"十二五"期间全国高等中医药教育的主流教材，使其成为提高中医药高等教育教学质量和人才培养质量最权威的教材体系。

"十二五"行规教材在继承的基础上进行了改革和创新，但在探索的过程中，难免有不足之处，敬请各教学单位、教学人员及广大学生在使用中发现问题及时提出，以便在重印或再版时予以修正，使教材质量不断提升。

国家中医药管理局教材办公室

全国中医药高等教育学会教材建设研究会

中国中医药出版社

2014 年 12 月

编写说明

为适应新时期中医药人才培养和高等中医药教育的需要，经国家中医药管理局批准，国家中医药管理局教材办公室和全国高等中医药教材建设研究会于2011年启动全国中医药行业高等教育"十二五"规划教材建设工作，《医学分子生物学》首次列入本套规划教材。

《医学分子生物学》（第一版）作为"新世纪全国高等中医药院校创新教材"由中国生化学会中医药生化分会组织编写，于2006年出版。组成编委会的各位教授是高等中医药院校生物化学与分子生物学学科带头人及教学骨干，因此教材从科学性、系统性到实用性都在实际应用中得到了充分体现，并获得了一致好评。

医学分子生物学是一门医学基础理论课，属于生命科学的前沿学科。因此，作为医药专业的本科生，学好医学分子生物学非常重要。本教材承接医学院校生物化学的教学内容，并以此为基础，更为深入和系统地介绍分子生物学的理论、技术和应用，尤其注重与基础医学和临床医学的结合，为进一步学习其他专业课程和开展医学研究奠定基础。

编委会由来自24所医学院校的27位教授组成。各编委在教材中充分结合个人的科研成果和教学经验编写，以使学习者对相关理论有更为深刻的理解。

全书涉及分子生物学基础理论、基本技术和基本应用。基础理论部分介绍基因和基因组、DNA的生物合成、RNA的生物合成、蛋白质的生物合成、基因表达调控、信号转导；基本技术部分介绍核酸的提取与鉴定、印迹杂交技术、生物芯片技术、聚合酶链反应技术、重组DNA技术；基本应用部分介绍疾病的分子生物学、基因诊断和基因治疗、人类基因组计划和组学。

本书所用专业术语主要依据《英汉·汉英生物学名词》（全国科学技术名词审定委员会），力求统一、规范，专业术语后注明了英文和缩写符号，书后附有缩写符号和专业术语索引，便于读者查阅。需要指出的是：由于分子生物学专业术语层出不穷，其中有些术语尚无审定的译名，只能使用暂译名，或以英文列出。

本教材在编写过程中始终得到中国中医药出版社的指导，使教材的质量得到保证。同时，本教材在编写过程中还得到北京中医药大学及全国兄弟院校同道们的热情支持，他们对本书的编写提出了许多宝贵意见，在此一并致以衷心感谢。

教材建设是一项长期工作。由于内容多、时间仓促、编者学识水平有限，加之分子生物学发展迅速，本教材难免存在遗漏、缺憾或错讹。谨请使用本书的广大师生和科技工作者提出宝贵意见和建议（可随时通过33742008@qq.com与编委会联系，编委会将及时回复并深表感谢），以便在再版时修订提高。

《医学分子生物学》
编委会
2014年5月

目　录

绪 论

分子生物学（molecular biology）是在分子水平上研究生命现象、生命本质、生命活动及其规律的一门学科，其研究对象是核酸和蛋白质等生物大分子，研究内容包括核酸和蛋白质等的结构、功能及其在遗传信息和代谢信息传递中的作用和作用规律。分子生物学是生物化学与其他学科相互交叉和相互渗透而形成的一门新兴学科。分子生物学理论和技术的不断发展将为认识生命、造福人类带来新的机遇、开拓广阔的前景。

一、分子生物学发展简史

分子生物学的发展过程大致分为三个阶段。

（一）准备和酝酿阶段

19 世纪后期到 20 世纪 50 年代初是分子生物学诞生前的酝酿阶段。这一阶段在认识生命本质方面有两个重大突破。

1. 确定了蛋白质是生命现象的物质基础 1897 年，Buchner（1907 年诺贝尔化学奖获得者）研究证明酵母提取液能使糖发酵生成乙醇，并提出酶是生物催化剂的论断。1926 年，Sumner 提取并结晶了尿素酶，提出酶的化学本质是蛋白质。到 20 世纪 40 年代，Northrop 等科学家陆续提取并结晶了胰蛋白酶、胃蛋白酶等，证明酶的化学本质的确是蛋白质（Sumner、Northrop、Stanley 因此获得 1946 年诺贝尔化学奖），酶蛋白和其他蛋白质都与物质代谢、能量代谢联系密切，与消化、呼吸、运动等生命现象密不可分。在此期间，科学家对蛋白质一级结构的研究也有突破：1945 年，Sanger（1958 年、1980 年诺贝尔化学奖获得者）建立了用于分析肽链 N 端氨基酸残基的二硝基氟苯法；1950 年，Edman 建立了应用异硫氰酸苯酯分析蛋白质一级结构的 Edman 降解法；1953 年，Sanger 完成了第一种蛋白质分子——胰岛素的序列分析。此外，X 射线衍射技术的发展促进了对蛋白质空间结构的研究。

2. 确定了 DNA 是生命遗传的物质基础 1869 年，Miescher 最早分离到核素，但当时并未引起重视。20 世纪 30 年代，核酸的结构开始得到研究，但当时认为核酸的一级结构只是核苷酸单位的重复连接，不可能携带遗传信息，蛋白质可能是遗传信息的携带者。1944 年，Avery 等通过肺炎球菌转化实验证明 DNA 是转化因子；1952 年，Hershey（1969 年诺贝尔生理学或医学奖获得者）和 Chase 通过大肠杆菌（又称大肠埃希菌）T2

噬菌体感染实验进一步证明 DNA 是遗传物质。1953 年，Chargaff 提出了关于 DNA 碱基组成的 Chargaff 规则，为研究 DNA 结构奠定了基础。

（二）建立和发展阶段

1953 年，Watson 和 Crick（1962 年诺贝尔生理学或医学奖获得者）提出了 DNA 结构的双螺旋模型，成为建立分子生物学的里程碑，使分子生物学基本理论的发展进入了黄金时代。他们进一步提出的碱基互补配对原则、DNA 半保留复制特征和中心法则为研究核酸与蛋白质的关系及其意义奠定了基础。在此期间的主要发展包括：

1. 中心法则的建立　在提出 DNA 双螺旋模型的同时，Watson 和 Crick 提出了 DNA 复制的可能机制；1955 年，Kornberg（1959 年诺贝尔生理学或医学奖获得者）发现了大肠杆菌 DNA 聚合酶；1956 年，Crick 提出了分子生物学的中心法则；1958 年，Meselson 和 Stahl 用同位素标记技术和密度梯度离心技术证明 DNA 是半保留复制的；1968 年，Okazaki 提出 DNA 是不连续复制的；1971～1976 年，Wang 先后发现了大肠杆菌 DNA 拓扑异构酶Ⅰ和 DNA 拓扑异构酶Ⅱ。这些都丰富了对 DNA 复制机制的认识。

在阐明 DNA 通过复制传递遗传信息的同时，对遗传信息表达机制的研究也取得了进展，mRNA 介导遗传信息表达的假说被 Jacob 和 Brenner 等提出并于 1961 年提取到 mRNA。1961 年，Hall 和 Spiegelman 通过 RNA-DNA 杂交分析证明了 mRNA 与 DNA 序列的互补性，RNA 的合成机制得以阐明。

20 世纪 50 年代，蛋白质合成机制的研究取得突破性进展，Zamecnik 等通过实验证明核糖体是蛋白质的合成机器；1957 年，Hoagland、Stephenson 和 Zamecnik 等提取到 tRNA，并对它们在蛋白质合成过程中转运氨基酸的作用提出了假设；1961 年，Brenner 和 Gross 等观察到在蛋白质合成过程中 mRNA 与核糖体结合；尤其令人鼓舞的是在 60 年代，Holley、Khorana 和 Nirenberg（1968 年诺贝尔生理学或医学奖获得者）等几组科学家破译了遗传密码，从而阐明了蛋白质合成的基本机制。

上述重大发现形成了以中心法则为基础的分子生物学理论体系。1970 年，Baltimore 和 Temin（1975 年诺贝尔生理学或医学奖获得者）分别发现了逆转录酶，进一步补充和完善了中心法则。

2. 对蛋白质结构和功能的进一步认识　1956～1958 年，Anfinsen（1972 年诺贝尔化学奖获得者）和 White 根据对酶蛋白变性和复性的实验研究，提出蛋白质的空间结构是由其氨基酸序列决定的；1956 年，Ingram 证明镰状细胞贫血患者的血红蛋白和正常人血红蛋白相比只是 β 亚基的一个氨基酸不同，使人们对蛋白质一级结构决定其功能的意义有了更深刻的认识；20 世纪 60 年代，血红蛋白、核糖核酸酶 A 等蛋白质的一级结构相继被阐明；1965 年，中国科学家合成牛胰岛素，并于 1973 年完成对其空间结构的分析，为阐明蛋白质的结构规律做出了重要贡献。

（三）深入发展阶段

20 世纪 70 年代，基因工程技术的建立成为新的里程碑，标志着新时期的开始。

1. **基因工程技术的建立**　分子生物学理论和分子生物学技术的发展使基因工程技术的建立成为必然。1968 年，Meselson 和 Yuan 在大肠杆菌中发现了限制性内切酶；1972 年，Berg（1980 年诺贝尔化学奖获得者）等将大肠杆菌、噬菌体、病毒的 DNA 进行重组，成功构建了打破种属界限的重组 DNA 分子；1977 年，Boyer 等在大肠杆菌中表达生长抑素；1978 年，重组人胰岛素在大肠杆菌中被成功表达。研发基因工程产品成为医药业和农业的一个发展方向。

转基因技术和基因打靶技术的建立是基因工程技术发展的结果。Capecchi、Evans 和 Smithies（2007 年诺贝尔生理学或医学奖获得者）在小鼠胚胎干细胞基因打靶技术方面做出了卓越贡献。1982 年，Palmiter 等用大鼠生长激素基因转化小鼠受精卵，培育得到超级小鼠，激发了人们对培育优良品系家畜的热情。自 1996 年以来，转基因植物的培育突飞猛进：转基因玉米和转基因大豆作为农作物已经规模种植；我国科学家也成功培育出抗棉铃虫的转基因棉花和抗除草剂的转基因水稻。

基因诊断和基因治疗是基因工程技术在医学领域发展的一个重要方面。血红蛋白病等一些遗传病已经实现产前基因诊断。腺苷脱氨酶缺乏症等一些单基因隐性遗传病的基因治疗已经获得成功。

2. **基因组研究的开展**　随着分子生物学的发展，生命科学已经从研究单个基因发展到研究基因组。分析一种生物基因组核酸的全序列对揭示该生物的遗传信息及其功能具有重要意义。1977 年，Sanger 分析了 ΦX174 噬菌体的基因组序列；1990 年，人类基因组计划开始实施，并于 2003 年基本完成了测序工作。截至 2014 年 2 月 14 日，已经有 12889 种生物的基因组完成测序。目前，基因组研究已经进入组学时代。

3. **基因表达调控机制的揭示**　在 20 世纪 60 年代之前，人们主要认识了原核生物基因表达调控的一些基本规律。1977 年，猿猴空泡病毒和腺病毒基因编码序列不连续性的发现拉开了认识真核生物基因组结构和基因表达调控机制的序幕。20 世纪 80～90 年代，真核生物基因的调控序列和调节蛋白开始得到研究，人们认识到核酸与蛋白质的相互识别与相互作用是基因表达调控的根本所在。

4. **信号转导机制研究的深入**　对信号转导机制的研究可以追溯到 20 世纪 50 年代。Sutherland（1971 年诺贝尔生理学或医学奖获得者）于 1957 年发现 cAMP 和 1965 年提出第二信使学说是人们认识信号转导的一个里程碑。1977 年，Gilman（1994 年诺贝尔生理学或医学奖获得者）等发现了 G 蛋白，深化了对 G 蛋白介导信号转导的认识。之后，癌基因和抑癌基因的发现、酪氨酸激酶的发现及对其结构和功能的深入研究、各种受体蛋白基因的克隆及对受体蛋白结构和功能的揭示等，使信号转导机制的研究得到进一步发展。

综上所述，分子生物学是过去半个多世纪中生命科学领域发展最快的一个前沿学科，推动着整个生命科学的发展。

二、分子生物学的主要研究内容

化学家和物理学家对生物大分子组成和结构的研究，特别是对蛋白质构象和核酸构象的研究，奠定了分子生物学的物质基础；而遗传学家和生物化学家对生物大分子功能和作用机制的研究，确立了以中心法则为核心的遗传信息传递的理论基础。分子生物学的建立是多学科研究相互融合的结果。

（一）核酸的分子生物学

核酸的分子生物学研究核酸的结构和功能，其研究内容包括核酸和基因组的结构，基因的鉴定，遗传信息的复制、转录和翻译，基因表达的调控，基因改造及基因工程相关技术的发展和应用等。中心法则是核酸分子生物学理论体系的核心。基因组学的建立和发展使核酸的分子生物学成为生命科学的领头学科。

（二）蛋白质的分子生物学

蛋白质的分子生物学研究操纵各种生命活动的主要大分子——蛋白质的结构和功能。核酸的功能往往要通过蛋白质的作用来实现。因此，两类大分子的代谢与生命活动密切相关。人类研究蛋白质的历史比研究核酸的历史长，但是与核酸分子生物学相比，蛋白质分子生物学的发展较慢，因为蛋白质的研究难度更大。蛋白质组学的建立将从根本上推动蛋白质分子生物学的发展。

（三）信号转导的分子生物学

信号转导的分子生物学研究细胞之间信号传递、细胞内部信号转导的分子基础。细胞的增殖、分化及其他活动均依赖各种环境信号。这些信号直接或间接刺激细胞，使其作出应答，表现为一系列生物化学变化，例如蛋白质构象的改变、蛋白质－蛋白质相互作用的改变等，以适应环境。信号转导研究的目标是阐明这些变化的分子机制，阐明各种信号转导分子及信号转导途径的效应和调节方式，认识由众多信号转导途径形成的信号转导网络。信号转导的研究在理论方面和技术方面与核酸的分子生物学、蛋白质的分子生物学联系密切，是分子生物学目前发展最快的领域之一。

三、分子生物学与其他学科及医学的关系

分子生物学是由生物化学、生物物理学、遗传学、微生物学、细胞生物学和信息科学等学科相互渗透、综合融汇而建立和发展起来的，已经形成独特的理论体系和研究手段。

（一）分子生物学与其他学科及医学相辅相成

分子生物学与生物化学的关系最为密切，在教育部公布的二级学科目录中属于同一个二级学科，称为"生物化学与分子生物学"（代码 071010），但研究侧重点不同。生物化学通过研究生物体的化学组成、代谢、营养、酶功能、遗传信息传递、生物膜、细胞结构及分子病等阐明生命现象；分子生物学则着重阐明生命的本质，主要研究核酸和蛋白质等生物大分子的结构和功能、生命信息的传递和调控。

分子生物学与细胞生物学的关系也十分密切。传统的细胞生物学主要研究细胞及细

胞器的形态、结构和功能。细胞作为生命的基本单位是由众多分子组成的复杂体系，在光学显微镜和电子显微镜下所见到的结构是各种分子的有序集合体。阐明细胞成分的分子结构可以让我们更深入地认识细胞的结构和功能，因而现代细胞生物学的发展越来越多地应用分子生物学的理论和技术。分子生物学则从生物大分子的结构入手，研究生物分子之间的高层次联系和作用，尤其是细胞整体代谢的分子机制。

分子生物学研究生命的本质，因而广泛地融合到医学领域中，成为重要的医学基础。分子生物学与微生物学、免疫学、病理学、药理学以及临床学科广泛交叉和渗透，形成了一些交叉学科，如分子病毒学、分子免疫学、分子病理学和分子药理学等，极大地推动着医学的发展。

（二）分子生物学促进中医药研究

分子生物学和中医学分属于两个不同的理论体系，但二者都研究生命现象和生命本质。近年来，中医药研究在继承的基础上借鉴现代科学特别是分子生物学技术，拓宽研究思路，为中医药现代化开辟了一个新的研究领域。

1. 分子生物学在中医基础理论研究中的应用　中医基础理论研究是中医药现代化研究的基石。一个时期以来，虽然在某些方面取得了一些进展，但就本质而言，依旧没有重大突破。在新的形势下，研究人员将分子生物学技术与中医基础理论相结合，探索从微观角度阐明中医基础理论如藏象和证候的实质，为进一步研究提供理论基础。在证候的理论研究方面，研究人员还提出设想：通过对足够数量的同一疾病证候患者的基因表达进行分析，建立辨证要素的基因表达谱数据库，再相互组合，建立证型的基因表达谱数据库，作为客观且规范的辨证标准，开展证候与易感基因相关性的研究，探索证候相关的易感基因型及其表达，寻找证候易感性差异的遗传学基础，从遗传多态性方面为证候学研究提供基因组依据。

2. 分子生物学在中药研究中的应用　中药是中医学的组成部分，其保健作用和治疗作用已经为几千年的生活实践所证实。不过，中药至今仍未在国际上得到广泛认知，大多数中药还不能作为药品进入国际市场。影响中药产业现代化和国际化的重要原因是：中西医结合整体尚无实质性突破，大多数中药的有效成分还不明确。此外，还有药品质量控制不够标准、疗效评价不够规范、药理和毒理作用不够明确等问题有待解决。分子生物学技术应用于中药研究领域，不仅可以深化中药理论、提高中药疗效、减少中药副作用，而且有利于中药与现代医药接轨。运用分子生物学研究中药主要有以下几方面：

（1）中药材的鉴定：为了保证中药的疗效，首先要控制中药材的质量。目前应用于中药材鉴定的分子生物学技术有电泳技术、免疫技术和 DNA 多态性标志技术等。

（2）药用植物资源的研究和优质药材的培育：运用分子生物学技术进行分子亲缘研究，广泛收集并保护药用植物种质资源，可以筛选优质药用植物，防止现有品种退化；可以改良传统药用植物的遗传性状，提高其有效成分含量；还可以保护和繁殖濒危动植物药材，大量生产高品质道地药材，在传统药材的生产和加工过程中发挥重要作用。

（3）中药有效成分的转化增量：中药有效成分（例如生物碱、皂苷、糖苷、黄酮、挥发油等）大部分为次生代谢产物。应用基因工程、细胞工程、发酵工程、酶工程等技术可以大量获取这些原本含量很少的次生代谢产物。

（4）中药分子药理学的研究：近年来，随着分子生物学和现代药理学研究方法的结合，中药分子药理学已现雏形。在分子水平和基因水平上研究中药有效成分的作用机制，阐明中药药性理论，建立中药活性检测系统，或以受体和基因为靶点研发新药甚至开展基因治疗，将成为分子药理学的重要内容。中药作用的受体机制和受体的药理学特性、中药对基因表达的调控、基因水平上的药物筛选、药物代谢酶及其基因的鉴定、中药诱发基因突变的分析等，将成为中药分子药理学研究中既有挑战性又有前景的新领域。

目前，中医药尚处于传统医学和现代医学的交会点。在传统医学这一层次上，中医药已经进入了后科学时期。中医药现代化研究要走向世界，一方面要通过更广泛的医疗实践来丰富中医药，另一方面要汇集全人类的智慧，结合现代医学成果来发展中医药，而分子生物学技术等现代科学技术将是完成这一使命的重要工具。

第一章　基因和基因组

自然界中从简单的病毒到复杂的高等生物，都有决定其基本特征和控制其生命活动的遗传信息，这些遗传信息的载体就是核酸。核酸包括脱氧核糖核酸（DNA）和核糖核酸（RNA）。DNA 包括染色体 DNA、线粒体 DNA、叶绿体 DNA 及质粒等，是遗传信息的载体；RNA 存在于细胞质、细胞核和其他细胞器中，参与遗传信息的复制和表达。此外，RNA 还是 RNA 病毒遗传信息的载体。

1869 年，瑞士科学家 Miescher 从脓细胞内分离到含 DNA 的核蛋白，当时命名为"nuclein（核素）"。1909 年，丹麦植物学家 Johannsen 创造了"gene（基因）"一词（源于希腊语 *genos*，意为"出生"），用以命名 Mendel 遗传单位。对基因化学本质和功能的阐明是在 20 世纪 40 年代之后，基因可以被理解为是由核酸的一些特定碱基序列构成的表达遗传信息的功能单位。基因通过其表达产物 RNA 和蛋白质控制着各种生命活动，从而控制着生物个体的性状。

1920 年，德国植物学家 Winkler 创造了"genome（基因组）"一词（是由基因 gene 与染色体 chromosome 构成的混成词）。遗传学上把一个配子的全套染色体称为一个**染色体组**，一个染色体组所含的全部 DNA 称为一个基因组。现代分子生物学把一种生物所含的一套遗传物质称为**基因组**（genome）。基因组以染色体组 DNA 为主体，真核生物的基因组还包括线粒体 DNA、叶绿体 DNA。RNA 病毒的基因组则为一套 RNA。总之，从简单的病毒到复杂的高等生物，都有决定其基本特征的基因组。

当代生物学及医药领域的许多新发现、新技术都与基因、基因组有关。生命科学已经进入基因组时代。

第一节　基　因

基因是表达遗传信息的功能单位，通过表达特定的功能产物，包括 RNA 和蛋白质，控制着生物的遗传性状。一个基因除了含功能产物的编码序列之外，还含各种非编码序列，其中包括表达编码序列所需的调控序列。

一、基因的基本概念

人类对基因的认识经历了一个漫长的发展过程，在 20 世纪 50 年代之前，基本局限在逻辑概念阶段，对其化学本质一无所知。

1944 年，Avery 等通过肺炎球菌转化实验证明 DNA 是转化因子；1952 年，Hershey 和 Chase 通过 T2 噬菌体感染实验进一步证明 DNA 是遗传物质。遗传物质有两个特点：一是能自我复制，从而维持生物的基本性状；二是会发生突变，从而赋予生物新的性状，使生物得以进化。

1. **基因**　随着分子生物学的不断发展，人们对基因的认识也在不断发展。**基因**（gene）是核酸表达遗传信息的功能单位，以一段或一组特定的碱基序列为载体，通过表达功能产物 RNA 和蛋白质控制着各种生命活动，从而控制着生物个体的性状。基因的载体核酸被称为遗传物质。几乎所有生物的遗传物质都是 DNA，只有 RNA 病毒的遗传物质是 RNA。

2. **结构基因与调节基因**　这两类基因的表达产物都可以是 RNA 和蛋白质，但具有不同的功能：**结构基因**（structural gene）表达产物的功能是参与代谢活动或维持组织结构。**调节基因**（regulatory gene）表达产物的功能是调节其他基因的表达。

3. **断裂基因**　在 20 世纪 70 年代之前，人们一直以为基因的编码序列是连续的。1977 年，Roberts 和 Sharp（1993 年诺贝尔生理学或医学奖获得者）发现真核生物有些基因（例如胰岛素基因，第十二章，246 页）的编码序列是不连续的，被一些称为内含子的非编码序列分割成称为外显子的片段，因此这些基因被称为**断裂基因**（split gene）。断裂基因在分子生物学的基础研究和肿瘤等疾病的医学研究中具有重要意义。

不同真核生物基因组中断裂基因所占的比例不同：酿酒酵母的基因仅有不到 4% 是断裂基因；果蝇的基因有 83% 是断裂基因；哺乳动物的基因有 94% 是断裂基因（组蛋白、α 干扰素、β 干扰素基因不是断裂基因）。叶绿体、低等真核生物线粒体基因组存在断裂基因。原核生物和噬菌体基因组也存在个别断裂基因。

4. **重叠基因**　如果两个或两个以上基因的 DNA 序列存在重叠，它们就是**重叠基因**（overlapping gene）。重叠基因之间有多种重叠方式，以 ΦX174 噬菌体为例：①大基因序列完全包含小基因，例如 A 基因内包含 B 基因，D 基因内包含 E 基因。②两个基因序列首尾重叠，有的甚至只重叠一个碱基，例如 D 基因终止密码子的第三碱基是 J 基因起始密码子的第一碱基。③多个基因存在重叠序列，例如 A 基因、A^* 基因、B 基因、K 基因。④反向重叠。此外，重叠序列中不仅有编码序列也有调控序列，说明基因重叠不仅是为了利用有限的碱基序列携带更多的编码信息，还可能涉及基因表达调控（图 1-1）。

重叠基因的 DNA 序列虽然存在重叠，但是其转录产物 mRNA 的阅读框（第四章，79 页）不同，因而翻译合成的蛋白质分子的氨基酸序列并无重叠。

重叠基因存在于病毒（图 12-4，258 页）、原核生物、真核生物（包括人类）及线粒体 DNA 中。

5. **转座元件**　基因组 DNA 中存在一些非游离的、能自复制或自剪切并以相同或不同拷贝在基因组中或基因组间移动位置的功能性片段，被称为**转座元件**（transposable element，又称**转座因子**）。原核生物的转座元件包括简单转座子、复合转座子和 Mu 噬菌体等。真核生物转座元件包括转座子、逆转录转座子等。

① 基因组结构

② 启动子、终止子与转录区

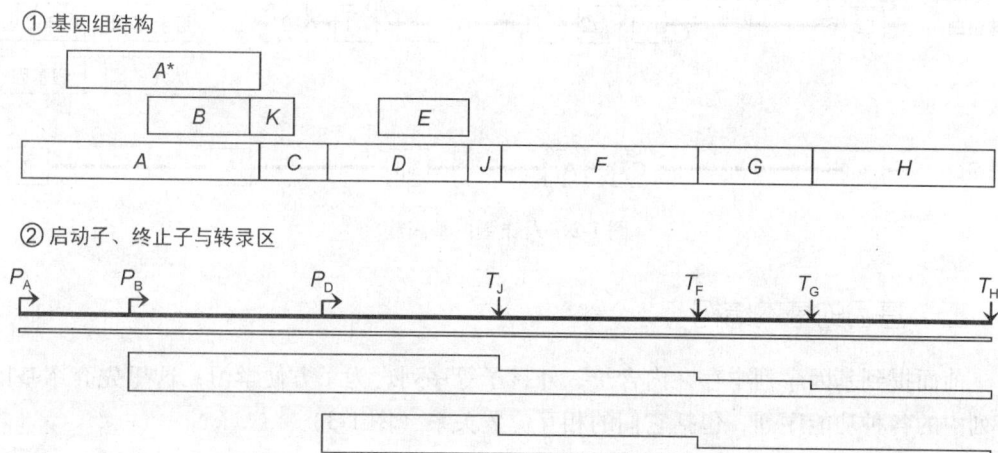

图 1-1 ΦX174 噬菌体基因组

6. 顺反子 1955 年，Benzer 从遗传学角度提出了基因的顺反子概念：**顺反子**（cistron）是基因的基本功能单位，是基因组序列中不同突变之间没有互补关系的功能区。一个顺反子编码一条肽链。真核生物的基因都是单顺反子，其转录产物被称为单顺反子 mRNA；原核生物的基因大多数是多顺反子，其转录产物被称为多顺反子 mRNA（第四章，77 页）。此外，国际纯粹与应用化学联合会（IUPAC）推荐基因与顺反子两个术语通用。

7. 基因家族 同一物种中，结构与功能相似、进化起源上密切相关的一组基因，被描述为属于同一个**基因家族**（gene family），又称**多基因家族**（multigene family）。同一个基因家族的基因具有同源性，即它们来自同一个祖先基因，具有相似的结构和功能。人类基因组中有 1.5 万个基因家族，例如 rRNA 基因及以下蛋白质基因组成各自的基因家族：组蛋白、珠蛋白（分为 α 珠蛋白、β 珠蛋白亚家族）、生长激素、肌动蛋白、丝氨酸蛋白酶、主要组织相容性抗原。基因家族中完全相同的基因成员被称为**多拷贝基因**。多拷贝基因主要存在于真核生物。原核生物除了 rRNA 基因有多个拷贝（大肠杆菌有 7 个）之外，蛋白质基因大多数只有一个拷贝。

（1）**超基因家族**（supergene family）：又称基因超家族（gene superfamily），是 DNA 序列相似、但功能不一定相关的若干个单拷贝基因或若干个基因家族的总称。例如以下蛋白质基因组成各自的基因超家族：免疫球蛋白、细胞因子、细胞因子受体、G 蛋白、G 蛋白偶联受体。

（2）**假基因**（ψ）：是不表达有功能产物的基因。假基因存在同源正常基因，且其 DNA 序列非常相似。假基因的祖先基因是有功能的，但由于发生突变导致序列异常，不能转录，或者转录产物不能翻译，所以假基因功能缺失。假基因在哺乳动物基因组中普遍存在，可以视为进化的遗迹。

（3）**基因簇**（gene cluster）：基因家族中有些基因来源相同，结构相同或相似，功能相同或相关，而且在染色体上紧密连锁甚至串联排列，它们被称为**基因簇**，例如人 6 号染色体上的主要组织相容性复合体（MHC）、16 号染色体上的 α 珠蛋白基因簇、11 号染色体上的 β 珠蛋白基因簇（图 1-2）。基因簇可以应用于研究物种的进化关系，甚至鉴定人类血统。

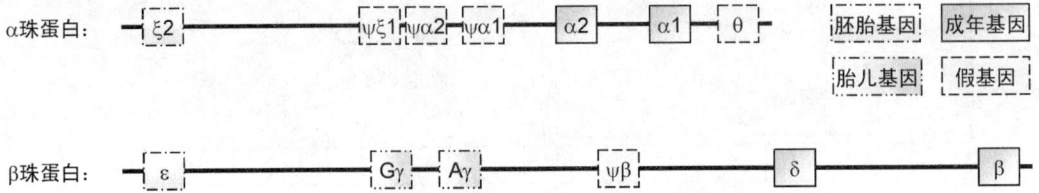

图 1-2　人珠蛋白基因簇

二、基因的基本结构

前面提到基因序列中存在内含子、外显子等序列。为了方便学习，这里先介绍基因序列中的各种功能序列，包括它们的相互位置关系（图 1-3）。

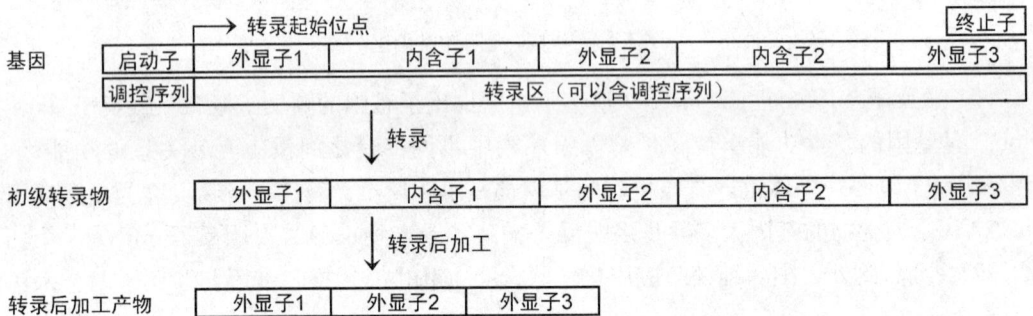

图 1-3　基因结构

1. 转录区　是编码初级转录物碱基序列的 DNA 序列，即 RNA 聚合酶转录的全部 DNA 序列，始于转录起始位点，终于终止子，与其他调控序列组成**转录单位**（transcription unit）。

2. 编码序列（coding sequence）　是转录区内编码成熟 RNA 碱基序列的 DNA 碱基序列，例如外显子。人类基因组序列中只有不到 2% 是编码序列。

3. 非编码序列　①基因序列中除编码序列之外的所有序列，例如内含子、增强子。②基因组序列中除基因序列之外的所有序列。人类基因组序列中 98% 以上都是非编码序列。

4. 外显子（exon）　是构成断裂基因的两种序列之一，是指初级转录物在剪接时被保留的序列及对应的 DNA 序列，属于编码序列，在转录区及初级转录物中与内含子交替连接。

哺乳动物 50% 基因所含的外显子数超过 10 个。人类基因所含的外显子数平均为 9 个（1~179 个），长度较短，平均值为 145nt（50~10000nt。nt：核苷酸，单链核酸长度单位，全书同），仅够编码一个结构域（约 50 AA。AA：氨基酸，肽链长度单位，全书同）（表 1-1）。人类基因外显子序列的长度占转录区的 5%~10%，占基因组序列的 1.5%。

表1-1 不同真核生物基因序列长度及外显子数比较

物种	核基因外显子平均数	核基因平均长度（bp）	mRNA 平均长度（nt）
酵母	1	1400	1400
真菌	3	1500	1500
线虫	4	4000	3000
果蝇	4	11300	2700
鸡	9	13900	2400
哺乳动物	7	16600	2200

5. 内含子（intron） 又称**间插序列**（intervening sequence），是构成断裂基因的两种序列之一，是指初级转录物在剪接时被切除的序列及对应的 DNA 序列，属于非编码序列，长度为 50 ~ 10000nt。研究发现假基因往往缺少正常的内含子，提示内含子可能参与基因表达调控。

外显子序列相对保守，而内含子序列变化较大，且其长度与生物进化程度呈正相关，是决定基因长度的主要因素。人类基因内含子序列的长度占转录区的 90% ~ 95%，占基因组序列的 28.5%。

6. 启动子（promoter） 是指基因序列中能被 RNA 聚合酶识别、结合，从而形成转录起始复合物并启动转录的 DNA 序列，通常位于基因（或操纵子）转录区的上游，具有方向性，属于调控序列（第三章，61 页）。

7. 转录起始位点 是转录区的第一个核苷酸，在指导合成 RNA 时最先被转录（第三章，59 页）。

8. 终止子 是转录区内的一段 DNA 序列，通常位于转录区下游，是转录的终止信号，其转录产物可通过形成发夹结构或其他二级结构使转录终止（第三章，60 页）。

第二节 基因组

每一种生物都有自己的基因组。不同生物的基因组从结构、大小到所携带的遗传信息量都有很大区别。基因组决定着一种生物个体的全部遗传性状。

一、C 值矛盾

一种生物基因组的 DNA 含量是恒定的，该含量值被称为 **C 值**（C-value，constant）。C 值既可以用质量（单位 pg）表示，也可以用长度（单位 bp。bp：碱基对，双链核酸长度单位，全书同）表示。C 值大小反映基因组的大小，不同物种的 C 值差异极大，总的趋势是：随着生物的进化，生物体的结构和功能越来越复杂，所需基因产物的种类越来越多，因而所需的基因就越来越多，其 C 值也越来越大；生物界每个门的最小 C 值与其个体形态复杂程度大致呈正相关。例如：在病毒和植物界的各类种群中，C 值的变化大体上与进化程度一致，其由低到高的顺序为：病毒→细菌→真菌→绿藻→苔藓→蕨类→种子植物。

然而，真核生物基因组的大小并非都与其进化程度呈正相关，这种现象被称为 **C 值矛盾**（C-value enigma，又称 **C 值悖理**）。C 值矛盾体现在以下几方面：

1. 真核生物的 C 值远超过其编码蛋白质所需的 DNA 量。例如：人类的 C 值为 3.5pg，据推算，其基因组可容纳 40 万~60 万个基因，但目前认为人类基因组只有不到 2.5 万个基因。

2. 结构、功能相似的同类生物，甚至亲缘关系很近的生物，它们的 C 值可能相差数十倍甚至上百倍。例如：同是两栖动物，C 值可以小到 1pg 以下，也可以大到 100pg。

3. 进化程度高的生物 C 值未必大。例如：C 值最大的动物是一种埃塞俄比亚肺鱼（*P. aethiopicus*）（132.8pg），远大于人类的 C 值（3.5pg），但并不能说明肺鱼的结构、功能比人类更复杂，进化程度更高。

4. C 值大的生物基因未必多。

真核生物的 C 值矛盾现象目前解释为：真核生物的 DNA 序列大部分为非编码序列，特别是重复序列。例如：人类基因组 DNA 中只有不到 2% 为编码序列，其余都是非编码序列，其中很多序列的功能尚未阐明。

二、病毒基因组

病毒（virus）是一类简单而特别的生命形式。完整的病毒颗粒由核酸和蛋白质构成。核酸位于病毒颗粒的内部，蛋白质则形成病毒的衣壳和包膜，以保护核酸并协助其感染**宿主细胞**（host cell，是指病毒、质粒或其他外源 DNA 转化并赖以复制或扩增的细胞）。噬菌体（phage）也是病毒，它以细菌为宿主细胞。

病毒没有独立的代谢系统，其唯一的生命活动是：在感染宿主细胞之后，可以利用宿主细胞的代谢系统进行复制，形成新的病毒颗粒。与原核生物、真核生物相比，病毒基因组最小，并具有以下基本特征：

1. **所含核酸的种类与结构不同**　可能是 DNA 或 RNA，可能是单链分子或双链分子，可能是闭环结构或线性结构（表 1-2）。

2. **所含核酸的分子数不同**　DNA 病毒基因组均为单一 DNA 分子。RNA 病毒基因组多数为单一 RNA 分子，部分有多个不同的 RNA 分子。例如：流感病毒有 8 个单链 RNA 分子，呼肠孤病毒有 10 个双链 RNA 分子。

3. **基因组较小**　仅含 3~250 个基因。RNA 病毒的基因组都特别小，而 DNA 病毒的基因组大小差异较大。例如：乙型肝炎病毒基因组 DNA 只有 3182~3248bp，含 4 个基因（C、X、P、S）；而痘病毒（poxvirus）基因组 DNA 长达 130~230kb，约含 250 个基因。病毒遗传信息量比其宿主细胞少得多，依靠宿主细胞的代谢系统才能完成复制。

4. **基因组为单倍体并且所含基因为单拷贝**　仅逆转录病毒基因组有两个 RNA 拷贝。

表1-2 病毒基因组种类与大小

基因组种类	举例	基因组大小（bp/nt）	含基因数
线性双链 DNA	痘病毒	130000 ~ 230000	~250
	腺病毒	26000 ~ 45000	20 ~ 40
	疱疹病毒	140000	100 ~ 200
环状双链 DNA	T4 噬菌体	168889	~200
	猿猴空泡病毒40	5226	~6
线性双链 RNA	呼肠孤病毒	23000	22
线性单链 DNA（－）	细小病毒	5000	5
环状单链 DNA（＋）	M13 噬菌体	6407	11
	ΦX174 噬菌体	5386	11
线性单链 RNA（＋）	冠状病毒	20000	7
	烟草花叶病毒	6400	4
	逆转录病毒	6000 ~ 9000	3
线性单链 RNA（－）	流感病毒	13500	12
环状单链 RNA	类病毒	220	0

5. 基因组序列基本上都是编码序列 编码序列长度占病毒基因组的95%，且编码产物都是蛋白质。

6. 基因的连续性不同 原核病毒（噬菌体）基因与原核生物基因相似，是连续的；真核病毒基因与真核生物基因相似，有些是断裂基因。

7. 相关基因串联成一个转录单位 例如：①ΦX174 噬菌体的 11 个基因只有 3 个启动子（P_A、P_B、P_D，图1-1）。②腺病毒的 5 个晚期基因（late gene，L1 ~ L5）由同一个启动子启动转录，指导合成一种 RNA 前体，再加工成 5 种成熟 mRNA，指导合成 5 种蛋白质（图3-1，59 页）。

三、原核生物基因组

原核生物（例如细菌、支原体、衣原体、立克次体）具有完整的代谢系统，并且可以调节代谢以适应生存环境的变化。因此，原核生物基因组中基因的数目多于病毒，但少于真核生物（表1-3），并具有以下基本特征：

表1-3 原核生物基因组大小

原核生物	基因组大小（Mb）	含基因数
生殖支原体（*Mycoplasma genitalium*）	0.58	468
普氏立克次体（*Rickettsia prowazekii*）	1.11	834
梅毒螺旋体（*Treponema pallidum*）	1.14	1041
幽门螺杆菌（*Helicobacter pylori*）	1.67	1590
结核分支杆菌（*Mycobacterium tuberculosis*）	4.45	4402
大肠杆菌（*Escherichia coli*）	4.63 ~ 5.53	4249 ~ 5361

1. 基因组 DNA 通常为单一闭环双链分子。原核生物的 DNA 虽然结合有少量蛋白质，但并未形成典型的染色体结构，只是习惯上也被称为染色体。染色体在细胞内形成一个致密区域，被称为**类核**（nucleoid）。类核无核膜，其核心部分由 RNA 和**支架蛋白**构成，外周是基因组 DNA。

2. 基因组 DNA 只有一个复制起点。

3. 基因组序列以编码序列为主；非编码序列主要是一些调控序列。

4. 基因组所含基因的数目比病毒多（较小的支原体也有近 500 个基因），并且其基因多形成操纵子结构（第五章，106 页）。

四、真核生物基因组

真核生物基因组最大（表 1-4），结构最复杂（表 1-5），并具有以下基本特征：

表 1-4 真核生物基因组大小

真核生物	基因组大小（bp）	含基因数
酵母	1.2×10^7	5860
果蝇	1.2×10^8	20000
线虫	9.0×10^7	20000
鸡	1.2×10^9	20000 ~ 23000
爪蟾	3.0×10^9	>20000
小鼠	2.6×10^9	>22000
狗	2.4×10^9	19300
牛	3.0×10^9	22000
人	3.0×10^9	20000 ~ 25000

表 1-5 原核生物基因组与真核生物基因组对比

特征	原核生物	真核生物
染色体 DNA 结构	闭环	线性
复制起点	一个	多个
非染色体 DNA	可有质粒	线粒体 DNA，叶绿体 DNA，个别有质粒
基因组大小	小	大
基因密度	高	低
重复序列	少	多
转座元件	有	有

1. 染色体 DNA 是线性分子，含三种功能元件。

（1）复制起点（ori）：功能是启动 DNA 复制。每个染色体 DNA 分子都有多个复制起点，例如酵母每个染色体 DNA 分子平均有 25 个复制起点。

（2）着丝粒 DNA（CEN）：功能是将染色体均分给子代细胞。

（3）端粒（TEL）：功能是保持染色体结构的独立性和稳定性。端粒位于染色体 DNA 末端，是一种**短串联重复序列**（表 1-6）。例如：哺乳动物和其他脊椎动物端粒以

TTAGGG 为重复单位，串联重复 500～5000 次，长度为 3～30kb。

表 1-6 不同生物端粒序列

物种	举例	端粒重复序列
酵母	酿酒酵母（*Saccharomyces cerevisiae*）	$G_{1\sim3}T$
	裂殖酵母（*Schizosaccharomyces prombe*）	$G_{2\sim5}TTAC$
原生动物	四膜虫（*Tetrahymena thermophila*）	TTGGGG
	盘基网柄菌（*Dictyostelium discoideum*）	$AG_{1\sim8}$
植物	拟南芥（*Arabidopsis thaliana*）	TTTAGGG
哺乳动物	人（*Homo sapiens*）	TTAGGG

2. 细胞核 DNA 与组蛋白、非组蛋白、RNA 形成染色体结构。染色体数目一定，除了配子是单倍体之外，体细胞一般是二倍体。

3. 基因组序列中仅有不到 10%（人类甚至不到 2%）是编码序列。编码序列在基因组序列中的比例是真核生物、原核生物和病毒基因组的重要区别，并且在一定程度上是衡量生物进化程度的标尺。

4. 基因在基因组中散在分布，相邻基因被大量称为**基因间区**（intergenic region）的非编码序列隔开，其中很多基因间区的功能尚未阐明。

5. 基因组序列中包含大量**重复序列**（repetitive sequence），又称**重复 DNA**（repetitive DNA）。每一种重复序列都是一定**拷贝数**（copy number，一个细胞内所含某种基因或 DNA 分子、序列的数目）的某种碱基序列（称为**重复单位**）的集合，串联或散在分布于基因组中，一般不编码蛋白质。基因组序列可根据重复程度分为高度重复序列、中度重复序列和单一序列。

（1）**高度重复序列**（highly repetitive sequence）：又称**高度重复 DNA**（highly repetitive DNA），重复单位长度不到 100bp（多数不到 10bp），在基因组中的拷贝数可达 10^6 个，且许多是串联重复序列或反向重复序列。高度重复序列并不编码蛋白质或 RNA，其已阐明的功能是参与 DNA 复制、DNA 转座、基因表达调控和细胞分裂时的染色体配对，例如着丝粒 DNA 和端粒。哺乳动物基因组序列的不到 10%（人类 3%～6%）是高度重复序列。

（2）**中度重复序列**（moderately repetitive sequence）：又称**中度重复 DNA**（moderately repetitive DNA），重复单位长度可达 $10^2 \sim 10^3$ bp，在基因组中的拷贝数可达 10^3 个，主要是一些基因间区、转座元件、串联重复序列（例如 *Alu* 序列和 *Kpn* I 序列），也包括 rRNA 基因（100～5000 个拷贝，例如人类基因组有约 200 个，分布在 5 条染色体上；爪蟾基因组有约 600 个，分布在同一染色体上）、tRNA 基因、5S rRNA 基因（例如人类基因组有约 2000 个）和某些蛋白质基因（例如组蛋白、肌动蛋白、角蛋白等）。哺乳动物基因组序列的 25%～50%（人类约 50%）是中度重复序列。

Alu **序列**（*Alu* sequence）是哺乳动物基因组中的一类中度重复序列，因序列中有限制性内切酶 *Alu* I 识别的限制性酶切位点（AG·CT，"·"表示酶切位点，全书同）而得名。人类基因组中 *Alu* 序

列共有序列长度约280bp，有（0.5～1.1）×10⁶个重复单位，占人类基因组序列的6%～13%。

（3）**单一序列**（unique sequence）：又称**单拷贝序列**，在整个基因组中只有一个或几个拷贝。蛋白质的编码序列大都属于单一序列，但只占其一小部分。哺乳动物基因组序列的50%～60%是单一序列。

6. 基因组中存在各种基因家族，基因家族成员或形成基因簇，或散在分布。

7. 基因组中含大量转座元件，例如人类基因组序列的45%是重复单位为数百至数千碱基对且可转座的散在重复序列，不过其中许多因存在缺陷而没有转座能力（表1-7）。

表1-7　人类基因组转座元件

分类	长度（bp）	数目	编码产物	转座方式	转座活性
转座子	可变，平均220	4.0×10^5	转座酶（假基因）	直接转座	无
逆转录病毒类逆转录子	可达10000，平均350	4.5×10^5	逆转录酶（个别表达）	逆转录转座	个别
长散在重复序列	可达8000（多不完整）	9.0×10^5	逆转录酶，RNA结合蛋白	逆转录转座	个别
Alu 序列	可达282（多不完整）	1.0×10^6	无	逆转录转座	个别

五、DNA 多态性与遗传标志

同一物种不同个体的基因产物虽然绝大多数一致，但还是存在遗传差异。这种遗传差异的物质基础是 DNA 多态性。**DNA 多态性**（DNA polymorphism）是 DNA 分子的一种序列特征，是指染色体 DNA 某个基因座（称为**多态性位点**）存在不止一种基因型，因而存在个体间差异，表现为碱基序列的差异或碱基序列重复程度的差异，且该差异在种群中稳定存在，遗传方式符合孟德尔遗传定律。

（一）限制性片段长度多态性

1970 年，Smith、Wilcox 和 Kelley 从流感嗜血杆菌（*H. influenzae*）中分离到一种内切核酸酶 *Hind* II，它识别并切割 GTY·RAC 序列（Y 表示嘧啶，R 表示嘌呤，全书同）。具有这种性质的酶统称限制性内切酶，限制性内切酶识别的序列被称为限制性酶切位点（第十一章，206 页）。

不难理解，DNA 碱基序列中存在着一些限制性酶切位点，用识别这些位点的限制性内切酶切割 DNA 可以得到一组 DNA 片段，称为**限制性片段**（restriction fragment）。对于一个个体而言，其 DNA 碱基序列中限制性酶切位点的数目和分布是确定的，因而其限制性片段的种类和长度是确定的，可以反映 DNA 分子的序列特征。另一方面，同一物种不同个体基因组存在 DNA 多态性，且约 10% 多态性位点导致限制性酶切位点的形成或消失，因而所含限制性酶切位点的数目和分布不同，其限制性片段的种类和长度也就不同。因此，限制性片段具有多态性，这种多态性被称为**限制性片段长度多态性**（RFLP）。RFLP 存在广泛，是一种典型的遗传特征。

1980 年，Bostein 建立了 RFLP 分析技术，即通过限制性内切酶切割联合 DNA 印迹法（第八章，180 页）进行分析。该技术操作简便、成本低廉，从而使 RFLP 被选为人类基因组计划的第一代遗传标志，用于基因图谱绘制、DNA 指纹分析、疾病易感性分析、基因诊断、亲子鉴定等。

（二）串联重复序列多态性

串联重复序列多态性（tandem repeat polymorphism）是指在串联重复序列中，重复单位的重复次数具有多态性。

1. **串联重复序列**　人类基因组序列中有约 50% 是重复序列，其中有许多是**串联重复序列**（tandem repeat）。串联重复序列重复单位长 2 ~ 171bp（171bp 串联重复序列位于人类染色体 DNA 着丝粒区，具有特异性、同源性、多态性），其碱基组成常不同于主体 DNA，因而浮力密度也不同于主体 DNA，进行密度梯度离心时会形成与主体 DNA 分离的"卫星"带，被称为**卫星 DNA**（satellite DNA）（图 1-4）。

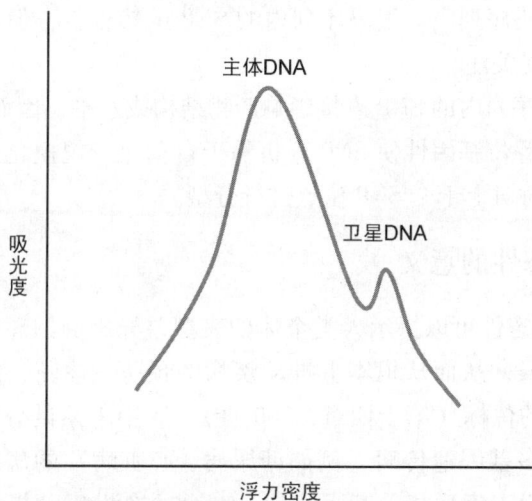

图 1-4　卫星 DNA

2. **可变数目串联重复序列**　在各种串联重复序列中，有一些的重复单位较短（2 ~ 100bp），但重复次数有较大的变化（6 ~ 100 次以上），因而呈现出长度多态性，并且具有高度的个体特异性，是串联重复序列多态性的基础。这些序列被称为**可变数目串联重复序列**（VNTR）。VNTR 的重复单位种类繁多，分布广泛，大多数位于基因组的非编码序列内。

（1）VNTR 分类：①小卫星 DNA（minisatellite DNA），重复单位长 10 ~ 100bp，串联重复 20 ~ 50 次，是一种信息量很大的遗传标志，可以用印迹杂交（第八章，171 页）或聚合酶链反应（PCR，第十章，194 页）进行检测。目前在人类基因组中已经鉴定了 1000 多种小卫星 DNA。②**微卫星 DNA**（microsatellite DNA），又称**短串联重复序列**（STR）、**简单重复序列**（SSR），重复单位长度小于 10bp（多数 2 ~ 6bp，例如 GACA、GATA、TCC、CT、CA），串联重复 10 ~ 50 次。微卫星 DNA 在染色体 DNA 中分布广、密度高（占人类基因组序列的 3%）、功能未知，被选为人类基因组计划的第二代遗传标志。目前在人类基因组中已经鉴定了 10000 多种微卫星 DNA。

（2）VNTR 特点：VNTR 在基因组中分布广泛，其多态性信息量也极为理想，并且可以用 PCR 进行检测，从而降低检测成本并提高检测的自动化程度。VNTR 的主要缺点是通过凝胶电泳才能对位点进行分型，这使之较难达到完全自动化。

（三）单核苷酸多态性

单核苷酸多态性（SNP）是指在基因组水平上由单个核苷酸变异产生的 DNA 多态性，因具有以下特点而成为新的遗传标志，成为研究人类系谱和动植物品系遗传变异的重要依据：

1. 数目巨大，是人类基因组中最小、最常见、最广泛的多态性，有 10^7 个之多，平均每 300bp 就有一个，占全部 DNA 多态性的 90% 以上。

2. 具有二等位基因性，因而在任何人群中都可以估计其等位基因频率。

3. 主要位于非编码序列内。编码序列内的 SNP 虽然较少，但在疾病的发生发展上起重要作用，因而更受关注。

4. 部分位于基因序列内的 SNP 直接影响产物结构或水平，因而可以指导靶点确证。

5. 检测方便。二等位基因性使 SNP 分析易于自动化、规模化。用基因芯片直接分析序列变异，可以同时对上千个 SNP 位点进行分型。

（四）DNA 多态性的意义

通过分析 DNA 多态性可以揭示人类个体的表型差异，例如环境反应性、疾病易感性和药物耐受性的差异，从而从根本上推动疾病的预防、诊断、治疗：①研究物种进化。②用作遗传图谱的位标（第十四章，280 页）。③用于系谱分析、亲子鉴定、刑事鉴别等。④揭示常见多基因遗传病（例如糖尿病、心脏病）的病因。⑤疾病的遗传连锁分析及关联分析，用于疾病相关基因定位。⑥通过检测 SNP 揭示产生药物敏感性个体差异的根本原因，指导药物设计及用药个体化（药物基因组学，第十四章，285 页）。⑦指导和评价器官移植。

（五）DNA 指纹

DNA 多态性是具有高度个体特异性的遗传标志，应用限制性内切酶切割联合凝胶电泳分析 DNA 多态性，得到的电泳图谱也具有绝对的个体特异性，恰似人类指纹的个体特异性，因而被称为 **DNA 指纹**（DNA fingerprint）。

DNA 多态性是 DNA 指纹的内在基础，DNA 指纹是 DNA 多态性的外在表现。地球上没有 DNA 序列完全相同的两个人，也就没有 DNA 指纹完全相同的两个人。因此，DNA 指纹具有绝对的个体特异性，有着广泛的应用意义。

小　结

基因是核酸表达遗传信息的功能单位，以一段或一组特定的碱基序列为载体，通过表达功能产物

RNA 和蛋白质控制着各种生命活动，从而控制着生物个体的性状。

　　基因可以根据功能分为结构基因与调节基因。真核生物基因组中存在断裂基因。病毒、原核生物、真核生物及线粒体 DNA 中存在重叠基因。各种基因组 DNA 中存在转座元件。真核生物基因组中存在各种基因家族。

　　基因序列中存在转录区、编码序列、非编码序列、外显子、内含子、启动子、转录起始位点、终止子等元件和位点，它们在基因表达过程中发挥不同作用。

　　基因组是一种生物所含的一套遗传物质，以染色体组 DNA 为主体。

　　病毒是一类简单而特别的生命形式，其基因组具有以下基本特征：所含核酸的种类与结构、分子数不同；基因组较小，为单倍体并且所含基因为单拷贝；基因组序列基本上都是编码序列；基因的连续性不同；相关基因串联成一个转录单位。

　　原核生物具有完整的生命系统，其基因组具有以下基本特征：基因组 DNA 通常为单一闭环双链分子，只有一个复制起点；基因组序列的 50% 是编码序列；非编码序列主要是一些调控序列；所含基因的数目比病毒多，并且多形成操纵子结构。

　　真核生物基因组最大，结构最复杂，并具有以下基本特征：染色体 DNA 是线性分子，含复制起点、着丝粒 DNA、端粒等功能元件；细胞核 DNA 形成染色体结构，染色体数目一定，体细胞一般是二倍体；基因组序列中仅有不到 10% 是编码序列；基因在基因组中散在分布；基因组序列中包含高度重复序列、中度重复序列等大量重复序列；蛋白质的编码序列大都属于单一序列；存在各种基因家族；含大量转座元件。

　　真核生物 DNA 具有多态性，包括限制性片段长度多态性、串联重复序列多态性、单核苷酸多态性。

第二章　DNA 的生物合成

　　DNA 是遗传信息的携带者，其所携带的遗传信息既可以在细胞增殖过程中传递，即通过基因组 DNA 的复制从亲代细胞传递给子代细胞，也可以在细胞代谢过程中表达，即通过指导 RNA 合成最终决定蛋白质合成，从而赋予细胞特定功能，赋予生物特定表型。1956 年，Crick 把上述遗传信息的传递规律归纳为**中心法则**（central dogma）。1970 年，Baltimore 和 Temin 发现了逆转录现象，对中心法则进行了补充（图 2-1）。

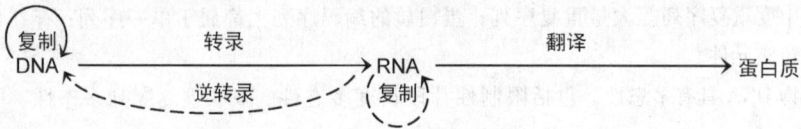

图 2-1　中心法则

第一节　DNA 复制的基本特征

　　DNA 复制（DNA replication）是指亲代 DNA 双链解链，每股单链分别作为模板按照碱基互补配对原则指导合成新的互补链，从而形成两个子代 DNA 的过程，是细胞增殖和多数 DNA 病毒复制时发生的核心事件。

　　无论是原核生物还是真核生物，DNA 的复制合成都需要 DNA 模板、DNA 聚合酶、dNTP 原料、引物和 Mg^{2+}。DNA 聚合酶催化脱氧核苷酸以 $3',5'$-磷酸二酯键相连合成 DNA，合成方向为 $5' \rightarrow 3'$，合成反应可以表示如下：

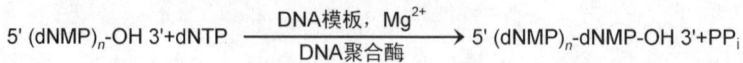

$$5'\,(dNMP)_n\text{-OH } 3' + dNTP \xrightarrow[\text{DNA聚合酶}]{\text{DNA模板, } Mg^{2+}} 5'\,(dNMP)_n\text{-dNMP-OH } 3' + PP_i$$

　　Watson 和 Crick 于 1953 年提出关于 DNA 的双螺旋模型时就推测了其复制的基本特征，并认为碱基互补配对原则使 DNA 复制和修复成为可能。现已阐明：在绝大多数生物体内，DNA 复制的基本特征是相同的。

一、半保留复制

　　半保留复制（semiconservative replication）是指 DNA 复制时，两股亲代 DNA 链解开，分别作为模板，按照碱基互补配对原则指导合成新的互补链，最后形成与亲代

DNA 相同的两个子代 DNA 分子，每个子代 DNA 分子都含一股亲代 DNA 链和一股新生 DNA 链（图 2-2）。

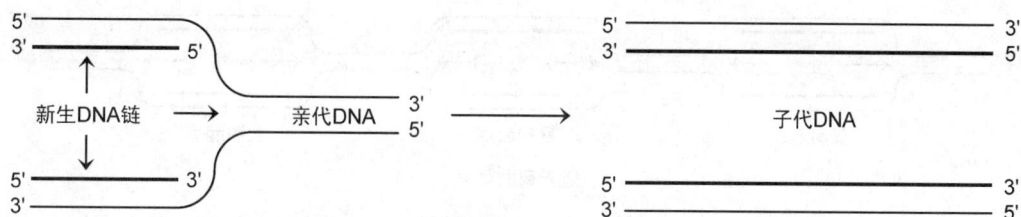

图 2-2　半保留复制

1958 年，Meselson 和 Stahl 通过实验研究证明：DNA 的复制方式是半保留复制。他们先用以 $^{15}NH_4Cl$ 作为唯一氮源的培养基（称为重培养基）培养大肠杆菌，繁殖约 15 代（每代 20～30 分钟），使其 DNA 全部标记为 ^{15}N-DNA，再将其转移到含 $^{14}NH_4Cl$ 的普通培养基（称为轻培养基）中进行培养，在不同时刻收集大肠杆菌，提取 DNA。用氯化铯密度梯度离心法分析 DNA。^{15}N-DNA 的浮力密度比 ^{14}N-DNA 高，因此离心形成的 ^{15}N-DNA 区带（称为重 DNA 区带）位于 ^{14}N-DNA 区带（称为轻 DNA 区带）的下方，$^{14}N/^{15}N$-DNA 区带（称为中 DNA 区带）则位于两者之间。结果表明：细菌在重培养基中增殖时合成的 DNA 显示为一条重 DNA 区带，转入轻培养基中繁殖的子一代 DNA 显示为一条中 DNA 区带，子二代 DNA 显示为一条中 DNA 区带和一条轻 DNA 区带（图 2-3）。因此，DNA 的复制方式是半保留复制。

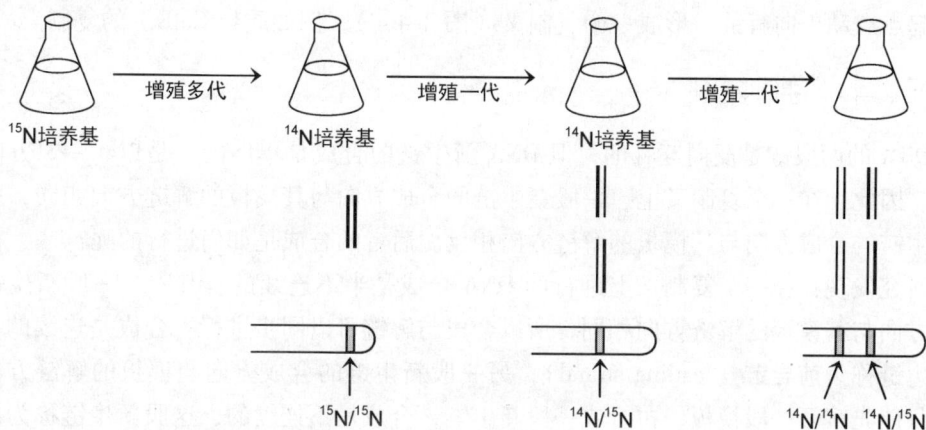

图 2-3　Meselson-Stahl 实验

二、从复制起点双向复制

DNA 的解链和复制是从具有特定序列的位点开始的，该位点称为**复制起点**（ori）。从一个复制起点引发复制的全部 DNA 序列是一个复制单位，称为**复制子**（replicon）。原核生物的染色体、质粒、噬菌体 DNA 通常只有一个复制起点，因而构成一个复制子；真核生物的染色体 DNA 有多个复制起点，因而构成**多复制子**，这些复制起点分别控制一段 DNA 的复制，并共同完成整个 DNA 分子的复制（图 2-4①）。

Cairns 等用放射自显影技术（autoradiography）研究大肠杆菌 DNA 的复制过程，证明

DNA 复制时，在复制起点先解开双链，然后边解链边复制，所以在解链点形成分叉结构，这种结构称为**复制叉**（replication fork，图 2-4②）。

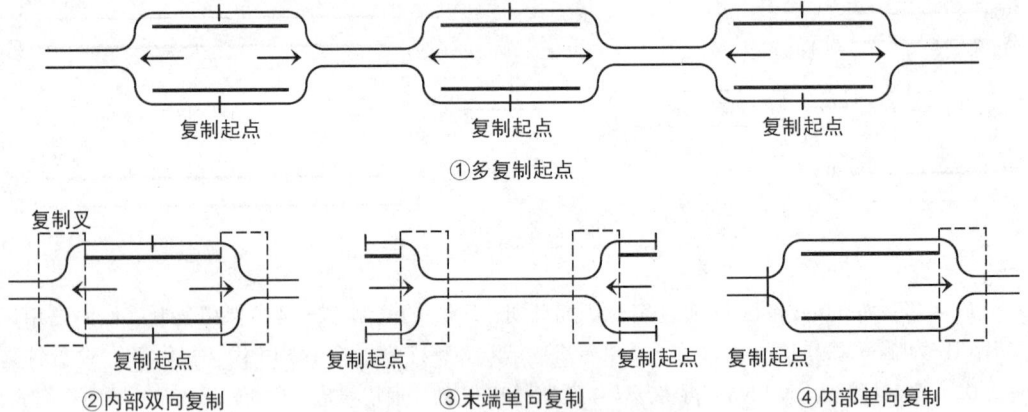

①多复制起点

②内部双向复制   ③末端单向复制   ④内部单向复制

图 2-4　复制起点与复制方向

复制叉有几种形成方式：①从一个复制起点启动双向解链，形成两个复制叉（图 2-4②），这种方式称为**双向复制**（bidirectional replication）。绝大多数生物的 DNA 复制都是双向的。真核生物 DNA 从多个复制起点启动双向解链（图 2-4①）。②从线性 DNA 两端启动相向解链，形成两个复制叉（图 2-4③），例如腺病毒 DNA 的复制。③从一个复制起点启动单向解链，形成一个复制叉（图 2-4④），例如质粒 ColE 1 的复制。

三、半不连续复制

DNA 的两股链是反向互补的，但 DNA 新生链的合成是单向的，是以 5′→3′方向合成的。因此，在一个复制叉上，一股新生链的合成方向与其模板的解链方向相同，另一股新生链的合成方向与其模板的解链方向相反。后者的合成是如何进行的呢？

研究发现：在一个复制叉上进行的 DNA 合成是半不连续的。其中，一股新生链的合成方向与其模板的解链方向相同，所以合成与解链可以同步进行，合成是连续的，这股新生链称为**前导链**（leading strand）；另一股新生链的合成方向与模板的解链方向相反，只能先解开一段模板，再合成一段新生链，合成是不连续的，这股新生链称为**后随链**（lagging strand）。分段合成的后随链片段称为**冈崎片段**（Okazaki fragment，图 2-5）。在复制叉上进行的这种 DNA 复制称为**半不连续复制**（semidiscontinuous replication）。

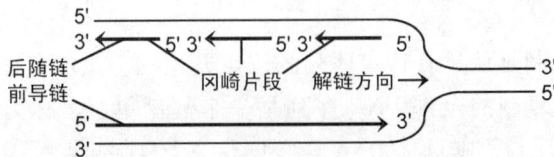

图 2-5　半不连续复制

第二节　原核生物 DNA 的复制合成

DNA 的复制过程非常复杂，我们以大肠杆菌 K-12 为例介绍原核生物 DNA 的复制。

一、参与 DNA 复制的酶和其他蛋白质

大肠杆菌 DNA 的复制是由 30 多种酶和其他蛋白质共同完成的，主要有 DNA 聚合酶、DNA 解旋酶、DNA 拓扑异构酶、引物酶和 DNA 连接酶等。

（一）DNA 聚合酶

DNA 聚合酶（DNA polymerase）的作用是催化 dNTP 合成 DNA。

1. DNA 聚合酶催化特点　DNA 聚合酶催化的合成反应具有以下特点：

（1）需要模板：DNA 聚合酶催化的反应是 DNA 的复制，即合成单链 DNA 的互补链，所以必须为其提供单链 DNA，该单链 DNA 被称为模板。

在中心法则中，**模板**（template）是指可以指导合成互补链的单链核酸。模板可以是 DNA 或 RNA，其指导合成的单链核酸可以是 DNA 或 RNA。DNA 指导合成 DNA 称为 **DNA 复制**，DNA 指导合成 RNA 称为**转录**，RNA 指导合成 RNA 称为 **RNA 复制**，RNA 指导合成 DNA 称为**逆转录**。

（2）需要引物：有了原料和模板，DNA 聚合酶还不能合成 DNA，因为它不能催化两个 dNTP 形成 3′,5′-磷酸二酯键，只能催化一个 dNTP 的 5′-α-磷酸基与一段（或一股）核酸的 3′-羟基形成 3′,5′-磷酸二酯键，并且这段核酸必须与模板互补结合，这段核酸被称为**引物**（primer）。引物可以是 DNA，也可以是 RNA。不过，引导大肠杆菌 DNA 复制的引物都是 RNA。

（3）以 5′→3′ 方向催化合成 DNA：这是由 DNA 聚合酶的催化机制决定的。DNA 合成的基本反应是由引物或新生链的 3′-羟基对 dNTP 的 α-磷酸基发动亲核攻击，形成 3′,5′-磷酸二酯键，并释放出焦磷酸（图 2-6）。

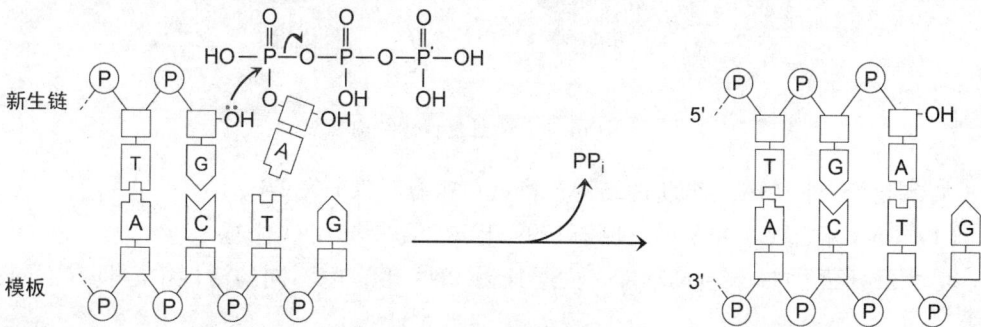

图 2-6　3′,5′-磷酸二酯键形成机制

2. 大肠杆菌 DNA 聚合酶种类　目前已经鉴定的大肠杆菌 DNA 聚合酶有五种，

分别用罗马数字编号，其中 DNA 聚合酶 Ⅰ、Ⅱ、Ⅲ 的结构和功能研究得比较明确。

（1）DNA 聚合酶 Ⅰ：由 Kornberg（1959 年诺贝尔生理学或医学奖获得者）于 1956 年发现，由一条含 928 个氨基酸残基的肽链构成，是一种多功能酶，有三个不同的活性中心：$5'→3'$ 外切酶活性中心（Met1 ~ Thr323）、$3'→5'$ 外切酶活性中心（Val324 ~ Gln517）和 $5'→3'$ 聚合酶活性中心（Gly521 ~ His928）。Klenow 用枯草杆菌蛋白酶（subtilisin）将 DNA 聚合酶 Ⅰ Thr323 与 Val324 之间的肽键水解，得到两个片段。其中，大片段（Val324 ~ His928）称为 **Klenow 片段**（又称**克列诺片段**、**克列诺酶**），含 $3'→5'$ 外切酶活性中心和 $5'→3'$ 聚合酶活性中心；小片段含 $5'→3'$ 外切酶活性中心。DNA 聚合酶 Ⅰ 活性低，延伸能力弱，主要功能不是催化 DNA 复制合成，而是在复制过程中切除 RNA 引物，合成 DNA 填补**缺口**（gap）。此外，DNA 聚合酶 Ⅰ 还参与 DNA 修复。

（2）DNA 聚合酶 Ⅱ：有 $5'→3'$ 聚合酶活性中心和 $3'→5'$ 外切酶活性中心，但没有 $5'→3'$ 外切酶活性中心。DNA 聚合酶 Ⅱ 的功能可能是参与 DNA 修复。

（3）DNA 聚合酶 Ⅲ：是一种多酶复合体，全酶由两个核心酶（$\alpha\epsilon\theta\beta_2$）和一个 γ 复合物（$\gamma\tau_2\delta\delta'\chi\psi$）构成（图 2-7，不包括 DNA 解旋酶）。在核心酶中，α 亚基含 $5'→3'$ 聚合酶活性中心，ϵ 亚基含 $3'→5'$ 外切酶活性中心，θ 亚基可能起组装作用。DNA 聚合酶 Ⅲ 活性最高，是催化 DNA 复制合成的主要酶。

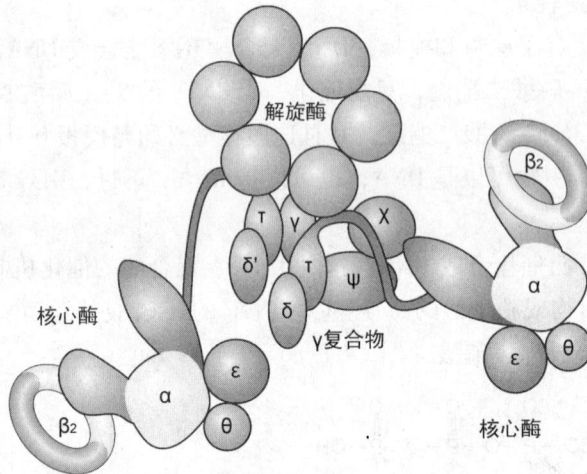

图 2-7　DNA 聚合酶 Ⅲ 复合体结构模型

大肠杆菌三种 DNA 聚合酶的结构、特点和功能汇总于表 2-1。

（4）DNA 聚合酶 Ⅳ 和 Ⅴ：发现于 1999 年，主要参与 DNA 修复。

3. 大肠杆菌 DNA 聚合酶功能　大肠杆菌 DNA 聚合酶不同的活性中心具有不同的功能。

（1）$5'→3'$ 聚合酶活性中心与延伸能力：在 37℃ 条件下，一分子 DNA 聚合酶 Ⅰ 每秒钟可以催化连接 10 ~ 20 个核苷酸。不过，评价一种 DNA 聚合酶的活性还要看它的延伸能力。

表 2-1　大肠杆菌 K-12 DNA 聚合酶

DNA 聚合酶	I	II	III
结构基因*	*polA*	*polB*	*polC*
催化亚基大小（AA）	928	783	1160
亚基种类	1	7	≥10
分子量（kDa）	103	88‡	791.5
3′→5′外切酶活性	+	+	+
5′→3′外切酶活性	+	−	−
5′→3′聚合酶活性	+	+	+
5′→3′聚合速度（nt/s）	10～20	40	250～1000
延伸能力（nt）	3～200	1500	>500000
功能	切除 RNA 引物，修复 DNA	修复 DNA	复制合成 DNA

注：＊对于多酶复合体，这里仅列出聚合酶活性亚基的结构基因；‡仅聚合酶活性亚基，DNA 聚合酶II 与 DNA 聚合酶III 有共同亚基

在将一个核苷酸连接到新生链的 3′端之后，DNA 聚合酶可能会：①离开新生链 3′端及模板。②沿着模板 3′→5′方向移动，催化连接下一个核苷酸。如果 DNA 聚合酶每催化连接一个核苷酸都要经历与模板的结合与解离，DNA 的合成速度将会受到很大限制；如果 DNA 聚合酶一直结合在新生链的 3′端，一旦有 dNTP 进入活性中心并与模板碱基配对，便催化连接，就能极大提高 DNA 的合成速度。事实上 DNA 聚合酶就是按照后一种机制催化合成 DNA 的。这一特点称为 DNA 聚合酶的**延伸能力**（processivity），它通常定义为 DNA 聚合酶结合在新生链 3′端可以连续催化连接的核苷酸数。不同 DNA 聚合酶的延伸能力有很大差别，有的结合一次只能连接几个核苷酸，而有的结合一次可以连接上万个核苷酸。大肠杆菌 DNA 聚合酶III 的延伸能力最强。

（2）3′→5′外切酶活性中心与校对功能：DNA 聚合酶的 3′→5′外切酶活性中心可以切除新生链 3′端不能与模板形成 Watson-Crick 碱基配对的核苷酸，但不会切除已经形成 Watson-Crick 碱基配对的核苷酸。因此，在 DNA 合成过程中，一旦连接了错配核苷酸，合成反应就会中止，错配核苷酸会进入 3′→5′外切酶活性中心，并被切除，然后合成反应继续进行，这就是 DNA 聚合酶的**校对**（proofreading）功能。

（3）5′→3′外切酶活性中心与切口平移：只有 DNA 聚合酶 I 有 5′→3′外切酶活性中心，而且只作用于双链核酸。因此，如果双链 DNA 分子上存在**切口**（nick），DNA 聚合酶 I 可以在切口处催化两个反应：一个是水解反应，从 5′端切除核苷酸；另一个是合成反应，在 3′端延伸合成 DNA，整个过程像是切口在移动，所以被称为**切口平移**（nick translation，图 2-8）。在切口平移过程中被水解的可以是 DNA，也可以是 RNA。

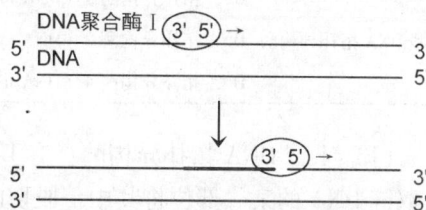

图 2-8　切口平移

DNA 聚合酶 I 的切口平移作用有两个意义：①在 DNA 复制过程中切除后随链冈崎

片段 5′端的 RNA 引物，并合成 DNA 填补，即切除较早合成的冈崎片段 1 的 RNA 引物，延伸合成较晚合成的冈崎片段 2（图 2-14）。②参与 DNA 修复。此外，在核酸杂交技术中，DNA 聚合酶 I 常用于通过切口平移标记探针（第八章，177 页）。

（二）解链、解旋酶类

DNA 具有超螺旋、双螺旋等结构，在复制时，作为模板的亲代 DNA 需要松解螺旋，解开双链，暴露碱基，才能按照碱基互补配对原则指导合成子代 DNA。参与亲代 DNA 解链，并将其维持在解链状态的酶和其他蛋白质主要有 DNA 解旋酶、DNA 拓扑异构酶和单链 DNA 结合蛋白。

1. DNA 解旋酶（DNA helicase）　其作用是解开 DNA 双链。解链过程需要 ATP 提供能量，每解开一个碱基对消耗一个 ATP。目前在大肠杆菌中已经鉴定到解旋酶 rep、Ⅱ、Ⅲ 和 DnaB 等至少 13 种 DNA 解旋酶，其中解旋酶 DnaB 参与 DNA 复制。

解旋酶 DnaB 是 dnaB 基因的编码产物（471AA），具有依赖 DNA 的 ATP 酶（ATP-ase）活性。在 DNA 复制过程中，解旋酶 DnaB 同六聚体环套在复制叉的后随链模板上（图 2-13），沿着 5′→3′方向移动解链，解链过程中会在前方形成超螺旋结构，由 DNA 拓扑异构酶松解。

2. DNA 拓扑异构酶（DNA topoisomerase）　在闭环 DNA 双螺旋中，两股链相互缠绕的次数称为**连环数**（linking number）。具有相同一级结构、不同连环数的 DNA 分子称为**拓扑异构体**（topoisomer）。DNA 拓扑异构酶可以催化 DNA 双螺旋磷酸二酯键的断裂和形成，改变其连环数，形成拓扑异构体。

例如：一个完全具有 B-DNA 结构的 1100bp 环状 DNA 有 110 个螺旋，即连环数为 110；如果由 DNA 拓扑异构酶松掉 10 个螺旋，即连环数减至 100，则可能成为 A-DNA。改变前后的两种结构互为拓扑异构体。

大肠杆菌 DNA 拓扑异构酶分为两类：Ⅰ 型 DNA 拓扑异构酶和 Ⅱ 型 DNA 拓扑异构酶（表 2-2）。

表 2-2　大肠杆菌 K-12 DNA 拓扑异构酶

分类	名称	结构	基因	亚基大小（AA）
Ⅰ 型 DNA 拓扑异构酶	DNA 拓扑异构酶 1（DNA topoisomerase 1）	单体	topA	865
	DNA 拓扑异构酶 3（DNA topoisomerase 3）	单体	topB	653
Ⅱ 型 DNA 拓扑异构酶	DNA 拓扑异构酶 2（DNA gyrase）	A_2B_2 四聚体	gyrA, gyrB	875（A），804（B）
	DNA 拓扑异构酶 4（DNA topoisomerase 4）	A_2B_2 四聚体	parC, parE	752（A），630（B）

（1）Ⅰ 型 DNA 拓扑异构酶：有 DNA 拓扑异构酶 1 和 DNA 拓扑异构酶 3 两种，能在双链 DNA 的某一部位将其中一股切断，在消除超螺旋（改变连环数）之后再连接起来，使 DNA 呈松弛状态，反应过程不消耗 ATP。Ⅰ 型 DNA 拓扑异构酶主要参与 RNA 的转录合成。

Ⅰ 型 DNA 拓扑异构酶的催化机制——磷酸二酯键转移反应：①Ⅰ 型 DNA 拓扑异构酶活性中心含酪氨酸残基（DNA 拓扑异构酶 1 为 Tyr319，DNA 拓扑异构酶 2 为 Tyr328），其羟基通过亲核攻击断开一股 DNA 特定的 3′,5′-磷酸二酯键，形成切口。酪氨酸羟基以酯键与切口的 5′-磷酸基结合。②另一股 DNA 穿过切口，使双链 DNA 改变一个连环数。③切口的 3′-羟基通过亲核攻击取代酪氨酸羟基，重新与 5′-磷酸基结合，形成 3′,5′-磷酸二酯键（图 2-9）。

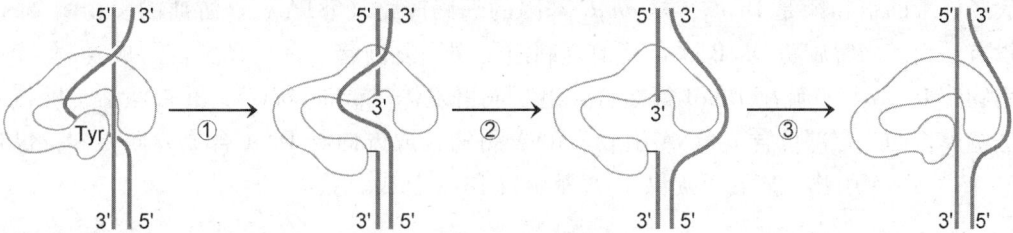

图 2-9 大肠杆菌 I 型 DNA 拓扑异构酶催化机制

（2）Ⅱ型 DNA 拓扑异构酶：有 DNA 拓扑异构酶 2 和 DNA 拓扑异构酶 4 两种，能在双链 DNA 的某一部位将两股链同时切断，在引入负超螺旋（连环数减少）或使连环体解离（31 页）之后再连接起来，反应过程消耗 ATP。Ⅱ型 DNA 拓扑异构酶主要参与 DNA 的复制合成。

Ⅱ型 DNA 拓扑异构酶是 A_2B_2 四聚体，其中 A 亚基含切接活性中心，通过酪氨酸羟基催化反应，酪氨酸羟基的作用与 I 型 DNA 拓扑异构酶基本一致。B 亚基含 ATP 酶活性中心，并负责引入负超螺旋。Ⅱ型 DNA 拓扑异构酶的催化机制：①钳住 G 片段。②结合 ATP，钳住 T 片段。③切割 G 片段。④使 T 片段通过并进入 DNA 拓扑异构酶的中心孔。⑤G 片段重新连接，ATP 水解，T 片段释放（图 2-10）。

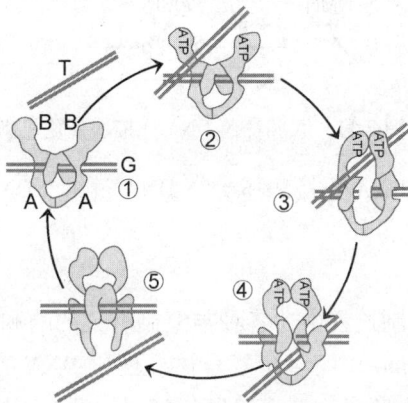

图 2-10 大肠杆菌Ⅱ型 DNA 拓扑异构酶催化机制

3. **单链 DNA 结合蛋白** 大肠杆菌 DNA 解链时，两股单链会被单链 DNA 结合蛋白（SSB）结合。SSB 是 *ssb* 基因的编码产物（177AA），活性形式为四聚体，其功能是：①稳定解开的 DNA 单链（覆盖约 32nt），防止其重新形成双链结构。②抗核酸酶降解。

SSB 与 DNA 的结合具有协同效应，当第一个 SSB 结合之后，其后 SSB 的结合能力可以提高 10^3 倍。因此，一旦结合开始，便快速扩展，直至结合全部单链 DNA。此外，SSB 并不是在 DNA 链上移动，而是通过不断的结合与解离来改变结合位点。

（三）引物酶

DNA 复制需要 RNA 引物，RNA 引物由**引物酶**（primase，又称**引发酶**）催化合成。大肠杆菌的引物酶是 DnaG，是 *dnaG* 基因的编码产物（581AA）。游离的引物酶 DnaG 没有活性。当解旋酶 DnaB 联合其他复制因子识别复制起点并启动解链形成复制叉时，引物酶 DnaG 与解旋酶 DnaB 等结合，组装成**引发体**（primosome），并被激活，可在后随链模板的一定部位合成 RNA 引物。RNA 引物合成方向与 DNA 合成方向一样，也是 $5' \rightarrow 3'$。RNA 引物合成后可提供 $3'$-羟基引发 DNA 合成。

（四）DNA 连接酶

DNA 聚合酶催化合成冈崎片段或环状 DNA 之后会留下切口，需要 **DNA 连接酶**（DNA ligase）催化切口处的 $5'$-磷酸基和 $3'$-羟基缩合，形成磷酸二酯键。

大肠杆菌的 DNA 连接酶是 *ligA* 基因的编码产物（671AA）。它不能连接游离的单链 DNA，只能连接双链 DNA 上的切口。连接反应消耗 NAD^+（真核生物和古菌则消耗 ATP）。

大肠杆菌 DNA 连接酶的催化机制：①DNA 连接酶先与 NAD^+ 反应，形成 DNA 连接酶-AMP（并释放烟酰胺单核苷酸 NMN，其中 AMP 的磷酸基与活性中心 Lys115 的 ε-氨基结合），再将 AMP 转移给切口处的 $5'$-磷酸基，形成 $5'$-AMP-DNA，将 $5'$-磷酸基活化。②切口处的 $3'$-羟基对活化的 $5'$-磷酸基进行亲核攻击，形成 $3',5'$-磷酸二酯键，同时释放 AMP（图 2-11）。

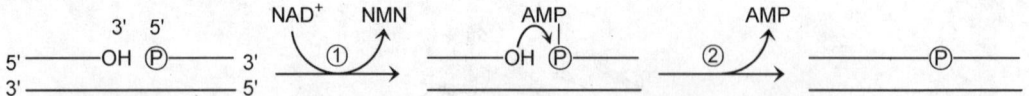

图 2-11 大肠杆菌 DNA 连接酶催化机制

除了 DNA 复制之外，DNA 连接酶还参与 DNA 重组、DNA 修复等。

二、复制过程

在大肠杆菌 DNA 的复制过程中，各种与复制有关的酶和蛋白因子结合在复制叉上，组装成称为**复制体**（replisome）的多酶复合体，催化 DNA 的复制合成。复制过程可以分为起始、延长和终止三个阶段。三个阶段的复制体具有不同的组成和结构。

（一）复制起始

在复制的起始阶段，亲代 DNA 从复制起点解链、解旋，形成复制叉。

1. **复制起点** 大肠杆菌的复制起点称为 *oriC*，长度为 245bp，包含两种**保守序列**（conserved sequence，DNA、RNA 或蛋白质一级结构中的一些在进化过程中变化极小的序列）：①三段串联重复排列的 **13bp 序列**，富含 AT，**共有序列**（consensus sequence，一组 DNA、RNA 或蛋白质的同源序列所含的共有碱基序列或氨基酸序列）为 GATCT-NTTNTTTT（N 为任意碱基，全书同），是起始解链区。②五段重复排列的 **9bp 序列**，共有序列为 TT（A/T）TNCACC（图 2-12），是 DnaA 蛋白识别区，故又称 *dnaA* 盒。

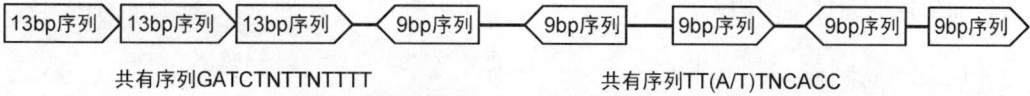

共有序列GATCTNTTNTTTT　　　　　　　　　　共有序列TT(A/T)TNCACC

图 2-12　大肠杆菌 DNA 复制起点

2. 有关的酶和其他蛋白质　复制起始阶段至少需要九种酶和其他蛋白质（表 2-3），它们的作用是解开复制起点的 DNA 双链，组装**引发体前体**，又称**前引发复合物**（pre-priming complex）。

表 2-3　大肠杆菌 K-12 DNA 复制起始阶段所需的酶和其他蛋白质

酶/蛋白质	结构	亚基大小（AA）	功能
DnaA 蛋白（染色体复制起始蛋白）	单体	467	识解复制起点 9bp 序列
DnaB 蛋白（DNA 解旋酶）	同六聚体	471	DNA 解链，组装引发体
DnaC 蛋白	同六聚体	245	协助 DnaB 结合于复制起点
HU 类组蛋白	异二聚体	90，90	DNA 结合蛋白，促进起始
DnaG 蛋白（引物酶）	单体	581	组装引发体，合成引物
单链 DNA 结合蛋白	同四聚体	178	保护单链 DNA
RNA 聚合酶	异六聚体	表 3-2，第 60 页	提高 DnaA 活性
DNA 拓扑异构酶 2	异四聚体	875，804	松解 DNA 超螺旋
Dam 甲基化酶	单体	278	将 *oriC* 的 GATC 中的 A 甲基化

3. 起始过程　①DnaA 蛋白（具有 ATP 酶活性）与 ATP 形成复合物，6~8 个 DnaA·ATP 结合于复制起点 *oriC* 的 9bp 序列上，由 DNA 缠绕形成复合物。②HU 类组蛋白与 DNA 结合，使 13bp 序列解链（消耗 ATP），成为开放复合物。③两个解旋酶 DnaB 六聚体在 DnaC 蛋白（具有 ATP 酶活性）的协助下与开放复合物结合，组装引发体前体，沿着 DNA 链 5′→3′ 方向移动解链（消耗 ATP），形成两个复制叉（图 2-13）。

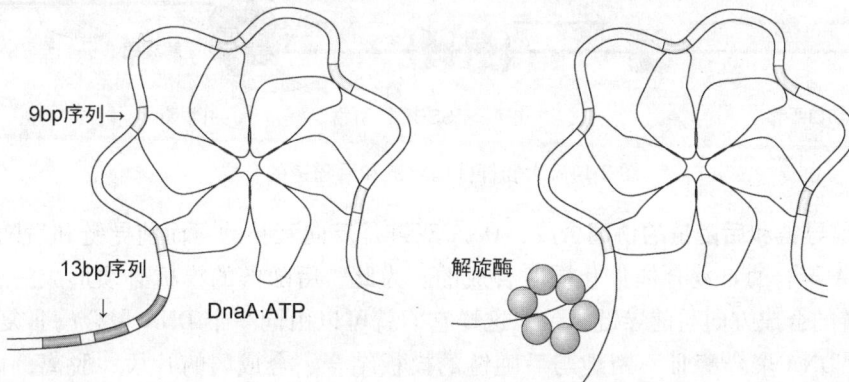

9bp序列→

13bp序列↓　　DnaA·ATP　　　　　　　解旋酶

图 2-13　大肠杆菌 DNA 复制起始

随着解链进行，引物酶 DnaG 与引发体前体的解旋酶 DnaB 等结合，组装成引发体，单链 DNA 结合蛋白与单链 DNA 模板结合，DNA 拓扑异构酶 2 则负责松解 DNA 双链因解链而形成的超螺旋结构。

（二）复制延长

DNA 复制的延长阶段合成前导链和后随链。两股链的合成反应都由 DNA 聚合酶Ⅲ催化，但合成过程有显著区别，参与 DNA 合成的蛋白质也不尽相同（表2-4）。

表2-4　大肠杆菌 K-12 DNA 复制延长阶段所需的酶和其他蛋白质

酶/蛋白质	功能	酶/蛋白质	功能
单链 DNA 结合蛋白	保护单链 DNA	DNA 聚合酶Ⅰ	切除引物，填补缺口
DNA 解旋酶（DnaB 蛋白）	DNA 解链，组装引发体	DNA 连接酶	连接切口
引物酶（DnaG 蛋白）	组装引发体，合成引物	DNA 拓扑异构酶2	松解 DNA 超螺旋
DNA 聚合酶Ⅲ	合成 DNA		

1. 前导链的合成　复制启动之后，前导链的合成通常是一个连续过程。先由引发体在复制起点处催化合成一段长度为 10 ~ 12nt 的 RNA 引物，随后 DNA 聚合酶Ⅲ即以 dNTP 为原料在 RNA 引物 3′端合成前导链。前导链的合成与其模板的解链保持同步。

2. 后随链的合成　后随链的合成是分段进行的。当亲代 DNA 解开 1000 ~ 2000nt 时，先由引发体催化合成 RNA 引物，再由 DNA 聚合酶Ⅲ在 RNA 引物 3′端催化合成冈崎片段。当冈崎片段合成遇到前方的 RNA 引物时，DNA 聚合酶Ⅰ替换 DNA 聚合酶Ⅲ，通过切口平移切除 RNA 引物，合成 DNA 填补。最后，DNA 连接酶催化连接 DNA 切口。如图 2-14 所示，DNA 聚合酶Ⅰ通过切口平移切除引物1，同时延伸合成冈崎片段2，待切除引物1 并合成 DNA 填补之后，由 DNA 连接酶催化连接。

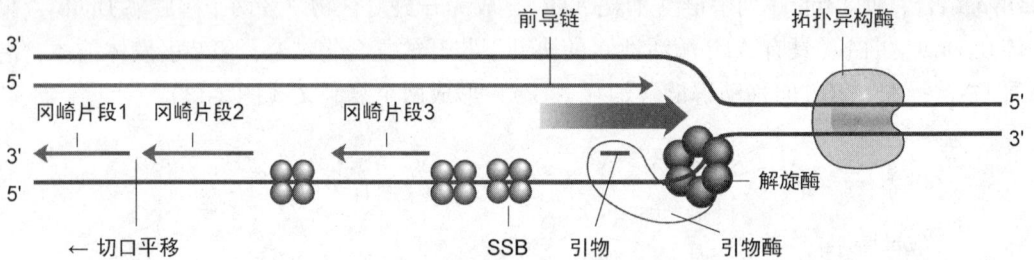

图 2-14　大肠杆菌前导链和后随链的合成

3. 前导链和后随链的协调合成　DNA 双链是反向互补的，而前导链和后随链是由一个 DNA 聚合酶Ⅲ复合体催化同时合成的。为此，后随链的模板必须形成一个回环，使后随链的合成方向与前导链一致，这样它们就可以由同一个 DNA 聚合酶Ⅲ复合体催化合成。DNA 聚合酶Ⅲ不断地与后随链的模板结合、合成冈崎片段、脱离、再结合、合成、脱离……（图2-15）。

4. DNA 复制过程中的保真机制　①5′→3′聚合酶活性中心对核苷酸的选择使其错配率仅为 $10^{-4} \sim 10^{-5}$。②3′→5′外切酶活性中心的校对可以将错配率降至 $10^{-6} \sim 10^{-8}$。

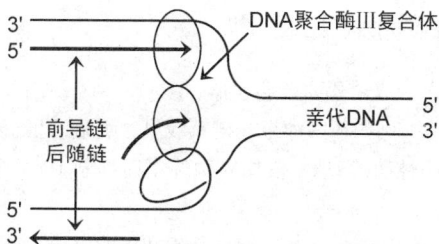

图 2-15　大肠杆菌前导链和后随链的协调合成

（三）复制终止

大肠杆菌环状 DNA 的两个复制叉向前推进，最后到达**终止区**（terminus region），形成**连环体**（catenane），又称 **DNA 连环**，在细胞分裂前由 DNA 拓扑异构酶 4 催化解离。

终止区包括两个复制叉的交会点和位于交会点两侧的 10 段**终止序列**（Ter），其中逆时针复制叉的 5 段终止序列 *TerA ~ TerH* 位于交会点的顺时针复制叉一侧，而顺时针复制叉的 5 段终止序列 *TerC ~ TerJ* 位于交会点的逆时针复制叉一侧。显然，一个复制叉必须通过另一个复制叉的终止序列之后才能停止推进。这样，在 *oriC* 处解链形成的两个复制叉将在交会点会合（图 2-16）。

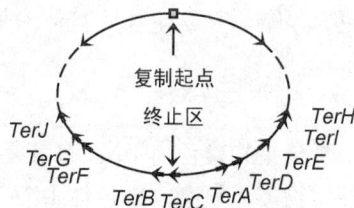

图 2-16　大肠杆菌 DNA 复制终止区

使复制叉停止推进需要 DNA 复制终止区结合蛋白 Tus 的参与。Tus 是 *tus* 基因的编码产物（309AA），特异性地识别并结合终止序列 Ter 的共有序列 GTGTG-GTGT，形成 Tus-Ter 复合物，阻碍 DNA 解旋酶继续解链，从而使复制叉停止推进。Tus-Ter 复合物只能阻止一个复制叉的推进，而每个复制周期也只需有一个 Tus-Ter 复合物起作用。因此，Tus-Ter 复合物的作用是让先到达终止区的复制叉停止推进，等待与另一个复制叉会合。

两个复制叉在交会点相遇而结束复制，复制体解体，两股亲代链解开，但有 50 ~ 100nt 尚未复制，将通过修复方式完成。结果，两个闭环染色体 DNA 互相套成连环体，由 DNA 拓扑异构酶 4 催化解离（图 2-17）。

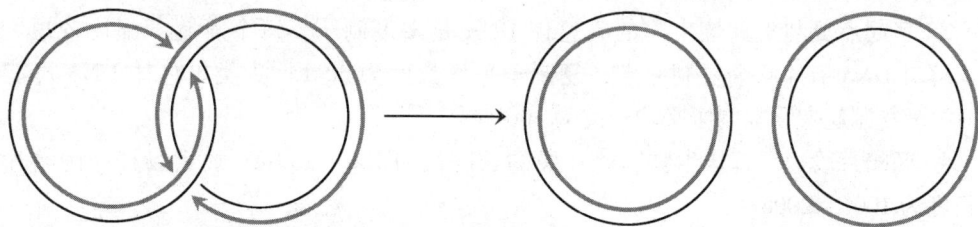

图 2-17　连环体解离

DNA 的复制速度相当快，在营养充足、生长条件适宜时，大肠杆菌 DNA 不到 40 分钟即可完成一次复制。大肠杆菌基因组 DNA 全长约 4.6×10^6 bp，依此计算，每秒钟能掺入 2000 个核苷酸。

三、原核生物 DNA 合成的抑制剂

一些抗生素通过抑制 DNA 合成杀死原核病原体。

1. 喹诺酮类（quinolone）　例如环丙沙星、诺氟沙星、氧氟沙星、左氧氟沙星，通过作用于革兰阴性菌的 DNA 解旋酶和革兰阳性菌的 DNA 拓扑异构酶 4 而抑制 DNA 合成，对真核生物染色体 DNA 复制也有影响。

2. 硝基呋喃类（nitrofuran）　例如呋喃妥因，被细菌摄取之后，由硝基呋喃还原酶还原成多种中间产物，攻击 DNA、核糖体蛋白、呼吸链复合体、丙酮酸脱氢酶复合体等。

3. 硝基咪唑类（nitroimidazole）　例如甲硝唑，被厌氧菌摄取并还原，还原产物与厌氧菌 DNA 结合，抑制其复制与转录。

第三节　真核生物 DNA 的复制合成

真核生物染色体 DNA 在细胞周期 S 期复制，复制机制与大肠杆菌相似，但复制过程更为复杂。真核生物线粒体 DNA 以 D 环复制方式进行复制。

一、染色体 DNA

真核生物染色体 DNA 有其复制特点。参与复制和修复的 DNA 聚合酶及其他因子比原核生物多而复杂。染色体 DNA 的端粒通过特殊机制合成。

（一）真核生物染色体 DNA 复制特点

真核生物的基因组比原核生物大。例如人类为 3000Mb，而大肠杆菌只有 4.6Mb。不过，真核生物染色体 DNA 的复制用时并不长，并具有以下特点：

1. 复制速度慢　真核生物染色体 DNA 复制叉的推进速度约为 50nt/s，仅为大肠杆菌 DNA 复制叉推进速度（800~1000nt/s）的 1/16~1/20。

2. 发生染色质解离与重塑　真核生物的染色体 DNA 与组蛋白形成核小体结构，复制叉经过时需解离；而当复制叉经过之后，还要在两条子代 DNA 双链上重塑核小体结构。相比之下，原核生物的 DNA 是裸露的，复制叉在推进过程中少有阻碍，所以复制速度较快。

3. 多起点复制　真核生物的染色体 DNA 是多复制子，每个复制子都比较短。例如：酵母 DNA 有 400 个复制起点，复制子平均长度为 30kb；人类染色体 DNA 可能有 3×10^4 个复制起点，复制子平均长度为 100kb。

4. 冈崎片段短　真核生物冈崎片段的长度仅为 100~200nt，而大肠杆菌冈崎片段的长度为 1000~2000nt。

5. DNA 连接酶差异　真核生物 DNA 连接酶连接冈崎片段时消耗 ATP。

6. 终止阶段涉及端粒合成　真核生物的染色体 DNA 为线性结构，其末端端粒通过特殊机制合成。

7. 受 DNA 复制检查点控制　真核生物的染色体 DNA 在一个细胞周期中只复制一次；而快速生长的大肠杆菌 DNA 在一轮复制完成之前即可启动下一轮复制。

（二）真核生物 DNA 聚合酶

真核生物有多种 DNA 聚合酶（表 2-5），它们的基本性质和大肠杆菌 DNA 聚合酶一致。DNA 聚合酶 δ 催化复制染色体 DNA，DNA 聚合酶 α 催化合成 RNA-DNA 引物，DNA 聚合酶 ε 催化切除引物。此外，DNA 聚合酶 β、ε 参与染色体 DNA 损伤修复，DNA 聚合酶 γ 催化复制线粒体 DNA。

表 2-5 人 DNA 聚合酶

DNA 聚合酶	亚基数目	5′→3′ 聚合酶活性	3′→5′ 外切酶活性	功能
α	4	+	–	染色体 DNA 复制起始，合成引物
β	1	+	–	染色体 DNA 修复（碱基切除修复）
γ	3	+	+	线粒体 DNA 复制和修复
δ	4	+	+	染色体 DNA 复制
ε	1	+	+	染色体 DNA 修复、复制
ζ	1	+	–	染色体 DNA 修复（跨损伤复制）
η	1	+	–	染色体 DNA 修复（跨损伤复制，嘧啶二聚体修复）
θ	1	+	–	染色体 DNA 修复
ι	1	+	–	染色体 DNA 修复（跨损伤复制）
κ	1	+	–	染色体 DNA 修复（跨损伤复制）
λ	1	+	–	染色体 DNA 修复（碱基切除修复）
μ	1	+	–	染色体 DNA 修复（双股断裂修复）
ν	1	+	–	染色体 DNA 修复
σ	1	+	–	可能参与染色体 DNA 修复、复制

1. DNA 聚合酶 α 是多亚基酶，其最大的亚基含 5′→3′ 聚合酶活性中心，另一个亚基含引物酶活性中心。DNA 聚合酶 α 没有 3′→5′ 外切酶活性中心，不能校对错配，所以其功能可能不是催化合成 DNA，而是合成前导链和后随链的 RNA-DNA 引物，该引物 5′ 侧为 RNA（约 10nt，由引物酶活性中心催化合成），3′ 侧为 DNA（约 20nt，由聚合酶活性中心催化合成），总长度约 30nt。

2. DNA 聚合酶 δ 也是多亚基酶，含 3′→5′ 外切酶活性中心，可以校对错配，功能是催化合成染色体 DNA 后随链，相当于大肠杆菌 DNA 聚合酶Ⅲ。

3. DNA 聚合酶 ε 功能是催化合成前导链及参与 DNA 修复，相当于大肠杆菌 DNA 聚合酶Ⅲ。

4. DNA 聚合酶 γ 是线粒体唯一的 DNA 聚合酶，负责其 DNA 的复制与修复。

（三）参与真核生物染色体 DNA 复制的其他因子

参与真核生物染色体 DNA 复制的因子种类比原核生物多，结构和功能也更复杂。以下为已阐明的参与人类染色体 DNA 复制的因子。

1. **复制起点识别复合物（ORC）**　与大肠杆菌 DnaA 同源，是一种六亚基蛋白质（ORC1-6），在复制起始阶段与染色体 DNA 复制起点的保守序列结合，并且受调控细胞周期的一组蛋白质调控。

2. **细胞分裂周期蛋白 6（Cdc6）与 DNA 复制因子 1（Cdt1）**　相当于大肠杆菌的 DnaC，与 ORC 结合，促进 DNA 解旋酶的组装，并且介导 DNA 解旋酶与复制起点结合。

3. **DNA 解旋酶/MCM2-7 复合物**　相当于大肠杆菌的解旋酶 DnaB，由微染色体维持蛋白（MCM）构成，具有六聚体环状结构（MCM2-MCM6-MCM4-MCM7-MCM3-MCM5）。

4. **DNA 拓扑异构酶**　也分为 I 型、II 型 DNA 拓扑异构酶。I 型 DNA 拓扑异构酶包括 DNA 拓扑异构酶 1、3α、3β，II 型 DNA 拓扑异构酶包括 DNA 拓扑异构酶 2α、2β。

真核生物 DNA 拓扑异构酶既能松解负超螺旋，又能松解正超螺旋。相比之下，原核生物 DNA 拓扑异构酶只能松解负超螺旋。

🖉 真核生物 DNA 拓扑异构酶是某些抗肿瘤药物靶点。例如喜树碱及其半合成类似物 irinotecan（商标名称 Camptosar、Campto）就是 I 型 DNA 拓扑异构酶的抑制剂。它可以抑制 I 型 DNA 拓扑异构酶的连接酶活性，使其只表现内切酶活性，从而抑制 DNA 复制，杀死增殖期的肿瘤细胞。

5. **复制蛋白 A（RPA）**　相当于大肠杆菌的单链 DNA 结合蛋白（SSB），目前已在人体内鉴定了 cRPA（由 RPA1、2、3 构成）和 aRPA（由 RPA1、3、4 构成）两种异三聚体 RPA，以前者为主。它们在 DNA 复制、重组和修复过程起作用。

6. **复制因子 C（RFC）**　具有异五聚体结构，在复制延长阶段取代 DNA 聚合酶 α 与引物 3′ 端结合，并与 PCNA 一起协助 DNA 聚合酶 δ 或 ε 与 DNA 模板结合（消耗 ATP），组装复制体，催化 DNA 延伸合成。

7. **增殖细胞核抗原（PCNA）**　在增殖细胞的细胞核内大量存在，具有同三聚体结构，由 RFC 募集并与 DNA 结合，功能是增强 DNA 聚合酶 δ 的延伸能力，类似大肠杆菌 DNA 聚合酶 III 的 β₂。

8. **核糖核酸酶 H2（RNase H2）**　由 A、B、C 亚基构成的异三聚体，其中 A 为催化亚基，可以降解 RNA-DNA 杂交体中的 RNA，在 DNA 复制过程中降解冈崎片段的引物 RNA。

9. **核酸酶 FEN1**　具有 5′ 侧翼内切酶和 5′→3′ 外切酶活性，三分子 FEN1 与 PCNA 同三聚体形成六聚体，参与 DNA 复制（引物切除）和损伤修复。

10. **解旋酶 hDNA2**　具有 ATP 酶活性、DNA 解旋酶活性和内切核酸酶活性，参与染色体 DNA 和线粒体 DNA 复制和修复：冈崎片段 5′ 端切除序列（flap）如果太长（超过 27nt），会被 RPA 包被而抗 FEN1 剪切，则先由 hDNA2 切短，使 RPA 不能结合，再被 FEN1 剪切。

11. **DNA 连接酶**　包括 DNA 连接酶 1、3、4，均消耗 ATP，参与 DNA 复制、重组、修复。

（四）复制起点与复制起始

真核生物染色体 DNA 的复制起点又称**自主复制序列**（ARS）。

作为最简单的真核生物，酵母基因组 ARS 目前研究得最清楚，其基因组的 16 条染色体中有 400 个 ARS，每个 ARS 长约 150bp，含几段保守序列，其中一段是富含 AT 的 11bp 序列，共有序列（A/T）TTTATRTTT（A/T）。

复制起始过程分两个阶段：在细胞周期 G_1 期，ORC 识别并结合复制起点，ORC 募集 Cdc6、Cdt1，三者共同募集 DNA 解旋酶/MCM2-7 复合物，组装成**复制前复合物**（pre-RC）。进入 S 期后，细胞周期蛋白激酶复合物 cyclin A-CDK2 催化 Cdc6、Cdt1 磷酸化，依赖 Dbf4 的蛋白激酶（DDK，Dbf4-Cdc7 二聚体）催化 MCM 磷酸化，RPA、DNA 聚合酶 δ/ε、DNA 聚合酶 α、RFC、PCNA 依次结合，启动 DNA 复制。

（五）端粒合成与复制终止

真核生物与原核生物 DNA 复制的另一显著区别是在终止阶段，真核生物 DNA 复制终止涉及端粒合成。

1971 年，Olovnikov 注意到：既然真核生物的染色体 DNA 为线性结构，那么在复制时，后随链 5′ 端切除 RNA 引物之后会留下短缺，无法由 DNA 聚合酶催化补齐。如果任其存在，随着细胞的每一次分裂，DNA 的每一轮复制，DNA 双链会越来越短（图 2-18）。

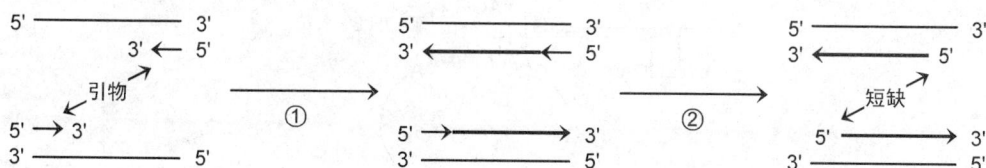

图 2-18　染色体 DNA 复制时末端短缺

1978 年，Blackburn 发现真核生物线性 DNA 末端存在端粒结构；1984 年，Blackburn 和 Greider 发现了端粒酶，从而阐明端粒具有特殊的合成机制。Blackburn、Greider 和 Szostak 因发现端粒和端粒酶并阐明其对染色体 DNA 的保护作用而获得 2009 年诺贝尔生理学或医学奖。

1. 端粒结构　端粒是一种短串联重复序列，人端粒新生链（后随链）重复单位是 CCCTAA，模板重复单位是 TTAGGG。复制后端粒的后随链模板长出，所以形成 3′ 端突出结构。

2. 端粒功能　端粒的功能是保持染色体结构的独立性和稳定性，从而在染色体 DNA 复制和末端保护、染色体定位、细胞寿命控制等方面起作用。研究表明：体细胞染色体 DNA 的端粒会随着细胞分裂而缩短。当端粒缩短到一定程度时，细胞会停止分裂。因此，端粒起细胞分裂计数器的作用，其长度能反映细胞分裂的次数。

3. 端粒酶　端粒是由端粒酶催化合成的。**端粒酶**（telomerase）的化学本质是含一段 RNA 的核蛋白。人端粒酶 RNA 长 451nt，含 CCCUAA 序列，恰好可以作为模板，指导合成其端粒的后随链模板 DNA。因此，端粒酶是一种自带 RNA 模板的特殊逆转录酶。

4. 端粒合成　①端粒酶结合于端粒后随链模板的 3′ 端，以端粒酶 RNA 为模板，催化合成端粒后随链模板一个重复单位。②端粒酶前移一个重复单位。③重复合成、前移（图 2-19）。端粒合成到一定长度之后，端粒酶脱离，端粒后随链模板末端可能回折，引导合成新生链填补短缺，由 DNA 聚合酶催化。

端粒的长度反映端粒酶的活性。端粒酶分布广泛，在生殖细胞、干细胞和 85% ~ 90% 的肿瘤细胞（如 Hela 细胞）中活性较高，这些细胞染色体 DNA 的端粒也一直保持着一定的长度；而其他体细胞内端粒酶活性很低，因此其染色体 DNA 的端粒随着细胞分裂进行性地缩短，成为导致器官功能减退的原因之一。

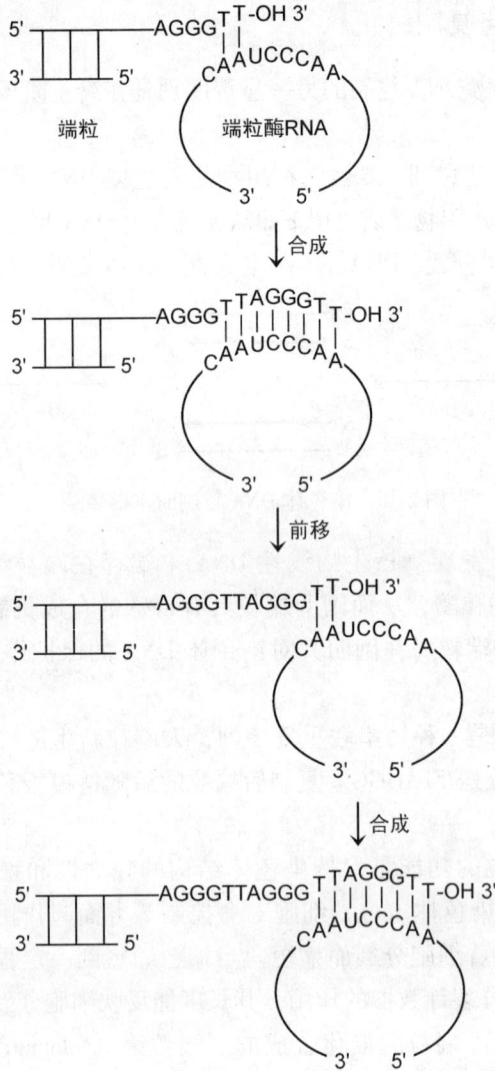

图 2-19　端粒合成

二、线粒体 DNA

人体的一个线粒体多数含 2～10 个线粒体 DNA 拷贝，每个拷贝含 16569bp，编码 2 种 rRNA（12S rRNA 和 16S rRNA）、22 种 tRNA（转运 20 种氨基酸，其中转运 Leu 和 Ser 的 tRNA 各有 2 种）和 13 种蛋白质（每种约 50AA，分别是呼吸链复合体 Ⅰ、Ⅲ、Ⅳ、Ⅴ 的 7、1、3、2 条肽链）。

绝大多数线粒体 DNA（mtDNA）为闭环结构，一股链含较多的嘌呤碱基，浮力密度较大，称为 H 链（heavy chain，重链）；另一股链含较多的嘧啶碱基，浮力密度较小，称为 L 链（light chain，轻链）。两股链的复制起点错位分布，相隔距离是 mtDNA 总长度的 1/3。

mtDNA 由 DNA 聚合酶 γ 催化复制：①从其亲代 L 链上的复制起点 ori^H 处解链，合成新生 H 链，并且是单向复制。②当合成达到 mtDNA 总长度的 2/3 时，亲代 H 链上的

复制起点 ori^L 暴露，指导合成新生 L 链（图 2-20）。

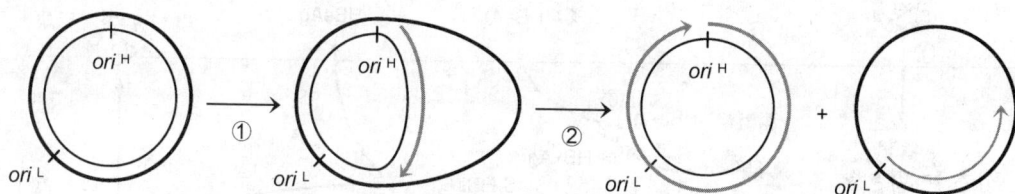

图 2-20　D 环复制

mtDNA 两股链的复制起点错位分布，两股链复制的起始时间不同，结束时间也不同，所以其复制是不对称的。这种复制的前期是以新生 H 链替换（displacement）亲代 H 链的过程，并且亲代 H 链的游离结构好比字母 D，所以这种复制被形象地称为 **D 环复制**（D-loop replication）。

第四节　病毒 DNA 的复制合成

病毒 DNA 的复制机制由其基因组特征和宿主 DNA 复制系统共同决定。

一、病毒 DNA

多数 DNA 病毒的基因组为双链环状 DNA 分子，其复制是在细胞核内由宿主细胞的 DNA 复制系统完成的。不同病毒 DNA 的复制过程不尽相同，现以乙型肝炎病毒（HBV）为例介绍。

1. **HBV 基因组**　是由两股不等长 DNA 链构成的非闭环双链 DNA：长链 L 为**负链 DNA**（模板链，转录产物为**正链 RNA**，可以指导蛋白质合成，第三章，58 页），以 DNA（－）表示；短链 S 为**正链 DNA**（编码链，有的可以转录，转录产物为**负链 RNA**，属于反义 RNA，第五章，114 页），以 DNA（＋）表示。

2. **HBV 复制机制**　①HBV 感染肝细胞（感染机制尚未阐明，候选受体是转铁蛋白受体、肝细胞内联蛋白、去唾液酸糖蛋白受体），核衣壳进入细胞质。②HBV-DNA 脱去衣壳，通过核孔进入细胞核。③肝细胞 DNA 聚合酶催化填补缺口，形成闭环 DNA（cccDNA），可进行不依赖染色体的独立复制。④以 HBV-DNA 负链为模板，在肝细胞 RNA 聚合酶Ⅱ的催化下合成四种 mRNA，其中包括前基因组 RNA（pgRNA）。⑤在内质网合成包膜蛋白（HBsAg）。⑥在细胞质合成 HBcAg（及分泌型 HBeAg）、DNA 聚合酶（POL，有逆转录酶活性）及 X 蛋白（HBxAg）。⑦前基因组 RNA 与 HBcAg、DNA 聚合酶等形成核衣壳，并逆转录合成负链 cDNA。⑧复制不等长非闭环双链基因组 DNA。⑨在内质网、高尔基体内形成 Dane 颗粒并释放，同时有 HBsAg 构成的小球形颗粒和纤维状颗粒形成并释放（图 2-21）。

3. **病毒 DNA 合成抑制剂**　①阿昔洛韦（acyclovir，由 1988 年诺贝尔生理学或医学奖获得者 Elion 发明）：鸟苷类似物，属于前药（prodrug），被病毒感染的细胞摄取之后，被病毒胸苷激酶（TK）磷酸化成三磷酸化产物 acyclo-GTP，然后通过两种机制抑制病毒 DNA 合成：一种是竞争性抑制

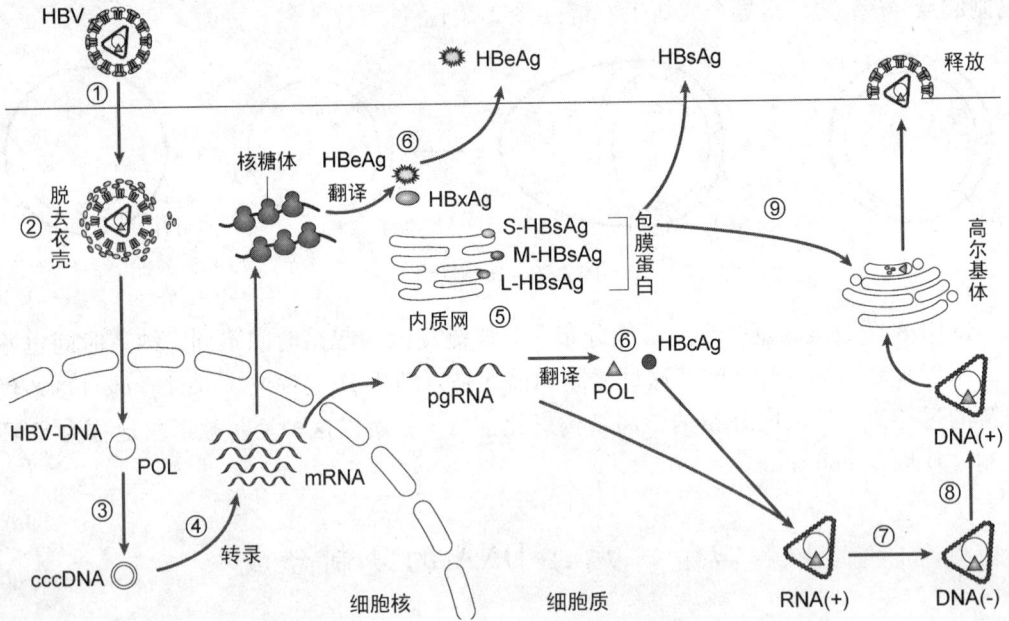

图 2-21　乙型肝炎病毒生命周期

病毒 DNA 聚合酶；另一种是掺入病毒 DNA，抑制延伸。阿昔洛韦可用于治疗单纯疱疹病毒（HSV）、水痘带状疱疹病毒（VZV）等的感染。②拉米夫定（lamivudine）：胞苷类似物，属于前药，其三磷酸化产物抑制乙型肝炎病毒（HBV）的 DNA 聚合酶、艾滋病病毒（HIV-1、HIV-2）的逆转录酶，但也抑制细胞的 DNA 聚合酶。

二、噬菌体 DNA

不同噬菌体 DNA 的复制方式不尽相同，这里介绍滚环复制：闭环 DNA 复制时有一股链被切断，形成的 5′端被甩出，3′端由 DNA 聚合酶结合，以未切开的一股为模板延伸合成。当 3′端延伸合成时，5′端被连续甩出，好像环状模板在滚动，所以这种复制被形象地称为**滚环复制**（rolling circle replication）。

甩出的 DNA 链有两种状况（图 2-22）：①作为模板进行不连续复制，得到双链DNA，并按照基因组长度切割，两端连接成环，得到闭环 DNA，例如 λ 噬菌体。②按照基因组长度切割，两端连接成环，得到单链环状 DNA，例如 ΦX174 噬菌体和 M13 噬菌体。

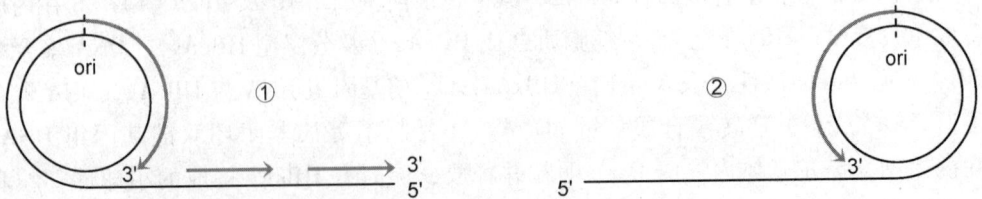

图 2-22　滚环复制

第五节　DNA 损伤与修复

DNA 聚合酶的校对功能可以保证 DNA 复制的保真性，对遗传信息在细胞增殖时的准确传递至关重要。不过，DNA 复制的保真性并不是万无一失的，虽然极少出错。此外，即使在非复制期间，DNA 也会受到各种因素损伤，损伤的可能是碱基、脱氧核糖、磷酸二酯键或一段 DNA。总之，DNA 的序列或结构会发生异常，甚至导致基因突变。这种突变会导致表型改变，一方面是物种进化的基础，另一方面又是个体患病甚至死亡的遗传因素。不过，在漫长的进化过程中，生物体已经建立了各种修复系统，可以修复 DNA 损伤，以保证生命的延续性和遗传的稳定性。

一、DNA 损伤

DNA 复制的保真性使生物体保持着遗传信息的稳定性。不过，稳定是相对的，变异是绝对的。变异即**基因突变**，其化学本质是 DNA 损伤，是指其碱基序列发生改变，导致细胞或病毒的基因型发生稳定的、可遗传的变化，这种变化有时导致基因表达产物功能的改变或缺失。

（一）损伤意义

DNA 损伤会导致基因突变，一方面有利于生物进化，另一方面又可能产生不利后果。

1. **突变是生物进化的分子基础**　遗传与变异是对立统一的生命现象。突变容易被片面理解成会危害生命，但实际上突变的发生在各种生物体内普遍存在，并且有其积极意义。有突变才有生物进化，没有突变就不会有生命世界的五彩缤纷。

2. **致死突变消灭有害细胞、个体**　致死突变（lethal mutation）发生在对生命过程至关重要的基因上，可以导致细胞死亡或个体夭亡，消灭有害病原体。例如短指（brachydactyly）是一种隐性致死突变，其纯合子个体会因骨骼缺陷而夭亡。

3. **突变是许多疾病的分子基础**　例如血友病、高血压、糖尿病、肿瘤等。

4. **突变是多态性的分子基础**　包括单核苷酸多态性等。

（二）损伤类型

DNA 损伤（DNA damage）是指 DNA 结构出现异常。DNA 损伤类型多种多样，其中有些损伤可以遗传，因此导致基因突变。

1. **错配**　错配（mismatch）会导致碱基置换（base substitution），即 DNA 链上的一个碱基对被另一个碱基对置换（图 2-23）。碱基置换有两种类型：①**转换**（transition），是嘧啶碱基之间或嘌呤碱基之间的置换，这种方式最常见。②**颠换**（transversion），是嘌呤碱基与嘧啶碱基的相互置换。

原序列: GGG AGT GTA CGT CAG ACC CCG <u>CCC</u> TAT AGC

          Gly Ser Val Arg Gln Thr Pro Pro Tyr Ser

错　配: GGG AGT GTA CGT CAG ACC CCG <u>TCC</u> TAT AGC

          Gly Ser Val Arg Gln Thr Pro <u>Ser</u> Tyr Ser

插　入: GGG AGT GTA CGT CAG ACC CCG <u>GCC</u> <u>C</u>TA TAG C

          Gly Ser Val Arg Gln Thr Pro <u>Ala</u> <u>Leu</u> <u>终止</u>

缺　失: GGG AGT GTA CGT CAG ACC CCG <u>CCT</u> ATA GC

          Gly Ser Val Arg Gln Thr Pro <u>Pro</u> <u>Ile</u>

图 2-23　错配、插入和缺失

　　从理论上讲，DNA 分子的每一个碱基位点都可能发生突变，但实际情况是不同位点发生突变的频率不同。某些位点的突变频率大大高于平均值（10 ~ 100 倍），这些位点被称为**突变热点**（hotspot of mutation），例如 5-mCpG 序列。

　　2. 插入和缺失　插入和缺失（indel）是指 DNA 序列中发生一个核苷酸或一小段核苷酸序列的插入和缺失。插入和缺失如果发生在编码区（第四章，77 页），且插入和缺失核苷酸的数目不是 3 的倍数，会导致突变位点下游的遗传密码全部发生改变，这种突变称为**移码突变**（frameshift mutation，图 2-23）；插入和缺失核苷酸的数目如果是 3 的倍数，则突变位点下游的遗传密码不会改变，这种突变称为**整码突变**（in-frame mutation）。

　　由一个碱基对的置换、插入和缺失所导致的突变统称**点突变**（point mutation）。如果编码区发生点突变，会导致遗传密码改变，有各种可能的结果：①成为终止密码子的称为**无义突变**（nonsense mutation），通常导致所编码蛋白质的功能完全失活。其中，成为终止密码子 UAA 的称为**赭石突变**（ochre mutation），成为终止密码子 UAG 的称为**琥珀突变**（amber mutation），成为终止密码子 UGA 的称为**乳白突变**（opal mutation）。②成为另一种氨基酸的密码子的称为**错义突变**（missense mutation）。③成为同一种氨基酸的另一种同义密码子的称为**同义突变**（synonymous mutation），占编码区错配的 50%。④一个碱基对的插入和缺失导致移码突变。

　　镰状细胞贫血是点突变致病的典型例子：患者血红蛋白 β 亚基基因的编码序列有一个点突变 A→T（腺嘌呤被胸腺嘧啶置换，全书同），使原来 6 号谷氨酸密码子 GAG 变成缬氨酸密码子 GTG（记作 Glu6Val，全书同）。

　　3. 重排　又称基因重排（gene rearrangement）、**DNA 重排**（DNA rearrangement）、**染色体易位**（chromosomal translocation），是指基因组中发生较大片段 DNA 的重新排布，但不涉及基因组序列的丢失与获得。重排发生在基因组中，可以在一个 DNA 分子中，也可以在两个 DNA 分子间。例如：Lepore 血红蛋白病就是重排的结果（图 2-24）。

　　4. 共价交联　例如：同一股 DNA 链上相邻的胸腺嘧啶发生共价交联，形成胸腺嘧啶二聚体。

　　5. 碱基丢失　一个体细胞基因组因热或酸破坏糖苷键，每日可丢失嘌呤碱基 5000 ~

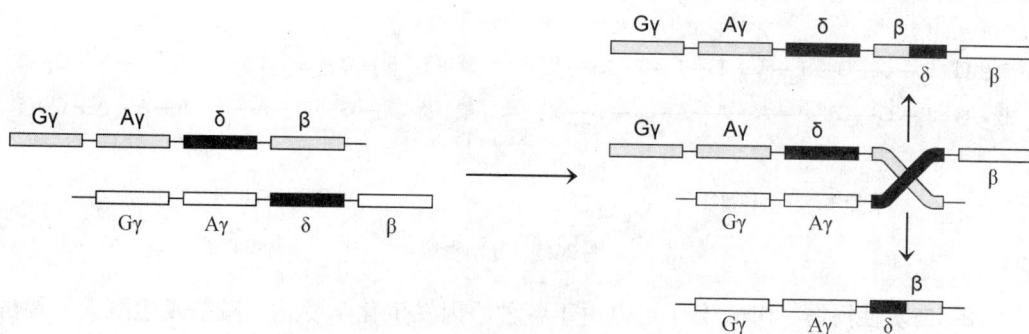

图 2-24 重排与 Lepore 血红蛋白病

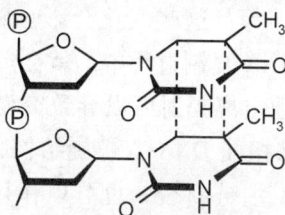

DNA胸腺嘧啶二聚体

10000 个，胞嘧啶非酶促脱氨基成尿嘧啶而被糖苷酶除去也达上百个，此外水解也导致嘧啶碱基丢失。

6. 主链断裂 电离辐射、自由基或某些化学试剂（例如博莱霉素）可以使磷酸二酯键断裂。

值得注意的是：绝大多数致病突变发生于编码区（其中 60% 为碱基置换，20% ~ 25% 为插入和缺失），仅有不到 1% 发生于调控序列。

（三）损伤因素

内部因素和外部因素都会引起 DNA 损伤。内部因素如复制错误、自发性损伤会导致自发突变（spontaneous mutation），特点是突变率相对稳定，例如细菌的碱基对突变率 $10^{-9} \sim 10^{-10}$/代，基因（1000bp）突变率 $10^{-5} \sim 10^{-6}$/代，基因组突变率 3×10^{-3}/代。人类基因突变率 $10^{-4} \sim 10^{-6}$/（生殖细胞·代），外部因素如物理因素、化学因素、生物因素会导致诱发突变（induced mutation）。

1. 复制错误 主要导致点突变。复制虽然高度保真，但错误在所难免。DNA 聚合酶选择核苷酸的错误率为 $10^{-4} \sim 10^{-5}$，经过 $3' \rightarrow 5'$ 外切酶活性校对降至 $10^{-6} \sim 10^{-8}$。

例如：DNA 复制时，由于 DNA 聚合酶偶尔"打滑"（slippage，又称复制滑脱，replication slippage），模板或新生链会发生核苷酸的"环出"现象。新生链环出会造成子二代 DNA 发生插入，而模板环出会造成子二代 DNA 发生缺失。发生复制滑脱的主要位点是重复序列，特别是短重复序列（图 2-25）。

新生链　5'—C—G—T—T　T—T—T—G—3'　　　　新生链　5'—C—G—T—T—T—T—T—G—3'

模　板　3'—G—C—A—A—A—A—A—C—5'　　　　模　板　3'—G—C—A—A　A—A—A—C—5'

①新生连环出导致插入　　　　　　　　　　　②模板环出导致缺失

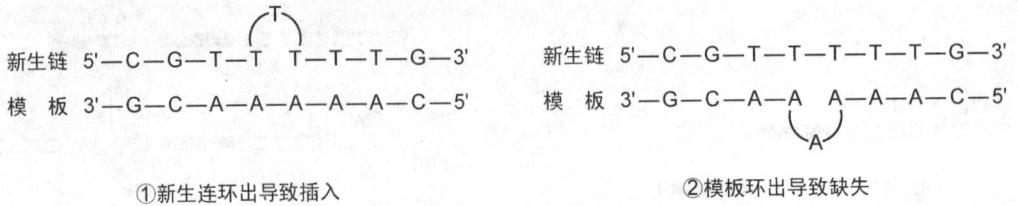

图 2-25　复制滑脱

2. 自发性损伤　DNA 分子可以由于各种原因发生化学变化。碱基发生酮式 – 烯醇式异构是导致自发突变的主要原因，此外还有碱基修饰、碱基脱氨基（一个人体细胞每日有 100 ~ 500 个胞嘧啶脱氨基成尿嘧啶）甚至碱基丢失（一个人体细胞每日有 5000 ~ 10000 嘌呤碱基从 DNA 上脱落）等。这些变化会影响碱基对氢键的形成，从而影响碱基配对。如果这些变化发生在 DNA 复制过程中，就会造成错配。

3. 物理因素　紫外线和其他电离辐射可以导致突变。紫外线通常使 DNA 链上相邻的胸腺嘧啶形成二聚体，在局部扭曲 DNA 双螺旋结构，阻断复制和转录。其他电离辐射例如 X 射线可以直接使 DNA 主链断裂，也可以作用于水而产生活性氧，间接导致 DNA 断链或碱基氧化。

4. 化学因素　碱基类似物、碱基修饰剂、烷化剂、染料、芳香化合物、黄曲霉毒素等许多诱变剂（mutagen）可以引起 DNA 损伤。

（1）碱基类似物：能在 DNA 合成时掺入 DNA。这些类似物容易发生异构，引起错配。所有碱基类似物引起的错配都是转换。例如：5-溴尿嘧啶（5-BU）是胸腺嘧啶的类似物，其酮式结构可与腺嘌呤配对，其烯醇式结构可与鸟嘌呤配对。因此，如果酮式 5-溴尿嘧啶替代胸腺嘧啶掺入 DNA，可以诱导 T→C 转换，结果碱基对 T-A 转换为 C-G；如果烯醇式 5-溴尿嘧啶替代胞嘧啶掺入 DNA，可以诱导 C→T 转换，结果碱基对 C-G 转换为 T-A。

（2）碱基修饰剂：通过修饰碱基改变碱基配对，例如亚硝酸盐、羟胺及活性氧等自由基。

亚硝酸盐能使腺嘌呤脱氨基成次黄嘌呤，后者在 DNA 合成时与胞嘧啶配对，诱导 A→G 转换，结果碱基对 A-T 转换为 G-C；也能使胞嘧啶脱氨基成尿嘧啶，后者在 DNA 合成时与腺嘌呤配对，诱导 C→T 转换，结果碱基对 C-G 转换为 T-A。

羟自由基氧化鸟嘌呤生成 8-氧鸟嘌呤，后者在 DNA 合成时与腺嘌呤配对，诱导 G→T 颠换，结果碱基对 G-C 颠换为 T-A。

（3）烷化剂：例如氮芥类（环磷酰胺、苯丁酸氮芥、苯丙氨酸氮芥）、硫芥、硫酸二甲酯、磺酸酯类、环氧化物类（环氧乙烷，苯并芘、黄曲霉素转化产物）、卤代烃（溴代甲烷）。

烷化剂是极强的诱变剂，它们带有一个或多个活性基，可以将 DNA 碱基烷基化，烷基化反应主要发生在鸟嘌呤的 N-7 位上。①烷基化鸟嘌呤不稳定，容易水解脱落，从而在主链上留下一个脱氧核糖残基，这种无嘌呤（或无嘧啶）位点称为 AP 位点（apurinic or apyrimidinic site），它会改变碱基配对性质，或者干扰 DNA 合成，例如导致缺失。②烷化剂还能使鸟嘌呤交联成二聚体，或者使 DNA 双链交联。交联 DNA 无法修复，因而烷化剂毒性较大，能引起细胞癌变，导致肿瘤发生。

有些烷化剂因为能选择性杀死肿瘤细胞而用于治疗恶性肿瘤，例如氮芥类、氮丙啶类、亚硝基脲类、环氧化物类。

S-腺苷甲硫氨酸是重要的内源性烷化剂，通过与 DNA 碱基发生非酶促反应，每日可在一个细胞内形成 4000 个 7-甲基鸟嘌呤、600 个 3-甲基腺嘌呤、10~30 个 O^6-甲基鸟嘌呤。

（4）染料：原黄素、吖啶黄、吖啶橙、溴化乙锭等化合物具有扁平芳香环结构，可以嵌入双链 DNA 相邻碱基对之间，所以称为嵌入染料（intercalative dye）。它们与碱基对大小相当，嵌入之后会造成复制滑脱，发生插入和缺失，从而导致移码突变。

5. 生物因素　病毒 DNA 的整合等可以改变基因结构，或者改变基因表达活性。

二、DNA 修复

虽然 DNA 损伤导致的基因突变是生物进化的分子基础，但对个体而言绝大多数突变都是有害的。一个细胞一般只有一套或两套基因组 DNA，并且 DNA 分子本身是不可替换的，所以一旦受到损伤必须及时修复，以保持遗传信息的稳定性和完整性。目前研究得比较清楚的 DNA 修复机制有错配修复、直接修复、切除修复、重组修复和易错修复等。其中，错配修复、直接修复和切除修复发生在 DNA 复制过程之外，是准确修复；重组修复和易错修复发生在 DNA 复制过程之中，不能完全修复 DNA 损伤。

考虑到 DNA 复制错配率（10^{-6}）及我们一生中细胞分裂次数（10^{16}），则一生中我们基因组（3×10^9 bp）的每个碱基对平均至少会发生 2 次自发突变。如果再考虑到其他因素诱发突变，在离世之际我们的基因组当面目全非了。当然事实并非如此，这要感谢我们的 DNA 修复系统，可以将错配率降至 $10^{-10} \sim 10^{-11}$。

（一）错配修复

错配修复（mismatch repair）是指在 DNA 复制完成之后，在模板序列的指导下对新生链上的错配碱基进行修复。错配修复系统可以修复离 GATC 序列 1kb 以内的错配碱基，将复制精度提高 $10^2 \sim 10^3$ 倍。

1. 模板识别　错配修复的关键是识别构成子代 DNA 双链的模板和新生链，然后才可以根据模板序列修复新生链上的错配碱基。大肠杆菌通过寻找模板上的甲基标志来识别模板和新生链。大肠杆菌的 Dam 甲基化酶可以将其 DNA 的全部 G<u>A</u>TC 序列中的 <u>A</u> 甲基化成 N^6-mA（N^6-甲基腺嘌呤）。在 DNA 复制过程中，新生链只有几秒钟至几分钟时间保持未甲基化状态，之后便被甲基化。因此，错配修复系统就在这短暂的时间内识别模板和新生链，并根据甲基化模板的序列对新生链的错配碱基进行修复（图 2-26）。

2. 修复机制　大肠杆菌由错配修复蛋白扫描错配并进行修复（表 2-6）。

表 2-6　大肠杆菌 K-12 错配修复蛋白

错配修复蛋白	亚基大小（AA）	功能
MutL	615	有 ATPase 活性，参与错配识别
MutS	853	有很弱的 ATPase 活性，参与错配识别，募集内切核酸酶
MutH	228	位点特异性内切核酸酶，切割未甲基化 GATC
MutU（DNA 解旋酶Ⅱ，UvrD）	720	有 ATPase 活性和 DNA 解旋酶活性，参与错配修复和核苷酸切除修复

（1）扫描：①错配修复蛋白 MutL 与 MutS 形成复合物，结合于错配位点。MutL-

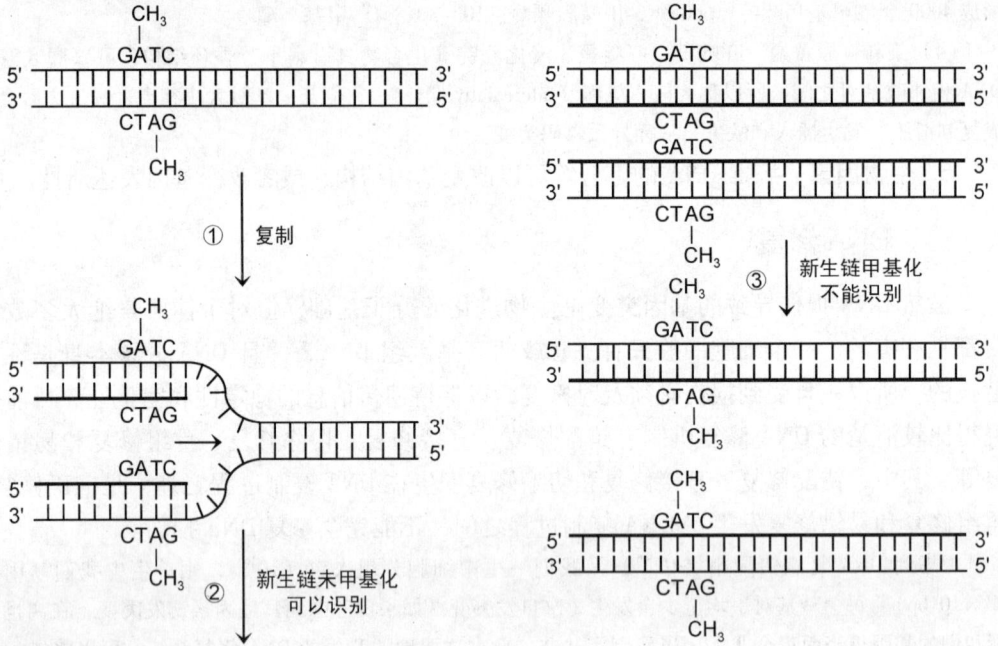

图 2-26　模板识别

MutS 复合物可以结合除 C-C 之外的任何错配碱基对。②MutL-MutS 复合物在错配碱基两侧寻找较近的一个 GATC 序列，形成 DNA 环。③错配修复蛋白 MutH 与 MutL 结合。MutH 蛋白具有位点特异性内切核酸酶活性，催化新生链未甲基化 GATC 序列中 G 的 5′端磷酸二酯键水解，形成切口（图 2-27）。

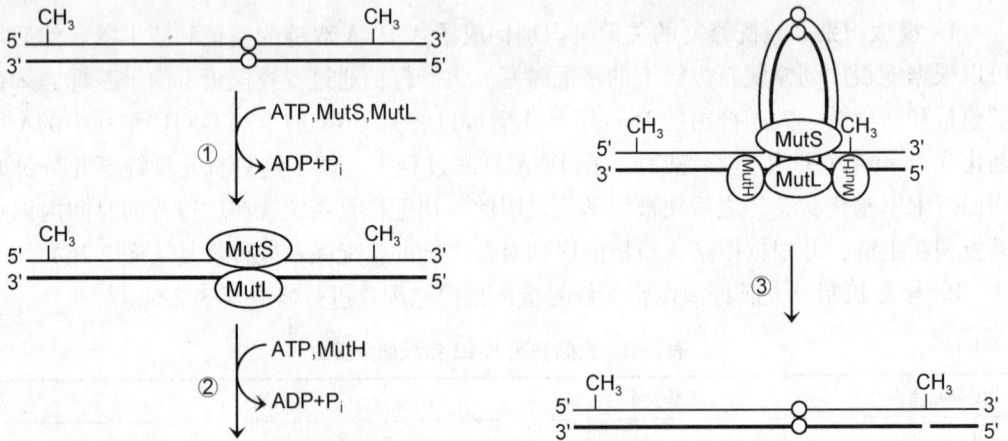

图 2-27　大肠杆菌错配扫描

（2）修复：①MutH 在错配碱基的 5′侧或 3′侧切割 GATC 序列，形成切口。②解旋酶 MutU 从切口处解旋 DNA，相应的外切核酸酶（Exo I、Ⅶ、X 或 RecJ）沿 3′→5′方向或 5′→3′方向降解含错配碱基的片段，形成缺口。③DNA 聚合酶Ⅲ合成 DNA 填补缺口。④DNA连接酶连接切口，完成修复。

真核生物也存在错配修复系统，修复机制与大肠杆菌类似，需要 DNA 聚合酶 δ 参与。

（二）直接修复

直接修复（direct repair）是指不切除损伤碱基或核苷酸，直接将其修复，例如嘧啶二聚体的光修复和烷基化碱基的去烷基化修复。

1. 光修复　嘧啶二聚体有多种修复机制，其中光修复是高度特异的直接修复方式，由 DNA 光裂合酶催化进行。大肠杆菌 **DNA 光裂合酶**（DNA photolyase，472AA，单体酶，以 FAD、N^5,N^{10}-次甲基四氢叶酸为辅助因子）被 $300 \sim 600nm$ 可见光激活之后可以催化嘧啶二聚体解聚。DNA 光裂合酶分布很广，从低等单细胞生物到鸟类都有，不过有胎盘哺乳动物没有。

2. 去烷基化修复　有些酶可以识别 DNA 中的修饰碱基。例如：大肠杆菌 O^6-甲基鸟嘌呤-DNA 甲基转移酶（MGMT，171AA，单体酶）可以识别 O^6-甲基鸟嘌呤（O^6-mG，会与胸腺嘧啶配对），并且直接将其 O^6-甲基转移到酶蛋白 Cys139 的巯基上。此外，该酶还可以同样机制转移 O^4-甲基胸腺嘧啶（O^4-mT）的 O^4-甲基。

（三）切除修复

切除修复（excision repair）是指将一股 DNA 的损伤片段切除，然后以其互补链为模板，合成 DNA 填补缺口，将其修复。切除修复是细胞内最普遍的修复机制。原核生物和真核生物都有核苷酸切除修复系统和碱基切除修复系统，以核苷酸切除修复系统为主。两套系统都包括两个步骤：①由特异性核酸酶寻找损伤部位，切除损伤片段。②合成 DNA 填补缺口。

1. 核苷酸切除修复　当 DNA 存在影响其双螺旋结构的损伤（例如嘧啶二聚体、烷基化碱基）时，核苷酸切除修复系统可以将其修复。核苷酸切除修复系统的关键酶是**切除核酸酶**（excinuclease）。大肠杆菌的切除核酸酶 UvrABC（又称 UvrABC 修复体系）由 UvrA、UvrB、UvrC 构成（表 2-7）。它不同于一般的内切核酸酶，可以同时切割损伤位点 3′侧的第 4~5 个磷酸二酯键和 5′侧的第 8 个磷酸二酯键，释放 DNA 片段，从而形成一个 12~13nt 的缺口。真核生物切除核酸酶与大肠杆菌的基本功能一样，但特异性不同，是同时切割损伤位点 3′侧的第 6 个磷酸二酯键和 5′侧的第 22 个磷酸二酯键，结果形成一个 24~32nt 的缺口。

表 2-7　大肠杆菌 K-12 切除核酸酶 UvrABC

亚基	亚基大小（AA）	功能
UvrA	940	具有 ATPase 活性和 DNA 结合活性，与 UvrB 形成 $UvrA_2B_2$，扫描寻找损伤位点
UvrB	672	在损伤位点形成 UvrB-DNA 前剪切复合体，募集 UvrC 组装剪切复合体
UvrC	610	含 N 端活性中心和 C 端活性中心，分别切割损伤位点 3′侧和 5′侧

大肠杆菌核苷酸切除修复机制：①$UvrA_2B_2$ 扫描损伤位点，UvrA 脱离，UvrB 募集

UvrC 水解损伤位点两侧特定的磷酸二酯键，形成两个切口。②UvrD（即 MutU，又称 DNA 解旋酶Ⅱ）协助释放损伤片段，形成缺口。③DNA 聚合酶Ⅰ以互补链为模板，催化合成 DNA 片段，填补缺口，由 DNA 连接酶连接切口（图 2-28）。真核生物核苷酸切除修复机制与大肠杆菌类似，只是参与修复的酶及其他蛋白质更多、更复杂，其中催化合成 DNA 片段填补缺口的是 DNA 聚合酶 δ、ε。

2. **碱基切除修复**　含一个异常碱基的 DNA 可以由 DNA 糖苷酶（DNA glycosidase，又称 DNA 糖基化酶，DNA glycosylase）介导切除修复。①大肠杆菌有几十种 DNA 糖苷酶，每一种都特异识别并切割一种异常核苷酸的糖苷键，释放异常碱基，结果在 DNA 主链上形成 AP 位点。②大肠杆菌 **AP 核酸内切酶**（AP endonuclease，又称 **AP 裂合酶**，有的同时有外切核酸酶活性，如 AP 核酸内切酶Ⅵ；有的同时有 DNA 糖苷酶活性，如 AP 核酸内切酶 MutM）催化 AP 位点的磷酸二酯键断裂（3′侧或 5′侧都有可能，与 AP 核酸内切酶种类有关），形成切口。③大肠杆菌 DNA 聚合酶Ⅰ（独自或联合外切核酸酶）通过切口平移合成 DNA 片段，DNA 连接酶连接切口（图 2-29）。真核生物则由 DNA 聚合酶 β、ι 或 λ 催化合成 DNA 片段，DNA 连接酶连接切口。

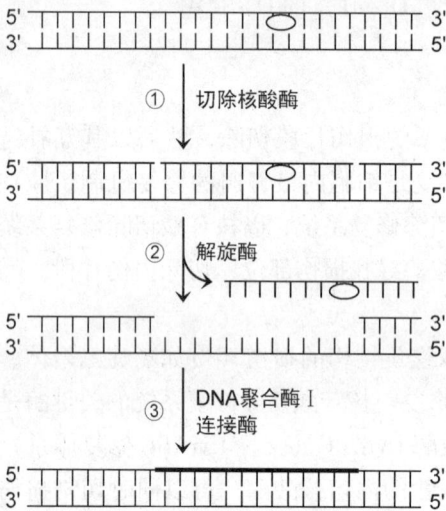

图 2-28　核苷酸切除修复

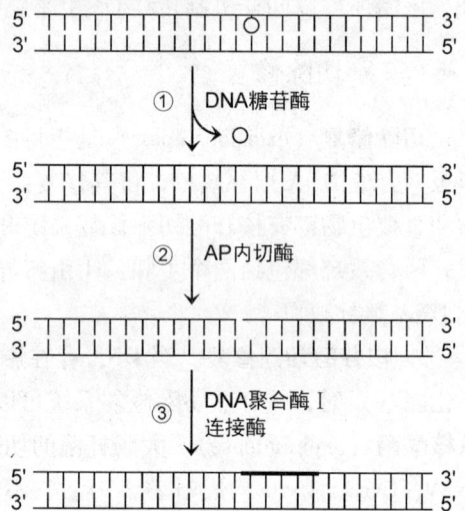

图 2-29　碱基切除修复

（四）重组修复

DNA 复制过程中有时会遇到尚未修复的 DNA 损伤，可以先复制再修复。此修复过程中有 DNA 重组（第六节，48 页）发生，因此被称为**重组修复**（recombinational repair）。

在有些损伤部位，复制酶体系无法根据碱基互补配对原则合成新生链，可以通过图 2-30 所示的重组修复机制进行复制，由重组酶 RecA（352AA）和外切核酸酶Ⅴ（又称 RecBCD 复合体，为三聚体，RecB、RecC、RecD 分别含 1180AA、1122AA、608AA）等催化。复制完成时，损伤并未得到修复，可以通过切除修复机制进行修复。

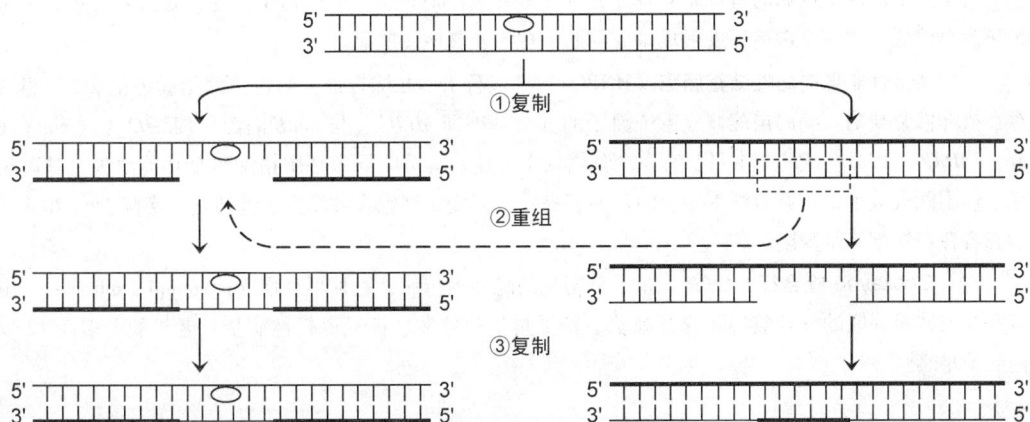

图 2-30　重组修复机制

（五）易错修复

DNA 修复系统的修复能力与 DNA 的损伤程度相关。DNA 损伤严重时会激活与 DNA 修复有关的基因，这一现象被称为 **SOS 应答**（SOS response）。SOS 应答产生两类效应：①诱导其他修复系统基因的表达，从而提高修复能力。②启动易错修复系统。

大肠杆菌易错修复系统的核心是 DNA 聚合酶Ⅳ和Ⅴ。DNA 聚合酶Ⅳ和Ⅴ都没有校对功能，复制错配率高达 10^{-3}。它们能催化有损伤 DNA 模板的复制，称为跨损伤复制（translesion replication）。

跨损伤复制是对 DNA 损伤严重的一种应激应答，特点是保真性降低、突变率大增。跨损伤复制只在复制叉推进过程中遇到 DNA 损伤而无法正常完成复制时才启动。其本质是 DNA 聚合酶Ⅳ和Ⅴ不严格执行碱基互补配对原则，而是随机连接核苷酸。这种机制虽然使复制得以进行下去，但是会形成较多错配，发生较多突变，所以被称为**易错修复**（error-prone repair）。

易错修复虽然最终会杀死一些细胞，但毕竟使另一些细胞得以生存。这种以发生突变为代价的修复似为无奈之举，但对突变体来讲是值得的。

真核生物有多种 DNA 聚合酶催化跨损伤复制，并且它们有一定的校对功能。例如：所有真核生物都有 DNA 聚合酶 η，它催化嘧啶二聚体的跨损伤复制，这种复制极少发生突变，因为 DNA 聚合酶 η 恰好优先选择连接腺苷酸。

三、DNA 修复与疾病

损伤后果取决于 DNA 的损伤程度和细胞的 DNA 修复能力。如果细胞不能修复 DNA，就会因基因功能异常而发生疾病。一些遗传病和肿瘤等就与 DNA 损伤修复机制缺陷有关。

着色性干皮病（XP）　是一种常染色体隐性遗传病，患者存在 DNA 修复缺陷，特别是核苷酸切除修复系统缺陷，不能修复由紫外线照射造成的表皮细胞 DNA 损伤，特别是嘧啶二聚体，导致高突变率。着色性干皮病的特征是对日光尤其是紫外线特别敏感，易被晒伤，皮肤暴露部分形成大量黑斑甚至溃烂，常在学龄前即发展成基底细胞上皮瘤及其他皮肤癌。

　　🔖 **遗传性非息肉病性结直肠癌**（HNPCC）　又称 Lynch 综合征，约占全部结肠癌的 2%。患者存在错配修复缺陷。编码错配修复系统因子的五个基因即 *MLH1*（与 *mutL* 同源）、*MSH2*（与 *mutS* 同源）、*MSH6*、*PMS1*、*PMS2* 中只要有一个基因发生突变，就可能导致细胞错配修复功能缺失，基因组稳定性不能有效维护，调节细胞生长的基因容易发生突变，细胞容易发生恶性转化。实际上约 20% 肿瘤患者存在错配修复缺陷。

　　🔖 **Cockayne 综合征**（CS）　是一种罕见的隐性遗传病，一种早衰症（progeroid syndrome），患者存在与转录偶联的核苷酸切除修复缺陷，特征是生长停滞、神经退行性病变、老年貌，多在 12 岁前死于早衰。

第六节　DNA 重组

　　基因组中或基因组间发生遗传信息的重新组合，被称为 **DNA 重组**（DNA recombination），其中发生在基因组中的 DNA 重组又称 DNA 重排。DNA 重组在各类生物都有发生。真核生物 DNA 重组多发生在减数分裂时同源染色体之间的交换环节。细菌及噬菌体的基因组为单倍体，其 DNA 可以通过多种方式进行重组。

　　DNA 重组的方式复杂多样，目前研究得比较明确的有同源重组、位点特异性重组、DNA 转座。不同方式的 DNA 重组具有不同的生物学意义，概括如下：①参与 DNA 复制。②参与 DNA 修复。③参与基因表达调控。④在真核细胞分裂时促进染色体正确分离。⑤维持遗传多样性。⑥在胚胎发育过程中实现程序性基因重排。

一、同源重组

　　同源重组（homologous recombination）是指发生在两段同源序列之间的 DNA 片段交换。两段同源序列既可以完全相同，也可以存在差异，既可以位于两个 DNA 分子上，也可以位于一个 DNA 分子中。真核生物的同源染色体交换及姐妹染色单体交换、细菌的转导和转化、噬菌体的重组都属于同源重组。目前有多种模型阐述同源重组机制，这里介绍其中两种。

（一）Holliday 模型

Holliday 于 1964 年提出 **Holliday 模型**，将同源重组分为四个阶段（图 2-31）。

1. 同源序列配对。

2. 形成 Holliday 结构，即两段同源序列的单股同源 DNA 的同一磷酸二酯键被水解（①），同源末端交换（②），连接（③），形成 **Holliday 结构**（Holliday structure，又称 **Holliday 连接体**）。

3. 形成异源双链 DNA，即 Holliday 结构发生分支迁移，形成异源双链 DNA（heteroduplex DNA，④。⑤~⑦结构同④，只是适当变形，以便理解接下来的两种解离方式）。

4. Holliday 结构解离，即两段同源序列的单股同源 DNA 的同一磷酸二酯键被水解，Holliday 结构解离，连接切口，形成**重组体**。水解位点不同，所得到的重组体也就不同：

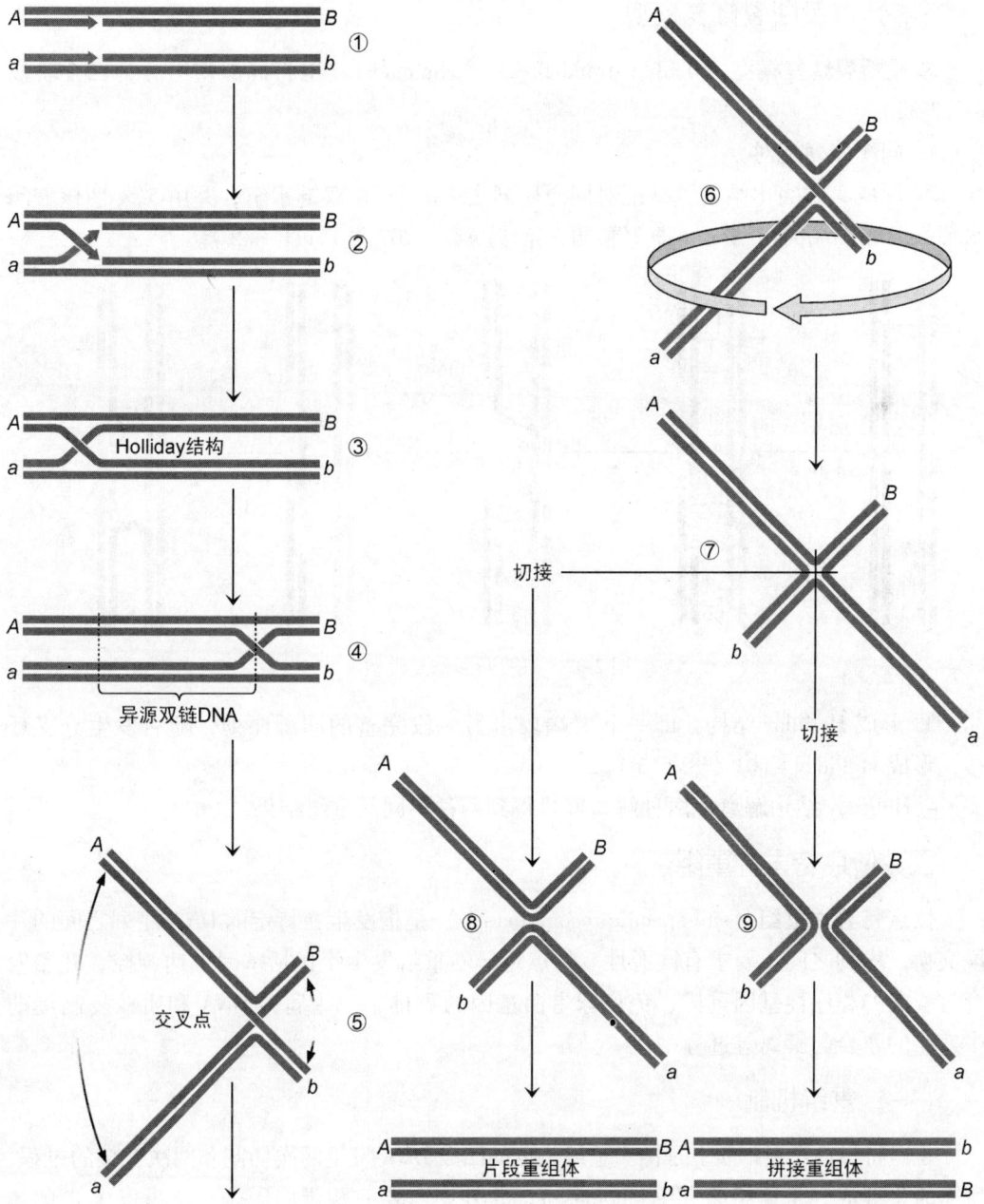

图 2-31　Holliday 模型

（1）两次水解的是同股 DNA（⑧），形成**片段重组体**（patch recombinant）。这种重组未发生实质性交换，依然是 *A-B*、*a-b*。

（2）两次水解的是异股 DNA（⑨），形成**拼接重组体**（splice recombinant）。这种重组发生了实质性交换，产物是 *A-b*、*a-B*。

大肠杆菌 Holliday 结构的解离由解离酶（resolvase）RuvC 催化。RuvC 是同二聚体，每个亚基含 172AA。

（二）双股断裂修复模型

双股断裂修复模型（double-strand break repair model）也将同源重组分为四个阶段（图 2-32）。

1. 同源序列配对。

2. 形成 3′端突出结构，即配对同源序列之一的 DNA 双链水解，并由 5′外切核酸酶水解，形成 3′端突出结构（即 3′黏端，第十一章，207 页）（①～②）。

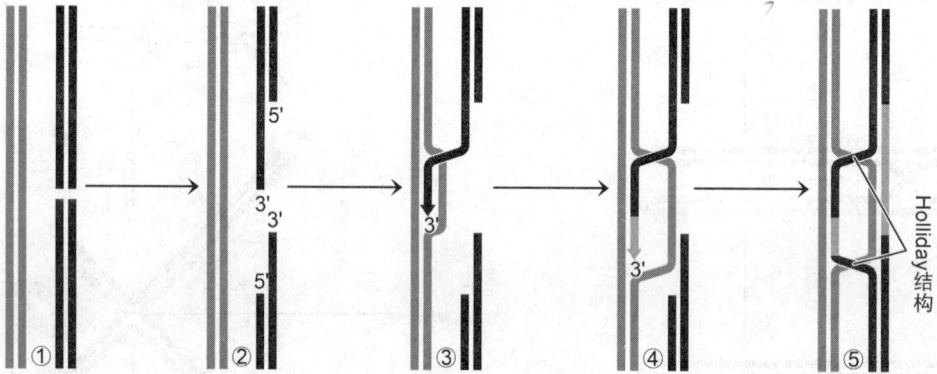

图 2-32　双股断裂修复模型

3. 形成 Holliday 结构，即一个 3′端攻击另一段完整的同源序列，随后发生分支迁移，形成 Holliday 结构（③～⑤）。

4. Holliday 结构解离，两种解离方式得到两种不同的重组结果。

二、位点特异性重组

位点特异性重组（site-specific recombination）是指发生在特定的 DNA 序列之间的片段交换，序列之间不要求有同源性。位点特异性重组发生于包括基因表达调控、胚胎发育过程中的程序性基因重排、免疫球蛋白基因的重排、一些病毒 DNA 和质粒复制周期中发生的整合与解离等过程中。

（一）重组机制

位点特异性重组本质上是两个重组位点的四股 DNA 发生两次切割和两次连接的过程，所需的关键成分是**重组酶**（recombinase），此外还需要一些蛋白因子。这里以 λ 噬菌体 DNA 与大肠杆菌 DNA 整合而进入溶原状态为例，介绍位点特异性重组机制（图 2-33）。

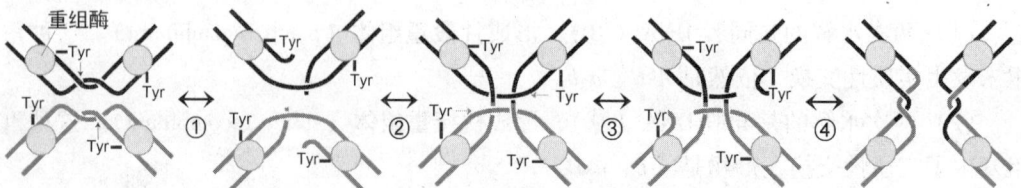

图 2-33　位点特异性重组机制

1. 第一次切割　重组酶（又称 λ 噬菌体整合酶，integrase，356AA，由 λ 噬菌体基因组编码）四聚体与两个重组位点（λ 噬菌体重组位点 *attP* 和大肠杆菌重组位点 *attB* 有 15bp 相同的核心序列）结合，切断两个重组位点一股 DNA 特定的磷酸二酯键，形成两个切口，切口 3′ 端的磷酸基与重组酶活性中心 Tyr342 的羟基以磷酸酯键结合。

2. 第一次连接　两个切口的 5′ 端交换，与对方 3′ 端连接，形成 Holliday 结构。

3. 第二次切割　重组酶切断两个重组位点另一股 DNA 特定的磷酸二酯键，形成两个切口。切口 3′ 端的磷酸基与重组酶活性中心 Tyr342 的羟基以磷酸酯键结合。

4. 第二次连接　两个切口的 5′ 端交换，与对方 3′ 端连接，Holliday 结构解离。

有些位点特异性重组体系的两个重组位点的四股 DNA 可能同时切割，同时连接，并不形成 Holliday 结构。

（二）重组效应

位点特异性重组既可以发生在一个 DNA 分子中，也可以发生在两个 DNA 分子间。重组酶识别位点有方向性，所以重组时两个重组位点的排列有方向性。

1. 插入　当位点特异性重组发生在两个闭环 DNA 之间或一个闭环 DNA 与一个线性 DNA 之间时，重组的结果是 DNA 插入（即整合），并且插入之后在两端形成**同向重复序列**（DR，图 2-34①从下向上）。

2. 缺失　如果 DNA 分子中一个片段的两端存在同向重复序列，则该 DNA 分子可以通过位点特异性重组使该片段缺失，并且缺失片段成环（图 2-34①从上向下）。

3. 倒位　如果 DNA 分子中一个片段的两端存在**反向重复序列**（IR），则该 DNA 分子可以通过位点特异性重组使该片段倒位（图 2-34②）。

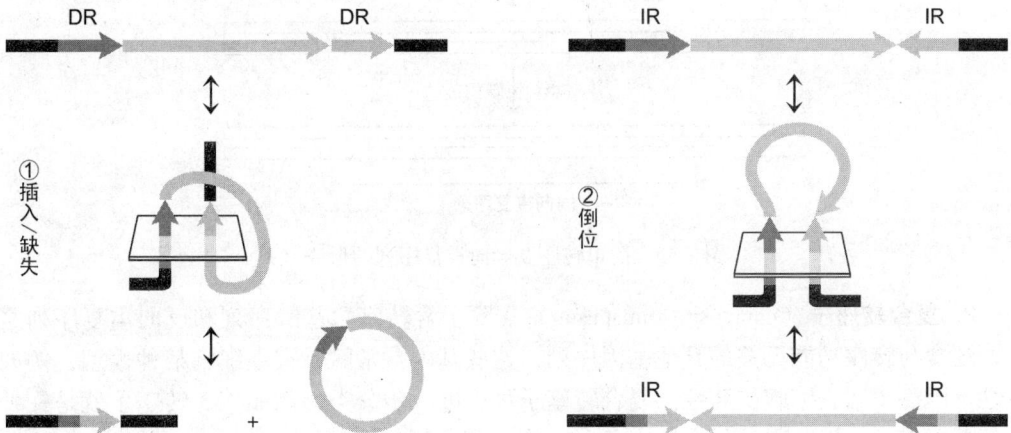

图 2-34　位点特异性重组效应

三、DNA 转座

1944 年，McClintock（1983 年诺贝尔生理学或医学奖获得者）在研究玉米基因时发现：有些 DNA 片段可以在染色体 DNA 中移动位置。现已阐明：基因组 DNA 中存在一些非游离的、能自复制或自剪切、并能以相同或不同拷贝在基因组中或基因组间移动位置的功能性片段，被称为**转座元件**（transposable element）。转座元件或其拷贝移动位置的现象称为**转座**（transposition）。大多数 DNA 转座对转座位点的选择既不要求有同源性，也不要求有特异性，几乎是随机的。

转座元件有很多种类，例如以下两类：①**转座子**（Tn）：最初称为**跳跃基因**（jumping gene），具有完整转座元件的功能特征，可携带内外源基因组片段（单基因或多基因），可表达出新的表型，由自己编码的**转座酶**（transposase）催化转座。②**逆转录转座子**又称**逆转录子**（retrotransposon，retroposon）：通过转录、逆转录进行转座的转座元件。这里介绍转座子及其转座。

（一）转座子

转座子在原核生物和真核生物中普遍存在。细菌有两类典型的转座子：简单转座子和复合转座子。

1. 简单转座子（simple transposon）　又称**插入序列**（IS），是结构最简单的转座子，长度为 700～1531bp，由转座酶基因序列和两端长度为 9～41bp 的反向重复序列构成，其中反向重复序列是转座酶识别位点（图 2-35）。

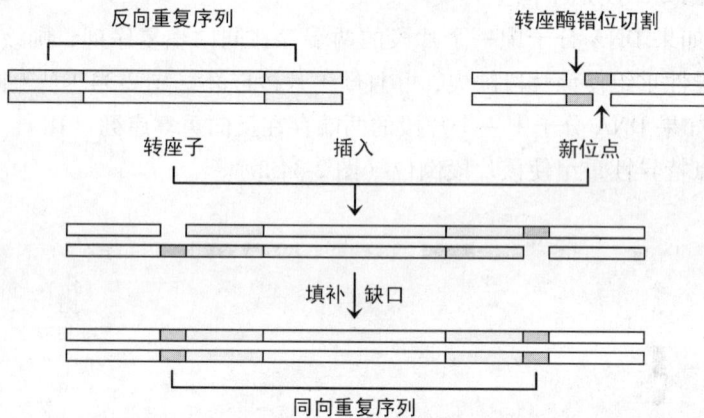

图 2-35　简单转座及同向重复序列的形成

2. 复合转座子（composite transposon）　除了含转座酶基因序列和反向重复序列之外，还含与转座功能无关的其他基因序列，这些基因常常赋予宿主细胞某种表型，例如抗性基因赋予宿主细胞抗药性。复合转座子可以进一步分类，例如 Tn3 转座子就是一种含氨苄青霉素抗性基因的复合转座子（第十一章，211 页）。

（二）转座机制

细菌转座子有两种转座机制：简单转座和复制转座。

1. 简单转座（simple transposition）　转座酶将转座子从原位点切下，插入被转座酶错位切割的转座位点，经过填补之后，两端形成短的同向重复序列（4～13bp）。原位点或被连接修复，或所属 DNA 被降解。降解通常是致死性的（图 2-35）。

2. 复制转座（replicative transposition） 在原位点与转座位点之间形成共整合体，包括以下步骤：①转座酶切割转座子两端，形成切口。②转座子的两个 3′-羟基错位攻击转座位点的两个 3′,5′-磷酸二酯键。③转座子与转座位点共价连接，转座子复制，形成**共整合体**（cointegrate，又称共合体）。④共整合体重组解离，原位点与转座位点各有一个转座子（图 2-36）。

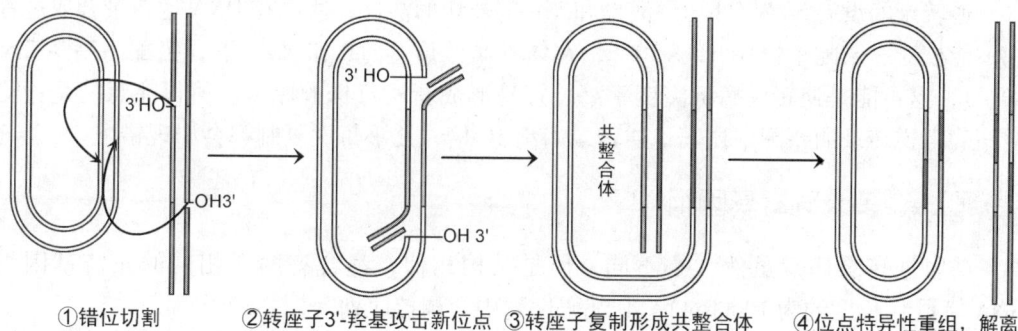

①错位切割　②转座子3′-羟基攻击新位点　③转座子复制形成共整合体　④位点特异性重组，解离

图 2-36　复制转座机制

（三）转座效应

DNA 转座可以影响转座位点基因的功能和活性：①转座位点位于编码序列内，转座子插入导致基因突变。②转座位点位于调控序列内，转座子插入影响基因表达。③在转座位点插入转座子基因，赋予新表型，例如抗药性。④链内复制转座后，转座子拷贝之间发生位点特异性重组，导致缺失或倒位。

第七节　DNA 的逆转录合成

逆转录（reverse transcription） 又称**反转录**，是以 RNA 为模板，以 dNTP 为原料，在逆转录酶的催化下合成 DNA 的过程。这是一个从 RNA 向 DNA 传递遗传信息的过程，与从 DNA 向 RNA 传递遗传信息的转录过程正好相反，所以称为逆转录。

一、逆转录酶

1970 年，Baltimore 和 Temin 发现致癌 RNA 病毒能以 RNA 为模板指导逆转录合成 DNA，所以这类病毒又称**逆转录病毒**（retrovirus）。

逆转录病毒的逆转录过程由逆转录酶催化进行。许多**逆转录酶**（reverse transcriptase）由 β、α 两个亚基构成，由逆转录病毒的 *pol* 基因编码。α 实际上是 β 的一个降解片段，例如艾滋病病毒（HIV-1）的逆转录酶由 p66、p51 构成，两者 N 端（又称氨基端）相同，只是 p66（560AA）比 p51（440AA）多了 C 端（又称羧基端）的 RNase H 结构域（p15，120AA）。逆转录酶有三种催化活性。

1. 逆转录活性 即 RNA 指导的 DNA 聚合酶活性，能以 RNA 为模板，以 5′→3′方向合成其**单链互补 DNA**（sscDNA），形成 RNA-DNA 杂交体。该合成反应需要引物提供

3′-羟基，该引物是逆转录病毒颗粒自带的 tRNA。

2. 水解活性 即 RNase H 活性，能内切降解 RNA-DNA 杂交体中的 RNA（所以命名为 RNase H，H：hybridation），获得游离的单链互补 DNA。

3. 复制活性 即 DNA 指导的 DNA 聚合酶活性，能催化复制单链互补 DNA，得到**双链互补 DNA**（dscDNA）。单链互补 DNA 和双链互补 DNA 统称**互补 DNA**（cDNA）。

逆转录酶没有 3′→5′外切酶活性和 5′→3′外切酶活性，所以在 DNA 逆转录合成过程中不能校对，错配率较高（2×10^{-4}，在体外高浓度 dNTP 和 Mg^{2+} 下，错配率高达 2×10^{-3}），这可能是逆转录病毒突变率高、容易形成新病毒株的原因。值得注意的是：艾滋病病毒逆转录酶错配率比其他逆转录酶高 10 倍，几乎每次复制都会出现错配。

二、逆转录病毒基因组

各种逆转录病毒虽然大小不同，但是结构相似，都含有两个相同的正链基因组 RNA 拷贝（长度约为 10000nt），其编码序列中含调控序列（图 2-37）。

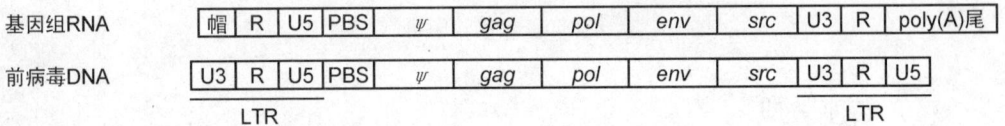

基因组RNA	帽	R	U5	PBS	ψ	gag	pol	env	src	U3	R	poly(A)尾

前病毒DNA	U3	R	U5	PBS	ψ	gag	pol	env	src	U3	R	U5

LTR   LTR

图 2-37 Rous 肉瘤病毒基因组

1. 翻译区 包括以下序列：①ψ——包装信号。②gag——编码四种衣壳蛋白。③pol——编码逆转录酶、蛋白酶和整合酶等。④env——编码病毒包膜蛋白，该包膜蛋白赋予病毒感染性和宿主特异性。此外，有些逆转录病毒基因组还携带癌基因，例如 Rous 肉瘤病毒（RSV）基因组携带癌基因 src。

2. 长末端重复序列 长度为几百 bp，包括以下序列：①U3——3′非翻译区（含启动子、增强子）。②R——重复序列（10~97nt，含加尾信号，参与整合）。③U5——5′非翻译区。仅前病毒 DNA 的长末端重复序列（LTR）是完整的，完整的长末端重复序列对前病毒 DNA 与宿主染色体 DNA 的整合以及整合之后的转录均起重要作用。

3. 5′帽结构与 poly(A)尾 是整合于宿主染色体 DNA 中的前病毒 DNA 在转录后加工时形成的（第三章，68 页）。

4. 引物结合位点(PBS) 位于 5′非翻译区下游。

5. 多嘌呤序列(PPT) 与 U3 相邻，富含嘌呤序列，例如 HIV-1 的 PPT 为 AAAA-GAAAAGGGGGG，可以抗 RNase H 降解，并作为第二股 cDNA 的引物。

三、逆转录过程

当逆转录病毒感染宿主细胞时，逆转录病毒脱去包膜（成为宿主细胞膜的一部分），其由基因组 RNA、引物 tRNA 和逆转录酶等组成的核衣壳进入细胞，逆转录酶以基因组 RNA 为模板逆转录合成其前病毒 DNA。逆转录过程极为复杂，它包括以病毒基因组 RNA 为模板合成单链互补 DNA、水解 RNA-DNA 杂交体中的 RNA、复制单链互补 DNA 形成双链互补 DNA（即前病毒 DNA）等环节（图 2-38）。

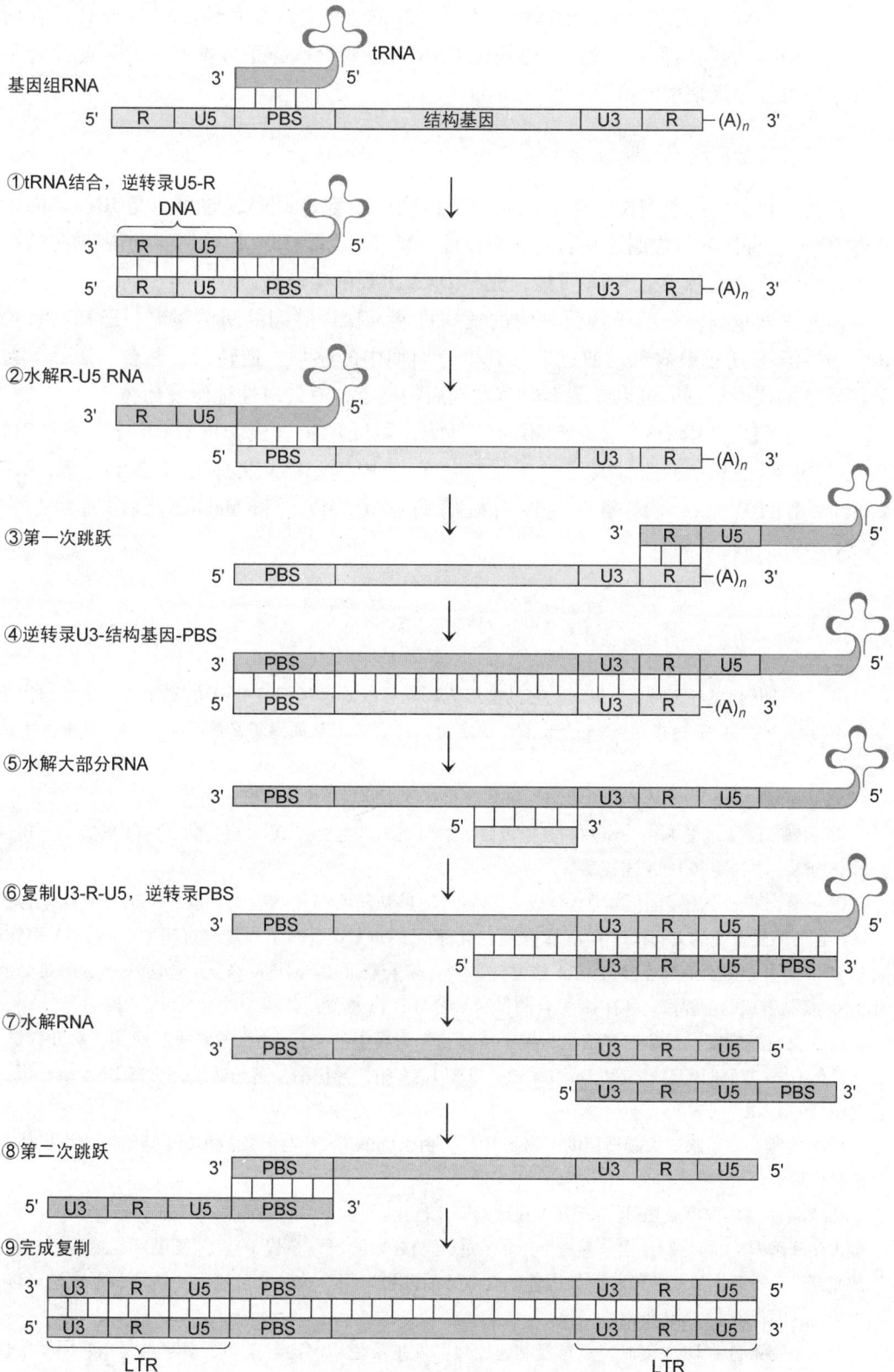

图 2-38　前病毒 DNA 合成过程

前病毒 DNA 合成之后进入细胞核，由整合酶催化整合入染色体 DNA（整合后在两端形成 4~6bp 的同向重复序列）。前病毒 DNA 仅在整合状态下才能转录，因此整合是逆转录病毒生命周期中的重要步骤。

四、逆转录意义

逆转录机制的阐明完善了中心法则。遗传物质不都是 DNA，也可以是 RNA。因为许多 RNA 还直接参与代谢，具有功能多样性（第十四章，289 页），所以越来越多的科学家认为在生命起源史上 RNA 可能是先于 DNA 出现的生命物质。

研究逆转录病毒有助于阐明肿瘤的发病机制，探索肿瘤的防治策略。已知的致癌 RNA 病毒都是逆转录病毒，通过研究其生命周期中的感染、逆转录、整合、表达、包装等环节的代谢机制，可以在关键环节发现药物靶点，有针对性地研发药物。

逆转录酶是重组 DNA 技术常用的工具酶，可以用于合成 cDNA（第十一章，219页），进而制备 cDNA 探针（第八间，174 页）、构建 cDNA 文库等（第十一章，227页）。常用的是来自禽成髓细胞性白血病病毒（AMV）和 Moloney 鼠白血病病毒（MMLV）的逆转录酶。

小　结

DNA 是遗传信息的携带者，其所携带的遗传信息既可以通过基因组 DNA 的复制从亲代细胞传递给子代细胞，也可以通过指导 RNA 合成最终决定蛋白质合成，从而赋予细胞特定功能，赋予生物特定表型。

DNA 复制的基本特征是半保留复制、从复制起点双向复制、半不连续复制。

大肠杆菌 DNA 的复制由一组酶和其他蛋白质共同完成，主要有 DNA 聚合酶、DNA 解旋酶、DNA 拓扑异构酶、引物酶和 DNA 连接酶等。

DNA 聚合酶的作用是催化 dNTP 合成 DNA。其特点是需要模板和引物，以 5′→3′方向催化合成 DNA。目前已经鉴定的大肠杆菌 DNA 聚合酶有五种：①DNA 聚合酶 I 在复制过程中切除 RNA 引物，合成 DNA 填补缺口，此外还参与 DNA 修复。②DNA 聚合酶 II 参与 DNA 修复。③DNA 聚合酶 III 是催化 DNA 复制合成的主要酶。④DNA 聚合酶 IV 和 V 参与 DNA 修复。

DNA 具有超螺旋、双螺旋等结构，在复制时，作为模板的亲代 DNA 需要松解螺旋，解开双链。大肠杆菌 DNA 复制时需要解旋酶 DnaB 解链，II 型 DNA 拓扑异构酶松解超螺旋，单链 DNA 结合蛋白稳定解开的 DNA 单链。

DNA 复制需要引物。大肠杆菌的引物是 RNA，由引物酶 DnaG 与解旋酶 DnaB 等组装成引发体在后随链模板上合成。

DNA 复制过程中形成切口，由 DNA 连接酶催化连接。

大肠杆菌 DNA 的复制过程分为三个阶段：①复制起始阶段，亲代 DNA 从复制起点解链、解旋，形成复制叉。②复制延长阶段，前导链连续合成，后随链分段合成。③复制终止阶段，形成连环体，由 DNA 拓扑异构酶 4 催化解离。

真核生物染色体 DNA 复制特点是复制速度慢、发生染色质解离与重塑、多起点复制、冈崎片段短、DNA 连接酶连接冈崎片段时消耗 ATP、终止阶段涉及端粒合成、受 DNA 复制检查点控制。

　　真核生物有多种 DNA 聚合酶。DNA 聚合酶 δ 催化复制染色体 DNA，DNA 聚合酶 α 催化合成 RNA-DNA引物，DNA 聚合酶 ε 催化切除引物，DNA 聚合酶 β、ε 参与染色体 DNA 损伤修复，DNA 聚合酶 γ 催化复制线粒体 DNA。

　　真核生物染色体 DNA 在复制起始阶段组装复制前复合物，在终止阶段由端粒酶等催化合成端粒。

　　真核生物线粒体 DNA 以 D 环复制方式合成。

　　病毒 DNA 的复制机制由其基因组特征和宿主 DNA 复制系统共同决定。多数 DNA 病毒的基因组为双链环状 DNA 分子，在细胞核内由宿主细胞的 DNA 复制系统完成复制。

　　DNA 损伤类型包括错配、插入和缺失、重排、共价交联、碱基丢失、主链断裂等。引起 DNA 损伤的因素包括内部因素（复制错误、自发性损伤）和外部因素（物理因素、化学因素、生物因素）。

　　DNA 损伤必须及时修复，修复机制有错配修复、直接修复、切除修复、重组修复和易错修复等。

　　DNA 重组在各类生物都有发生，重组方式复杂多样，例如同源重组、位点特异性重组、DNA 转座。不同的重组方式具有不同的生物学意义。

　　逆转录病毒以 RNA 为模板指导合成 DNA，由逆转录酶催化。

第三章 RNA 的生物合成

与 DNA 合成一样，RNA 合成也需要模板。指导 RNA 合成的模板既可以是 DNA，又可以是 RNA。以 DNA 为模板指导合成 RNA 的过程称为转录，是绝大多数生物 RNA 的主要合成方式，由 RNA 聚合酶催化。转录发生于基因表达过程，是基因表达的首要环节。

第一节 转录的基本特征

转录（transcription）是遗传信息由 DNA 向 RNA 传递的过程，即一股 DNA 的碱基序列按照碱基互补配对原则指导 RNA 聚合酶催化合成与之序列互补 RNA 的过程。中心法则的核心内容就是由 DNA 指导合成 mRNA，再由 mRNA 指导蛋白质合成。合成蛋白质的过程还需要 tRNA 和 rRNA 的参与，而 tRNA 和 rRNA 也是转录的产物。因此，转录是中心法则的关键，转录产物 RNA 在 DNA 和蛋白质之间建立联系。

无论是原核生物还是真核生物，RNA 的转录合成都需要 DNA 模板、RNA 聚合酶、NTP 原料和 Mg^{2+}。RNA 聚合酶催化核苷酸通过 $3',5'$-磷酸二酯键相连合成 RNA，合成方向为 $5' \rightarrow 3'$。合成反应可以表示如下：

$$5' \, (NMP)_n\text{-OH } 3' + NTP \xrightarrow[\text{RNA聚合酶}]{\text{DNA模板，} Mg^{2+}} 5' \, (NMP)_n\text{-NMP-OH } 3' + PP_i$$

转录的基本特征包括选择性转录、不对称转录、连续性转录和转录后加工。

1. **选择性转录** 是指细胞在不同的生长发育阶段，根据生存条件和代谢的需要转录表达不同的基因，因而表达的只是基因组的一部分。相比之下，DNA 复制是全部染色体 DNA 的复制。

2. **不对称转录** 是指 DNA 的每一个转录区都只有一股链可以被转录，称为**模板链**（template strand），因其序列与转录产物互补，又称**负链**（negative strand）、**反义链**（antisense strand）；另一股链通常不被转录，称为**编码链**（coding strand），因其序列与转录产物一致，又称**正链**（positive strand）、**有义链**（sense strand）。不同转录区的模板链可能分布在双链 DNA 分子的不同股上。因此，就整个双链 DNA 分子而言，其每一股链都可能含指导 RNA 合成的模板（图 3-1）。

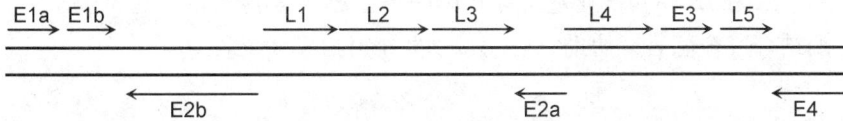

图 3-1 腺病毒基因组

为了便于学习，这里简单介绍基因序列的书写和编号规则：①因为 DNA 双链的序列是互补的，所以只要知道了一股链的序列，另一股链的序列也就可以推出。因此，为了避免繁琐，书写 DNA 碱基序列时只写出一股链。②因为 DNA 编码链与转录产物 RNA 的碱基序列一致（只是 RNA 中以 U 对应 DNA 中的 T），所以为了方便解读遗传信息，一般只写出编码链。③通常将编码链上位于转录起始位点的核苷酸编为 +1 号；转录进行的方向称为**下游**，核苷酸依次编为 +2 号、+3 号等；相反方向称为**上游**，核苷酸依次编为 –1 号、–2 号等，没有 0 号（图 3-2）。

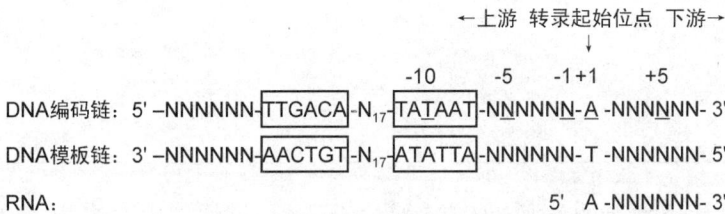

图 3-2 基因序列编号

3. 连续性转录 一个 RNA 分子从头至尾由一个 RNA 聚合酶分子催化合成。

4. 转录后加工 RNA 聚合酶催化合成的 RNA 称为**初级转录物**（primary transcript），大多数需要经过进一步加工才能成为成熟 RNA 分子。初级转录物的加工过程称为**转录后加工**。

第二节 RNA 聚合酶

RNA 聚合酶催化 RNA 的转录合成，是参与转录的关键物质之一。原核生物和真核生物的 RNA 聚合酶在组成、结构和性质等方面不尽相同。

1. RNA 聚合酶的特点 原核生物和真核生物的 RNA 聚合酶有许多共同特点，其中以下特点与 DNA 聚合酶一致：①以 DNA 为模板。②催化核苷酸通过聚合反应合成核酸。③聚合反应是依赖 DNA 的聚合酶催化核苷酸形成 $3',5'$-磷酸二酯键的反应。④以 $3'\rightarrow5'$ 方向阅读模板，$5'\rightarrow3'$ 方向合成核酸。⑤忠实复制/转录模板序列。此外，RNA 聚合酶有许多特点不同于 DNA 聚合酶（表 3-1）。

2. 原核生物 RNA 聚合酶 1955 年，Ochoa（1959 年诺贝尔生理学或医学奖获得者）第一个鉴定了大肠杆菌 RNA 聚合酶。RNA 聚合酶全酶（holoenzyme）是由五种亚基构成的六聚体（$\alpha_2\beta\beta'\omega\sigma$），其中 $\alpha_2\beta\beta'\omega$ 称为核心酶。每种原核生物都只有一种核心酶（一个大肠杆菌细胞内约 13000 个分子，而且数量与生长条件相关），可以催化合成mRNA、tRNA 和 rRNA。σ 亚基又称 σ 因子，是原核生物的转录起始因子，其作用是在与核心酶结合成全酶后，协助核心酶识别并结合启动子元件。

表3-1　复制和转录对比

项目	转录	复制
聚合酶	RNA 聚合酶	DNA 聚合酶
DNA 模板	基因组局部（转录区，选择性转录）	基因组全部
	转录单链（模板链，不对称转录）	复制双链（半保留复制）
原料	NTP	dNTP
起始	启动子	复制起点
引物	不需要	需要
碱基互补配对原则	A-U, T-A, G-C, C-G	A-T, T-A, G-C, C-G
错配率	$10^{-4} \sim 10^{-5}$	$10^{-6} \sim 10^{-8}$
连续性	连续	不连续
终止	终止子	终止区
产物	单链 RNA	双链 DNA
后加工	有	无

大肠杆菌 RNA 聚合酶各亚基的功能见表3-2。不同原核生物的 RNA 聚合酶在分子大小、组成、结构、功能以及对某些药物的敏感性等方面都类似。

表3-2　大肠杆菌 K-12 RNA 聚合酶

亚基	大小（AA）	功能	基因
α	329	启动 RNA 聚合酶组装，识别并结合上游启动子元件	rpoA
β	1342	含活性中心，催化形成磷酸二酯键	rpoB
β′	1407	结合 DNA 模板	rpoC
ω	90	促进 RNA 聚合酶组装	rpoZ
σ^{70}	613	协助核心酶识别并结合启动子元件	rpoD

3. 真核生物 RNA 聚合酶　迄今为止研究的所有真核生物都存在三种不同的细胞核 RNA 聚合酶（表3-3），分别由 12 ~ 16 个亚基构成，比大肠杆菌 RNA 聚合酶更复杂，但其一些亚基是同源的（图3-3）。

表3-3　真核生物细胞核 RNA 聚合酶

种类	名称缩写	定位	转录产物	对 α 鹅膏蕈碱的敏感性
RNA 聚合酶 I	Pol I	核仁	28S、5.8S、18S rRNA 前体	极不敏感
RNA 聚合酶 II	Pol II	核质	mRNA、snRNA 前体	非常敏感
RNA 聚合酶 III	Pol III	核质	5S rRNA、tRNA、snRNA 前体	中等敏感

大肠杆菌RNA聚合酶	β'	β	α I	α II	ω		
	类β'、β亚基		类α亚基	类ω亚基	共同亚基	特异亚基
真核生物RNA聚合酶 I	1	2	◀▷	○	◇○◇○	+5
真核生物RNA聚合酶 II	1	2	■■	○	◇○◇○	+3
真核生物RNA聚合酶 III	1	2	◀▷	○	◇○◇○	+7

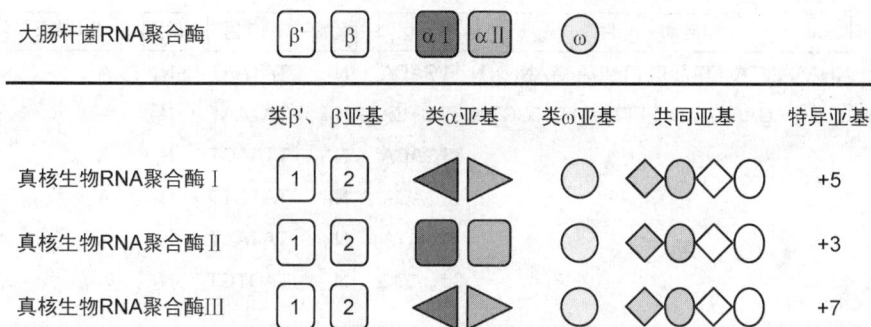

图 3-3 RNA 聚合酶的亚基组成

三种 RNA 聚合酶都含 2 个大亚基（如 RNA 聚合酶Ⅱ的 RPB1 和 RPB2）、2 个类 α 亚基和 1 个类 ω 亚基，分别与大肠杆菌核心酶的 β′ 和 β、2 个 α 亚基和 ω 亚基同源。其中，RNA 聚合酶Ⅱ的 RPB1 含有**羧基端结构域**（CTD），由数十个（裂殖酵母 26 个，人类 52 个）Tyr-Ser-Pro-Thr-Ser-Pro-Ser 序列串联构成，其中的 Ser2、Ser5 是主要磷酸化位点。在启动转录时，羧基端结构域必须保持去磷酸化状态；然而，转录一旦启动，羧基端结构域必须被磷酸化，才能使转录进入延长阶段。

除了上述 5 个亚基之外，三种 RNA 聚合酶还各含 7 ~ 11 个小亚基，其中有 4 个小亚基是相同的，其余小亚基则具有特异性，即只参与构成某一种 RNA 聚合酶。这些亚基可能都是 RNA 聚合酶催化转录所必需的。

线粒体有自己的 RNA 聚合酶，催化合成线粒体 mRNA、tRNA 和 rRNA。线粒体 RNA 聚合酶的活性能被利福霉素或利福平抑制，而利福霉素和利福平是原核生物 RNA 聚合酶的抑制剂。因此，无论是在功能上还是在性质上，线粒体 RNA 聚合酶都更像原核生物 RNA 聚合酶。

第三节 原核生物 RNA 的转录合成

RNA 的转录合成分为起始、延长、终止和后加工四个阶段。起始阶段需要 RNA 聚合酶全酶催化，其所含的 σ 因子协助核心酶识别并结合启动子元件，延长阶段需要核心酶催化，终止阶段有的需要 ρ 因子参与。

一、转录起始

转录起始是基因表达的关键阶段，核心内容就是 RNA 聚合酶全酶识别并结合到启动子上，形成**转录起始复合物**，启动 RNA 合成。

1. 启动子（promoter） 是 RNA 聚合酶识别、结合和赖以启动转录的一段 DNA 序列，具有方向性。大肠杆菌基因的启动子位于 − 70 ~ + 30 区，长度约为 70bp，其中含有两段保守序列，具有高度的保守性和一致性，分别称为 Sextama 盒和 Pribnow 盒（图 3-4）。

（1）Sextama 盒：位于 −35 号核苷酸处，故又称 −35 区，是 RNA 聚合酶依靠 σ 因子识别并初始结合的位点，因而又称 RNA 聚合酶识别位点，是一段 6nt 的保守序列，

	上游启动子元件	−35 区	间隔	−10 区	间隔	+1（转录起始位点）
共有序列	NNAAAA/TA/TTA/TTTTTNNAAAANNN N	TTGACA	N_{17}	TATAAT	N_6	A
rrnB P1	AGAAAATTATTTTAAATTTCCT N	TTGTCA	N_{16}	TATAAT	N_8	A
trp		TTGACA	N_{17}	TTAACT	N_7	A
lac		TTTACA	N_{17}	TATGTT	N_6	A
recA		TTGATA	N_{16}	TATAAT	N_7	A
araBAD		CTGACG	N_{18}	TACTGT	N_6	A

图 3-4　大肠杆菌部分基因的启动子

共有序列是 TTGACA。

（2）Pribnow 盒：位于 −10 号核苷酸处，故又称 −10 区，是 RNA 聚合酶依靠 σ 因子识别并牢固结合的位点，因而又称 RNA 聚合酶结合位点，是一段 6nt 的保守序列，共有序列是 TATAAT。Pribnow 盒富含 A-T 碱基对，容易解链，有利于 RNA 聚合酶启动解链和转录。

（3）上游启动子元件：位于某些基因的 −40 ～ −60 区，是 RNA 聚合酶 α 亚基识别、结合的位点。

2. 起始过程　大肠杆菌的转录起始过程分四步（图 3-5）：

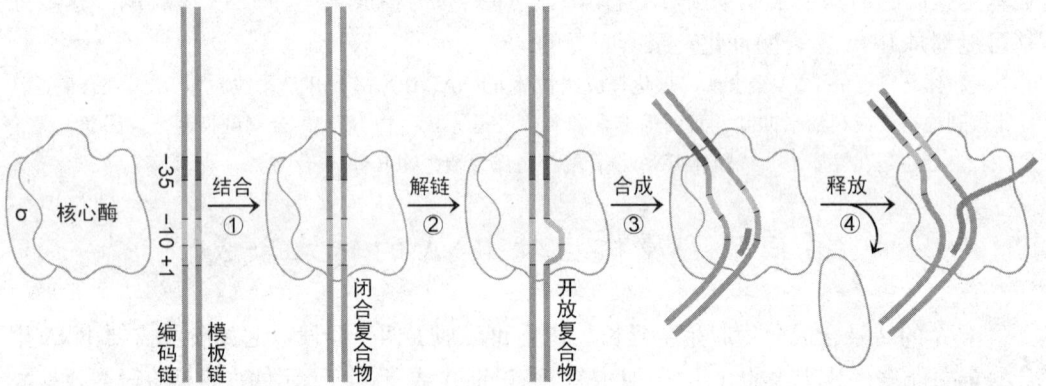

图 3-5　大肠杆菌转录起始

（1）结合：RNA 聚合酶全酶通过其 σ 因子与启动子 −55 ～ +1 区结合，形成闭合复合物（CPC）。

大肠杆菌 RNA 聚合酶核心酶与 DNA 的结合是非特异性的，在与 σ 因子结合成全酶时获得特异性，表现为与其他位点的亲和力减弱至原来的 $1/10^4$，与启动子的亲和力则增强 1000 倍，从而与启动子形成特异性结合。

（2）解链：RNA 聚合酶全酶从 −10 区将 DNA 解开约 17bp（覆盖转录起始位点），形成开放复合物（OPC）。

（3）合成：RNA 聚合酶全酶根据模板链指令获取第一、二个 NTP，形成 3′,5′-磷酸二酯键，启动 RNA 合成。大多数基因转录产物的第一个核苷酸是嘌呤核苷酸：

$$pppG\text{-}OH + pppN\text{-}OH \rightarrow pppGpN\text{-}OH + PP_i$$

注意：第一个核苷酸在形成磷酸二酯键之后，仍然保留其 5′ 端的三磷酸基，直至转录后加工。

（4）释放：RNA 聚合酶全酶催化合成 8～10nt 的 RNA 片段之后，σ 因子释放，导致核心酶构象改变，与启动子的亲和力减弱，于是沿着 DNA 模板链向下游移动，把转录带入延长阶段。

二、转录延长

在这一阶段，核心酶沿着 DNA 模板链 3′→5′ 方向移动，使转录区保持约 17bp 解链；同时，NTP 按照碱基互补配对原则与模板链结合，由核心酶催化，通过 α-磷酸基与 RNA 的 3′-羟基形成磷酸酯键，使 RNA 链以 5′→3′ 方向延伸（50～90nt/s）。这时的转录复合物称为**转录泡**（transcription bubble）。在转录泡上，RNA 的 3′ 端约 8nt 与模板链结合，形成 RNA-DNA 杂交体，5′ 端则脱离模板链甩出；已经转录完毕的 DNA 模板链与编码链重新结合（图 3-6）。

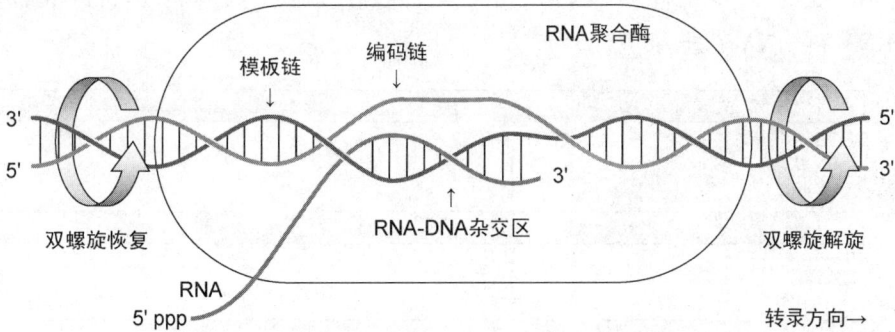

图 3-6　大肠杆菌转录泡

三、转录终止

RNA 聚合酶核心酶读到转录终止信号时结束转录，RNA 释放，转录泡解体。转录终止信号又称**终止子**（terminator），是位于转录区下游的一段 DNA 序列，最后才被转录，所以编码初级转录物的 3′ 端。原核生物基因的终止子有两类：一类不需要转录终止因子 ρ 协助就能终止转录，另一类则需要 ρ 因子协助才能终止转录。

1. 不依赖 ρ 因子的转录终止　这类基因终止子的转录产物有两个特征：①有一段连续的 U 序列，与模板链以弱的 A-U 对结合。②U 序列之前存在富含 G/C 的反向重复序列，可以形成发夹结构。发夹结构一方面削弱 A-U 结合力，使 RNA 容易释放；另一方面改变 RNA 与核心酶的结合，使

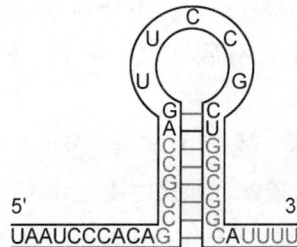

图 3-7　大肠杆菌不依赖 ρ 因子终止子的转录产物

转录终止（图3-7）。

2. 依赖 ρ 因子的转录终止 这类基因转录产物的终止子上游有一个 rut 元件。它本身不能终止转录，需要 ρ 因子的协助。ρ 因子（419AA）是一种同六聚体蛋白，具有依赖 RNA 的 ATP 酶（被双环霉素抑制）和依赖 ATP 的 RNA 解旋酶活性，可以与转录产物的 rut 元件结合，使 RNA-DNA 杂交体解链，RNA 释放。

四、转录后加工

RNA 聚合酶催化合成的初级转录物是各种 RNA 前体。原核生物 mRNA 前体不需要加工，可以直接指导蛋白质合成，而 rRNA 前体和 tRNA 前体则需要经过加工才能成为有功能的成熟 RNA 分子。

1. mRNA 前体 原核生物蛋白质基因的初级转录物平均长度为 1200nt，一般不用加工，可以直接翻译，并且往往是边转录边翻译。

2. rRNA 前体 原核生物的 rRNA 前体（30S）包含 16S rRNA、23S rRNA、5S rRNA、tRNA、外转录间隔区（ETS）和内转录间隔区（ITS）序列，经过以下加工得到成熟 rRNA 和 tRNA（图3-8）。

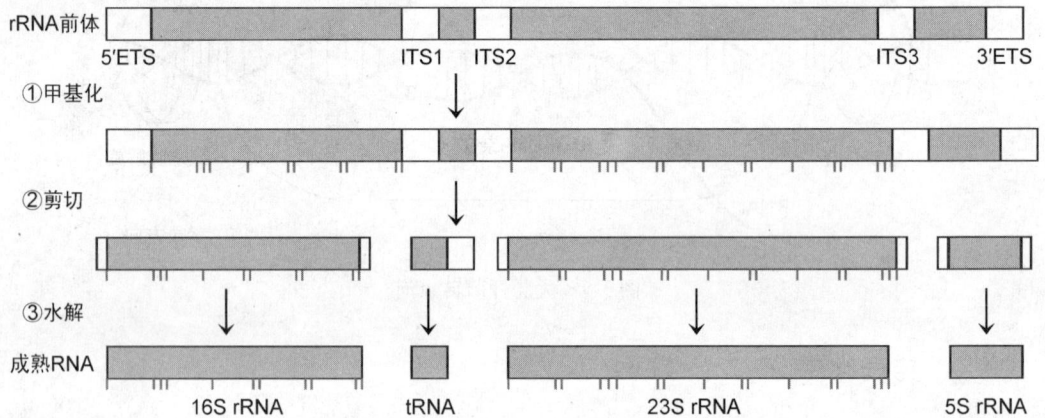

图 3-8 大肠杆菌 rRNA 前体转录后加工

（1）核苷酸修饰：主要是碱基甲基化和核糖 2′-羟基甲基化。例如：16S rRNA 酶促修饰形成 1 个假尿苷酸、10 个甲基化核苷酸；23S rRNA 酶促修饰形成 10 个假尿苷酸、1 个二氢尿嘧啶核苷酸、20 个甲基化核苷酸。

（2）剪切：分别由 RNase Ⅲ、P 和 E 催化切割不同位点，其中 RNase P 是一种核酶。

（3）水解：分别由 RNase M16、M23 和 M5 进一步水解，得到成熟 RNA。

3. tRNA 前体 原核生物的 tRNA 基因大多数形成基因簇，或与 rRNA 基因、蛋白质基因共同组成转录单位。tRNA 前体经过以下加工得到成熟 tRNA。

（1）剪切：tRNA 前体的 5′端由 RNase P 切除，形成成熟 tRNA 的 5′端；3′端由一种内切核酸酶和一组外切核酸酶切除，直至暴露出 CCA 序列为止。

（2）添加 3′端 CCA：有些 tRNA 的 3′端 CCA 是后加的，反应由 **tRNA 核苷酸转移酶**（tRNA nucleotidyl transferase）催化，以 CTP 和 ATP 为原料。

（3）核苷酸修饰：成熟 tRNA 分子含较多的稀有碱基，它们都是在 tRNA 前体水平上由常规碱基通过酶促修饰形成的，修饰方式包括嘌呤碱基甲基化成甲基嘌呤、腺嘌呤脱氨基成次黄嘌呤、尿嘧啶还原成二氢尿嘧啶、尿苷变位成假尿苷或甲基化成胸腺嘧啶核糖核苷等。

第四节　真核生物 RNA 的转录合成

真核生物和原核生物 RNA 的转录合成遵循着共同的规律，分为起始、延长、终止和后加工四个阶段。不过，真核生物转录过程比原核生物更为复杂。

一、转录起始

和原核生物相比，真核生物基因启动子结构复杂，RNA 聚合酶需要通用转录因子的协助才能识别与结合启动子，启动转录。

1. 启动子　真核生物基因的启动子可分为三类，三种 RNA 聚合酶各识别其中一类。RNA 聚合酶 II 识别的蛋白质基因的启动子属于 II 类启动子，包含以下两类元件：①**核心启动子元件**（CPE）：包括起始子、TATA 盒、下游启动子元件，功能是确定转录起始位点。②**上游启动子元件**（UPE）：包括 GC 盒、CAAT 盒，功能是控制转录启动效率。不过，这些启动子元件并非存在于所有的 II 类启动子中（图 3-9）。

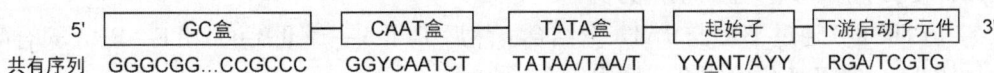

	GC盒		CAAT盒		TATA盒		起始子		下游启动子元件	
5'										3'
共有序列	GGGCGG...CCGCCC		GGYCAATCT		TATAA/TAA/T		YYANT/AYY		RGA/TCGTG	

图 3-9　真核生物基因 II 类启动子元件

（1）**起始子**（Inr）：是含转录起始位点的一段保守序列，一般位于 $-3 \sim +5$ 区，共有序列是 YY<u>A</u>NT/AYY，其中 <u>A</u> 是转录起始位点。

（2）**TATA 盒**：又称 Hogness 盒，一般位于 $-25 \sim -30$ 区，共有序列是 TATA-AAA，是转录因子 TBP（TATA 结合蛋白）的结合位点。TATA 盒富含 A-T 碱基对，容易解链，有利于 RNA 聚合酶结合并启动转录。TATA 盒在 II 类启动子中出现率较高（人类基因约 24%），常与起始子共存。

（3）**下游启动子元件**：有些含起始子的基因没有 TATA 盒，其转录起始位点下游的 $+28 \sim +32$ 区存在**下游启动子元件**（DPE），共有序列是 RGA/TCGTG。

（4）**CAAT 盒**：一般位于 $-70 \sim -90$ 区，共有序列是 GGYCAATCT，是转录因子 C/EBP 的结合位点。

（5）**GC 盒**：哺乳动物许多基因不含 TATA 盒（40%，人类更高），其启动子内有

一段保守序列称为 **GC 盒**（GC box）。GC 盒长度为 20 ~ 50bp，包含两段共有序列：GGGCGG 和 CCGCCC。它们互为反向重复序列，是转录因子 Sp1 的结合位点。

2. **转录因子**（TCF） 是参与 RNA 转录合成的一类蛋白因子。真核生物的三种 RNA 聚合酶转录基因时都需要转录因子协助，并且有各自的转录因子。RNA 聚合酶 II 需要多种转录因子，其中有些转录因子是与启动子元件结合的，称为**通用转录因子**（general transcription factor）（表 3-4）。

表 3-4　人 RNA 聚合酶 II 的通用转录因子

转录因子	结构	功能
TF II A	异二聚体	与 TBP 结合，稳定 TBP 与 TATA 盒的结合
TF II B	异寡聚体	与 TF II D-TF II A 形成 DAB 复合物，协助 RNA 聚合酶 II 与启动子结合，决定转录起始
TF II D	多亚基蛋白	TBP 和 TAF II 形成的复合物，与 TATA 盒结合
TF II E	异四聚体	介导 TF II H 结合，激活其依赖 DNA 的 ATP 酶活性
TF II F	异二聚体	协助 TF II B 促使 RNA 聚合酶 II 与启动子结合，促进转录延长
TF II H	异寡聚体	有依赖 DNA 的 ATP 酶活性和 DNA 解旋酶活性、蛋白激酶活性，参与转录起始；参与 DNA 修复

TF II D 是唯一能识别并结合 TATA 盒的转录因子。TF II D 由一个 TATA 结合蛋白（TBP）和一组（10 ~ 13 个）TBP 相关因子（TAF II）组成，其中 TBP 的功能是识别并结合 TATA 盒，而不同的 TAF II 有不同的功能，包括与核心启动子元件及其他转录因子（转录调节因子和共调节因子，第五章，120 页）结合。

3. **起始过程** 是转录因子协助 RNA 聚合酶依托启动子组装转录起始复合物的过程，以启动子含 TATA 盒的基因为例：

（1）TF II D 通过 TBP 与 TATA 盒结合，然后 TF II A→TF II B→TF II F→RNA 聚合酶 II→TF II E→TF II H 依次结合，形成闭合复合物。

（2）TF II H 利用依赖 ATP 的 DNA 解旋酶活性在起始子区解链 11 ~ 15bp，使闭合复合物变构成开放复合物。

（3）TF II H 利用其所含的细胞周期蛋白依赖性激酶 7（CDK7）催化 RNA 聚合酶 II 大亚基 RPB1 的羧基端结构域磷酸化，改变开放复合物构象，启动 RNA 合成。

（4）RNA 合成至 60 ~ 70nt 之后，TF II E、TF II H 等先后释放，转录进入延长阶段（图 3-10）。

二、转录延长

真核生物基因的转录延长与原核生物基因基本相同，不过 TF II F 始终与转录复合物结合，此外还有转录延长因子参与，转录速度较慢（10nt/s）。

三、转录终止

真核生物蛋白质基因的转录终止尚未阐明。哺乳动物蛋白质基因的最后一个外显子中

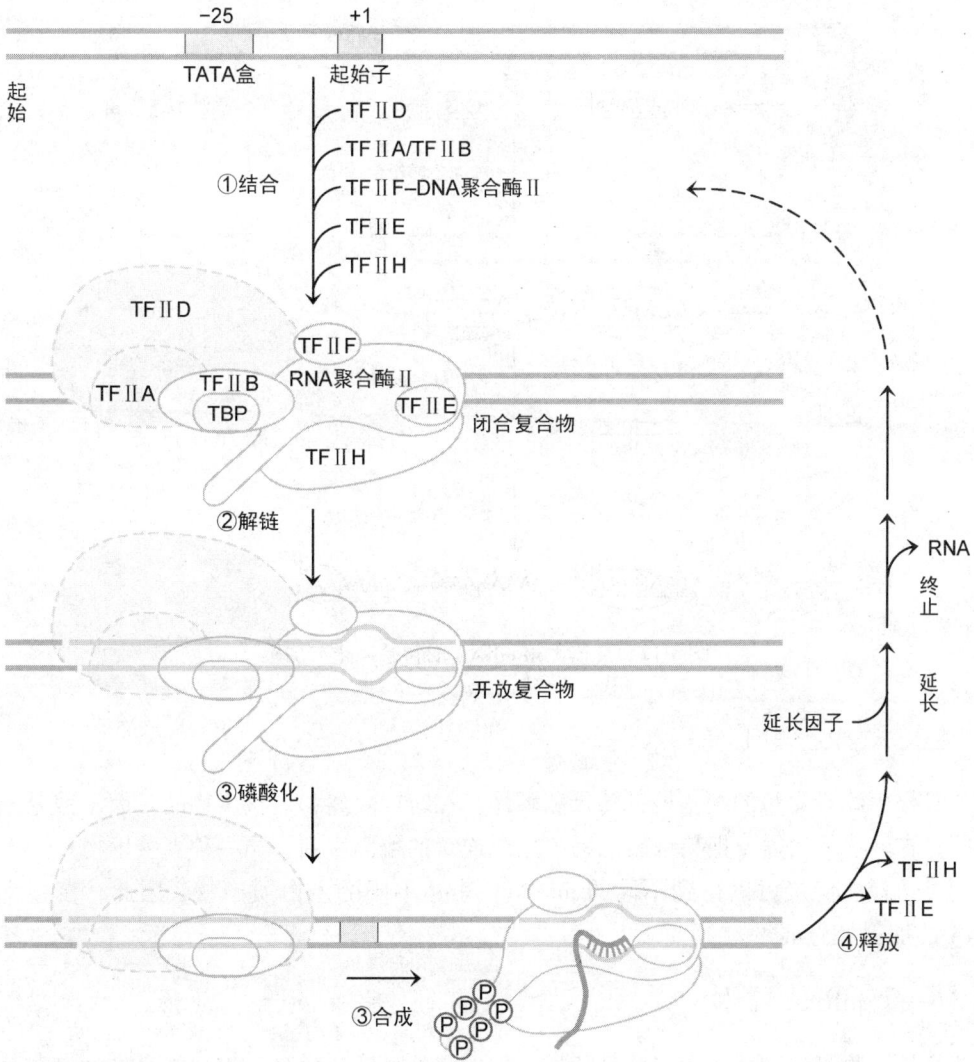

图 3-10　真核生物 RNA 聚合酶 Ⅱ 的转录过程

有一段保守序列，称为**加尾信号**，又称**多腺苷酸化信号**（polyadenylation signal），其共有序列是 AATAAA。加尾信号下游 10~30bp 处是加尾位点（polyadenylation site），加尾位点下游 20~40bp 处还有一段富含 G/T 的序列（图 3-11）。mRNA 转录终止与加尾同步进行。

1. RNA 聚合酶 Ⅱ 转录至加尾位点之后，会继续向下游转录 0.5~2kb。

2. 一个由内切核酸酶、poly(A) 聚合酶、加尾信号识别蛋白等构成的加尾多酶复合体与加尾信号结合。

3. 内切核酸酶从加尾位点切断 RNA，释放 mRNA 前体。

4. RNA 聚合酶 Ⅱ 释放，其大亚基 RPB1 的羧基端结构域被去磷酸化，之后可以回到启动子位点，开始新一轮转录。

5. poly(A) 聚合酶以 ATP 为原料，在 RNA 的 3′ 端合成 80~250nt 的 poly(A) 尾（图 3-11）。

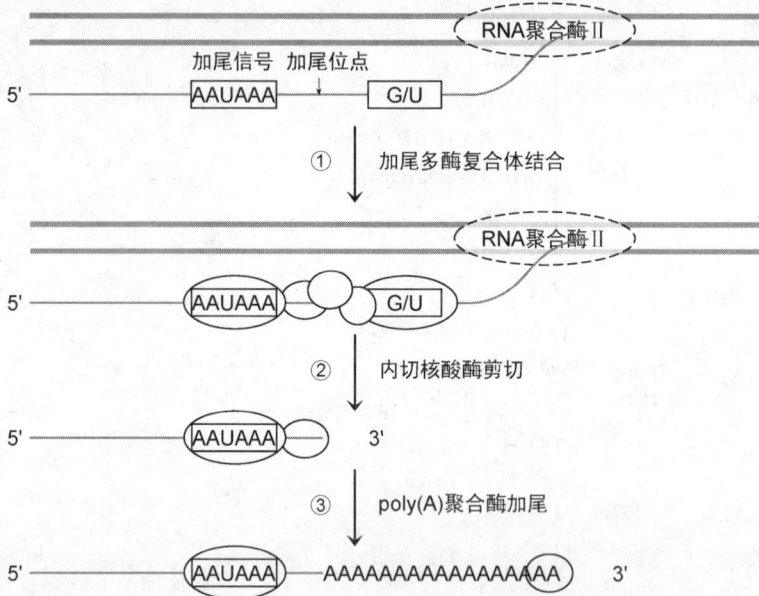

图 3-11　真核生物 mRNA 的转录终止与加尾

四、转录后加工

真核生物有完整的细胞核，转录和翻译存在时空隔离；真核生物的基因多数是断裂基因，在转录之后需要把初级转录物剪接成连续的编码序列；同一种真核生物 mRNA 前体通过选择性剪接可以得到不同的 mRNA，表达不同的蛋白质产物。因此，真核生物 RNA 的加工尤为重要。

（一）mRNA 前体

真核生物蛋白质基因大多数是断裂基因，其外显子和内含子都被转录，初级转录物是 mRNA 前体。mRNA 前体的平均长度是成熟 mRNA 的 4～5 倍（人类高达 10 倍），并且半衰期短（5～15 分钟），只有一部分加工成为成熟 mRNA。mRNA 前体经过以下加工得到成熟 mRNA（mRNA 的转录"后"加工其实是与转录同步进行的）。

1. 5′端加帽　真核生物大多数 mRNA 的 5′端存在一种特殊结构，是一个 5′-—磷酸-7-甲基鸟苷（5′-m^7GMP）与一个 5′-二磷酸核苷（5′-NDP）形成 5′-5′三磷酸连接，该结构称为真核生物 mRNA 的 5′帽。目前已经发现三种 5′帽结构，其中 1 型最多（图 3-12，表 3-5）。

表 3-5　真核生物 mRNA 的 5′帽

种类	X	Y	结构书写	mRNA	加帽场所
0	H	H	$m^7GpppNpN$	酵母，某些病毒	细胞核
1	CH$_3$	H	m^7GpppN^mpN	各种生物，某些病毒	细胞核
2	CH$_3$	CH$_3$	$m^7GpppN^mpN^m$	脊椎动物	细胞质（来自 1 型）

真核生物 mRNA 的 5′帽结构形成于转录起始阶段，当时 RNA 仅合成了 20 ~ 30nt。催化加帽的酶就结合在 RNA 聚合酶Ⅱ大亚基 RPB1 的羧基端结构域上。

5′帽结构的作用：①参与 5′外显子剪接。②参与 mRNA 向细胞核外转运。③是真核生物翻译起始因子 eIF-4F 的识别和结合位点，参与蛋白质合成起始。④抗 5′外切核酸酶降解，提高 mRNA 的稳定性。

2. 3′端加尾 除组蛋白 mRNA 之外，真核生物其他 mRNA 的 3′端都有聚腺苷酸序列，其长度因不同 mRNA 而异，一般为 80 ~ 250nt，该序列称为 **poly(A)尾** 或 **多(A)尾**。加尾过程见图 3-11。

poly(A)尾的可能作用：①参与蛋白质合成的起始和终止。②受到 poly(A)结合蛋白（PABP）的结合保护，抗 3′外切核酸酶降解，提高稳定性。poly(A)尾可使 mRNA 寿命延长至数小时甚至数日。组蛋白 mRNA 不含 poly(A)尾，半衰期只有几分钟。一些细菌 mRNA 也含 poly(A)尾，但却促进其降解。

在细胞核内完成加尾的 mRNA，其 poly(A)会被降解并导致 mRNA 降解，特殊情况下一些 mRNA 会在细胞质进行二次加尾，以延长寿命。

图 3-12 5′帽结构

3. 剪接 真核生物经过加工除去断裂基因初级转录物中的内含子，连接外显子，得到成熟 RNA 分子，这一过程称为**剪接**（splicing）。

（1）内含子分类：内含子的分类尚未统一，可根据剪接方式的不同分为四类（表3-6）。

表3-6 内含子

内含子	分布	剪接方式
Ⅰ类内含子	某些蛋白质基因	自我剪接，需要 GMP、GDP 或 GTP
Ⅱ类内含子	线粒体和叶绿体基因组蛋白质基因	自我剪接
Ⅲ类内含子	染色体基因组蛋白质基因	剪接体剪接
Ⅳ类内含子	tRNA 基因	内切核酸酶、tRNA 剪接酶复合体剪接

（2）Ⅲ类内含子剪接：存在于真核生物 mRNA 前体中的Ⅲ类内含子通过形成剪接体进行剪接。**剪接体**（spliceosome，60S）是由核内小核糖核蛋白与数百种其他剪接因子组装于Ⅲ类内含子上形成的复合体。

核内小核糖核蛋白（snRNP）是含**核内小 RNA**（snRNA）的核蛋白。snRNA 是真核生物细胞核内的一类小 RNA，以 snRNP 形式存在。snRNA 长度不到 300nt，在不同的真核生物中高度保守，其中一部分因富含尿嘧啶而用 U 和数字编号命名。在哺乳动物细胞核内已经发现了十几种 snRNA，其中 U1、U2、U4、U5 和 U6（106 ~ 185nt）位于核质内，参与 mRNA 前体的剪接；U3 主要位于核仁内，参与 rRNA 前体的加工及核糖体的组装。此外，还有一些具有其他功能的 snRNA。例如：7SK RNA 调节转录因子活性，B2 RNA 调节 RNA 聚合酶Ⅱ活性，端粒酶 RNA 作为指导端粒合成的模板。

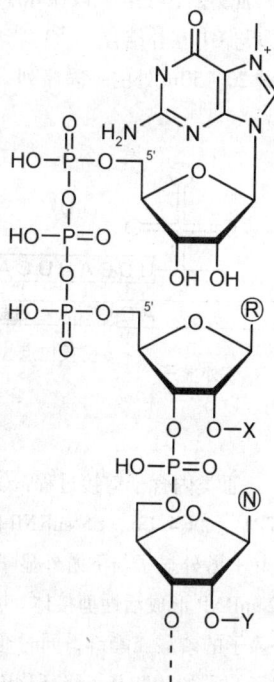

Ⅲ类内含子含三段保守序列：①5′端以二碱基序列 GU 开始的 5′剪接位点，又称剪接供体位点，可以与 U1 互补结合。②3′端以二碱基序列 AG 结束的 3′剪接位点，又称剪接受体位点。③3′剪接位点上游 20~50nt 处的一段序列，可以与 U2 互补结合。该序列中有一个特定的 A，称为**分支点**（图 3-13）。

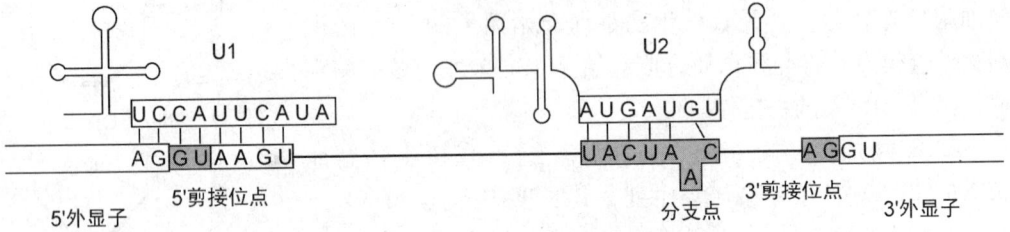

图 3-13   Ⅲ类内含子

Ⅲ类内含子剪接过程：①U1 snRNP 结合于内含子 5′剪接位点，U2 snRNP 结合于分支点（消耗 ATP）。②U4/U6、U5 snRNP 依次结合（消耗 ATP），组装成无活性剪接体，此时内含子弯曲成套索状，上游外显子与下游外显子相互靠近。③无活性剪接体调整结构，释放 U1、U4 snRNP，U6、U5、U2 snRNP 形成活性剪接体。④内含子分支点 A 的 2′-羟基攻击 5′剪接位点的 5′-磷酸基，断开其与上游外显子的磷酸二酯键，同时通过 AGU 环化。⑤U5 snRNP 介导上游外显子的 3′-羟基接近并攻击下游显子 5′端的磷酸基，将环化内含子剪切下来，同时连接上游外显子 3′端与下游外显子 5′端（图 3-14）。

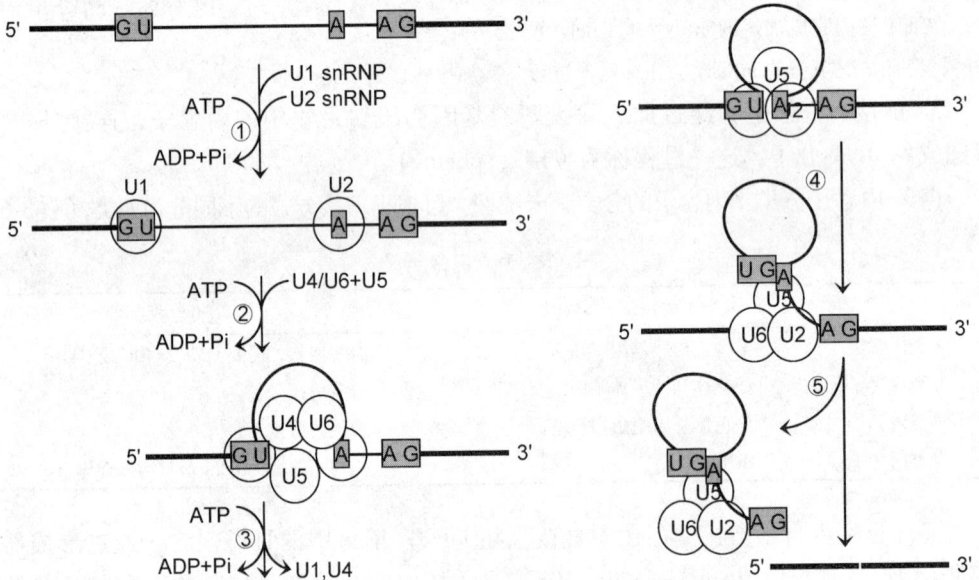

图 3-14   Ⅲ类内含子剪接

🖐 在所有遗传病中，至少有 15% 的遗传基础是突变导致剪接异常。脊髓性肌萎缩症（SMA）患儿的 *SMN* 基因存在缺陷，其内含子 6 的 3′剪接位点发生突变，导致 mRNA 前体剪接异常，丢失外显子 7，翻译产物很快就被降解，导致脊髓运动神经元过早死亡，发生脊髓性肌萎缩症，患儿通常在 2 岁前死亡，是导致婴儿死亡的常见遗传病。

（3）选择性剪接：真核生物的蛋白质基因根据其转录后加工方式可以分为两类：①**简单转录单位**

（simple transcription unit）：占人类基因的 5%～10%，其 mRNA 前体的剪接称为**组成性剪接**（constitutive splicing），特点是只有一种剪接方式，剪接得到一种成熟 mRNA，指导合成一种蛋白质，例如组蛋白基因、珠蛋白基因等。②**复杂转录单位**（complex transcription unit）：占人类基因的 90%～95%，其 mRNA 前体的剪接称为**选择性剪接**（alternative splicing，又称**可变剪接**），特点是有不止一种剪接方式。不同剪接方式得到不同的成熟 mRNA，指导合成不同的蛋白质。例如：同一 mRNA 前体在甲状腺选择性剪接产物编码的是降钙素，在大脑选择性剪接产物编码的是降钙素基因相关肽（图 3-15）。

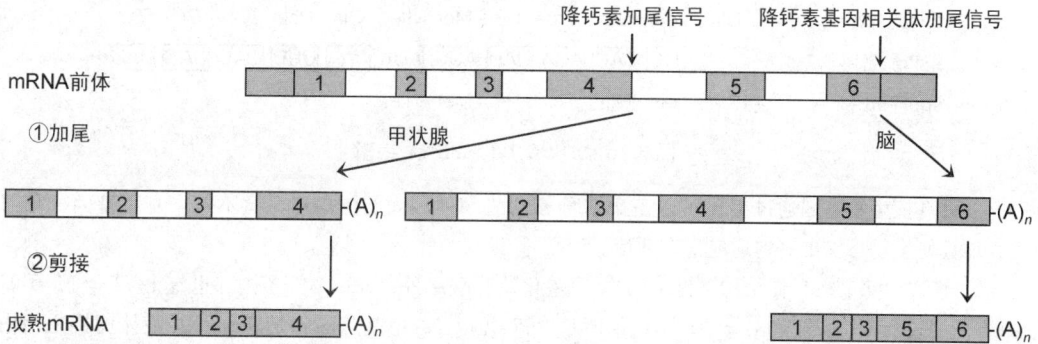

图 3-15　mRNA 选择性剪接

不难看出：在选择性剪接中，内含子和外显子是相对的。某一序列在一种剪接方式中保留于成熟 mRNA 中，是外显子；而在另一种剪接方式中则被切除，是内含子。通过选择性剪接，同一 mRNA 前体可以加工成多种成熟 mRNA，最终指导合成多种蛋白质，即一种基因可以编码多种产物，更加丰富了基因的信息量；另一方面，选择性剪接也是基因表达调控的有效方式。人类基因组中每个基因平均有 3 种剪接方式，其选择性剪接多发生于不同组织细胞或同一组织细胞的不同发育阶段。果蝇的 *Dscam* 基因是一个极端实例，其初级转录物有 38016 种剪接方式。

许多疾病就是由选择性剪接异常导致的（表 3-7）。

表 3-7　选择性剪接异常导致的疾病

疾病	相关基因/基因产物
急性间歇性卟啉病	胆色素原脱氨酶
乳腺癌、卵巢癌	乳腺癌基因蛋白 1
囊性纤维化病	囊性纤维化跨膜转导调节因子
额颞叶痴呆	τ 蛋白
血友病 A	因子 8
自毁容貌症	次黄嘌呤-鸟嘌呤磷酸核糖基转移酶
Leigh 脑脊髓病	丙酮酸脱氢酶 E1α
重症联合免疫缺陷	腺苷脱氨酶
脊髓性肌萎缩症	*SMN1*，*SMN2*

一些病毒基因的表达过程也经历选择性剪接，例如猿猴空泡病毒（SV40）的早期基因（编码大 T 抗原和小 T 抗原）。

4. **编辑**　是指在转录后加工时通过非剪接方式改变 RNA 的编码区序列，即在转录水平上改变遗传信息，结果一个基因可以编码多种蛋白质。例如：人类载脂蛋白 ApoB-100（4536AA）和 ApoB-48

（2152AA）是同一个基因 *APOB* 的编码产物。在肝细胞内，*APOB* 基因的初级转录物在加工之后指导合成 ApoB-100。在小肠细胞内，*APOB* 基因初级转录物的加工有所不同：只存在于小肠细胞内的一种胞嘧啶脱氨酶（CD）与初级转录物的第 2153 号密码子 CAA（编码谷氨酰胺）结合，催化胞嘧啶脱氨基成尿嘧啶，密码子 CAA 转化成终止密码子 UAA，翻译将在此终止，合成产物是 ApoB-48（图 3-16）。

密码子编号	2146		2148		2150		2152		2154		2156	
编辑前密码子	···CAA	CUG	CAG	ACA	UAU	AUG	AUA	CAA	UUU	GAU	CAG	UAU···
apoB-100	- Gln	- Leu	- Gln	- Thr	- Tyr	- Met	- Ile	- Gln	- Phe	- Asp	- Gln	- Tyr -
编辑后密码子	···CAA	CUG	CAG	ACA	UAU	AUG	AUA	UAA	UUU	GAU	CAG	UAU···
apoB-48	- Gln	- Leu	- Gln	- Thr	- Tyr	- Met	- Ile					

图 3-16   *APOB* 基因 mRNA 编辑

一种真核生物基因通过编辑可以编码多种氨基酸序列不同的蛋白质，这不但丰富了基因的信息量，而且使生物可以更好地适应生存环境。

5. 修饰　除了在 5′帽结构中有 1~3 个甲基化核苷酸之外，mRNA 分子内部也有 1~2 个 N^6-甲基腺嘌呤，常见于 5′非翻译区（5′-UTR，第四章，77 页）。N^6-甲基腺嘌呤是在 mRNA 前体剪接之前由特异 RNA 甲基化酶催化形成的，其作用有待阐明。

（二）rRNA 前体

真核生物 rRNA 基因的拷贝数较高，通常有几十到几千个，并且形成基因簇。每个转录单位由 18S、5.8S、28S rRNA 基因及外转录间隔区、内转录间隔区组成，在核仁区由 RNA 聚合酶 Ⅰ 催化转录，合成 45S 的 rRNA 前体，经过修饰与剪切，得到成熟 rRNA。

1. 修饰　人 rRNA 有 95 个尿苷变位成假尿苷，115 个核糖的 2′-羟基被甲基化，甲基化需要**核仁小核糖核蛋白**（snoRNP）协助。

snoRNP 是由一种核仁小 RNA（snoRNA，属于 snRNA）和几种蛋白质构成的核蛋白，既参与 RNA 合成，又参与 rRNA、tRNA、其他 snRNA 上特异位点的 2′-O-核糖甲基化（C/D-box）或假尿嘧啶化（H/ACA-box）等后加工。snoRNA 含反义元件（10~20nt），与甲基化位点旁序列互补结合，引导修饰酶修饰 rRNA。

2. 剪切　由核仁内的多种内切核酸酶和外切核酸酶催化进行。

3. 5S rRNA　5S rRNA 基因独立表达，由 RNA 聚合酶 Ⅲ 催化转录。

4. 核糖体组装　成熟 rRNA 与核糖体蛋白在核仁区组装成核糖体的 40S 小亚基和 60S 大亚基，然后转运到细胞质中，在 mRNA 上组装核糖体，合成蛋白质。

（三）tRNA 前体

真核生物 tRNA 基因由 RNA 聚合酶 Ⅲ 催化转录，获得的 tRNA 前体的后加工与原核生物 tRNA 前体一致，需要剪切末端序列、添加 3′端 CCA、修饰核苷酸（碱基与核糖）。

真核生物 tRNA 与原核生物 tRNA 加工的不同之处：①所有真核生物 tRNA 前体都没有 3′端 CCA，要在加工时添加。②某些 tRNA 前体有Ⅳ类内含子，在加工时，由一种剪接内切核酸酶（splicing endonuclease）切除，再由一种 tRNA 剪接酶复合体将两个外显子连接起来（图 3-17）。

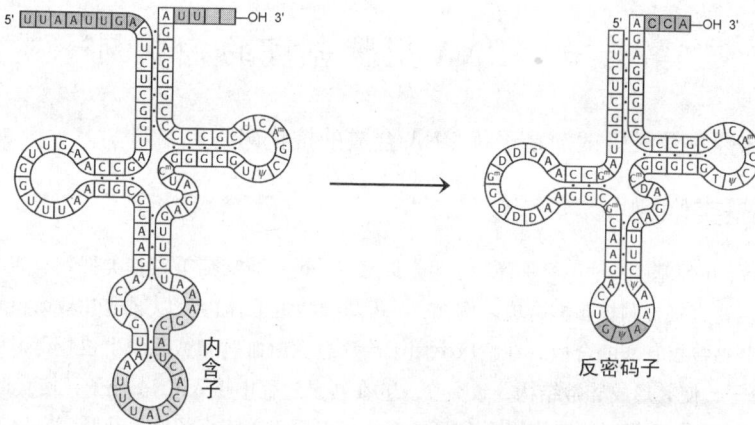

图 3-17 真核生物 tRNA 前体转录后加工

第五节 RNA 病毒 RNA 的复制合成

某些噬菌体和动物病毒的基因组是 RNA, 带有编码 RNA 复制酶的基因。这类 **RNA 复制酶**（RNA replicase）能以病毒 RNA 为模板, 以四种 NTP 为原料, 以 5′→3′方向催化合成 RNA 的互补链, 此过程称为 **RNA 复制**（RNA replication）。

RNA 病毒的种类很多, 其 RNA 的复制方式也不尽相同。

1. 病毒含正链 RNA 这类 RNA 病毒感染宿主细胞之后, 首先利用宿主细胞表达系统合成 RNA 复制酶亚基以及有关蛋白质, 组装 RNA 复制酶; 然后由 RNA 复制酶以正链 RNA 为模板合成负链 RNA, 再以负链 RNA 为模板合成正链 RNA; 最后由正链 RNA 和蛋白质装配成新的 RNA 病毒颗粒。Qβ 噬菌体和脊髓灰质炎病毒属于这种类型。

Qβ 噬菌体（4220nt）的 RNA 复制酶由四个亚基构成, 其中只有一个亚基由病毒基因编码, 并且含 RNA 复制酶活性中心; 另外三个亚基由大肠杆菌基因编码, 分别是核糖体 30S 小亚基的 S1 蛋白和参与蛋白质合成的翻译延伸因子 EF-Tu、EF-Ts。在 RNA 复制过程中, S1、EF-Tu 和 EF-Ts 可以使 RNA 复制酶结合于病毒 RNA 的 3′端, 启动其复制。

RNA 复制酶具有模板特异性, 只复制病毒 RNA。RNA 复制酶没有 3′→5′外切酶活性, 所以催化 RNA 复制时不能校对, 错配率较高, 达 10^{-4}, 与 DNA 指导的 RNA 合成错配率相当。

🖐 病毒性感冒的病原体是 RNA 病毒, 因错配率高、变异快, 容易逃避免疫攻击, 不易制备有效疫苗。

2. 病毒含负链 RNA 和 RNA 复制酶 这类病毒感染宿主细胞之后, 先合成正链 RNA, 并以正链 RNA 为模板翻译合成病毒蛋白质, 再以正链 RNA 为模板合成负链 RNA。狂犬病病毒和马水疱性口炎病毒属于这种类型。

3. 病毒含双链 RNA 和 RNA 复制酶 这类病毒感染宿主细胞之后, 先合成正链 RNA, 并以正链 RNA 为模板翻译合成病毒蛋白质, 再以正链 RNA 为模板, 复制合成双链 RNA。呼肠孤病毒属于这种类型。

第六节　RNA 生物合成的抑制剂

一些临床药物及科研试剂是干扰 RNA 合成的抗代谢物。

一、碱基类似物

2-氨基嘌呤、6-巯基嘌呤、8-氮鸟嘌呤、5-氟尿嘧啶、6-氮尿嘧啶等碱基类似物有以下作用：①作为核苷酸抗代谢物直接抑制核苷酸合成。例如：6-巯基嘌呤进入体内可以通过补救途径转化成巯基嘌呤核苷酸，抑制嘌呤核苷酸的合成，在临床上用于治疗急性白血病和绒毛膜上皮癌等。②在复制过程中掺入 DNA 分子，使其形成异常结构，致突变。③在转录过程中掺入 RNA 分子，使其形成异常结构，丧失生物活性。例如：5-氟尿嘧啶能掺入 RNA，在临床上用于治疗直肠癌、结肠癌、胃癌等。

二、核苷类似物

利巴韦林（ribavirin）是核苷类前药。作为嘌呤核苷类似物，其磷酸化产物发挥以下作用：①掺入 RNA 病毒的 RNA，诱导致死突变。②抑制 RNA 病毒的 RNA 聚合酶，从而抗 RNA 病毒。③抑制某些 DNA 病毒（例如痘病毒）RNA 的加帽，从而抑制其翻译。④抑制 IMP 脱氢酶，从而抑制 GTP 的从头合成，抗 DNA 病毒，但因此有副作用。⑤增强 T 细胞的抗病毒感染活性，例如抗丙型肝炎病毒（HCV）。

三、模板干扰剂

一些放线菌素，包括放线菌素 D、色霉素 A_3、橄榄霉素和光神霉素等，属于模板干扰剂。放线菌素 D 是从链霉菌中分离到的含肽抗生素，对 RNA 合成的抑制作用和它与 DNA 的鸟嘌呤形成特殊的氢键结合有关。放线菌素与 DNA 非共价结合时，其肽部分在 DNA 的小沟内起阻遏蛋白作用，阻遏转录，对原核生物和真核生物都有效，故用于治疗某些肿瘤。

属于模板干扰剂的还有烷化剂、嵌入染料等。

四、RNA 聚合酶抑制剂

有些抗生素和化学药物能够抑制 RNA 聚合酶活性，从而抑制 RNA 合成。

1. 利福霉素（rifamycin）　是 1957 年从链霉菌中分离到的一类抗生素，能强烈抑制革兰阳性菌和结核杆菌，对其他革兰阴性菌的抑制作用较弱。利福平（rifampicin）是 1962 年获得的半合成的利福霉素 B 衍生物，具有广谱抗菌作用，对结核杆菌杀伤力更强。利福霉素及其同类化合物的作用机制是与细菌 RNA 聚合酶全酶特异性结合，抑制转录进入延长阶段。

2. 利迪链菌素（streptolydigin）　与细菌 RNA 聚合酶的 β 亚基结合，抑制转录延长反应。

3. α 鹅膏蕈碱（α-amanitin）　是从毒鹅膏（*A. phalloides*）中分离到的一种八肽，可抑制真核生物 RNA 聚合酶活性，但对细菌 RNA 聚合酶的抑制作用极弱。

小　结

转录是绝大多数生物 RNA 的主要合成方式，由 RNA 聚合酶催化，发生于基因表达过程，是基因表达的首要环节。

转录的基本特征是选择性转录、不对称转录、连续性转录和转录后加工。

RNA 聚合酶催化 RNA 的转录合成，是参与转录的关键物质之一。①原核生物只有一种 RNA 聚合酶核心酶，可以催化合成 mRNA、tRNA 和 rRNA 前体。σ 亚基是原核生物的转录起始因子。②真核生物有三种细胞核 RNA 聚合酶：RNA 聚合酶 I 位于核仁，催化合成 28S、5.8S、18S rRNA 前体；RNA 聚合酶 II 位于核质，催化合成 mRNA、snRNA 前体；RNA 聚合酶 III 位于核质，催化合成 5S rRNA、tRNA、snRNA 前体。

RNA 的转录合成分为起始、延长、终止和后加工四个阶段：起始阶段需要 RNA 聚合酶全酶催化，其所含的 σ 亚基协助核心酶识别并结合启动子元件，延长阶段需要核心酶催化，终止阶段有的需要 ρ 因子参与。RNA 聚合酶催化合成的初级转录物是各种 RNA 前体。原核生物 mRNA 前体不需要加工，rRNA 前体和 tRNA 前体则需要经过加工才能得到成熟 RNA 分子。

真核生物和原核生物 RNA 的转录合成遵循着共同的规律，起始阶段需要转录因子协助 RNA 聚合酶依托启动子组装转录起始复合物，延长阶段有转录延长因子参与，终止阶段依赖加尾信号。真核生物 RNA 的加工尤为重要：mRNA 前体经过 5′端加帽、3′端加尾、剪接、编辑、修饰等加工得到成熟 mRNA，rRNA 前体经过修饰与剪切得到成熟 rRNA，tRNA 前体经过剪切末端序列、添加 3′端 CCA、修饰核苷酸得到成熟 tRNA。

第四章 蛋白质的生物合成

蛋白质合成在细胞代谢中占有十分重要的地位。储存遗传信息的 DNA 并不是指导蛋白质合成的直接模板，DNA 的遗传信息通过转录传递给 mRNA，mRNA 才是指导蛋白质合成的直接模板。mRNA 由 4 种核苷酸构成，而蛋白质由 20 种氨基酸合成。发生在核糖体上的蛋白质合成过程是核糖体协助 tRNA 从 mRNA 读取遗传信息、用氨基酸合成蛋白质的过程，是 mRNA 碱基序列决定蛋白质氨基酸序列的过程，或者说是把核酸语言翻译成蛋白质语言的过程。因此，蛋白质的生物合成过程又称**翻译**（translation）。

蛋白质是信息代谢的终产物，一个细胞需要数千种蛋白质维持其正常代谢活动。这些蛋白质必须适时地合成和降解，以适应代谢需要。一个细胞内合成蛋白质所消耗的能量占合成代谢所消耗能量的 90%。一个大肠杆菌细胞内参与蛋白质合成的成分超过细胞干重的 35%。

第一节 参与蛋白质合成的主要物质

蛋白质的合成反应可以表示如下：

$$氨基酸 \xrightarrow[\text{酶，蛋白因子，ATP，GTP}]{\text{mRNA，rRNA，tRNA}} 蛋白质$$

蛋白质的合成过程非常复杂，除了消耗大量氨基酸和高能化合物 ATP、GTP 之外，还需要多种生物大分子的参与，包括 rRNA、mRNA、tRNA 和一组蛋白因子。这里先介绍 mRNA、tRNA 和含 rRNA 的核糖体，其他相关酶和蛋白因子将结合在蛋白质合成过程中介绍（表 4-1）。

表 4-1 参与蛋白质合成的主要物质

蛋白质合成阶段	参与蛋白质合成的物质
氨基酸负载	氨基酸，氨酰 tRNA 合成酶，tRNA，ATP，Mg^{2+}
翻译起始	核糖体大、小亚基，mRNA，起始氨酰 tRNA，翻译起始因子，GTP，Mg^{2+}
翻译延长	mRNA，核糖体，氨酰 tRNA，翻译延伸因子，GTP，Mg^{2+}
翻译终止	mRNA，核糖体，释放因子，GTP
翻译后修饰	酶、辅助因子和其他成分（用于切除新生肽链 N 端、裂解肽链、修饰氨基酸等）

一、mRNA 从 DNA 传递遗传信息

mRNA 传递从 DNA 转录的遗传信息，其一级结构中编码区的密码子序列直接编码蛋白质多肽链的氨基酸序列。

1. mRNA 的一级结构 由编码区和非翻译区构成（图 4-1）。

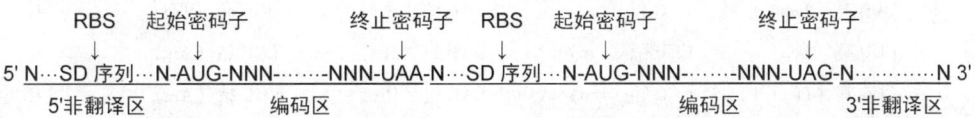

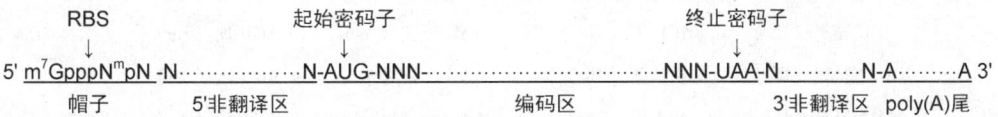

图 4-1 mRNA 的一级结构

（1）**5′非翻译区**（5′-UTR）：是从 mRNA 的 5′端到起始密码子之前的一段序列，含**核糖体结合位点**（RBS），即核糖体赖以组装并启动翻译的一段序列。

（2）**编码区**（coding region）：又称开放阅读框（ORF），是从起始密码子到终止密码子的一段序列，是 mRNA 的主要序列。原核生物 mRNA 多数有 2~6 个编码区，相邻编码区被一个顺反子间区（intercistronic region）隔开，这种 mRNA 称为**多顺反子 mRNA**（polycistronic mRNA）。真核生物几乎所有 mRNA 都只有一个编码区，这种 mRNA 称为**单顺反子mRNA**（monocistronic mRNA）。

（3）**3′非翻译区**（3′-UTR）：是从 mRNA 的终止密码子之后到 3′端的一段序列。

真核生物 mRNA 的 5′端还有 5′帽结构，绝大多数 mRNA 的 3′端还有 poly(A)尾。

2. 密码子 mRNA 编码区从 5′端向 3′端每三个相邻碱基一组连续分组，每一组碱基构成一个遗传密码，称为**密码子**（codon）或**三联体密码**（triplet code）（表 4-2）。

（1）起始密码子：位于编码区 5′端的第一个密码子都是编码甲硫氨酸（又称蛋氨酸）的，即蛋白质的合成都是从甲硫氨酸开始的，所以编码甲硫氨酸的密码子称为**起始密码子**（initiation codon）。绝大多数基因中编码甲硫氨酸的起始密码子都是 AUG（在编码区内部也编码甲硫氨酸），少数细菌基因的起始密码子是 GUG（在编码区内部编码缬氨酸），极少数真核生物基因的起始密码子是 CUG（在编码区内部编码亮氨酸）。

（2）终止密码子：位于编码区 3′端的最后一个密码子不编码任何氨基酸，是终止信号，称为**终止密码子**（termination codon），是 UAA、UAG 或 UGA。因此，密码子不仅决定着蛋白质合成时将连接哪种氨基酸，还控制着蛋白质合成的起始和终止。

表 4-2　遗传密码表

第一碱基	第二碱基				第三碱基
	U	C	A	G	
U	UUU 苯丙（Phe）	UCU 丝（Ser）	UAU 酪（Tyr）	UGU 半胱（Cys）	U
	UUC 苯丙（Phe）	UCC 丝（Ser）	UAC 酪（Tyr）	UGC 半胱（Cys）	C
	UUA 亮（Leu）	UCA 丝（Ser）	UAA 终止密码子	UGA 终止密码子	A
	UUG 亮（Leu）	UCG 丝（Ser）	UAG 终止密码子	UGG 色（Trp）	G
C	CUU 亮（Leu）	CCU 脯（Pro）	CAU 组（His）	CGU 精（Arg）	U
	CUC 亮（Leu）	CCC 脯（Pro）	CAC 组（His）	CGC 精（Arg）	C
	CUA 亮（Leu）	CCA 脯（Pro）	CAA 谷胺（Gln）	CGA 精（Arg）	A
	CUG 亮（Leu）	CCG 脯（Pro）	CAG 谷胺（Gln）	CGG 精（Arg）	G
A	AUU 异亮（ILe）	ACU 苏（Thr）	AAU 天胺（Asn）	AGU 丝（Ser）	U
	AUC 异亮（ILe）	ACC 苏（Thr）	AAC 天胺（Asn）	AGC 丝（Ser）	C
	AUA 异亮（ILe）	ACA 苏（Thr）	AAA 赖（Lys）	AGA 精（Arg）	A
	AUG 甲硫（Met）	ACG 苏（Thr）	AAG 赖（Lys）	AGG 精（Arg）	G
G	GUU 缬（Val）	GCU 丙（Ala）	GAU 天（Asp）	GGU 甘（Gly）	U
	GUC 缬（Val）	GCC 丙（Ala）	GAC 天（Asp）	GGC 甘（Gly）	C
	GUA 缬（Val）	GCA 丙（Ala）	GAA 谷（Glu）	GGA 甘（Gly）	A
	GUG 缬（Val）	GCG 丙（Ala）	GAG 谷（Glu）	GGG 甘（Gly）	G

遗传密码的破解完成于 1961 年，是 20 世纪最重要的科学发现之一，Holley、Khorana 和 Nirenberg 因此于 1968 年获得诺贝尔生理学或医学奖。

3. **密码子特点**　密码子具有以下特点：

（1）方向性：核糖体阅读 mRNA 编码区的方向是 $5'→3'$，因此：①所有密码子都以 $5'→3'$ 方向阅读。②起始密码子总是位于编码区的 $5'$ 端，终止密码子则位于编码区的 $3'$ 端。

（2）连续性：mRNA 编码区的密码子之间没有标点，即每个碱基都参与构成密码子；密码子没有重叠，即每个碱基只参与构成一个密码子。因此，如果发生插入和缺失突变，并且插入和缺失的不是 $3n$ 个碱基对，就会发生移码突变，导致蛋白质的氨基酸组成和序列改变。

（3）简并性：密码子共有 64 个，其中 61 个编码标准氨基酸。每一个密码子编码一种标准氨基酸，但标准氨基酸只有 20 种，所以一种氨基酸可能有不止一个密码子。只有甲硫氨酸和色氨酸有单一密码子，其余 18 种氨基酸各有 2~6 个密码子（表 4-2）。编码同一种氨基酸的不同密码子称为**同义密码子**（synonymous codon）。同义密码子具有**简并性**（degeneracy），即不同密码子可以编码同一种氨基酸，并且只编码一种氨基酸。大多数同义密码子的第一、二碱基一样，第三碱基不同。例如：GAU 和 GAC 是同义密码子，都编码天冬氨酸，其第一、二碱基都是 GA，第三碱基分别是 U 和 C。

（4）通用性：地球生物采用同一套遗传密码，说明它们由同一祖先进化而来。个别遗传密码有变异，如表4-3所示。这些变异有的是由常规的终止密码子变异为编码氨基酸，有的是由编码一种氨基酸变异为编码另一种氨基酸。这些变异是在进化过程中发生的，因为遗传密码不会永恒不变，当然也不会经常变异。

表4-3　人类染色体密码与线粒体遗传密码对比

密码子	AUA	AGA	AGG	UGA
染色体	异亮氨酸	精氨酸	精氨酸	终止密码子
线粒体	甲硫氨酸	终止密码子	终止密码子	色氨酸

4. **阅读框** 又称**读框**（reading frame），是mRNA分子上从一个起始密码子到其下游第一个终止密码子所界定的一段序列。理论上有的mRNA序列中可能有三套不同的密码子序列，即有三个重叠的阅读框。每个阅读框都从起始密码子开始，到终止密码子结束（图4-2）。不过，其中只有一个阅读框真正编码蛋白质多肽链，称为**开放阅读框**（ORF，又称**可读框**。其余阅读框因为太小，不能编码功能蛋白）。一个开放阅读框就是mRNA的一个编码区。各种生物mRNA编码区所编码肽链的平均长度为350AA，人的为440AA。

mRNA　　5′–GAUGCAUGCAUGGGAUAUAGGCCUUAGUUGAC–3′

阅读框1　5′–G**AUGCAUGCAUGGGAUAUAGGCCUUAG**UUGAC–3′
　　　　　　　Met　His　Ala　Trp　Asp　Ile　Gly　Leu　Ser

阅读框2　5′–GAUGC**AUGCAUGGG**AUAUAGGCCUUAGUUGAC–3′
　　　　　　　　　Met　His　Gly　Ile

阅读框3　5′–GAUGCAUGC**AUGGGAUAUAGGCCUUAG**UUGAC–3′
　　　　　　　　　　　Met　Gly　Tyr　Arg　Pro

图4-2　阅读框

蛋白质翻译合成过程中有时会发生**翻译移码**，即核糖体复合物把一个四碱基序列读成密码子（例如大肠杆菌RF-2的翻译合成，第五章，115页），或者把一个碱基重读，接下来虽然继续按照三联体阅读，但阅读框已经改变。这种移位虽然存在，但极少见，主要存在于某些病毒RNA（特别是逆转录病毒RNA）中。

二、tRNA 既是氨基酸转运工具又是读码器

在蛋白质合成过程中，mRNA编码区的密码子序列决定着蛋白质多肽链的氨基酸序列，但这种决定是由tRNA介导的。实际上mRNA与氨基酸并不能相互识别，更不会直接结合。

1. **tRNA 是氨基酸转运工具** 每一种氨基酸都有自己的tRNA，它通过3′端CCA序列的腺苷酸3′-羟基结合、转运氨基酸并在核糖体上将其连接到肽链的C端。

2. **tRNA 是读码器** 每一种tRNA都有一个**反密码子**（anticodon），它是tRNA反密码子环上的一个三碱基序列，可以识别mRNA的密码子，并与之结合（图4-3）。因此，mRNA通过碱基配对选择正确的氨酰tRNA，并允许其将携带的氨基酸连接到肽链上。

3. tRNA 读码存在摆动性   反密码子与密码子是反向结合的，即 tRNA 反密码子的第一、二、三碱基分别与 mRNA 密码子的第三、二、一碱基结合。如果这种结合严格遵循碱基互补配对原则，即 1 种反密码子只识别 1 个密码子，那么识别 61 个密码子就需要 61 种反密码子，从而需要 61 种 tRNA。

实际上，各种细胞所含 tRNA 的种类的确多于标准氨基酸的种类，因此一种标准氨基酸可能有几种 tRNA，它们称为**同工 tRNA**。然而，绝大多数细胞所含的 tRNA

图 4-3   tRNA 读码

种类少于密码子个数，例如真核生物大多数细胞有 40~50 种 tRNA，因此一种反密码子可能识别几个不同的密码子（当然它们一定是同义密码子）。这就意味着：密码子与反密码子的结合并不严格遵循碱基互补配对原则，这种现象称为**摆动性**。

研究发现：mRNA 密码子的第三碱基和 tRNA 反密码子的第一碱基为**摆动位置**（wobble position），该位置存在非 Watson-Crick 碱基配对。

1966 年，Crick 总结对摆动位置的研究，提出了**摆动假说**（wobble hypothesis），又称**摆动法则**（wobble rule）：

（1）反密码子的第二、三碱基与密码子的相应碱基形成 Watson-Crick 碱基配对，对密码子的特异性起决定作用。

（2）反密码子的第一碱基决定着其识别的密码子数：第一碱基为 A 和 C 的反密码子只识别一个密码子；第一碱基为 G 和 U 的反密码子可以识别两个同义密码子；第一碱基为 I（次黄嘌呤）的反密码子可以识别三个同义密码子（表 4-4）。因此，摆动位置可以形成五种非 Watson-Crick 碱基配对（又称**摆动配对**）：G-U、U-G、I-A、I-C、I-U，其中特别值得注意的是 G-U 和 U-G，它们与 Watson-Crick 碱基配对 G-C、C-G 几乎同样稳定。例如：苯丙氨酸的密码子 UU<u>U</u>、UUC 都被 tRNA^Phe 的反密码子 GAA 识别。实际上，如果两个密码子的第一、二碱基分别一样，第三碱基是 U 或 C，那么它们一定编码同一种氨基酸，并且由同一种 tRNA 识别，该 tRNA 反密码子的第一碱基一定是 G。

表 4-4   摆动配对

反密码子第一碱基	A	C	G	U	I
密码子第三碱基	U	G	C, <u>U</u>	A, <u>G</u>	<u>A</u>, <u>C</u>, <u>U</u>

（3）第一、二碱基存在区别的同义密码子由不同的 tRNA 识别，例如编码精氨酸的 A<u>G</u>A 和 C<u>G</u>A 的第一碱基分别是 A、C，两个密码子分别由反密码子为 UC<u>U</u>、UC<u>G</u> 的两种 tRNA^Arg 识别。

（4）识别 61 个密码子至少需要 32 种 tRNA 的 31 种反密码子（其中识别 AUG 需要两种 tRNA）。摆动性使一种 tRNA 可以识别几个同义密码子，降低有害突变的发生率。

三、核糖体是蛋白质的合成机器

20 世纪 50 年代，Zamecnik 等通过同位素实验证明蛋白质是在核糖体上合成的。

Ramakrishnan、Steitz 和 Yonath 因在核糖体结构和功能的研究中做出突出贡献而获得 2009 年诺贝尔化学奖。Ramakrishnan 于 2000 年测定了大肠杆菌核糖体 30S 小亚基的结构及其与不同抗生素结合时

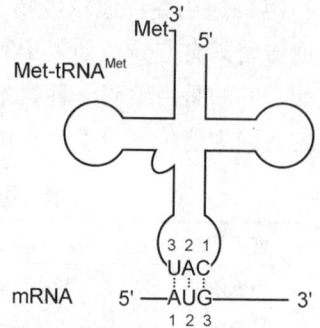

的结构，随后又测定了核糖体-tRNA-mRNA 复合物的完整结构。Steitz 于 2000 年测定了大肠杆菌核糖体 50S 大亚基的结构，证明了 rRNA 的肽酰转移酶（又称肽基转移酶）活性，并揭示了相关抗生素抑制蛋白质合成的机制。Yonath 自 1989 年开始研究核糖体结构，先后测定了大肠杆菌核糖体 50S 大亚基（1800kDa）和 30S 小亚基（900kDa）的高分辨率结构，证明了 rRNA 的肽酰转移酶活性，揭示了 20 多种抗生素抑制蛋白质合成的机制，并且发现了核糖体大亚基上的新生肽链通道，还建立了一种核糖体晶体学新技术（cryo bio-crystallography）。

核糖体亚基通常游离存在。在合成蛋白质时，核糖体亚基与氨酰 tRNA、mRNA 组装成核糖体复合物，核糖体移动阅读 mRNA 的编码区，通过肽酰转移酶活性中心和三个 tRNA 结合位点将氨基酸连接到新生肽链上。

1. 肽基转移酶活性中心　又称肽酰转移酶，位于原核生物核糖体 50S 大亚基和真核生物核糖体 60S 大亚基上。

2. tRNA 结合位点　①**氨酰位**（aminoacyl site，简称 **A 位**）结合氨酰 tRNA，位于小亚基与大亚基的结合区域。②**肽酰位**（peptidyl site，简称 **P 位**）结合肽酰 tRNA，位于小亚基与大亚基的结合区域。③**出口位**（exit site，简称 **E 位**）结合脱酰 tRNA，位于大亚基上（图 4-4）。

原核生物只有一类核糖体，真核生物则有以下几类核糖体：游离核糖体、附着核糖体（内质网核糖体）、线粒体核糖体和叶绿体核糖体。游离核糖体和附着核糖体实际上是同一类核糖体，它们比原核生物核糖体大，所含的 rRNA 和蛋白质也多。线粒体核糖体和叶绿体核糖体比原核生物核糖体小。

第二节　氨基酸负载

原核生物与真核生物的蛋白质合成过程在以下几方面基本一致：①合成蛋白质的直接原料是氨酰 tRNA，氨基酸与 tRNA 的结合由氨酰 tRNA 合成酶催化，这一过程称为**负载**。②读码从 mRNA 编码区 5′端的起始密码子开始，沿 5′→3′方向，到终止密码子结束。③肽链的合成从 N 端开始，在 C 端延长，整个过程分为起始、延长和终止三个阶段。

氨基酸负载过程消耗 ATP，使氨基酸与 tRNA 以高能酯键连接，所以氨酰 tRNA 是氨基酸的活化形式，氨基酸负载又称**氨基酸活化**。每活化一分子氨基酸消耗两个高能磷酸键。

1. 氨基酸必须由 tRNA 负载　在合成蛋白质时，tRNA 与氨基酸必须以高能酯键连接，形成氨酰 tRNA，然后氨酰 tRNA 通过反密码子与 mRNA 密码子结合，才能将氨基酸连接到正在合成的肽链上（图 4-3）。

tRNA 的 3′末端 AMP 的 3′-羟基是氨基酸结合位点，可以与氨基酸的羧基形成高能酯键。反应在细胞质中分两步进行：①氨基酸与 ATP 反应生成氨酰 AMP 和焦磷酸。②氨酰基转移到 tRNA 的 3′-羟基上，合成氨酰 tRNA。

$$\text{氨基酸} \xrightarrow[\text{ATP} \quad \text{PP}_i]{} \text{氨酰AMP} \xrightarrow[\text{tRNA} \quad \text{AMP}]{} \text{氨酰tRNA}$$

2. 负载由氨酰 tRNA 合成酶催化 tRNA 与氨基酸并不能相互识别，它们的正确结合是由氨酰 tRNA 合成酶催化进行的。氨酰 tRNA 合成酶有 20 种，每一种都催化一种标准氨基酸与其 tRNA（包括同工 tRNA）的 3′-羟基连接。氨酰 tRNA 合成酶具有高度特异性，既能正确识别氨基酸，又能正确识别 tRNA。

3. 原核生物起始甲硫氨酰 tRNA 被甲酰化 原核生物和真核生物都有两种负载甲硫氨酸的 tRNA，两种 tRNA 都由同一种甲硫氨酰 tRNA 合成酶催化负载，负载的甲硫氨酸分别用于蛋白质合成的起始和延长。原核生物的起始甲硫氨酰 tRNA 被甲酰化，生成 N-甲酰甲硫氨酰 tRNA，反应由转甲酰基酶（transformylase）催化。

$$N^{10}\text{-甲酰四氢叶酸 + 甲硫氨酰 tRNA} \rightarrow \text{N-甲酰甲硫氨酰 tRNA + 四氢叶酸}$$

真核生物细胞质中的甲硫氨酰 tRNA 未甲酰化，但是其线粒体和叶绿体内的甲硫氨酰 tRNA 被甲酰化，提示这些细胞器可能是寄生于真核细胞内的细菌演化体。

4. 氨酰 tRNA 通常用 AA-tRNA^{AA} 表示 如甘氨酰 tRNA 写作 Gly-tRNA^{Gly}。原核生物和真核生物两种负载甲硫氨酸的 tRNA 有相应的表示方法（表 4-5）。

表 4-5　甲硫氨酰 tRNA

生物	名称缩写	功能
原核生物	fMet-tRNA$_f^{Met}$ 或 fMet-tRNA^{fMet}	翻译起始，与核糖体 30S 小亚基的 P 位结合
	Met-tRNA$_m^{Met}$	翻译延长，与 70S 核糖体的 A 位结合
真核生物	Met-tRNA$_i^{Met}$ 或 Met-tRNA$_i$	翻译起始，与核糖体 40S 小亚基的 P 位结合
	Met-tRNA^{Met}	翻译延长，与 80S 核糖体的 A 位结合

第三节　原核生物蛋白质的翻译合成

原核生物和真核生物的蛋白质合成过程在细节上有差异，参与合成的因子及所用名称/名称缩写也不同。以下是大肠杆菌蛋白质合成过程。

一、翻译起始

翻译起始阶段是核糖体在翻译起始因子的协助下与 mRNA、fMet-tRNA$_f^{Met}$ 组装成 70S 核糖体复合物的过程，在复合物中，fMet-tRNA$_f^{Met}$ 的反密码子 CAU 与 mRNA 的起始密码子 AUG 正确配对。因此，翻译起始的核心内容就是核糖体从起始密码子启动蛋白质合成（图 4-4）。

1. 核糖体解离 核糖体复合物的组装是从游离的 30S 小亚基开始的，因此 70S 核糖体必须解离。细胞质中存在着核糖体的解离平衡，**翻译起始因子**（IF）促进核糖体解离。大肠杆菌有三种翻译起始因子（表 4-6）。

表4-6 大肠杆菌 K-12 翻译起始因子

常用缩写	IUBMB 推荐缩写	基因	结构	大小（AA）	功能
IF-1	IF1	*infA*	单体	71	协助 IF2、IF3
IF-2	IF2	*infB*	单体	890	与 fMet-tRNA$_f^{Met}$结合，防止其自发水解
					促使 fMet-tRNA$_f^{Met}$与 30S 结合
					有 GTPase 活性，在 70S 组装完毕后水解 GTP
IF-3	IF3	*infC*	单体	174	与 30S 结合，促进 70S 解离
					协助 30S 小亚基与 mRNA 结合
					协助 fMet-tRNA$_f^{Met}$识别起始密码子

2. mRNA 与 30S 小亚基结合 需要翻译起始因子 IF-3 的协助（图4-4②）。

编码区的 5′端和内部都存在 AUG。核糖体通过寻找核糖体结合位点鉴别编码起始 N-甲酰甲硫氨酸的 AUG。

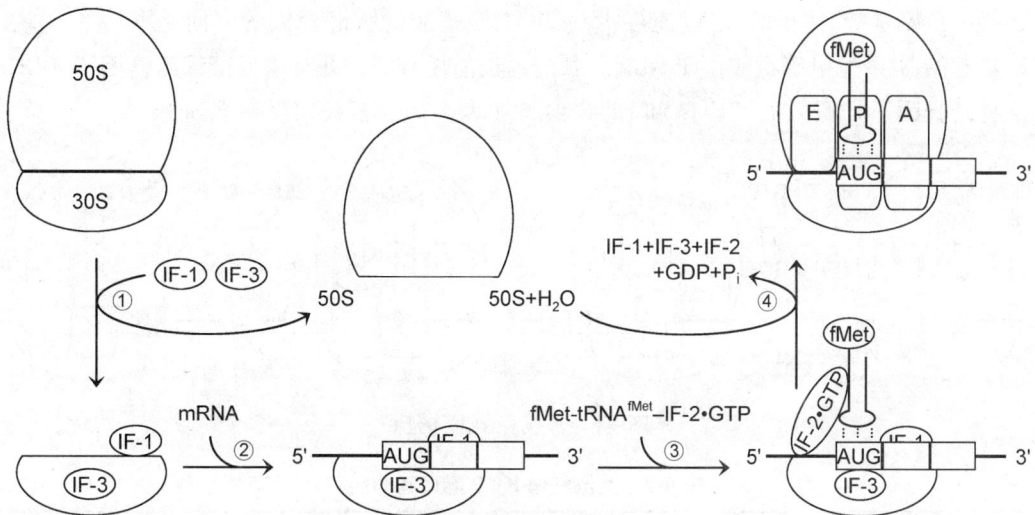

图4-4 大肠杆菌翻译起始

大肠杆菌 mRNA 的核糖体结合位点位于 5′非翻译区内，包括起始密码子上游 8 ~ 13nt 处的一段富含嘌呤核苷酸的保守序列，该序列长度为 4 ~ 9nt，共有序列是 AGGAG-GU，用发现者 Shine-Dalgarno 的名字命名为 **SD 序列**。大肠杆菌核糖体小亚基 16S rRNA 的 3′端有一段富含嘧啶的序列 ACCUCCU，可以与 mRNA 的 SD 序列互补结合。研究表明：16S rRNA 的 3′端与 SD 序列至少要形成 3 个 Watson-Crick 碱基配对，才能促成 30S 小亚基与 mRNA 的有效结合（图4-5）。

3. fMet-tRNA$_f^{Met}$ 与 mRNA-30S 小亚基结合形成 30S 复合物 需要翻译起始因子 IF-2 的协助。IF-2 是一种 G 蛋白（第六章，136 页），具有依赖核糖体的 GTPase（GTP 酶）活性。IF-2 先与 GTP 形成 IF-2·GTP，结合于 30S 小亚基 P 位，再募集 fMet-tRNA$_f^{Met}$，并协助其与 P 位结合形成 30S 复合物。在 30S 复合物中，fMet-tRNA$_f^{Met}$ 的反密码子 CAU 与

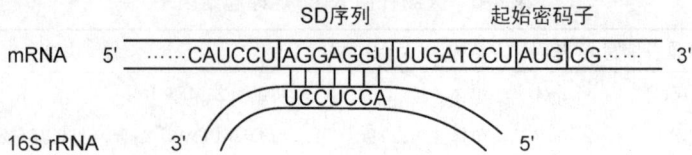

图 4-5　SD 序列

mRNA 的起始密码子 AUG 互补结合（图 4-4③）。

4. 50S 大亚基与 30S 复合物结合形成 70S 核糖体复合物　IF-1、IF-3 释放。IF-2·GTP 被核糖体复合物激活，水解 GTP。IF-2·GDP 释放（图 4-4④）。

二、翻译延长

翻译延长阶段是 mRNA 编码区指导核糖体用氨基酸合成肽链的过程。肽链延长通过一个循环过程进行，每一循环包括进位、成肽、易位三个步骤（图 4-6）。每一次循环连接一个氨基酸，每秒钟可以连接 15 ~ 20 个氨基酸。肽链合成的方向是 N 端→C 端，所以起始 N-甲酰甲硫氨酸位于 N 端。肽链延长消耗 GTP，并且需要**翻译延伸因子**（EF，又称**延长因子**）EF-Tu、EF-Ts 和 EF-G 参与（表 4-7），延长错误率不到 10^{-4}。

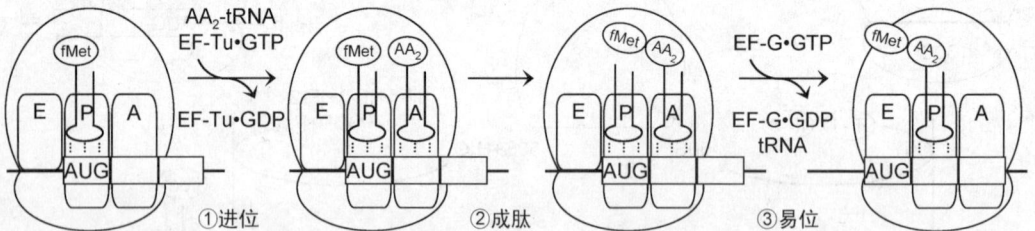

图 4-6　大肠杆菌翻译延长

表 4-7　大肠杆菌 K-12 翻译延伸因子

常用缩写	IUBMB 推荐缩写	基因	结构	大小（AA）	功能
EF-Tu	EF1A	$tufA$	单体	393	GTPase，与氨酰 tRNA、GTP 形成三元复
		$tufB$			合物，并协助氨酰 tRNA 进入核糖体 A 位
EF-Ts	EF1B	tsf	EF-Ts$_2$ EF-Tu$_2$	283	促使 EF-Tu 释放 GDP，结合 GTP
EF-G	EF2	$fusA$	单体	703	GTPase，催化易位

1. 进位　即氨酰 tRNA 进入 A 位（图 4-6①）。在翻译起始阶段完成时，70S 核糖体复合物上三个位点的状态不同：①E 位是空的。②P 位对应 mRNA 的第一个密码子 AUG，结合了 fMet-tRNA$_f^{Met}$。③A 位对应 mRNA 的第二个密码子，是空的。何种氨酰 tRNA 进位由 A 位对应 mRNA 的第二个密码子决定，并且需要翻译延伸因子 EF-Tu 和 EF-Ts 协助，通过进位循环完成进位。

进位循环：①EF-Tu·GTP 与氨酰 tRNA 结合，形成氨酰 tRNA-EF-Tu·GTP 三元复合物。②三元复合物进入 A 位，tRNA 反密码子与 mRNA 密码子结合，其他部位与大亚基结合。③如果进位正确，EF-Tu·GTP 水解所结合的 GTP，转化成 EF-Tu·GDP，从而变构脱离核糖体。④EF-Ts 使 GTP 取代 GDP 与 EF-Tu 结合，形成新的 EF-Tu·GTP 复合物，参与下一次进位循环（图 4-7）。

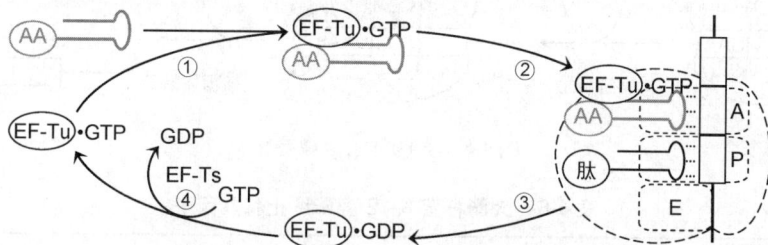

图 4-7 进位循环

2. 成肽 即 P 位 fMet-tRNA$_f^{Met}$ 甲硫氨酸（及此后肽链）的 α-羧基与 A 位氨酰 tRNA 氨基酸的 α-氨基形成肽键。成肽反应由核糖体 50S 大亚基的肽基转移酶活性中心催化，既不消耗高能磷酸化合物，也不需要翻译延伸因子（图 4-6②）。

3. 易位 肽键形成之后，A 位结合的是肽酰 tRNA，P 位结合的是脱酰 tRNA。接下来是**核糖体易位**，又称移位，即核糖体向 mRNA 的 3′端移动一个密码子，而脱酰 tRNA 及肽酰 tRNA 与 mRNA 之间没有相对移动。易位的结果：①脱酰 tRNA 从 P 位移到 E 位再脱离核糖体。②肽酰 tRNA 从 A 位移到 P 位。③A 位成为空位，并对应 mRNA 的下一个密码子。④核糖体恢复 A 位为空位时的构象，等待下一个氨酰 tRNA-EF-Tu·GTP 三元复合物进位，开始下一次延长循环（图 4-6③）。

易位需要翻译延伸因子 EF-G（又称易位酶）与一分子 GTP 形成的 EF-G·GTP。EF-G·GTP 水解其 GTP，转化成 EF-G·GDP，同时推动核糖体易位。

综上所述，蛋白质合成的延长阶段是一个包括三个步骤的循环过程，每一次循环都会在新生肽链的 C 端连接一个氨基酸。结果，新生肽链不断延长，并穿过核糖体大亚基的一个肽链通道甩出核糖体。

三、翻译终止

当核糖体通过易位读到终止密码子时，蛋白质合成进入翻译终止阶段，由释放因子协助终止翻译。

1. 终止过程 翻译终止阶段需要释放因子决定 mRNA-核糖体 – 肽酰 tRNA 的命运。①一种释放因子进入核糖体 A 位并与终止密码子结合，另一种释放因子随之结合，共同改变核糖体肽酰转移酶的特异性，催化 P 位肽酰 tRNA 水解，释放肽链。②一种释放因子促使脱酰 tRNA、mRNA 脱离核糖体，核糖体解离（图 4-8）。

2. 释放因子 大肠杆菌有 RF-1、RF-2、RF-3 和 RRF 四种**释放因子**（RF，表 4-8）。

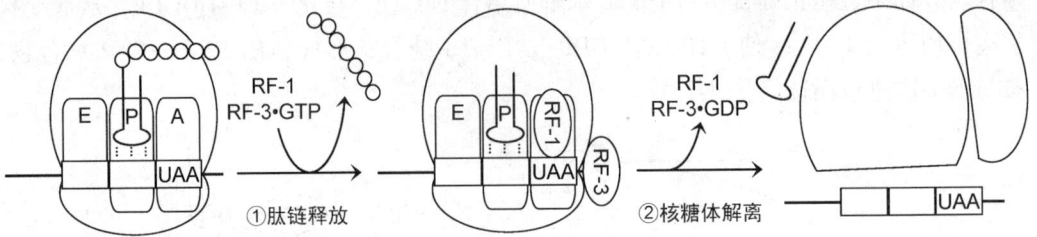

图 4-8　大肠杆菌翻译终止

表 4-8　大肠杆菌 K-12 翻译终止释放因子

常用缩写	IUBMB 推荐缩写	基因	大小（AA）	功能
RF-1	RF1	prfA	360	识别终止密码子 UAA、UAG
RF-2	RF2	prfB	365	识别终止密码子 UAA、UGA
RF-3	RF3	prfC	528	依赖核糖体的 GTPase，促 RF-1、RF-2 释放
RRF	RF4	frr	185	促使核糖体复合物解离

四、多核糖体循环

细胞可以通过以下两种机制提高翻译效率：

1. 在绝大多数情况下，一个 mRNA 分子上会结合不止一个核糖体，相邻核糖体间隔 20nm，形成**多核糖体**（polysome）结构。

2. 一个核糖体在完成一轮翻译之后解离成亚基，可以在 mRNA 的 5′端重新组装，开始新一轮翻译，形成**核糖体循环**。

蛋白质合成是一个高度耗能过程。每活化一分子氨基酸要消耗两个高能磷酸键（来自 ATP），每一次延长循环在进位和易位时又各消耗一个高能磷酸键（来自 GTP）。因此，在多肽链上每连接一个氨基酸要消耗四个高能磷酸键。

第四节　真核生物蛋白质的翻译合成

真核生物蛋白质的合成与原核生物不尽相同，需要的蛋白因子多，合成速度较慢，合成过程复杂。

一、翻译起始

真核生物与原核生物在翻译起始阶段有几点不同：①真核生物起始 Met-tRNA$_i^{Met}$ 不需要甲酰化。②真核生物 mRNA 没有 SD 序列，是由 5′帽结构协助核糖体识别起始密码子。③真核生物 mRNA 的起始密码子包含于 Kozak 序列内。④真核生物翻译起始因子更多（至少有 12 种，表 4-9），功能更复杂。

表 4-9　人翻译起始因子

常用缩写	IUBMB 推荐缩写	功能
eIF-1	eIF1	促进 48S 复合物组装
eIF-1A	eIF1A	多功能因子，促使核糖体解离，稳定 43S 复合物
eIF-2	eIF2	eIF-2α、β、γ 异三聚体，GTPase，促使 Met-tRNA$_i^{Met}$ 与 40S 小亚基结合
eIF-2B	eIF2B	异五聚体，激活 eIF-2（促使 eIF-2 释放 GDP，结合 GTP）
eIF-3	eIF3	异八聚体，与 40S 小亚基结合，促使核糖体解离，促使 Met-tRNA$_i^{Met}$、mRNA 与 40S 小亚基结合
eIF-4A	eIF4A	ATP 酶，RNA 解旋酶，结合 mRNA 并松解其二级结构，使其与 40S 小亚基结合
eIF-4B	eIF4B	结合于 mRNA 帽附近，激活 eIF-4A 的 RNA 解旋酶活性，促进扫描
eIF-4E	eIF4E	直接与 mRNA 的 5′帽结构结合
eIF-4G	eIF4G	支架蛋白，与 5′端 eIF-4E、3′端 PABP-1、eIF-3 结合
eIF-4F	eIF4F	5′帽结合蛋白，由 eIF-4A、eIF-4E、eIF-4G 等组成
eIF-5	eIF5	激活 eIF-2 的 GTPase 活性，促使其他翻译起始因子脱离 40S 小亚基以组装 80S 核糖体复合体
eIF-6	eIF6	与 60S 结合，促使 80S 核糖体解离

1. 起始扫描模型　由 Kozak 提出，认为真核生物核糖体通过扫描 mRNA 寻找含起始密码子的核糖体结合位点（30~40nt）（图 4-9③④）。

扫描机制：核糖体与 mRNA 的 5′帽结构结合，向 3′端移动，通过 Met-tRNA$_i^{Met}$ 识别起始密码子，启动翻译。研究发现：有 5%~10% 的 mRNA 并不是以其 5′端第一个 AUG 作为起始密码子的。真核生物 mRNA 真正的起始密码子位于称为 **Kozak 序列** 的保守序列中，其共有序列是 CCRCCAUGG。如果把起始密码子的 A 编为 +1 号，则 −3 位 R 和 +4 位 G 对核糖体与 mRNA 识别和结合的影响最大。

2. 翻译起始因子　真核生物翻译起始也需要翻译起始因子，并且需要更多的翻译起始因子，其功能包括：①参与识别 mRNA 的 5′帽结构。②参与组装 80S 核糖体复合物。③某些翻译起始因子是翻译调控点。

真核生物翻译起始因子的名称缩写以 eIF 表示，与原核生物翻译起始因子具有相同功能的翻译起始因子用同一编号。例如：介导 Met-tRNA$_i^{Met}$ 结合的翻译起始因子都编号为 2（原核 IF-2，真核 eIF-2、eIF-2B）（表 4-9）。

3. 起始过程　可以分为以下五步（图 4-9）。

（1）核糖体解离，需要翻译起始因子 eIF-3 和 eIF-6。

（2）40S 小亚基-eIF-3 复合物与 eIF-1A 及一个 Met-tRNA$_i$-eIF-2·GTP 三元复合物组装成 43S 复合物。

（3）mRNA 通过 5′帽结构与 eIF-4F 的 eIF-4E 亚基结合，形成 mRNA-eIF-4F 复合物。然后该复合物通过 eIF-4G-eIF-3 相互作用与 43S 复合物结合，组装成 48S 复合物。

（4）48S 复合物由 eIF-4A 推动沿着 mRNA 向 3′方向移动扫描。eIF-4A 具有 RNA 解

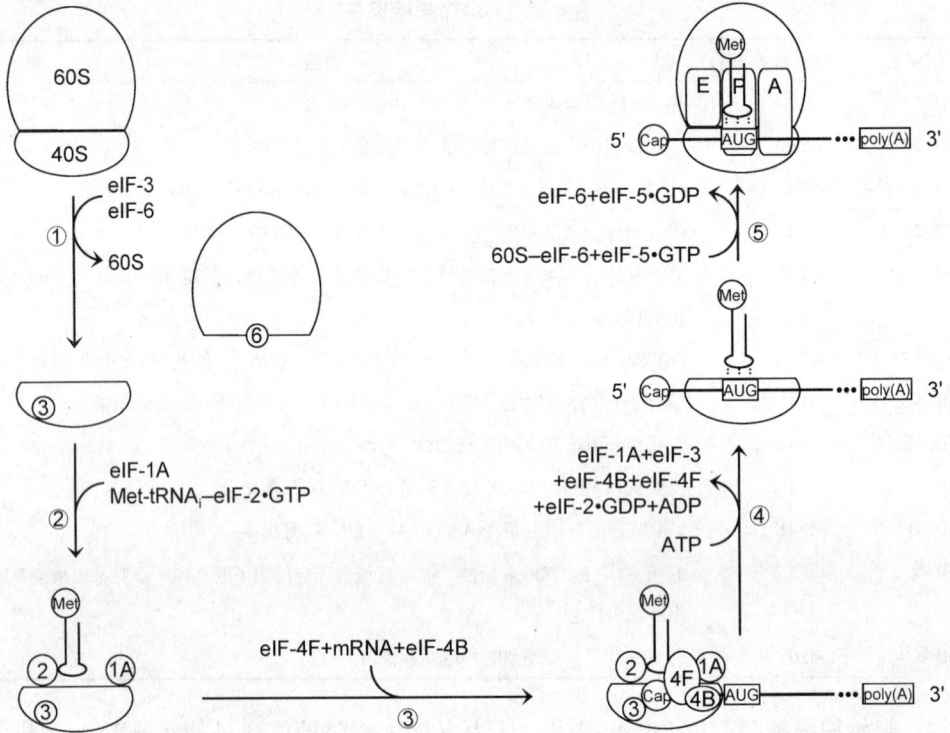

图 4-9   真核生物翻译起始

旋酶活性，它通过水解 ATP 提供能量，松解 RNA 二级结构。在 $tRNA_i^{Met}$ 反密码子读到起始密码子时，扫描停止。eIF-5 协助 eIF-2·GTP 水解其结合的 GTP，转化成 eIF-2·GDP（并与其他翻译起始因子脱离 48S 复合物），以阻止已经读到起始密码子的 48S 复合物继续移动扫描，同时有利于接下来 60S 大亚基与 40S 小亚基的结合。

（5）60S 大亚基与 48S 复合物结合，组装 80S 核糖体复合物。

二、翻译延长

真核生物和原核生物的翻译延长阶段一致，是一个进位、成肽、易位循环过程，所需的翻译延伸因子也一致，只是命名不同（图 4-10，表 4-10）。此外，合成速度较慢，每秒钟仅能连接 2 个氨基酸。

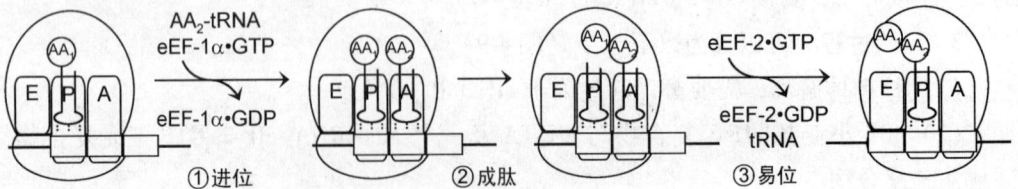

图 4-10   真核生物翻译延长

表 4-10　人翻译延伸因子

常用缩写	IUBMB 推荐缩写	功能
eEF-1α	eEF1A	GTPase，与氨酰 tRNA、GTP 形成三元复合物，并协助氨酰 tRNA 进入核糖体 A 位
eEF-1βγδ	eEF1B	促使 eEF-1α 释放 GDP，结合 GTP
eEF-2	eEF2	GTPase，催化易位

三、翻译终止

真核生物和原核生物的翻译终止阶段基本一致，不过释放因子有区别。真核生物有两种释放因子：eRF-1 和 eRF-3（表 4-11）。eRF-1 可以识别全部三种终止密码子。eRF-3·GTP 与 eRF-1 协同作用，促使肽酰 tRNA 水解释放新生肽链。

表 4-11　人翻译终止释放因子

常用缩写	IUBMB 推荐缩写	功能
eRF-1	eRF1	识别终止密码子 UAA、UAG、UGA
eRF-3	eRF3	依赖核糖体的 GTPase，激活 eRF-1

四、多核糖体循环

真核生物可以形成环状多核糖体，相邻核糖体间隔 30～35nm，这种结构使核糖体循环效率更高（图 4-11）。

真核生物细胞质中有一种 poly(A) 结合蛋白 1（PABP-1），它可以同时与 poly(A) 尾及 eIF-4F 的 eIF-4G 亚基结合。此外，eIF-4F 的 eIF-4E 亚基又与 mRNA 的 5′帽结构结合。上述作用的结果使 mRNA 的两端通过这些蛋白因子搭接在一起，形成环状 mRNA 结构。这样使 mRNA 两端靠得很近，核糖体从 mRNA 的 3′端解离之后很容易与结合在 5′端的 eIF-4F 作用，开始新一轮翻译。

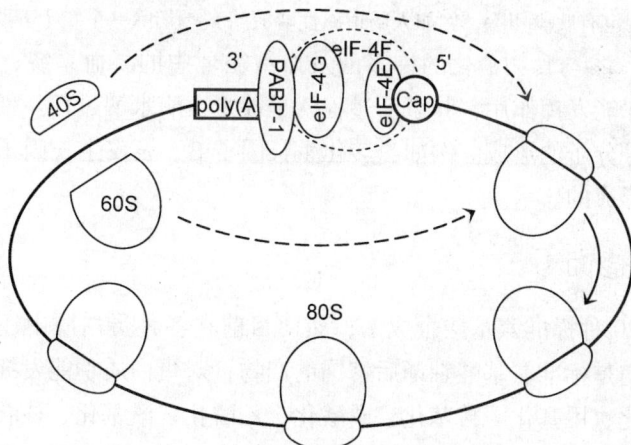

图 4-11　真核生物多核糖体循环

第五节 蛋白质的翻译后修饰

翻译后修饰（post-translational modification）是指在核糖体上合成的新生肽链经过各种加工与修饰，改变结构、性质、活性，结果主要是形成具有天然构象的蛋白质，但也包括被降解。实际上，所有蛋白质在合成之后一直经历着各种加工与修饰，直至最终被降解。

翻译后修饰内容丰富，既有一级结构的修饰，例如肽键水解、侧链修饰，又有空间结构的修饰，例如肽链折叠、亚基组装；既有不可逆修饰，例如羟基化，又有可逆修饰，例如磷酸化与去磷酸化。各项修饰进行的时机与场所不尽相同，在蛋白质多肽链的合成过程中、合成完成后、靶向转运或分泌过程中、到达功能场所后、参与细胞代谢时、最终被降解时，都可能进行。

一、肽链部分切除

许多新生肽链在形成具有天然构象的蛋白质时都要进行特异切割，即由蛋白酶水解特定肽键，切除末端信号肽、内部肽段、末端氨基酸，或者水解成一系列活性片段。这种水解是不可逆的。

1. N 端切除　①原核生物蛋白质的合成都从 N-甲酰甲硫氨酸开始，但多数成熟蛋白质的 N 端都不是 N-甲酰甲硫氨酸或甲硫氨酸。因此，原核生物要将多肽链 N 端的甲酰基、N-甲酰甲硫氨酸或含 N-甲酰甲硫氨酸的一个肽段切除，例如大肠杆菌错配修复蛋白 MutH 和翻译起始因子 IF-1、IF-3 在合成之后切除了 N 端的 N-甲酰甲硫氨酸。②与原核生物类似，真核生物要把 N 端甲硫氨酸或含甲硫氨酸的一个肽段切除，例如人肌红蛋白在合成之后切除了 N 端的甲硫氨酸，人溶菌酶 C 在合成之后切除了 N 端的一个十八肽。③膜蛋白、分泌蛋白前体的 N 端有一段信号肽，信号肽在完成使命之后也被切除。

某些蛋白质 C 端也有肽段切除，例如人肠道碱性磷酸酶 C 端切除一个二十五肽。

2. 蛋白激活　参与食物消化的许多酶及血液循环中的凝血系统、纤溶系统的各种因子必须被激活才能发挥作用，其激活过程就是被蛋白酶水解过程。蛋白酶水解还参与蛋白质及肽类信号分子的形成。例如：转化生长因子 β、表皮生长因子和胰岛素都是从大的前体肽加工形成的。

二、氨基酸修饰

蛋白质是用 20 种标准氨基酸合成的，然而目前在各种蛋白质中还发现有上百种非标准氨基酸，它们是标准氨基酸翻译后修饰的产物，对蛋白质功能发挥至关重要。氨基酸修饰包括羟基化、甲基化、羧基化、磷酸化、乙酰化、酰基化、核苷酸化等。修饰的意义是改变蛋白质溶解度、稳定性、活性、亚细胞定位、与其他蛋白质的作用等。

1. 羟基化　例如前胶原蛋白脯氨酸残基羟基化生成羟脯氨酸：L-脯氨酸（前胶原）

$+\alpha$-酮戊二酸 $+O_2$ = 反-3-羟脯氨酸（前胶原）+ 琥珀酸 $+CO_2$。

2. 甲基化　例如组蛋白 N 端甲基化可以抗蛋白酶水解，延长其寿命。组蛋白赖氨酸残基甲基化是基因表达调控的一个环节（第五章，117 页）：L-赖氨酸（组蛋白）+ S-腺苷甲硫氨酸 = N^6-甲基赖氨酸 + S-腺苷同型半胱氨酸。

3. 羧基化　例如凝血酶原谷氨酸残基羧基化。

4. 磷酸化　主要发生在特定丝氨酸、苏氨酸或酪氨酸残基的侧链羟基上，并产生以下效应：①许多酶和其他功能蛋白的化学修饰调节，例如糖原磷酸化酶 b 磷酸化激活，糖原合酶磷酸化失活。②磷酸基成为蛋白质的识别标志和停泊位点（第六章，149 页）。③磷的储存形式，例如牛奶酪蛋白磷酸化。

5. 乙酰化　发生在肽链 N 端的氨基上或肽链内部氨基酸残基的侧链上。乙酰化是蛋白质 N 端最常见的化学修饰，真核生物约 50% 蛋白质的 N 端都发生乙酰化。例如：新合成的腺苷脱氨酶切除 N 端的甲硫氨酸之后，新的 N 端的丙氨酸进一步乙酰化。蛋白质的乙酰化产生以下效应：①可能延长蛋白质的寿命，因为去乙酰化蛋白质容易被细胞内的外肽酶降解。②组蛋白乙酰化是基因表达调控机制之一（第五章，117 页）。

6. 酰基化　是在肽链上连接酰基，发生于内质网的胞质面，在真核生物普遍存在：①半胱氨酸巯基、丝氨酸或苏氨酸羟基软脂酰化，例如胰岛素受体、白细胞介素 1 受体、视紫红质软脂酰化。②N 端甘氨酸氨基肉豆蔻酰化，例如 G 蛋白、蛋白激酶 A 肉豆蔻酰化。③半胱氨酸巯基法尼基化，例如 Ras 蛋白 C 端的 Cys186 法尼基化。蛋白质酰基化的机制和生理意义尚未阐明，但可以预料：一切都是以增强其疏水性为基础的。

三、蛋白质糖基化

生物体内多数蛋白质都是缀合蛋白质，其中以糖蛋白居多。糖蛋白所含的糖基是在翻译后修饰阶段加接的，加接过程称为**糖基化**（glycosylation）。

1. 糖蛋白寡糖的功能　①活性必需：对介导某些蛋白质的生物活性起直接作用，例如人绒毛膜促性腺激素（HCG）、促红细胞生成素（EPO）。②靶向转运：帮助目的蛋白到达其功能场所，例如溶酶体酶的转运。③分子识别：直接参与配体 – 受体识别、底物 – 酶结合，例如某些细胞因子受体与细胞因子的识别。④结构稳定：寡糖有助于稳定蛋白质构象，保护其免受蛋白酶攻击，延长寿命。⑤易于溶解：增强蛋白质的水溶性。⑥定向嵌膜：避免膜蛋白在转运和发挥作用时翻转。

2. 蛋白质糖基化机制　包括 N-糖基化和 O-糖基化两种形式。

（1）N-糖基化：通过 N-糖苷键与 Asn-Xaa-Ser/Thr（Xaa 不包括 Pro）中 Asn 的酰胺基连接。这类寡糖大而复杂，多数是通过 N-乙酰葡萄糖胺（又称 N-乙酰氨基葡萄糖）直接与 Asn 连接。N-糖基化始于内质网腔，在高尔基体内继续进行。

（2）O-糖基化：通过 O-糖苷键与特定 Ser/Thr 的羟基连接，这类寡糖小而简单，通常只含 2~4 个糖基。分泌型糖蛋白的 O-糖基化主要在高尔基体内进行，是把 N-乙酰半乳糖胺（又称 N-乙酰氨基半乳糖）连接到 Ser/Thr 的羟基上；细胞内糖蛋白的 O-糖基化在细胞质中进行，是把 N-乙酰葡萄糖胺连接到 Ser 的羟基上。

四、蛋白质泛素化

泛素化（ubiquitination）是指用一个或多个泛素单体共价标记靶蛋白，从而影响其稳定性、功能、靶向转运，或被 26S 蛋白酶体（proteosome）识别并降解。

泛素（Ub）在真核生物中普遍存在，是一类高度保守的调节蛋白（人与酵母的泛素一级结构的同源性高达 96%），由 76 个氨基酸构成，所含的 7 个赖氨酸和 C 端甘氨酸是最重要的不变残基。

泛素发现于 1975 年，其功能于 20 世纪 80 年代由 Ciechanover、Hershko 和 Rose（2004 年诺贝尔化学奖获得者）阐明：泛素通过泛素化系统介导蛋白质降解。进一步研究表明：泛素化系统不仅介导蛋白质降解，更广泛地参与其他代谢，包括抗原提呈与免疫应答、细胞周期与细胞凋亡、DNA 修复与基因表达等。

泛素化系统是由三类酶构成的一个多酶体系，所催化的靶蛋白泛素化过程至少包括三个步骤：

1. 泛素活化　泛素活化酶 E1（ubiquitin-activating enzyme）活性中心 Cys 的巯基与泛素 C 端 Gly 的羧基形成硫酯键，消耗 ATP。

2. 泛素转移　泛素从泛素活化酶 E1 的活性中心转移到泛素结合酶 E2（ubiquitin-conjugating enzyme）活性中心 Cys 的巯基上。

3. 泛素结合　泛素连接酶 E3（ubiquitin ligase）催化泛素与靶蛋白 Lys 的 ε-氨基形成异肽键（isopeptide bond，由氨基酸侧链的羧基或氨基形成的肽键）。泛素连接酶 E3 既识别泛素结合酶 E2，又识别靶蛋白的识别序列，例如 Arg-Xaa-Xaa-Leu-Gly-Xaa-Ile-Gly-Asp/Asn（图 4-12）。

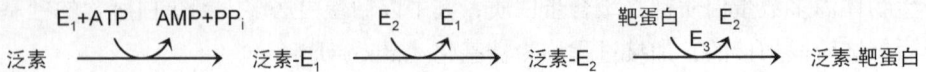

图 4-12　泛素化系统

五、肽链折叠和亚基组装

蛋白质折叠（protein folding）是指具有不确定构象的新生肽链通过有序折叠形成具有天然构象的功能蛋白的过程。蛋白质的一级结构是其构象的基础。蛋白质多肽链能够自发折叠，形成稳定的天然构象。不过，大多数蛋白质多肽链（细菌 85%）在体内的折叠是在各种辅助蛋白的协助下进行的。已经阐明的辅助蛋白有折叠酶类和分子伴侣等。

1. 折叠酶类　共价键异构是某些蛋白质折叠的关键步骤，需要相应折叠酶类的催化，目前研究较多的是蛋白质二硫键异构酶和肽基脯氨酰顺反异构酶。

（1）二硫键是蛋白质（特别是分泌蛋白和细胞膜蛋白）三级结构的稳定因素。真核生物蛋白质的二硫键主要形成于粗面内质网腔内。内质网腔是非还原环境，容易形成二硫键。

二硫键由蛋白质二硫键异构酶催化形成。**蛋白质二硫键异构酶**（PDI）位于内质网腔内，其活性中心含二硫键，催化的是巯基与二硫键的可逆转化反应，因而有两个功能：①二硫键形成，即催化底物蛋白 Cys 的巯基形成二硫键。②二硫键纠错，即打开错误的二硫键，形成正确的二硫键。

在蛋白质的折叠过程中，蛋白质二硫键异构酶的作用是协助含二硫键的蛋白质正确折叠。

（2）蛋白质中 Pro 的亚氨基形成的肽键存在顺反异构。顺反异构影响到蛋白质正确构象的形成。新生肽链中该肽键均为反式构型，成熟蛋白质中有 6% ~ 10% 为顺式构型。异构过程由肽基脯氨酰顺反异构酶催化。**肽基脯氨酰顺反异构酶**（PPI）家族广泛分布于各种组织细胞的细胞质、内质网、线粒体、细胞核等区域，可以将异构速度提高 10^4 倍以上。

2. 分子伴侣（molecular chaperone） 是广泛存在于原核生物和真核生物的一类保守蛋白质，分布于细胞的各个区域。它们在细胞内促进多肽链从非天然构象向天然构象的**折叠**（folding）及多亚基蛋白（又称**多体**，multimer）的组装，并且在折叠和组装完毕之后与之分离，并不成为所组装蛋白质的组成成分。它们可以通过以下作用提高折叠和组装效率：①协助新生肽链正确折叠以形成天然构象。②协助错折叠（misfolding）的蛋白质伸展（unfolding，又称解折叠）及重折叠（refolding）。③协助多亚基蛋白正确组装以形成天然构象。④协助组装错误的多亚基蛋白解离以重新组装。此外，有些分子伴侣还协助蛋白质跨膜转运或降解。

已经发现有许多分子伴侣家族，例如 Hsp60、70、90 等各类**热休克蛋白**（Hsp，又称**热激蛋白**）家族。不同分子伴侣作用机制各不相同，可以分为Ⅰ类分子伴侣和Ⅱ类分子伴侣（表4-12）。

表 4-12 大肠杆菌 K-12 与人同源分子伴侣对比

分类	大肠杆菌 K-12				人				
	分子伴侣	大小（AA）	结构	所属家族	分子伴侣	大小（AA）	结构	分布	所属家族
Ⅰ类	DnaK	637		Hsp70	Hsp70	640	异寡聚体	细胞质	Hsp70
	DnaJ	375	同二聚体		Hsp40	339		细胞质	Hsp40
	GrpE	197	同二聚体	GrpE	GRPEL1	190		线粒体	GrpE
	HtpG	624	同二聚体	Hsp90	Hsp86	731	同二聚体	细胞质	Hsp90
Ⅱ类	GroEL	547	同十四聚体	Hsp60	Hsp60	547		线粒体	Hsp60
	GroES	97	同七聚体	GroES	Hsp10	101	同六聚体	线粒体	GroES
					TCP-1α	556	异寡聚体	细胞质	TCP-1

（1）Ⅰ类分子伴侣：例如 Hsp70 家族（位于人细胞质、线粒体基质、内质网、细胞核）和 DnaK，功能是结合和稳定富含疏水性氨基酸的未折叠肽段，从而：①防止新生肽链提前折叠，热变性蛋白错误折叠或聚集。②协助多亚基蛋白组装。③协助线粒体

蛋白转运。

细菌 DnaK 是一类 ATP 结合蛋白，其氨基端结构域（NTD）为 ATP 酶活性中心。DnaK 有两种构象：①结合 ATP 形成 O 构象（开放构象），可以与富含疏水性氨基酸的未折叠肽段松散结合。②结合 ADP 形成 C 构象（闭合构象），与肽链结合牢固，有利于肽链折叠。

DnaK 与两种**辅助分子伴侣**（cochaperone）DnaJ、GrpE 共同促进肽链折叠：①DnaJ 协助 DnaK·ATP 与肽链松散结合。②DnaJ 激活 DnaK·ATP 水解其 ATP，转换成 DnaK·ADP，与肽链结合牢固，促进肽链折叠。③GrpE（真核生物无其同源蛋白）促使 DnaJ 与完成折叠的蛋白质解离，并作为 DnaK 的腺苷酸交换因子促使 DnaK 释放 ADP，结合 ATP，从而与完成折叠的蛋白质解离（图 4-13）。

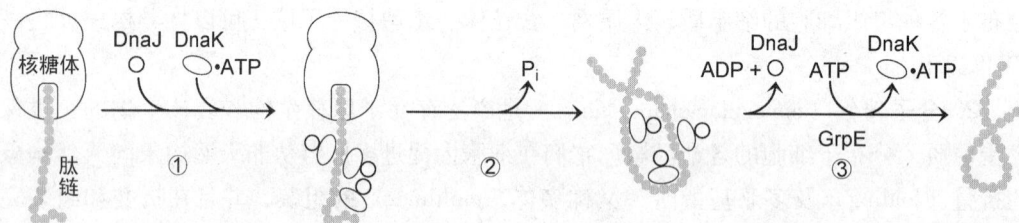

图 4-13　Ⅰ类分子伴侣

（2）**Ⅱ类分子伴侣**：又称**伴侣蛋白**（chaperonin），是一类结构复杂的蛋白复合体，例如 TCP1、GroEL，功能是创造微环境，促进新生肽链的正确折叠和亚基的正确组装。

细菌 GroEL 由两个桶状七聚体构成（图 4-14），有两种构象：①结合 ADP 形成 T 构象（紧张构象）。②结合 ATP 形成 R 构象（松弛构象）。

GroEL 作用机制：①不能有效折叠的多肽进入 GroEL·ADP 内腔，与内壁结合。②GroEL·ADP 释放 ADP，结合 ATP。GroEL·ATP 促使肽链折叠，这一过程需要辅助分子伴侣 GroES 七聚体协助，它就像 GroEL 桶状七聚体的盖子。③GroEL·ATP 水解其 ATP，转换成 GroEL·ADP，释放已经完成折叠的蛋白质（图 4-14）。大肠杆菌有 10% ~ 15% 新生肽链的折叠需要 GroEL/GroES 协助，热激时则多达 30%。

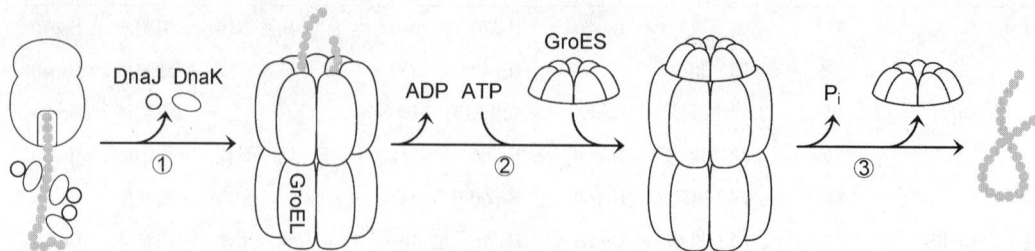

图 4-14　Ⅱ类分子伴侣

3. 亚基组装　在内质网上合成的许多分泌蛋白和膜蛋白都是多亚基蛋白，其亚基组装在内质网内进行。缀合蛋白质亚基的组装还涉及辅基结合，例如人乙酰辅酶 A 羧化酶 1 通过 Lys786 的 ε-氨基与 β 生物素的羧基以酰胺键结合，形成生物胞素。

4. 蛋白质构象病　错误折叠的蛋白质会互相聚集，形成淀粉样沉淀而致病，这类疾病称为**蛋白质构象病**。朊病毒病、阿尔茨海默病、帕金森病等都是蛋白质构象病。

　　👉 **朊病毒**（prion）是一类可以引起同种或异种蛋白质构象异常而致病的蛋白质。朊病毒由 Prusiner（1997 年诺贝尔生理学或医学奖获得者）于 1982 年发现并阐明，因为是只有蛋白质而没有核酸的"病原体"，所以并不是传统意义上的病毒。朊病毒蛋白（PrP）是存在于哺乳动物脑组织细胞膜上的一种疏水性糖蛋白（208AA），分子量 28kDa，有两种构象：一种是正常的 PrP^C 构象，以 α 螺旋为主，可以被蛋白酶彻底水解；一种是致病的 PrP^{Sc}（scrapie）构象，以 β 折叠为主（图 4-15），不能被蛋白酶彻底水解。PrP^{Sc} 分子能"复制"——将其他 PrP 的 PrP^C 构象转化成 PrP^{Sc} 构象。遗传性朊病毒病患者的 PrP 存在各种突变。例如：致死性家族性失眠（FFI）患者的朊病毒蛋白存在 Asp178Asn 突变，突变 PrP 比正常 PrP 容易形成 PrP^{Sc} 构象。神经退行性疾病例如牛海绵状脑病（BSE）和人类的 Kuru 病、Creutzfeldt-Jakob 病等都与朊病毒有关。

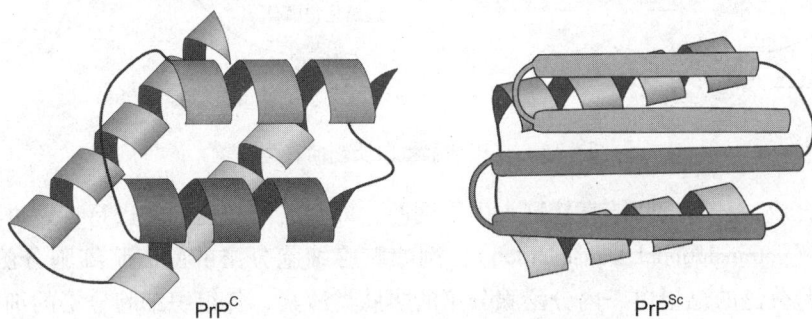

PrP^C　　　　　　　　　　PrP^{Sc}

图 4-15　朊病毒蛋白构象

第六节　蛋白质的靶向转运

　　蛋白质的**靶向转运**（targeting）又称**靶向输送**，是指新合成的蛋白质从合成场所定向转运到功能场所的过程。

　　细胞内合成的蛋白质可以分为三类，其中两类涉及靶向转运：①游离核糖体合成的细胞质蛋白和线粒体、叶绿体核糖体合成的蛋白质，不涉及靶向转运。②游离核糖体合成的细胞核蛋白、线粒体蛋白及附着核糖体合成的溶酶体蛋白、膜蛋白，经历细胞内靶向转运。③附着核糖体合成的分泌蛋白（secretory protein），经历靶向转运及分泌途径（图 4-16）。

　　蛋白质的靶向转运可以分为两个阶段：①蛋白质向细胞器转运，通常在蛋白质合成过程中或合成结束时进行。不同的蛋白质在这一阶段分别进入内质网、线粒体或细胞核等。②转运到内质网的蛋白质进一步进入分泌途径。高尔基体蛋白、溶酶体蛋白和细胞膜蛋白都以运输小泡形式通过分泌途径转运。

一、进入内质网腔

　　分泌蛋白的合成是在游离核糖体上开始的，后由信号肽引导核糖体锚定于内质网膜

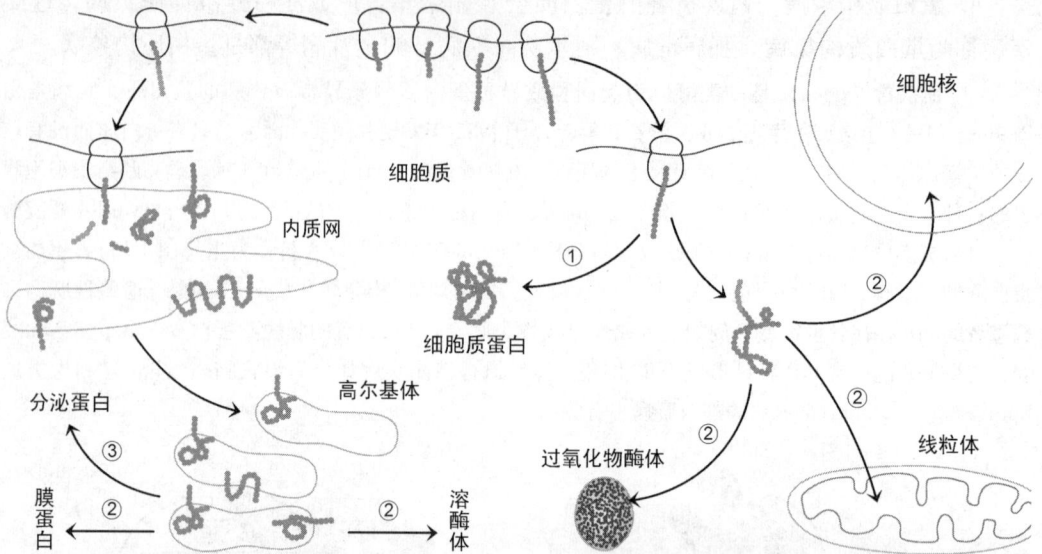

图 4-16　真核细胞蛋白质靶向转运一览

上并继续合成，且新生肽链直接进入内质网腔，即合成与转运同时进行，该过程称为**共翻译转运**（cotranslational translocation），例如胰腺细胞分泌的酶、浆细胞分泌的抗体、小肠杯细胞分泌的黏蛋白、内分泌腺分泌的多肽类激素、各组织细胞分泌的细胞外基质成分。

1. **信号肽**　经历靶向转运的蛋白质的特点是都含**信号肽**（signal peptide，Blobel 因提出阐明蛋白质转运和定位的信号肽学说而获得 1999 年诺贝尔生理学或医学奖）。溶酶体、线粒体、内质网蛋白前体的信号肽通常位于肽链的 N 端，功能是引导这些蛋白前体向相应场所转运，之后被切除。细胞核蛋白的信号肽位于肽链的内部，功能是引导其转运入核，之后不被切除。

分泌蛋白信号肽长 13 ~ 36AA，位于新生肽链 N 端，具有以下特征：①N 端有 1 ~ 2 个带正电荷的碱性氨基酸。②中间有 10 ~ 15 个疏水性氨基酸。③C 端为蛋白酶剪切点，含极性氨基酸，靠近剪切点处为小分子量氨基酸。分泌蛋白信号肽的功能是引导新生肽链进入内质网，之后就被切除，所以成熟的分泌蛋白没有信号肽（图 4-17）。

人血清白蛋白原　Met *Lys* Trp <u>Val</u> <u>Thr</u> <u>Phe</u> <u>Ile</u> <u>Ser</u> <u>Leu</u> <u>Leu</u> <u>Phe</u> <u>Leu</u> <u>Phe</u> Ser Ser Ala Tyr <u>Ser</u>•Arg

人流感病毒A　　　　　　　　Met *Lys* Ala *Lys* <u>Leu</u> <u>Leu</u> <u>Val</u> <u>Leu</u> <u>Leu</u> <u>Tyr</u> <u>Ala</u> <u>Phe</u> <u>Val</u> <u>Ala</u> <u>Gly</u>•Asp

图 4-17　人分泌蛋白信号肽举例

2. **信号肽受体蛋白**　各种细胞器都有信号肽受体蛋白，它们可以与信号肽结合，从而与含该信号肽的蛋白质结合。蛋白质一旦与受体结合，便向转运通道（channel）移动，穿过转运通道进入细胞器。许多蛋白质的转运过程不可逆，即蛋白质不会再回到细胞质，因为转运过程与释能过程（例如 ATP 水解）偶联，并且转运到位之后信号肽通常被切除。

分泌蛋白的合成是在游离核糖体上开始的，之后新生肽链 N 端的信号肽引导核糖体锚定于内质网膜胞质面并继续合成。锚定过程需要两种关键成分：**信号识别颗粒**（SRP，一种 GTPase）和**信号识别颗粒受体**（αβ 二聚体，一种 GTPase）。信号识别颗粒可以同时与信号肽、核糖体 60S 大亚基、信号识别颗粒受体结合。信号识别颗粒的结合抑制肽链合成，因为肽链过长不利于转运。只有信号识别颗粒 – 新生肽链 – 核糖体-mRNA 与内质网膜上的信号识别颗粒受体结合之后，信号识别颗粒与新生肽链分离，肽链合成才会继续进行。

3. 分泌蛋白的共翻译转运过程　①核糖体合成信号肽。②信号识别颗粒与信号肽结合。③信号识别颗粒与 GTP 结合并中止肽链合成，此时新生肽链长约 70 个氨基酸；mRNA-核糖体 – 肽链 – 信号识别颗粒·GTP 向内质网移动，与内质网膜信号识别颗粒受体结合。④核糖体与贯穿内质网膜的**易位子**（translocon，又称**转运体**，translocator，一类 SEC$_{αβγ}$ 三聚体）结合，易位子通道开放，信号肽引导新生肽链穿过，同时信号识别颗粒及其受体水解各自的 GTP 并解离。⑤新生肽链继续合成，并穿过易位子进入内质网腔，信号肽被内质网腔内的**信号肽酶**（signal peptidase，人信号肽酶是一种跨膜五聚体）切除。⑥新生肽链继续合成。⑦新生肽链合成完毕，核糖体解离。⑧易位子通道关闭，新生肽链在内质网腔内修饰（图 4-18）。

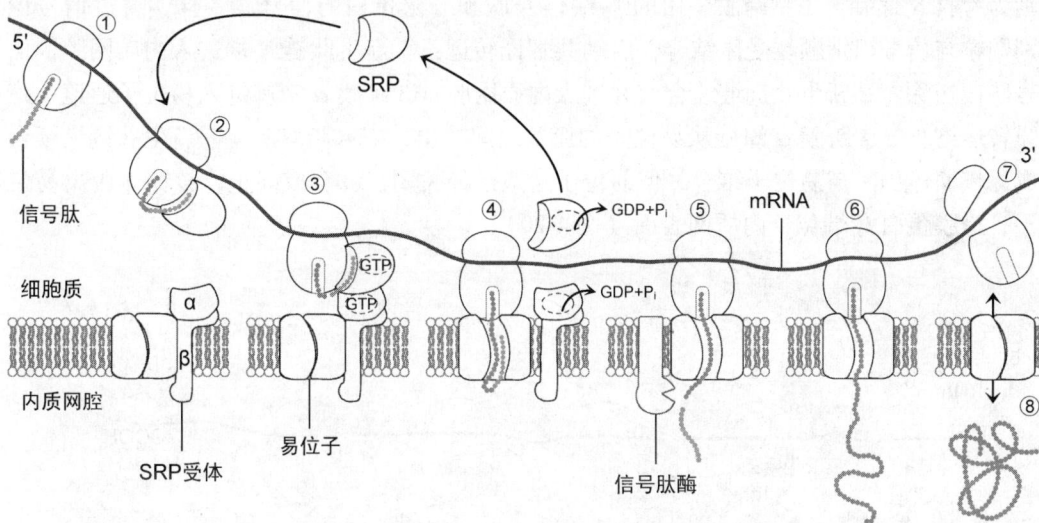

图 4-18　共翻译转运

分泌蛋白在内质网内修饰后，以**运输小泡**（transport vesicle）形式向高尔基体转运，在高尔基体内进一步修饰（包括 O-糖基化、N-寡糖加工），再以分泌泡形式转运到细胞膜，通过胞吐作用分泌到细胞外。

二、嵌入内质网膜

内质网膜、高尔基体膜、溶酶体膜和细胞膜的跨膜蛋白都是在内质网上完成合成的，合成之后的转运途径与分泌蛋白的转运途径一致。跨膜蛋白在整个转运过程中始终保持跨膜状态，不会改变与膜的相对取向。因此，跨膜蛋白最终的跨膜取向早在内质网上合成时就确定了。

跨膜蛋白分为四类（图4-19），这里以Ⅰ型单次跨膜蛋白为例介绍其嵌膜机制。

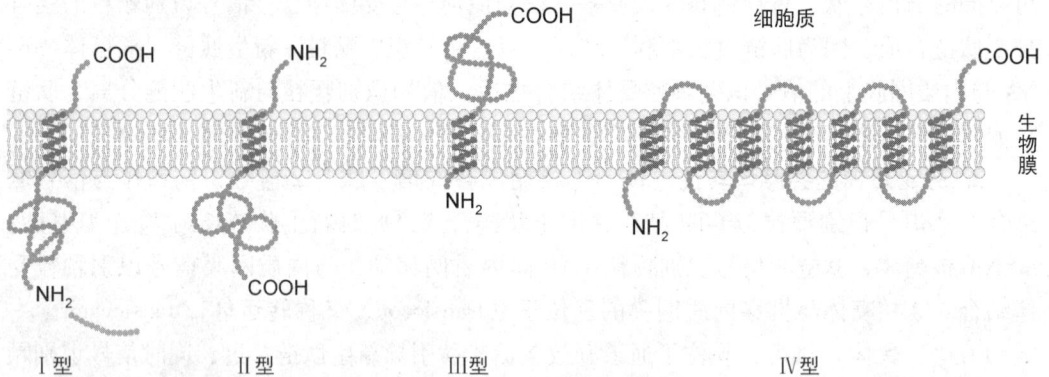

图4-19 四类跨膜蛋白

所有Ⅰ型跨膜蛋白都含N端信号肽和一段约22AA的内部疏水肽段（称为**停止转移序列**，stop transfer sequence），N端信号肽引导跨膜蛋白向内质网转运，停止转移序列则为跨膜α螺旋。Ⅰ型跨膜蛋白的N端信号肽和分泌蛋白的信号肽一样，通过信号识别颗粒与信号识别颗粒受体结合，启动共翻译转运：①新生肽链N端进入内质网腔，信号肽被切除。②新生肽链继续合成并进入内质网腔。③跨膜α螺旋进入易位子通道，跨膜转运终止。④跨膜α螺旋从易位子的亚基之间挤出，嵌入脂双层。⑤新生肽链继续合成，核糖体仍然与易位子结合，但易位子通道已经关闭。⑥合成终止，核糖体脱离易位子，跨膜蛋白C端位于内质网表面（图4-20）。

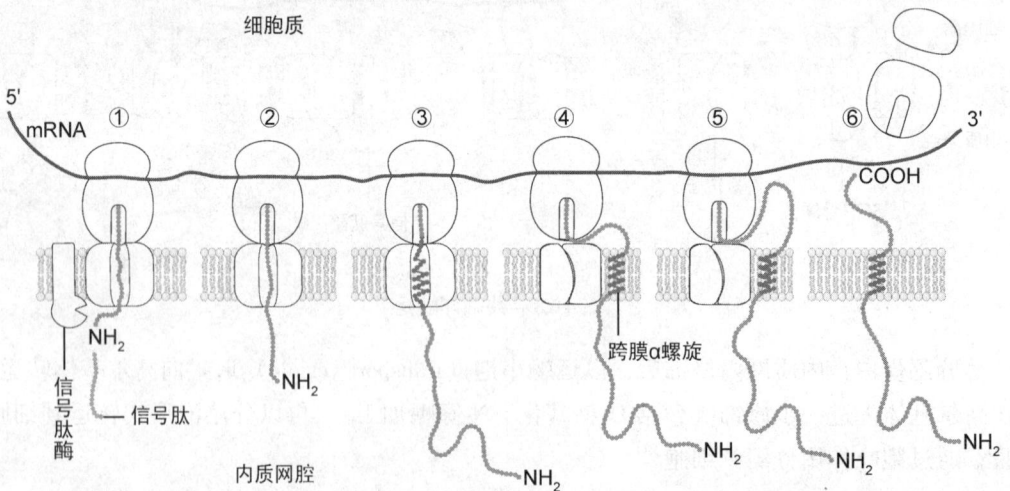

图4-20 Ⅰ型单次跨膜蛋白转运

三、进入线粒体

人线粒体有 1500 多种蛋白质，仅 13 种由 mtDNA 编码，其余均由染色体 DNA 编码，在细胞质中翻译合成，合成之后才向线粒体内转运，称为**翻译后转运**（post-translational transport）。

1. **线粒体蛋白的信号肽** 在细胞质中合成的线粒体前体蛋白的 N 端有一段信号肽，长 20～50AA，具有以下特征：①富含疏水性氨基酸、碱性氨基酸（特别是精氨酸）和羟基氨基酸（丝氨酸、苏氨酸），几乎不含酸性氨基酸。②具有**两性 α 螺旋**（又称**两亲螺旋**）构象，即疏水性氨基酸和碱性氨基酸分别位于 α 螺旋的两个侧面。③没有特异性，可以引导其他蛋白质进入线粒体。

2. **线粒体蛋白的转运** ①新合成的线粒体前体蛋白与分子伴侣 Hsp70 结合，保持伸展状态（否则不能转运）。②线粒体前体蛋白与线粒体外膜上的内运受体结合。③内运受体将线粒体前体蛋白向线粒体内外膜接触点（contact point）转移。④线粒体前体蛋白由信号肽引导，穿过外膜易位子通道 Tom40 和内膜易位子通道 Tim23/17。⑤结合在内膜 Tim44 上的分子伴侣 Hsp70 与线粒体前体蛋白结合，通过水解 ATP 提供能量促使其内运。⑥线粒体前体蛋白的信号肽被信号肽酶切除。⑦线粒体蛋白形成活性构象（多数需要线粒体伴侣蛋白协助）（图 4-21）。

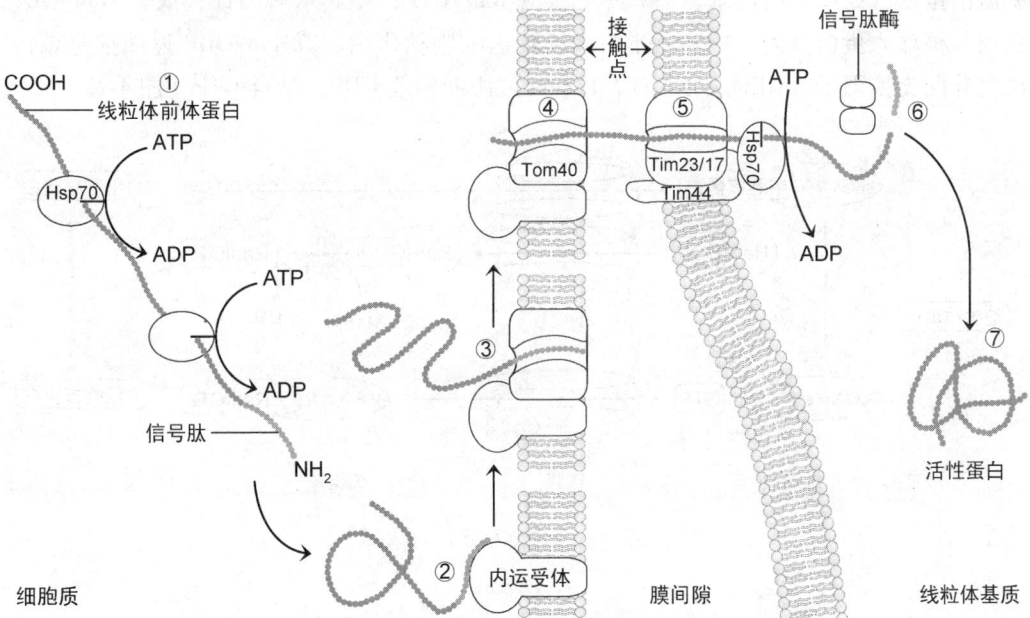

图 4-21 线粒体蛋白转运

线粒体蛋白以线粒体基质蛋白为主，此外还有内膜蛋白、外膜蛋白、膜间隙蛋白。后三类蛋白质均含相应的靶向序列，由相关转运系统通过各自的转运机制完成转运。

四、进入细胞核

细胞核与细胞质之间的物质转运涉及大分子穿孔：①RNA 从细胞核到细胞质。②新生核糖体蛋白从细胞质到细胞核。③在细胞核内组装的核糖体亚基从细胞核到细胞质。此外，在细胞质中合成并向细胞核转运的还有其他细胞核蛋白，如 DNA 聚合酶、RNA 聚合酶、组蛋白和非组蛋白等。

真核生物细胞分裂时发生核膜破裂和重建（remodeling），细胞核蛋白也发生弥散和再聚，因此细胞核蛋白的信号肽——**核定位信号**（NLS）并不切除。NLS 可以位于一级结构的不同位点，差异很大，多数含 4~8AA，包括几个连续的碱性氨基酸，例如 SV40 的 T 抗原的核定位信号为 Pro-Lys-Lys-Lys-Arg-Lys-Val。

1. 参与细胞核蛋白转运的蛋白因子 种类繁多，其中包括：①核输入蛋白（importin）：一种 αβ 二聚体，是细胞核蛋白的可溶性受体，其 α 亚基可识别细胞核蛋白的核定位信号。②Ran：一种小分子 GTPase（第六章，137 页）。

2. 细胞核蛋白的转运过程 ①在细胞质中，核输入蛋白与细胞核蛋白的核定位信号结合，形成细胞核蛋白－核输入蛋白复合物。②细胞核蛋白－核输入蛋白复合物穿过**核孔复合体**（NPC）进入细胞核。③Ran·GTP 促使核输入蛋白与细胞核蛋白分离。④Ran·GTP-核输入蛋白穿过核孔复合体回到细胞质。⑤位于核孔复合体胞质面的 GTP 酶激活蛋白（GAP，第六章，138 页）激活 Ran·GTP，使其水解 GTP，成为 Ran·GDP，从而与核输入蛋白分离，核输入蛋白继续转运细胞核蛋白。⑥Ran·GDP 返回细胞核内，由鸟苷酸交换因子（GEF，第六章，138 页）协助释放 GDP，结合 GTP（图 4-22）。

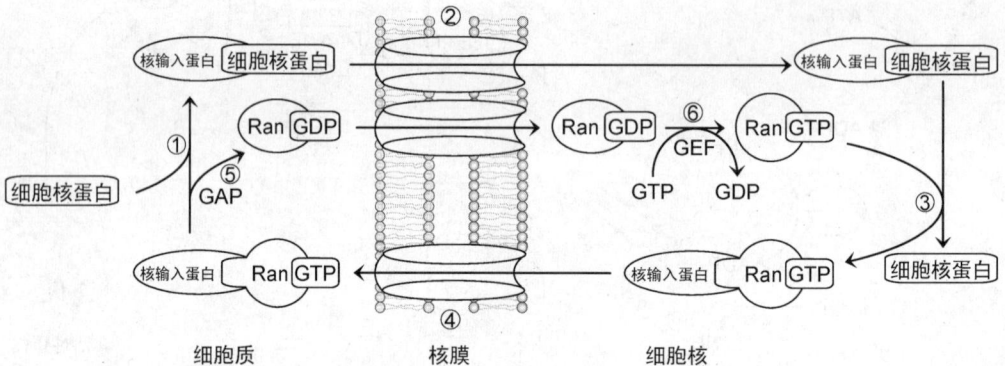

图 4-22　细胞核蛋白转运

第七节　蛋白质生物合成的抑制剂

许多影响基因表达的因素最终影响蛋白质合成，其中有些是通过影响 DNA 复制和转录间接影响蛋白质合成。

抗生素（antibiotic）是一类生物（特别是细菌、酵母、霉菌）代谢物，对某些生物

（特别是病原生物）有极高的毒性，既可以从生物材料提取，又可以通过化学工艺制备。有临床价值的抗生素的共同特点是直接抑制病原体蛋白质合成且副作用较小。

1. **氨基糖苷类** 主要抑制革兰阴性菌的蛋白质合成：①链霉素：与原核生物核糖体小亚基的 S12 蛋白结合，阻止 fMet-tRNA$_f^{Met}$ 与小亚基结合，抑制蛋白质合成的起始。②卡那霉素：与原核生物核糖体小亚基结合，导致翻译移码，或抑制蛋白质合成。③庆大霉素：与原核生物核糖体小亚基结合，抑制蛋白质合成。④阿米卡星和新霉素：与原核生物核糖体小亚基结合导致翻译移码。⑤遗传霉素 G418（商标名称 Geneticin）：在翻译延长阶段抑制蛋白质合成。⑥潮霉素 B：在翻译延长阶段抑制脱酰 tRNA 释放。

G418 和潮霉素 B 也能杀死真核细胞，在重组 DNA 技术、转基因技术和基因打靶技术中用于筛选转化细胞。

2. **四环素和土霉素** 与原核生物核糖体的 16S rRNA 结合而使小亚基变构，从而在翻译延长阶段抑制氨酰 tRNA 进位。

3. **氯霉素** 属于广谱抗生素，与原核生物核糖体大亚基结合，抑制其肽酰转移酶活性，从而在翻译延长阶段抑制细菌的蛋白质合成，对真核生物线粒体的蛋白质合成也有抑制作用。

4. **林可酰胺类** 作用于敏感菌核糖体的 23S rRNA，抑制其肽酰转移酶活性，使肽酰 tRNA 提前释放，从而在翻译延长阶段抑制细菌的蛋白质合成，例如林可霉素和克林霉素。

5. **放线菌酮** 作用于真核生物核糖体大亚基，抑制其肽酰转移酶活性。

6. **大环内酯类** 抑制葡萄球菌、链球菌等革兰阳性菌的蛋白质合成，机制是作用于核糖体大亚基，抑制核糖体易位，是治疗葡萄球菌肺炎最有效的药物，例如红霉素、阿奇霉素和克拉霉素。

7. **氨基核苷类** 例如嘌呤霉素，其结构与氨酰 tRNA 相似，可以进入核糖体 A 位，获得由肽酰转移酶催化从 P 位肽酰 tRNA 转移的肽链，然后脱离核糖体，使肽链合成提前终止。嘌呤霉素对原核生物和真核生物的蛋白质合成均有干扰作用，所以不适合作为抗菌药物。

8. **白喉毒素** 由白喉杆菌合成，是真核生物蛋白质合成的抑制剂。它有 ADP 核糖基转移酶活性，可以催化 NAD$^+$ 的 ADP-核糖基与 eEF-2 的一个组氨酸衍生物——白喉酰胺结合形成 eEF-2-N-(ADP-D-核糖)白喉酰胺，从而抑制 eEF-2 的活性。

9. **干扰素** 抑制蛋白生物合成的机制之一是诱导合成蛋白激酶 PKR，磷酸化抑制 eIF-2α。

小 结

蛋白质合成由 mRNA 指导，由核糖体、tRNA 和许多因子共同完成。

mRNA 传递从 DNA 转录的遗传信息，其一级结构中编码区的密码子序列直接编码蛋白质多肽链的氨基酸序列。密码子有 64 个，包括 1 个起始密码子、3 个终止密码子，其特点是具有方向性、连续性、简并性、通用性。

tRNA 既是氨基酸转运工具又是读码器，其读码存在摆动性：tRNA 反密码子的第一碱基和密码子的第三碱基为摆动位置，可以形成非 Watson-Crick 碱基配对。

核糖体是蛋白质的合成机器。在合成蛋白质时与氨酰 tRNA、mRNA 组装成核糖体复合物，通过氨酰位、肽酰位、出口位和大亚基的肽酰转移酶活性中心将氨基酸连接到新生肽链上。

在合成蛋白质时，氨基酸必须由氨酰 tRNA 合成酶催化与 tRNA 形成氨酰 tRNA，然后通过 tRNA 反密码子与 mRNA 密码子结合，才能连接到新生肽链上。

蛋白质合成始于甲硫氨酸，负载甲硫氨酸的 tRNA 有两种，分别参与蛋白质合成的起始和延长。

原核生物的起始甲硫氨酰 tRNA 需要甲酰化。

在核糖体上进行的合成过程分为起始、延长和终止三个阶段：①起始阶段是组装核糖体复合物的过程。②延长阶段是合成新生肽链的过程，通过一个包含进位、成肽、易位环节的循环过程进行。③终止阶段由释放因子协助终止翻译。

真核生物蛋白质的合成与原核生物不尽相同，需要的蛋白因子多，合成速度较慢，合成过程复杂，特别是在翻译起始阶段。

在核糖体上合成的新生肽链经历各种翻译后修饰，形成具有天然构象的蛋白质，直至最终被降解。

有些蛋白质通过靶向转运从合成场所转运到功能场所。

经历靶向转运的蛋白质都含信号肽，功能是引导这些蛋白质向相应场所转运。

分泌蛋白的信号肽位于新生肽链的 N 端。分泌蛋白的合成与转运进入内质网腔同时进行。

内质网膜、高尔基体膜、溶酶体膜和细胞膜的跨膜蛋白在内质网上完成合成，并确定其最终的跨膜取向。

线粒体蛋白绝大多数在细胞质中合成，合成之后才向线粒体内转运。

细胞核蛋白的信号肽在肽链的内部，功能是引导其从细胞质穿核孔复合体进入细胞核，之后不被切除。

第五章 基因表达调控

基因表达（gene expression）是 DNA 转录过程及转录产物翻译过程，即由基因指导合成功能产物 RNA 和蛋白质的过程，体现了 DNA 与蛋白质、基因型与表型、遗传与代谢的关系。

同一个体的不同组织细胞具有相同的基因组，而其基因表达谱（第十四章，288页）各不相同，这是基因表达调控的结果。**基因表达调控**（gene regulation）是指细胞或生物体在基因表达水平上对环境信号或环境变化作出应答，它决定细胞的结构和功能，决定细胞分化和形态发生，赋予生物多样性和适应性。

第一节 基因表达调控的基本原理

生物多样性意味着各种生命的形态多样性和代谢多样性，这源于其基因组结构和基因表达的多样性。虽然如此，它们遵循的基本规律却是一致的。

一、基因表达的基本方式

不论是原核生物还是真核生物，其基因组中处于表达状态的基因都只是少数，包括高水平表达基因（例如翻译延伸因子基因）和低水平表达基因（例如 DNA 修复酶类基因）。不同基因可能具有不同的表达方式。

1. **组成型表达** 有些基因的表达产物在整个生命过程中都是必需的，表达效率主要由启动子和 RNA 聚合酶决定，受环境因素影响较小，因而在一个生物体的各种细胞内持续表达，表达产物保持一定水平，这种表达方式称为**组成型表达**（constitutive expression），这类基因称为**管家基因**（housekeeping gene）。管家基因是编码细胞基本组分的基因和细胞基本代谢相关基因，例如微管蛋白基因、核糖体蛋白基因、醛缩酶 A 基因、3-磷酸甘油醛脱氢酶基因、溶酶体葡萄糖脑苷脂酶基因。

2. **诱导型表达和阻遏型表达** 有些基因的表达效率还受其他调控序列和调节因子调节，并受环境因素影响，其中有些基因是**可诱导基因**（inducible gene），在通常情况下不表达或表达水平很低，受环境信号刺激时启动表达或表达增强，这种表达方式称为**诱导型表达**（inducible expression），相应的环境信号称为**诱导物**（inducer），例如糖皮质激素作为诱导物诱导肝细胞糖异生途径关键酶基因的表达，别乳糖作为诱导物诱导大肠杆菌乳糖操纵子的表达；而有些基因是**可阻遏基因**（repressible gene），受环境信号刺激时终止表达或表达减弱，属于**阻遏型表达**（repressible expression），相应的环境信号称为**阻遏物**（repressor），例如胆固醇作为阻遏物阻遏肝细胞 HMG-CoA 还原酶基因的表达，色氨酸作为阻遏物阻遏大肠杆菌色氨酸操纵子的表达。

3. **协同表达** 为确保机体物质代谢有条不紊地进行，在一定机制控制下，功能相关的一组基因，无论其为何种表达方式都需协调一致，共同表达，这种表达方式称为**协同表达**（coordinate expression）。例如：编码大肠杆菌核糖体蛋白的 52 个基因构成的 20 多个转录单位的表达必须协调一致；人体各血红蛋白亚基基因的表达必须同步，否则可能导致地中海贫血。

二、基因表达的特异性

基因表达的特异性表现为时间特异性、空间特异性和条件特异性。

1. **基因表达的时间特异性** 是指在生命的同一生长发育阶段，不同基因的表达水平不同；而同一基因在生命的不同生长发育阶段的表达水平也不同。因此，噬菌体、病毒和细菌的感染呈现一定的阶段性，随着感染阶段的发展和环境因素的变化，有些基因启动表达，有些基因终止表达。在多细胞生物从受精卵到组织、器官形成的各个发育阶段，相应基因的表达也严格按照一定的时间顺序启动或终止。例如：①甲胎蛋白基因在胎儿肝细胞表达，合成大量甲胎蛋白，自出生至成年后该基因基本沉默。②人类基因组中存在血红蛋白 α、β、γ、δ、ε、ζ 等亚基基因，ε、ζ 亚基基因在胎儿早期激活，之后是 α 亚基基因激活，ε、ζ 亚基基因沉默，γ 亚基基因激活，β、δ 亚基基因在出生前激活，γ 亚基基因在出生 4 个月后沉默。多细胞生物基因表达的时间特异性与分化、发育阶段一致，所以又称阶段特异性。

2. **基因表达的空间特异性** 是指在生命的同一生长发育阶段，多细胞生物的不同基因在同一组织器官的表达水平不同；而同一基因在不同组织器官的表达水平也不同。例如：①胰岛素基因只在胰岛的 β 细胞内表达。②甲胎蛋白基因只在肝细胞内表达。基因表达的空间特异性是在分化细胞形成的组织器官中体现的，所以又称细胞特异性或组织特异性。

3. **基因表达的条件特异性** 是指许多基因的表达水平受代谢条件和环境因素影响。例如：①在乳糖充足而葡萄糖缺乏时大肠杆菌乳糖操纵子高水平表达。②在 SOS 应答后期大肠杆菌 DNA 聚合酶Ⅳ和Ⅴ的基因启动表达。③在受到病原体感染时人体表达细胞因子、免疫球蛋白。④在长期饥饿时人体糖异生途径关键酶基因表达增强。

三、基因表达调控的生理意义

基因表达调控的根本目的在于适应环境，使细胞能够生长、分裂、分化，个体能够生存、生长、发育、繁殖。

1. **适应性调控** 各种生物都有基因表达调控系统，通过调控基因表达可以改变酶和调节蛋白的水平，从而调节代谢，适应环境变化。单细胞生物调控基因表达就是为了适应环境，维持细胞生长和细胞分裂。高等生物也普遍存在适应性调控，例如：经常饮酒者肝微粒体乙醇氧化酶系活性提高，即与其基因表达效率的提高有关。

2. 程序性调控　细胞的生长、分裂、分化和凋亡等决定着个体的生长、发育和衰老。在多细胞生物生长发育的不同阶段，细胞内蛋白质的种类和水平差异很大；即使在同一生长发育阶段，不同组织器官内蛋白质的水平差异也很大，这些差异是基因表达调控的结果。例如：血红蛋白的亚基组成在个体的不同发育阶段有 α、β、γ、δ、ε 和 ζ 之分。高等哺乳动物细胞的分化和各种组织器官的发育都是由相应的基因控制的。

四、基因表达调控的多环节性

无论是原核生物还是真核生物都以信号转导网络为基础，形成复杂、精巧的基因表达调控系统。

基因表达是一个多环节过程，每一个环节都可能受到调控。迄今为止的研究集中在以下环节：基因激活、转录起始和转录后加工、RNA 转运和降解、翻译起始和翻译后修饰、蛋白质靶向转运。其中，转录（特别是转录起始）是基因表达调控的主要环节。

五、基因转录调控的基本要素

调控转录主要是控制转录起始，RNA 聚合酶、调控序列和调节蛋白是调控转录起始的基本要素，调控转录起始的本质是控制 RNA 聚合酶与启动子的识别与结合。

1. 调控序列（regulatory sequence）　是影响基因表达的 DNA 序列，根据作用机制分为两类：①顺式作用元件（cis-acting element）：是基因序列的一部分，是 RNA 聚合酶或调节蛋白的结合位点，包括启动子、终止子、原核生物的操纵基因和激活蛋白结合位点、真核生物的增强子和沉默子等。真核生物顺式作用元件比原核生物多，且绝大多数与结构基因（转录区）在同一染色体上，可以位于结构基因两侧或内部。②反式作用元件（trans-acting element）：即调节基因，通过编码产物调控基因表达，其编码产物称为**反式作用因子**（trans-acting factor），以调节蛋白为主，此外还有 RNA（例如微 RNA）。反式作用元件与结构基因可以在不同染色体上。

2. 调节蛋白（regulatory protein）　是最早阐明的反式作用因子，是反式作用元件编码产物，与顺式作用元件有极强的亲和力（是与其他 DNA 序列亲和力的 $10^4 \sim 10^6$ 倍）。调节蛋白通过与顺式作用元件结合调控基因表达，是决定基因表达特异性的主要因素。调节蛋白调节基因表达产生两种效应：①**正调节**（positive regulation）：又称正调控、上调（up regulation），是指调节蛋白与调控序列结合促进基因表达。②**负调节**（negative regulation）：又称负调控、下调（down regulation），是指调节蛋白与调控序列结合阻遏基因表达。原核生物基因表达普遍存在正调节和负调节，真核生物基因表达以正调节为主。

某些信号分子的细胞内受体是调节蛋白，它们与调控序列（称为应答元件）的结合是信号转导的一个效应环节，例如糖皮质激素受体（第六章，141 页）。

第二节　原核生物的基因表达调控

原核生物是单细胞生物，通过调节其各种代谢适应生存环境和营养环境的变化，并使其生长繁殖达到最优化。原核生物的基因表达与环境因素关系密切，其相关基因形成的操纵子结构有利于对环境变化迅速作出反应。

一、基因表达的特点

每个原核细胞都是独立的生命体，其一切代谢活动都是为了适应环境，更好地生存、生长和增殖。原核生物基因表达有以下特点：

1. 多以操纵子为转录单位　操纵子（operon）由一个启动子、一个操纵基因及其所控制的一组功能相关的结构基因等组成，有些操纵子还有激活蛋白结合位点。操纵子是基因的转录单位，转录产物为多顺反子 mRNA。例如大肠杆菌有四千多个基因，有约半数基因形成操纵子。操纵子主要存在于原核生物，此外仅在低等真核生物有发现。

2. 基因转录的特异性由 σ 因子决定　大肠杆菌 RNA 聚合酶全酶由核心酶和 σ 因子组成。核心酶（$\alpha_2\beta\beta'\omega$）只有一种，催化所有 RNA 的转录合成。已经鉴定的大肠杆菌 σ 因子有 σ^{70}、σ^{54}、σ^{38}、σ^{32}、σ^{28}、σ^{24}、σ^{18}（数字表示其分子量大小，例如 σ^{70} 的分子量为 70kDa）等七种。不同 σ 因子与核心酶结合，协助其识别不同的启动子，从而启动不同基因的转录（表 5-1）。其中，σ^{70} 协助识别管家基因的启动子。环境因素可以诱导表达特定的 σ 因子，启动特定基因的转录，例如环境温度升高时大肠杆菌合成 σ^{32}，协助核心酶启动转录一组热休克基因，合成热休克蛋白（例如辅助分子伴侣 GrpE）。

表 5-1　大肠杆菌 K-12 σ 因子及所识别启动子的共有序列

σ 因子	启动子	−35 区	……………	−10 区
σ^{70}	管家基因启动子	TTGACA	……………	TATAAT
σ^{54}	氮饥饿基因启动子	CTGGNA（−24 区）	……………	TTGCA（−12 区）
σ^{32}	热休克基因启动子	TNTCNCCCTTGAA	……………	CCCCATNT

3. 转录与翻译偶联　原核生物没有细胞核，染色体 DNA 位于细胞质中；此外，原核生物 mRNA 的编码区是连续的。因此，原核生物 mRNA 的转录合成与蛋白质的翻译合成可以同时进行（图 5-1）。

二、基因表达调控的特点

原核生物基因表达调控有以下特点：

1. 既有正调节，又有负调节　除了 σ 因子之外，原核生物基因转录还需要两类调节蛋白：起正调节作用的激活蛋白和起负调节作用的阻遏蛋白。正调节和负调节在原核生物中普遍存在。

2. 调节蛋白都是 DNA 结合蛋白　通过直接与调控序列（顺式作用元件）结合调节

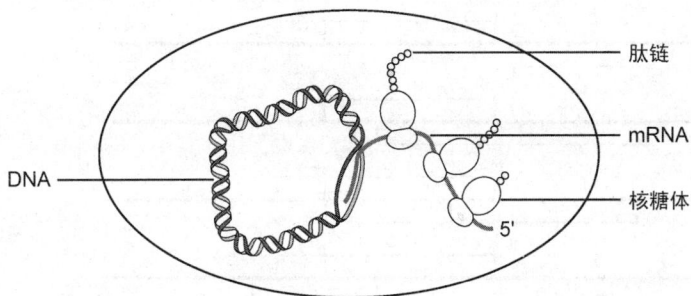

图 5-1 原核生物转录和翻译偶联

转录。

3. 存在衰减调控机制 某些氨基酸或核苷酸操纵子中存在衰减子序列。

4. 存在应急应答调控机制 原核生物遇到诸如氨基酸缺乏等紧急情况时会作出应急应答，即停止几乎所有合成代谢。

三、转录水平的调控

转录水平的调控是对 RNA 合成时机、合成水平的调控。操纵子是原核生物基因的基本转录单位，经过系统研究而被阐明的乳糖操纵子等已经成为研究原核生物基因表达调控的经典模型。

（一）调控因素

原核生物基因的转录调控是由 RNA 聚合酶、调控序列和调节蛋白决定的。

1. 调控序列 调控原核生物基因转录的调控序列又称**调节区**（regulatory region），既包括启动子和终止子，又包括操纵基因和激活蛋白结合位点（图 5-2）。

图 5-2 原核生物基因的调控序列

（1）启动子：决定基因的基础转录水平。大肠杆菌基因的启动子长 40 ~ 60bp，包含 −35 区和 −10 区两段保守序列，分别是 RNA 聚合酶的识别位点和结合位点。

启动子的结构影响到其与 RNA 聚合酶的结合，从而影响到其所控制基因的基础转录水平。实际上，仅有少数基因启动子 −35 区和 −10 区的碱基序列与共有序列完全相同，多数启动子存在一个或几个碱基不同。不同碱基的数目影响到转录的启动效率：不同碱基少的启动子启动效率高，快至 2 秒钟转录一次，属于强启动子；不同碱基多的启动子启动效率低，慢至 10 分钟转录一次，属于弱启动子。此外，−35 区与 −10 区的距离也影响到转录的启动效率。研究表明：两区最佳间隔是 17bp（图 3-4）。

（2）**操纵基因**（operator）：与启动子相邻、重叠或包含（图 5-3），是阻遏蛋白的结合位点。阻遏蛋白结合于操纵基因可以使 RNA 聚合酶不能与启动子结合，或结合后不能启动转录。

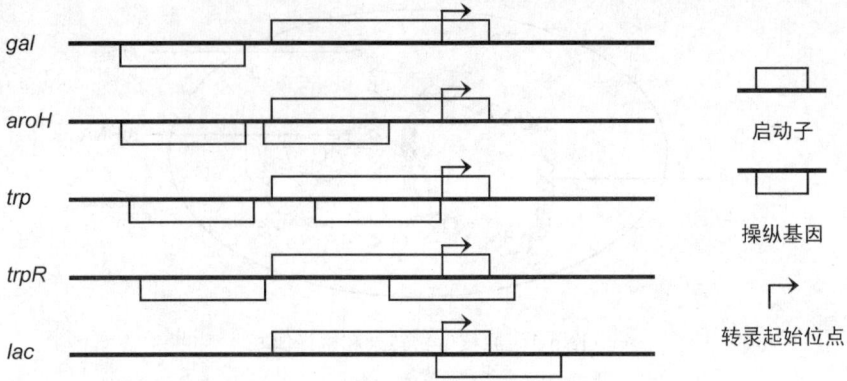

图 5-3　操纵基因与启动子的位置关系

（3）**激活蛋白结合位点**（activator site）：位于启动子上游，是激活蛋白的结合位点。激活蛋白结合于该位点时可以增强 RNA 聚合酶的转录启动活性。

2. 调节蛋白　调控原核生物基因转录的调节蛋白都是 DNA 结合蛋白，通过与调控序列结合影响转录。

（1）分类：①**转录起始因子**（transcription initiation factor）：即 σ 因子，决定 RNA 聚合酶与启动子识别和结合的特异性。②**阻遏蛋白**（repressor）：与操纵基因结合，阻遏 RNA 聚合酶结合、转录，介导负调节。③**激活蛋白**（activator）：与激活蛋白结合位点结合，促进 RNA 聚合酶结合、转录，介导正调节。

（2）作用模式：调节蛋白是变构蛋白，其调节效应受诱导物和阻遏物等环境信号的影响。环境信号与调节蛋白结合，改变调节蛋白构象，影响调节蛋白与调控序列的结合，调控基因表达。这种影响有四种模式：①在可诱导基因的表达过程中，诱导物钝化阻遏蛋白，诱导基因表达，例如乳糖操纵子。②在可诱导基因的表达过程中，诱导物活化激活蛋白，诱导基因表达，例如阿拉伯糖操纵子。③在可阻遏基因的表达过程中，阻遏物活化阻遏蛋白，阻遏基因表达，例如色氨酸操纵子。④在可阻遏基因的表达过程中，阻遏物钝化激活蛋白，阻遏基因表达（图 5-4）。

（二）乳糖操纵子

葡萄糖是大肠杆菌的主要能源。当可以得到葡萄糖和其他糖时，大肠杆菌会先利用葡萄糖，这种现象称为**葡萄糖效应**（glucose effect）。当葡萄糖耗尽之后，大肠杆菌会停止生长，经过短暂适应，转而利用其他糖。

针对这种现象，Jacob 和 Monod（1965 年诺贝尔生理学或医学奖获得者）经过研究，于 1960 年提出操纵子模型，该模型被视为阐述原核生物基因转录调控机制的经典模型。

1. 乳糖操纵子的结构　大肠杆菌乳糖操纵子（lac operon）包含三个结构基因 lacZ、lacY 和 lacA，编码参与乳糖分解代谢的三种酶（表 5-2）。结构基因上游还有操纵基因 lacO（22～26bp，位于 −5～+21 区）、启动子 lacP（64bp）和**分解代谢物基因激活蛋**

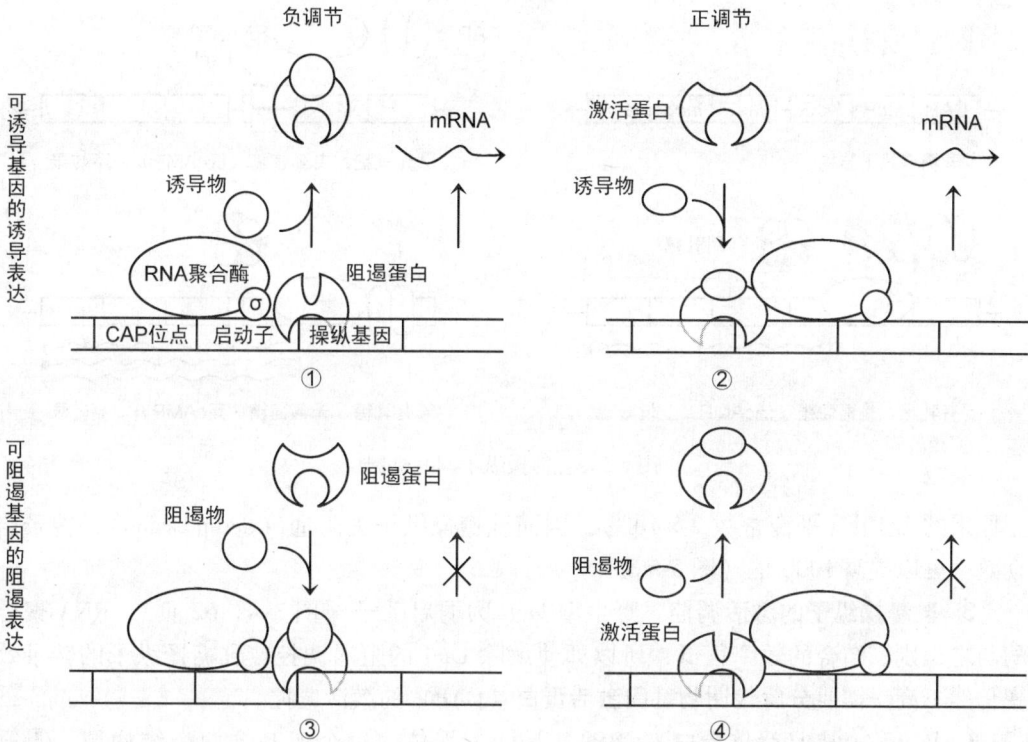

图 5-4　调节蛋白作用模式

表 5-2　大肠杆菌 K-12 乳糖操纵子结构基因及调节基因

基因	编码产物	大小（AA）	结构	功能
lacZ	β-半乳糖苷酶	1023	同四聚体	水解 β-半乳糖苷
lacY	β-半乳糖苷通透酶	417	单体	摄取 β-半乳糖苷
lacA	半乳糖苷乙酰转移酶	203	同二聚体	解毒
lacI	阻遏蛋白	360	同四聚体	阻遏乳糖操纵子表达
cap	分解代谢物基因激活蛋白	210	同二聚体	激活表达一组操纵子

白结合位点（简称 CAP 位点，约 22bp，位于 − 61 区，含反向重复序列 GTGAG TTAGCTCAC）等调控序列（图 5-5①）。

2. 乳糖操纵子的阻遏调控　乳糖操纵子上游存在调节基因 lacI。lacI 组成型表达阻遏蛋白 LacI，每个细胞内有 10 ~ 20 个 LacI 同四聚体。LacI 单体 360AA，其Met1 ~ Gly58 为 DNA 结合域（其中 Leu6 ~ Asn25 形成螺旋 – 转角 – 螺旋**基序**，又称**模体**，121 页），直接与 lacO 结合。①在没有乳糖时，LacI 同四聚体会与 lacO 结合，亲和力是与其他序列结合的 10^7 倍（平衡常数 2×10^{13}），所以结合具有高度特异性。LacI 的结合阻挡 RNA 聚合酶沿 DNA 的移动，即阻遏转录，导致转录效率极低（图 5-5②）。②在有乳糖时，乳糖被微量存在的几个 β-半乳糖苷酶分子催化水解，同时生成少量副产物别乳糖（半乳糖基 β1→6 葡萄糖）。别乳糖作为诱导物与 LacI 结合使其变构，与 lacO 的亲和力减弱

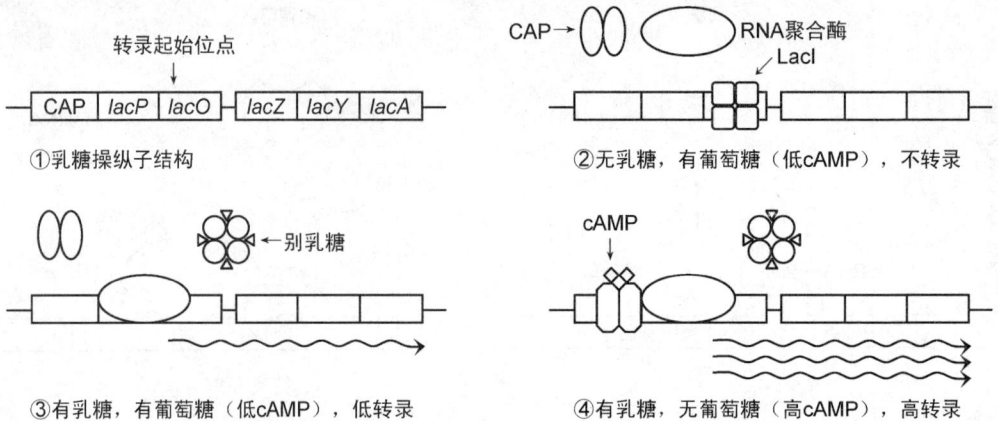

图 5-5　乳糖操纵子调控机制

至原来的 $1/10^3$（平衡常数 2×10^{10}），因而乳糖操纵子去阻遏（derepression），转录启动效率可以提高 1000 倍（图 5-5③）。

3. 乳糖操纵子的激活调控　野生型 *lacP* 为弱启动子（图 3-4，62 页），RNA 聚合酶与之识别、结合的效率很低，所以即使解除 LacI 的阻遏调控，乳糖操纵子的转录效率仍然不高，需要**分解代谢物基因激活蛋白（CAP）**的激活调控。

CAP 又称 **cAMP 受体蛋白（CRP）**，是同二聚体，每个亚基含两个结构域：①氨基端结构域（Pro10～Gly133）：又称 cAMP 结合域，可以与 cAMP 结合。②羧基端结构域（Leu138～Arg210，其中 Arg170～Lys189 形成螺旋 - 转角 - 螺旋基序）：又称 DNA 结合域，可以与 CAP 位点结合，使 CAP 位点弯曲。CAP 必须与 cAMP 结合形成 CAP·cAMP 复合物，才能结合到 CAP 位点，促进转录。因此，CAP 的激活效应受 cAMP 水平控制。

大肠杆菌细胞内 cAMP 水平与葡萄糖水平呈负相关：①当葡萄糖缺乏时，cAMP 水平高，CAP·cAMP 复合物水平高，与 CAP 位点结合的效率高，结合时与 RNA 聚合酶 α 亚基作用，促进其与启动子的结合，可以将转录启动效率提高 50 倍。②当葡萄糖充足时，cAMP 水平低，CAP·cAMP 复合物水平低，与 CAP 位点结合的效率低，对乳糖操纵子转录的促进效应弱（图 5-5④）。

4. 乳糖操纵子的双重调控　如上所述，乳糖操纵子的转录受 LacI 和 CAP 的双重调控，只有因存在乳糖而解除 LacI 的阻遏调控，同时因缺乏葡萄糖而启动 CAP 的激活调控，才会使乳糖操纵子高效转录，最终使 β- 半乳糖苷酶分子从不到 10 个增加到几千个。

乳糖操纵子的双重调控机制有利于大肠杆菌的生存。一方面在没有乳糖时，没有必要表达参与乳糖分解代谢的酶；另一方面在葡萄糖和乳糖都可利用时，诱导表达分解乳糖的酶系也不经济。因此，乳糖操纵子调控机制有利于大肠杆菌优先利用最易代谢的葡萄糖。

（三）色氨酸操纵子

大肠杆菌色氨酸操纵子（*trp* operon）编码一组催化分支酸合成色氨酸的酶类，其表达受阻遏调控和衰减调控双重负调控。

1. 色氨酸操纵子的结构 色氨酸操纵子包含五个结构基因,分别为 *trpE* (1560bp)、*trpD* (1593bp)、*trpC* (1356bp)、*trpB* (1191bp) 和 *trpA* (804bp)。结构基因上游还有操纵基因 *trpO* (21bp)、启动子 *trpP* (60bp) 和前导序列 *trpL* (162bp) (图 5-6①)。

2. 色氨酸操纵子的阻遏调控 色氨酸操纵子上游存在调节基因 *trpR*,编码阻遏蛋白 TrpR (107AA,形成同二聚体)。

(1) 当色氨酸缺乏时,游离的阻遏蛋白 TrpR 不能与操纵基因 *trpO* 结合,RNA 聚合酶可以有效地转录结构基因,维持较高的色氨酸合成速度 (图 5-6①)。

(2) 当色氨酸充足时,色氨酸作为阻遏物与阻遏蛋白 TrpR 结合,使之变构成为活性 TrpR·Trp,与操纵基因 *trpO* 的保守序列 ACTAGT 结合。*trpO* 与启动子 *trpP* 部分重叠 (图 5-3),所以 TrpR·Trp 与 *trpO* 的结合阻遏 RNA 聚合酶与 *trpP* 结合。已转录的 mRNA 也很快降解 (其半衰期约 3 分钟),最终降低色氨酸的合成速度 (图 5-6②)。

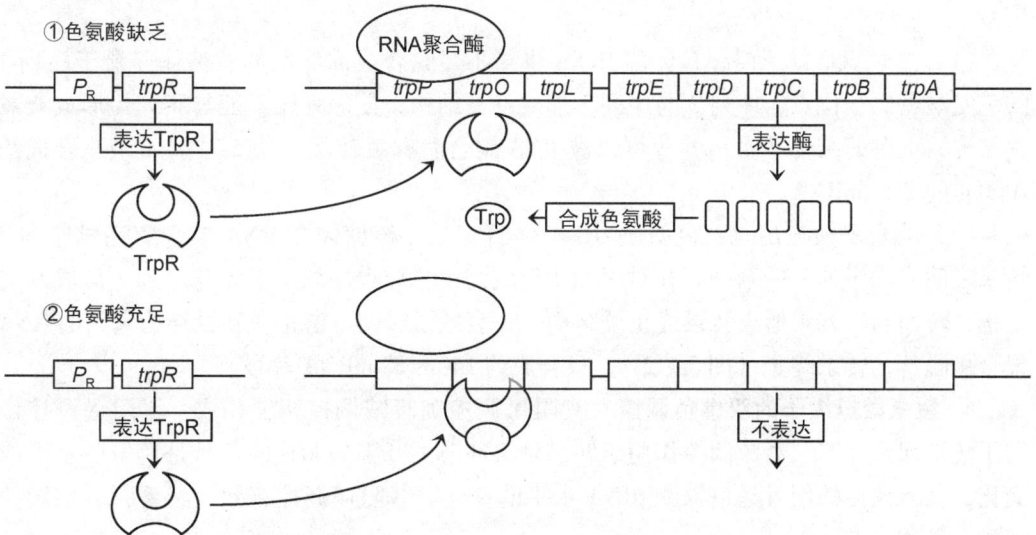

图 5-6 色氨酸操纵子阻遏调控机制

3. 色氨酸操纵子的衰减调控 衰减调控又称**弱化调控**,作用于转录延长环节,是通过控制一个前导肽的合成来进行的。色氨酸操纵子的**前导序列** (leader sequence) *trpL* 位于结构基因 *trpE* 与操纵基因 *trpO* 之间,长 162bp,含四个区段,分别编号为序列 1、2、3、4:序列 1 编码一个被称为**前导肽** (leader peptide) 的十四肽,其中第十、十一号残基是两个色氨酸;序列 2 和序列 3 存在互补序列,可以形成发夹结构;序列 3 和序列 4 也存在互补序列,可以形成发夹结构,该发夹结构之后有一段连续的 U 序列,所以是一个不依赖 ρ 因子的终止子结构,称为**衰减子** (attenuator,又称**弱化子**) (图 5-7①)。

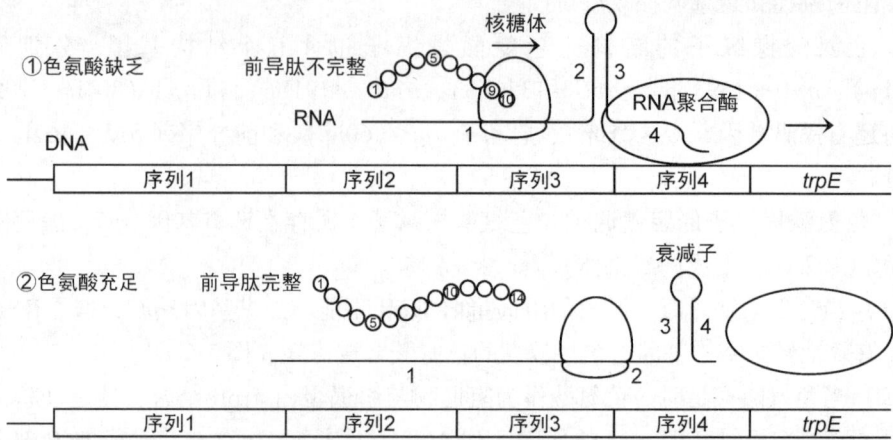

图 5-7　色氨酸操纵子衰减调控机制

转录与翻译的偶联是衰减调控的基础，色氨酰 tRNA 浓度的变化是衰减调控的信号。

（1）当色氨酸缺乏时，色氨酰 tRNA 供给不足，合成前导肽的核糖体停滞于序列 1 的色氨酸密码子位点，序列 2 与序列 3 形成发夹结构，使序列 3 不能与序列 4 形成衰减子结构，下游的结构基因 trpE 等可以被 RNA 聚合酶有效转录（图 5-7①），最终合成约 7000nt 的全长 mRNA。

（2）当色氨酸充足时，色氨酰 tRNA 供给充足，核糖体在 RNA 聚合酶完成序列 3 转录之前完成序列 1 的翻译，并对序列 2 形成约束，导致序列 3 不能与序列 2 形成发夹结构，转而与序列 4 形成转录终止子结构——衰减子，使下游正在转录结构基因的 RNA 聚合酶脱落，转录终止（图 5-7②），只合成约 140nt 的 mRNA 片段。

4. 色氨酸操纵子的双重负调控　其阻遏调控和衰减调控相辅相成：①阻遏调控作用于转录起始环节，衰减调控作用于转录延长环节。②阻遏调控的信号是色氨酸水平的变化，衰减调控的信号是色氨酰 tRNA 水平的变化。③阻遏调控有效、经济，衰减调控细微、迅速。

（四）阿拉伯糖操纵子

阿拉伯糖是大肠杆菌的营养物之一，代谢时先由三种酶催化转化成 5-磷酸木酮糖，再通过磷酸戊糖途径代谢，而三种酶即由阿拉伯糖操纵子（ara operon）编码。

1. 阿拉伯糖操纵子的结构基因　共有三个，简写为 araBAD：araB 编码 L-核酮糖激酶，araA 编码 L-阿拉伯糖异构酶，araD 编码 L-核酮糖-5-磷酸-4-差向异构酶。

2. 阿拉伯糖操纵子的调控序列　与 araBAD 相邻的是启动子区域，包括以下元件：①两个启动子：一个是 araBAD 的启动子 $araP_{BAD}$，一个是调节基因 araC 的启动子 $araP_C$，后者也是 araBAD 的 CAP 位点。②四个调控序列 $araO_2$、$araO_1$、$araI_1$、$araI_2$：它们都是调节蛋白 AraC 的结合位点，其中 $araO_1$ 调节 araC 转录，其余调控序列调节 araBAD 转录（图 5-8）。

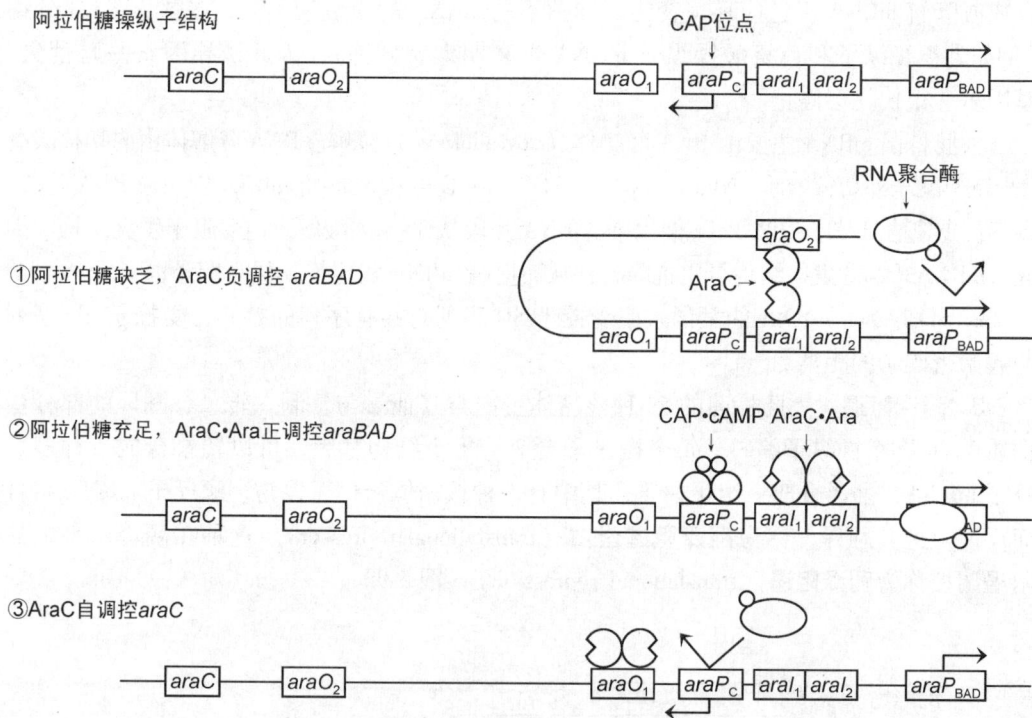

图 5-8　阿拉伯糖操纵子调控机制

3. 调节蛋白 AraC 的正、负调节作用　阿拉伯糖操纵子上游存在调节基因 *araC*，编码调节蛋白 AraC。AraC 与调控序列有三种不同的结合方式，产生不同的调节效应：①当阿拉伯糖缺乏时，AraC 与 *araO₂*、*araI₁* 结合，使成环而阻遏转录 *araBAD*，产生负调节效应。②当阿拉伯糖充足时，AraC 与阿拉伯糖（Ara）结合成 AraC·Ara 而变构，与 *araI₁*、*araI₂* 结合，促进 *araBAD* 转录，产生正调节效应。③AraC 还可以自调控，通过与 *araO₁* 结合，阻遏 *araC* 转录，防止 AraC 过多（图 5-8）。

4. 激活蛋白 CAP 的正调节作用　这里的 CAP 即调控乳糖操纵子的 CAP。当存在 cAMP 时，CAP 可以与 cAMP 形成 CAP·cAMP，然后与 *araP*$_C$ 结合。*araP*$_{BAD}$ 是一个弱启动子，其 −35 区和 −10 区与共有序列有 5 个碱基不同，间隔区的长度也差 1 个核苷酸（图 3-4）。只有 CAP·cAMP 与 *araP*$_C$（即 CAP 位点）结合时，AraC·Ara 才能促进 *araBAD* 表达，产生正调节效应。因此，阿拉伯糖与 cAMP 必须同时存在，*araBAD* 转录才能启动（图 5-8②）。因为 cAMP 水平与葡萄糖水平呈负相关，所以只有既存在阿拉伯糖又缺乏葡萄糖，才会使阿拉伯糖操纵子的 *araBAD* 高效表达。

四、翻译水平的调控

原核生物基因表达在翻译水平上的调控与 mRNA 稳定性、SD 序列、翻译阻遏、反义 RNA、核糖开关、翻译移码等有关。

1. mRNA 稳定性　细菌的增殖周期是 20～30 分钟，所以细菌代谢活跃，需要快速合成或降解 mRNA 以适应环境变化。细菌不同 mRNA 的半衰期不同，多数为 2~3 分钟（例如乳糖操纵子和色氨酸操纵子 mRNA 半衰期为 3 分钟），因此诱导因素一旦消失，基因表达很快就会停止。

大肠杆菌 mRNA 主要由 RNA 降解体（degradosome）降解。RNA 降解体由内切核酸酶 RNaseE 和 3' 外切核酸酶 PNPase 等构成。①RNase E 可从 5' 端将 mRNA 内切成 RNA 片段，内切位点富含 A/U。②PNPase 催化单链 RNA 片段从 3' 端磷酸解，但受阻于发夹结构。因此，mRNA 3' 端的发夹结构可以抗降解，从而提高 mRNA 稳定性，提高翻译水平。

2. SD 序列 mRNA 的翻译效率受控于 SD 序列与共有序列的差异，受控于 SD 序列与起始密码子的距离。

3. 翻译阻遏 大肠杆菌的 52 种核糖体蛋白与其他参与复制、转录、翻译的部分蛋白质由 20 多个操纵子编码。每个操纵子含 2~11 个结构基因，可以转录合成一种多顺反子 mRNA，翻译合成一组蛋白质，其中有一种核糖体蛋白可以与多顺反子 mRNA 结合而反馈阻遏其翻译，称为**翻译阻遏蛋白**（translational repressor）。这种在翻译水平上的阻遏调控称为**翻译阻遏**（translational repression）（图 5-9）。

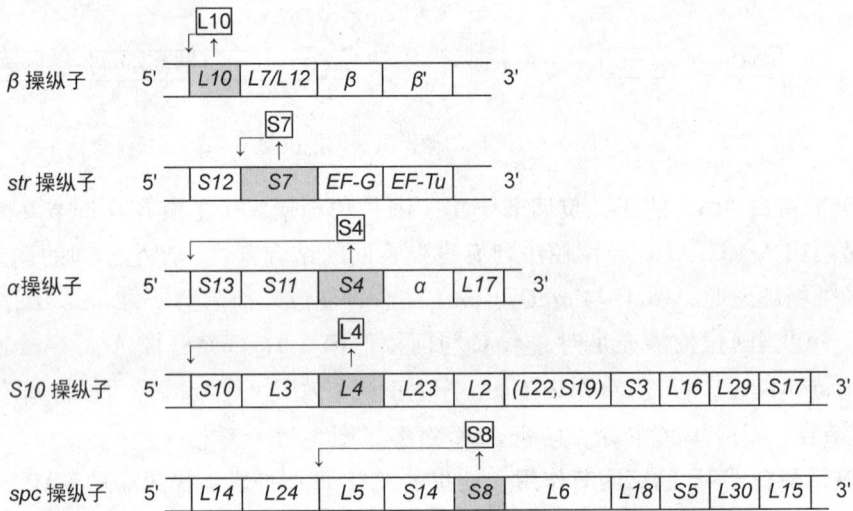

图 5-9 翻译阻遏

4. 反义 RNA（asRNA） 是一类小分子单链 RNA，与细胞内其他功能 RNA 序列互补，在原核细胞内广泛存在（真核细胞内同样存在），染色体、质粒、噬菌体等 DNA 都含反义 RNA 编码序列。研究表明：反义 RNA 参与基因表达调控，作用机制包括阻遏复制、转录和翻译，促进 mRNA 降解：①在复制环节，反义 RNA 可以与 RNA 引物结合，阻遏复制。②在转录环节，反义 RNA 可以与 RNA 结合，阻遏转录。③在翻译环节，反义 RNA 与 mRNA 的 SD 序列或编码区结合，阻遏翻译；或结合之后使 mRNA 被 RNase Ⅲ 降解（RNase Ⅲ 是一类内切核酸酶，催化水解双链 RNA，生成带有二碱基 3' 黏端的双链 RNA 片段）。④真核细胞反义 RNA 还可阻遏 mRNA 的转录后加工及转运。

5. 核糖开关 除了蛋白质和 RNA 之外，一些小分子也可以调控基因表达。研究发现：细菌 mRNA 中有一种保守序列，它主要位于 5′非翻译区内，可以与特定小分子结合而改变 mRNA 构象，从而影响翻译效率以及 mRNA 寿命，这种序列称为**核糖开关**（riboswitch）。

6. 翻译移码　大肠杆菌释放因子 RF-2 的基因 *prfB* 的 26 号密码子是终止密码子 UGA。该终止密码子仅被 RF-2 识别、结合并终止翻译。RF-2 低水平时该 UGA 不被识别，核糖体会向下游移动一个碱基 C，读 UGAC 为 GAC，允许 Asp-tRNA^{Asp}进入核糖体 A 位，翻译按新的阅读框继续进行，合成 RF-2。显然，这是一种特别的翻译阻遏。

第三节　真核生物的基因表达调控

多细胞真核生物的细胞在个体发育过程中分化，形成各种组织和器官。因此，真核生物基因表达调控要比原核生物复杂得多，达到了原核生物不可比拟的广度和深度。真核生物的基因组庞大，基因的结构和功能更为复杂，其基因表达调控的显著特征是在特定时间、特定条件下激活特定组织细胞内的特定基因，即具有时间特异性、空间特异性和条件特异性，从而实现预定的有序分化发育过程。真核生物的基因表达调控涉及染色质水平、转录水平、转录后加工水平、翻译水平和翻译后修饰水平等环节，其中转录水平依然是最主要的调控环节。

一、基因表达的特点

与原核生物相比，真核生物的基因表达有以下特点：

1. 以基因为转录单位　转录产物为单顺反子 mRNA。

2. 转录后加工更复杂　真核生物 mRNA 前体只是初级转录物，其后加工过程是基因表达必不可少的环节。

3. 转录和翻译存在时空隔离　真核生物的细胞核和细胞质是被核膜分隔的两个不同区域，其染色体 DNA 在细胞核内，转录合成的 mRNA 前体经过加工之后才能成为成熟 mRNA，运至细胞质，用于指导蛋白质合成（图 5-10）。因此，真核生物可以通过信号转导途径及 mRNA 转运途径调控基因表达。实际上，只有少数 mRNA 最终到达细胞质，指导蛋白质合成。

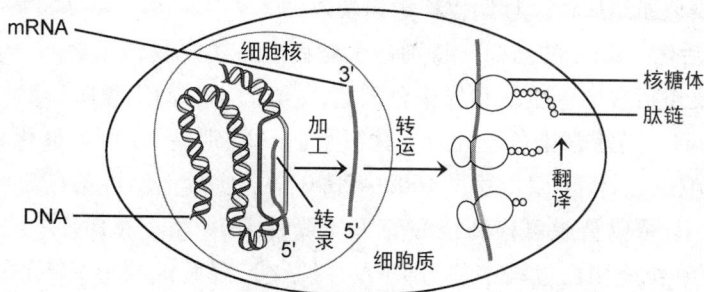

图 5-10　真核生物转录和翻译存在时空隔离

4. 翻译及翻译后修饰更复杂　影响真核生物翻译的除了有更多的蛋白因子之外，还有各种非编码小 RNA（snmRNA）；翻译后修饰内容丰富，涉及各种修饰因子，修饰场所遍布细胞内各个区域。

二、基因表达调控的特点

与原核生物相比，真核生物的基因表达调控有以下特点：

1. 既有瞬时调控，又有发育调控　瞬时调控又称可逆调控，相当于原核细胞对环境变化作出的反应，是通过改变代谢物水平或激素水平、引起细胞内某些酶或其他特异蛋白质水平的改变来进行的。发育调控又称不可逆调控，是真核生物基因表达调控的精髓。在正常情况下，体细胞的生长和分化遵循一定程序，使个体发育顺利进行。细胞的类型不同，所处的发育阶段不同，所表达基因的种类和表达水平也就不同。因此，基因表达调控决定了真核细胞生长和分化的全过程。

2. 调控环节更多　有些环节是原核生物没有的，例如 mRNA 的转录后加工。

3. 染色质结构变化影响转录效率　真核生物 DNA 与蛋白质形成染色质结构。基因表达过程中在转录区发生 DNA 与蛋白质的解离，以暴露特定 DNA 序列。真核生物 DNA 还能根据生长发育的需要进行重排、扩增。

4. 转录调控以正调节为主　真核生物的 RNA 聚合酶对启动子的亲和力极弱，其转录依赖多种调节蛋白的协助。因此，虽然真核生物调节蛋白既有起正调节作用的，又有起负调节作用的，但以正调节为主。

5. 调控序列多并且可以远离转录区　一个蛋白质基因平均受 5~6 个增强子调控，这些增强子与转录起始位点的距离可以远至 30kb。

6. 调节蛋白种类繁多，调节机制复杂　一方面，真核生物调节蛋白种类比原核生物多，并且不都是 DNA 结合蛋白；另一方面，可以有十几种甚至几十种调节蛋白与 RNA 聚合酶组装成转录起始复合物，调节一种基因的表达。

三、染色质水平的调控

真核生物 DNA 与蛋白质形成染色质结构，这种结构控制着 RNA 聚合酶与 DNA 的接触、识别、结合，且这些作用受组蛋白修饰、DNA 甲基化等控制。染色质水平调控的本质是改变染色质结构，这种调控稳定而长效。

1. 染色质活化　DNA 的结构（特别是压缩程度）决定其转录效率。真核生物细胞分裂间期染色质包括常染色质区和异染色质区。携带活性基因的 DNA 构成活性染色质（active chromatin），位于常染色质区内，其组蛋白（特别是 H1）含量比异染色质少得多，因而结构疏松，长度上仅压缩了 1000~2000 倍。实际上活性染色质中有较多 DNA 序列是裸露的，且可以被脱氧核糖核酸酶Ⅰ（简称 DNA 酶Ⅰ，DNase Ⅰ，可以降解单链/双链 DNA，在细胞凋亡过程中参与 DNA 片段化）降解成既短又不均一的片段，其长度为核小体 DNA（~200bp）倍数。这些部位被称为 **DNA 酶Ⅰ超敏感部位**（DNase Ⅰ hypersensitive site），它们是调节蛋白的结合点。

研究发现：活性染色质 DNA 对 DNase I 高度敏感。例如，如果用 DNase I 降解鸡红细胞染色质，β 珠蛋白基因区很快降解，卵清蛋白基因区降解程度很低；如果用 DNase I 降解鸡输卵管细胞染色质，卵清蛋白基因区很快降解。

2. 组蛋白修饰 除了含量之外，活性染色质组蛋白的化学修饰程度和修饰方式也不同于异染色质组蛋白（表 5-3）。组蛋白八聚体核的八个 N 端和 H2A、H2B 的四个 C 端都暴露在核小体表面，它们的某些氨基酸残基（组蛋白尾的 Lys 最多）会发生甲基化、乙酰化、磷酸化、泛素化、SUMO 化、ADP 核糖基化等化学修饰（表 5-4），其中乙酰化是活性染色质的标志。化学修饰多数导致组蛋白正电荷减少，构象改变，与 DNA 的亲和力减弱，使染色质疏松，易于解离，有利于 DNA 与调节蛋白、RNA 聚合酶的结合，从而促进转录。因此，组蛋白可以被视为调控真核生物基因转录的阻遏蛋白（表 5-5）。

表 5-3 组蛋白 H3 的部分活性标志

修饰氨基酸	Lys4	Lys9	Ser10	Lys14
活性染色质 H3	甲基化	乙酰化	磷酸化	乙酰化
异染色质 H3	—	甲基化	—	

表 5-4 组蛋白修饰方式

修饰方式	举例	修饰方式	举例
甲基化	H3 的 Lys4、Lys9、Lys27	磷酸化	H1、H3 的 Ser10
乙酰化	H3 的 Lys9、Lys14	泛素化	H2A 的 Lys119，H2B 的 Lys120

表 5-5 组蛋白修饰效应

组蛋白	修饰	效应	组蛋白	修饰	效应
H3	Lys14 乙酰化	基因激活	H2B	Ser14 磷酸化	DNA 修复
	Arg17 甲基化	基因激活		Lys120 泛素化	基因激活
	Lys27 单甲基化	基因激活	H4	Lys8 乙酰化	基因激活
	Lys27 三甲基化	基因沉默			

组蛋白修饰是真核生物基因表达调控的重要环节之一，其中组蛋白乙酰化的效应是：①导致组蛋白与 DNA 的亲和力减弱，有利于组蛋白与 DNA 的解离。②募集组装转录复合物。③募集组装染色质重塑复合物。

3. DNA 甲基化 脊椎动物 DNA 甲基化率约为 1%，多数由 DNA 甲基化酶催化。例如人类基因组 DNA 中有约 3% 的胞嘧啶被甲基化，形成 5-甲基胞嘧啶（5-mC），且主要来自 CpG 序列（约占哺乳动物 CpG 序列的 70%）；另有少量腺嘌呤、鸟嘌呤也可以被甲基化，形成 N^6-甲基腺嘌呤（N^6-mA）、7-甲基鸟嘌呤（7-mG）。

甲基化改变 DNA 构象，导致染色质结构改变；甲基化影响 DNA 与蛋白质的相互作用，因而影响调控序列与转录因子的结合（甲基化甚至将增强子改造成沉默子）。异染色质 DNA 甲基化程度高，因而 DNA 甲基化程度与基因表达呈负相关，即甲基化程度高

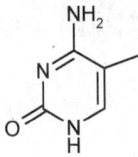

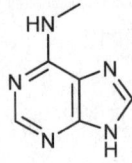

5-甲基胞嘧啶	N⁶-甲基腺嘌呤	7-甲基鸟嘌呤

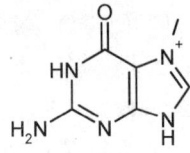

的基因转录效率低，甲基化程度低的基因转录效率高。一些具有组织特异性的基因，其 CpG 序列在表达组织甲基化程度低，在不表达组织甲基化程度高。例如：β 珠蛋白基因 −1000 ~ +100 区 CpG 序列胞嘧啶的甲基化程度在表达组织低于不表达组织。因此，甲基化导致**基因沉默**（gene silencing，在不改变基因组信息的前提下，通过异染色质形成、DNA 甲基化、RNA 干扰等在转录或翻译水平上显著抑制或终止基因表达的现象），例如雌性哺乳动物失活的 X 染色质（又称 X 小体、巴氏小体）高度甲基化。去甲基化导致**基因激活**（gene activation），例如一些激素激活基因、致癌物激活原癌基因，其机制可能就是使 DNA 去甲基化。此外，DNA 甲基化可能还与衰老有关。

Rett 综合征（Rett syndrome）：是一种女性重症神经系统疾病，患者出生至 6 ~ 18 个月时发育正常，之后逐渐丧失运动技能和认知技能，出现智力低下、癫痫发作、自闭、手足躁动、自制力丧失，最终于 12 ~ 40 岁死亡。Rett 综合征病因是甲基胞嘧啶结合蛋白 2（MeCP2）基因发生突变。MeCP2 是一种转录因子，通过与 5-mCpG 序列中的 5-mC 结合阻遏转录（但也可以激活许多基因），导致神经细胞和神经胶质细胞基因表达异常。Rett 综合征仅发于女性，因为 MeCP2 基因定位于 X 染色体，且杂合子即发病，而男性突变体在出生前即死亡。不过男性可见轻度 MeCP2 突变，症状是轻度智力低下、新生儿致死性脑病，占智力低下男性的 1.5%。

4. **基因重排**   可以使一个基因更换调控序列，例如置于另一个增强子或强启动子的控制之下，从而提高表达效率。基因重排也可以使表达产物呈现多样性，例如 T 细胞受体基因、免疫球蛋白结构基因的重排与表达。Toneqawa（1987 年诺贝尔生理学或医学奖获得者）的研究表明：在 B 细胞分化成可以分泌免疫球蛋白的浆细胞的过程中，DNA 经过重排，理论上利用有限的免疫球蛋白基因可以表达数十亿种免疫球蛋白。

5. **基因扩增**（gene amplification）   又称 **DNA 扩增**（DNA amplification），是指细胞内单独复制某一个或一组基因，从而增加其拷贝数的过程，是细胞为了适应生长环境而在短时间内大量表达特定基因产物的一种有效方式。

基因扩增产物以两种形式存在：①在染色体某一区段形成串联重复序列，在 G 带标本上显示为均匀无带纹的浅染区，称为**均匀染色区**（HSR），简称**均染区**。②形成独立于染色体之外的闭环**双微体**（DM）结构。

6. **染色质丢失**   一些低等真核生物在细胞分化过程中丢失染色质或染色质片段。某些基因在这些片段丢失之前并不表达，丢失之后才表达。因此，这些片段的存在可能阻遏相关基因的表达。高等生物也有染色质丢失。例如：①马蛔虫在卵裂至 32 个细胞的分裂球的过程中，31 个将分化成体细胞的细胞内全部发生染色质丢失。②红细胞在成熟过程中丢失整个细胞核。染色质丢失属于不可逆调控。

7. **基因组印记**（genomic imprinting）   是指来源于亲本的等位基因进行不对称修饰

后导致的单等位基因表达的现象，相应的基因称为**印记基因**（imprinted gene）。在哺乳动物发育早期，印记基因是被激活还是被沉默仅仅取决于它们是来自精子还是卵子，例如周期蛋白依赖性激酶抑制因子1C（p57^{Kip2}）基因（*CDKN1C*）、一种长链非编码 RNA（lncRNA）基因 *H19*、胰岛素样生长因子2受体基因（*IGF2R*）的父源等位基因被沉默，相反胰岛素样生长因子2基因（*IGF2*）的母源等位基因被沉默。这种在生物进化中形成的、有规律并受控的基因沉默是基因表达调控的一种重要方式。

四、转录水平的调控

真核生物有三种 RNA 聚合酶，分别催化合成三类 RNA，其中 RNA 聚合酶 II 催化合成 mRNA 前体，mRNA 前体加工成为成熟 mRNA。不论是调节蛋白的基因还是受调节蛋白调控的基因，其表达过程都包括 mRNA 合成，所以 RNA 聚合酶 II 是转录调控的核心。

（一）调控序列

真核生物的调控序列又称**调节元件**（regulatory element），是对基因的转录启动及转录效率起重要调控作用的 DNA 序列，包括启动子、终止子、增强子和沉默子。启动子和终止子是启动和终止转录所必需的；增强子介导正调节作用，促进转录；沉默子介导负调节作用，阻遏转录。

1. **启动子** 真核生物蛋白质基因的启动子属于 II 类启动子，它包含 GC 盒、CAAT 盒、起始子、TATA 盒、下游启动子元件等元件。

2. **增强子** 1981 年，Banerji 在 SV40 晚期基因（late gene）区发现一种 72bp 的重复序列，它可以使重组 SV40 携带的兔血红蛋白 β 亚基基因的转录效率提高 200 倍，这是第一个被报道的增强子。

增强子（enhancer）是真核生物促进转录的一类调控序列，与启动子可以相邻、重叠或包含，通过结合调节蛋白、改变染色质构象而促进一种或一组基因的转录。它们相互作用，决定着基因表达的特异性。增强子有以下特性：

（1）增强效应十分明显：增强子一般能使转录效率提高数十倍至上千倍。例如：人巨细胞病毒（HCMV）增强子可使珠蛋白基因的转录效率提高 600 ~ 1000 倍。

（2）增强效应与增强子所处的位置和取向无关：增强子可以位于结构基因的两侧或内部（内含子内），距离转录起始位点 500 ~ 5000bp；有的可达 30000bp；用重组 DNA 技术改变其位置或取向，仍然可以产生增强效应。

（3）没有基因特异性：增强子与不同结构基因重组均产生增强效应。

（4）具有组织细胞特异性：增强子是否产生增强效应，取决于组织细胞内是否存在调节蛋白。增强子只有与调节蛋白结合才能产生增强效应。

（5）多含重复对称序列：增强子序列长度一般为 100 ~ 200bp，由一个或多个被称为**增强元**（enhanson）的独立的核心序列组成。核心序列长 8 ~ 13bp，部分序列有回文特征。

（6）增强子的作用具有协同性：一个蛋白质基因平均拥有 5 ~ 6 个增强子，它们共同促进基因表达。

（7）许多增强子的作用受环境信号影响：例如金属硫蛋白基因的增强子受 Zn^{2+} 和 Cr^{3+} 浓度的影响。

3. 沉默子　真核生物基因中阻遏转录的调控序列称为**沉默子**（silencer）。沉默子与相应的调节蛋白结合之后，使正调节失去作用。沉默子对基因簇的选择性转录起重要作用。沉默子和增强子协调作用可以决定基因表达的时空顺序。

（二）调节蛋白

调控真核生物基因转录的调节蛋白即转录因子，属于反式作用因子，它们通过识别并结合调控序列等影响 RNA 聚合酶 Ⅱ 识别并结合启动子，即影响转录起始复合物的组装，从而调控转录。

1. 调节蛋白分类　真核生物调节蛋白种类繁多，人类基因组编码的调节蛋白就有 2000 多种。调控真核生物基因转录的调节蛋白可以分为三类。

（1）**通用转录因子**（general transcription factor）：是与启动子元件特异性结合并启动转录的调节蛋白，分布在各种细胞内。

（2）**转录调节因子**（transcription regulation factor）：是通过与增强子或沉默子结合来调控转录的调节蛋白。其中，与增强子结合促进转录的称为**转录激活因子**（transcription activator），与沉默子或增强子结合阻遏转录的称为**转录阻遏因子**（transcription repressor）。不过，某些转录调节因子的调节效应是可以改变的，例如某些类固醇激素受体本身是转录阻遏因子，与类固醇激素结合后变构成为转录激活因子。

转录调节因子作用机制：①作用于通用转录因子、共调节因子或 RNA 聚合酶Ⅱ，影响转录起始复合物的稳定性。②募集组蛋白修饰酶类，或募集组装染色质重塑复合物。

（3）**共调节因子**（mediator）：不是直接与 DNA 结合，而是通过蛋白质 – 蛋白质相互作用介导转录调节因子作用于 RNA 聚合酶 – 通用转录因子复合物，从而调控转录。其中，促进转录的称为**共激活因子**（coactivator，又称**辅激活物**），阻遏转录的称为**共阻遏因子**（corepressor，又称**辅阻遏物**）。共调节因子的合成和作用受细胞类型和分化阶段的控制，并对细胞外信号产生应答，例如维生素 D 受体相互作用蛋白（DRIP）。共调节因子由小 Kornberg（2006 年诺贝尔化学奖获得者）于 1990 年发现。

2. 调节蛋白结构　调节蛋白含特定的 DNA 结合域、转录激活域或二聚化域（表5-6）。

表 5-6　调节蛋白结构

功能结构域	所含结构类型	调节蛋白举例
DNA 结合域	锌指	转录激活因子 Sp1，类固醇激素受体
	螺旋 – 转角 – 螺旋	LacI，CAP，TrpR
转录激活域	酸性激活域	转录激活因子 Gal4
	富含谷氨酰胺域	转录激活因子 Sp1
	富含脯氨酸域	转录激活因子 CTF（NF1）
二聚化域	亮氨酸拉链	转录激活因子 GCN4、AP-1、Myc
	碱性螺旋 – 环 – 螺旋	转录激活因子 Myc

（1）DNA 结合域：人类基因组编码的转录因子中有 1500 多种是含 DNA 结合域的 DNA 结合蛋白。**DNA 结合域**（DBD）是突出于转录因子表面的一种较小的结构域，含 60～90AA。DNA 结合域中包含直接与 DNA 调控序列结合的基序，例如锌指、螺旋-转角-螺旋。

①锌指（zinc finger）：是 DNA 结合域中的一种基序，约含 30AA，序列中有两对氨基酸残基 Cys_2His_2（例如转录因子 Sp1 C 端的三个锌指：His626～His650、Phe656～His680、Phe686～His708，共有序列是 Cys-Xaa$_{2～4}$-Cys-Xaa$_3$-Phe-Xaa$_5$-Leu-Xaa$_2$-His-Xaa$_3$-His）或 Cys_4（例如类固醇激素受体的两个锌指，共有序列是 Cys-Xaa$_2$-Cys-Xaa$_{13}$-Cys-Xaa$_2$-Cys）通过配位键结合一个 Zn^{2+}，形成**锌指**（图 5-11），含锌指的蛋白质称为**锌指蛋白**。单一锌指与 DNA 的亲和力很弱，但 DNA 结合蛋白通常含多个锌指，例如非洲爪蟾（*Xenopus*）的一种 DNA 结合蛋白有 37 个锌指。它们同时与 DNA 结合，所以结合非常稳定。不同 DNA 结合蛋白中锌指的一级结构不尽相同，因而其识别和结合 DNA 序列的机制也有差别，有些锌指的氨基酸残基参与识别 DNA 序列，有些并无直接关系。锌指存在于许多真核生物 DNA 结合蛋白中（例如人类基因组编码的 50 多种核受体都是锌指蛋白），也存在于某些原核生物蛋白质中（例如大肠杆菌 DNA 拓扑异构酶 1 含 3 个锌指）。此外，某些翻译阻遏蛋白也含锌指。

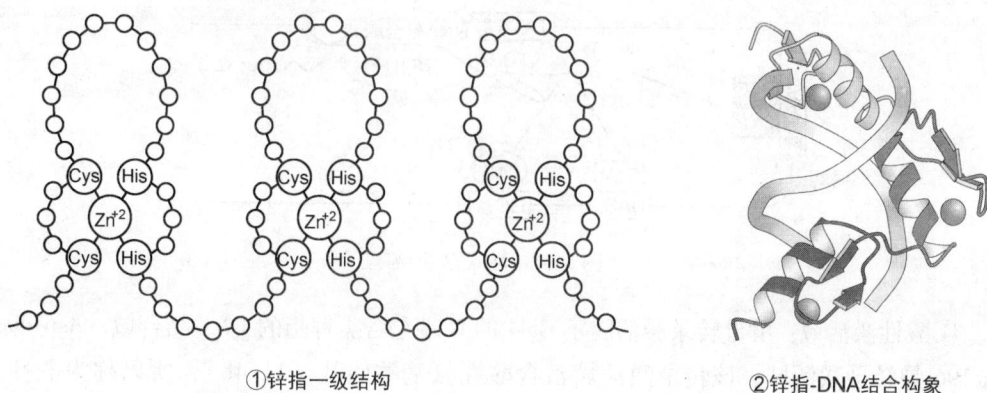

①锌指一级结构　　②锌指-DNA结合构象

图 5-11　锌指

②螺旋-转角-螺旋：是 DNA 结合域中的一种基序，约含 20AA，由各含 7～9AA 的两段 α 螺旋通过一个 β 转角连接而成，其中位于 C 端的 α 螺旋直接与调控序列 DNA 双螺旋的大沟特异性结合，称为**识别螺旋**（recognition helix）。**螺旋-转角-螺旋**（HTH）最早发现于原核生物 DNA 结合蛋白中（图 5-12），例如 LacI 的 Leu6～Asn25、CAP 的 Arg170～Lys189、TrpR 的 Gln68～Ala91，迄今已在原核生物 100 多种 DNA 结合蛋白和真核生物某些 DNA 结合蛋白中鉴定到螺旋-转角-螺旋。

真核生物有一类基因称为**同源异形基因**（homeotic gene），其编码的**同源异形蛋白**（homeoprotein，又称**同源域蛋白**）属于 DNA 结合蛋白，在胚胎发育过程中的表达水平对于组织器官的形成具有重要的调控作用。同源异形基因的编码序列内有一段称为**同源异形盒**（homeobox）的保守序列，长约 180bp，编码同源异形蛋白中长约 60AA 的一个肽段，称为**同源异形域**（homeodomain）。同源异形域属于 DNA 结合域，通过一个螺旋-转角-螺旋基序与 DNA 大沟结合。同源异形域在结构上及与 DNA 的

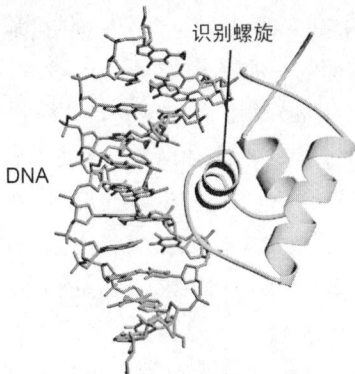

图 5-12　螺旋-转角-螺旋

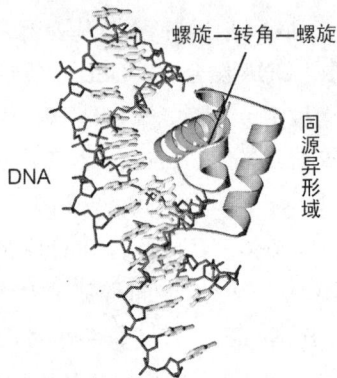

图 5-13　同源异形域

结合方式上极为保守（图5-13）。

（2）转录激活域：转录激活因子除了含 DNA 结合域之外，还含与 RNA 聚合酶或其他转录因子相互作用的部位，称为**转录激活域**（TAD）。转录激活域主要存在于真核生物转录激活因子中，这里介绍三种（图5-14）。

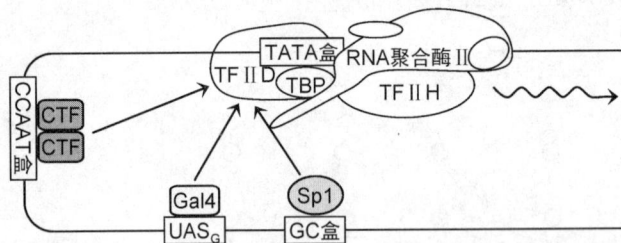

图 5-14　转录激活域

①酸性激活域：酵母转录激活因子 Gal4 的 N 端是含类锌指的 DNA 结合域，Asp149 ~ Phe196 是转录激活域，该转录激活域富含酸性氨基酸残基（11/48），所以称为酸性激活域（AAD），其激活作用是由氨基酸残基的酸性而不是序列决定的。Gal4 先形成具有卷曲螺旋（coiled-coil）结构的同二聚体，然后才与增强子 UAS_G 结合。

②富含谷氨酰胺域：人转录激活因子 Sp1 有两个转录激活域（A：Gln146 ~ Gln251；B：Asn261 ~ Thr495），它们富含谷氨酰胺（A：23/106；B：43/235），称为富含谷氨酰胺域（GD）。其他许多转录激活因子也有富含谷氨酰胺域。

③富含脯氨酸域：转录激活因子 CTF（NF1）与 CCAAT 盒结合。人 CTF 除了 N 端有一个富含碱性氨基酸残基（42/195）的 DNA 结合域（Met1 ~ Pro195）之外，C 端还有一个富含脯氨酸域（PD），其22% 的氨基酸残基为脯氨酸。

（3）二聚化域：真核生物（及原核生物）的许多转录因子常先形成二聚体（同二聚体或异二聚体），再通过 DNA 结合域与调控序列结合。某些结构域是形成二聚体所必需的，称为**二聚化域**。目前发现这些二聚化域含以下基序：

①亮氨酸拉链：位于肽链 C 端，含规则排列的亮氨酸，亮氨酸之间被六个其他氨基

酸残基隔开。在形成 α 螺旋时，亮氨酸恰好沿着螺旋一侧排列，形成疏水侧面，这种 α 螺旋为两性结构，称为**两性 α 螺旋**。两段两性 α 螺旋的亮氨酸平行排列，通过疏水作用结合成具有卷曲螺旋结构的二聚体，形似拉链铰在一起，所以称为**亮氨酸拉链（LZ）**（图 5-15）。亮氨酸拉链的 N 端一侧通常存在 DNA 结合域，该结合域富含赖氨酸/精氨酸，可以与 DNA 主链带负电荷的磷酸基结合。亮氨酸拉链存在于许多真核生物蛋白质（例如酵母转录激活因子 GCN4，人转录激活因子 AP-1、Myc、增强子结合蛋白 C/EBP）和个别原核生物蛋白质中。

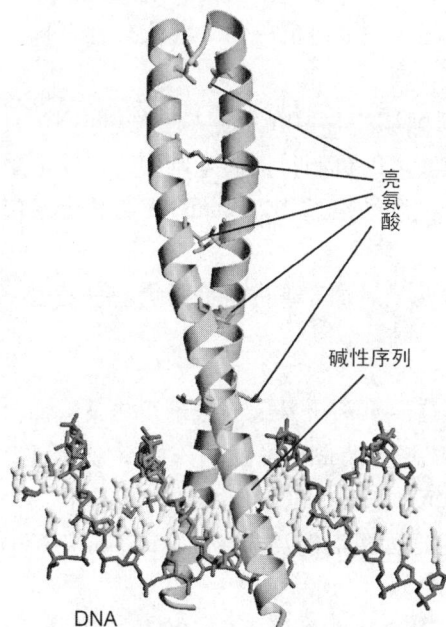

图 5-15 亮氨酸拉链

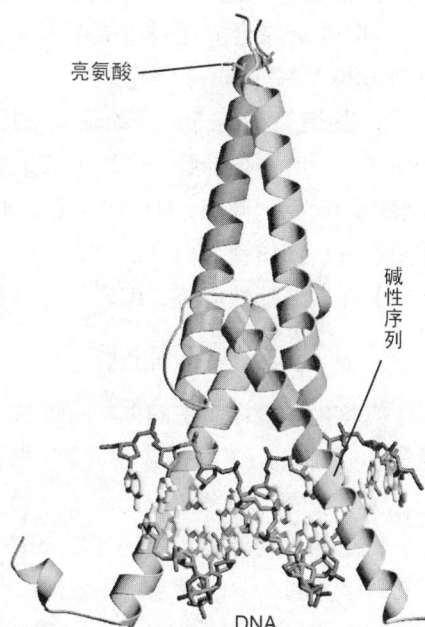

图 5-16 碱性螺旋 – 环 – 螺旋

②碱性螺旋 – 环 – 螺旋：由约 50AA 构成，包括 N 端一侧的一段碱性短序列和 C 端一侧的一个螺旋 – 环 – 螺旋。螺旋 – 环 – 螺旋（HLH）由两段两性 α 螺旋通过一段长度不一的环连接构成，故得名。两个螺旋 – 环 – 螺旋通过形成卷曲螺旋结合成二聚体。碱性短序列可以直接与靶基因启动子的 E 盒（E-box，共有序列 CANNTG）结合（图 5-16）。这种**碱性螺旋 – 环 – 螺旋**（bHLH）结构存在于多细胞真核生物的部分调节蛋白中（例如 Myc、MyoD1、Max），在发育过程中参与基因表达调控。

3. 调节蛋白调节 调节蛋白通过数量调节、变构调节、化学修饰调节、蛋白质 – 蛋白质相互作用等方式调节基因表达（表 5-7）。

表 5-7 真核生物调节蛋白活性调节方式

调节方式	举例
数量调节	转录因子 E2F
变构调节	糖皮质激素受体（GR）（第六章，141 页）
化学修饰调节	信号转导和转录激活子（STAT）、cAMP 应答元件结合蛋白
蛋白质 – 蛋白质相互作用	转录因子 Myc-Max

调节蛋白与调控序列的结合具有相对特异性：一种调节蛋白能与一种或多种调控序列结合；一种调控序列能与一种或多种调节蛋白结合。

五、转录后加工水平的调控

真核生物基因含外显子和内含子，复杂转录单位存在选择性剪接，转录后加工产物还要转运到细胞质中，因而转录后加工也是其表达调控的一个重要环节。

1. 加帽和加尾　mRNA 转录合成时要在 5′端加帽。不同 5′帽结构的甲基化程度不同。mRNA 转录合成之后还要在 3′端合成 poly(A)尾。除了组蛋白 mRNA 之外，真核生物的 mRNA 都有 poly(A)尾。

2. 转运　只有 5% ~ 20% 的 mRNA 转运到细胞质中，留在细胞核内的 mRNA 有 50% 在一小时内被降解。mRNA 从细胞核向细胞质转运的机制目前尚未阐明，但以下事实表明转运受到调控：①mRNA 的出核过程是一个主动转运过程。②mRNA 与特定蛋白质组装成信使核糖蛋白（mRNP）才能转运出核。

此外，选择性剪接、编辑和转录后基因沉默等转录后加工事件也都影响基因表达。

六、翻译水平的调控

真核生物翻译水平的调控比原核生物更重要：①一些较大基因的转录及转录后加工所需的时间太长（可达数小时），细胞可以通过提高已有 mRNA 的翻译效率来满足急需。②有些基因的翻译调控属于微调。③无核细胞可对已有 mRNA 的翻译进行调控。

翻译水平的调控主要是控制 mRNA 稳定性、翻译因子活性及选择性翻译。mRNA 的 5′非翻译区和 3′非翻译区是主要调节位点。

1. mRNA 稳定性　mRNA 稳定性影响其寿命，从而影响翻译效率。真核生物mRNA 的寿命比原核生物的长，脊椎动物 mRNA 的半衰期平均约为 3 小时，而细菌还不到 3 分钟。不过，不同 mRNA 的寿命差异显著，短的只有几秒钟，长的可以存在数个细胞周期。例如：控制细胞分裂的 *fos* 基因 mRNA 的半衰期为 10 ~ 30 分钟，红系祖细胞血红蛋白、鸡输卵管细胞卵清蛋白 mRNA 的半衰期超过 24 小时。mRNA 稳定性除了与 mRNA 的二级结构、5′帽结构的种类、poly(A)尾的长度等有关之外，还取决于 mRNP 的结构。例如：催乳素（PRL，199AA）可使酪蛋白 mRNA 的半衰期从 1 小时延长到 40 小时。

mRNA 寿命受到调控，例如转铁蛋白受体 mRNA：Fe^{2+} 在血浆中主要由转铁蛋白（TF）转运，由细胞通过细胞膜转铁蛋白受体（TFR）摄取。细胞摄取 Fe^{2+} 的效率取决于转铁蛋白受体数量，而转铁蛋白受体数量取决于其合成量。转铁蛋白受体合成量取决于其 mRNA 稳定性，而转铁蛋白受体 mRNA 的稳定性受控于 3′非翻译区的 5 个铁应答元件（IRE）。IRE 是一种茎环结构，可以结合铁应答元件结合蛋白（IBP），使转铁蛋白受体 mRNA 抗降解。细胞内缺乏 Fe^{2+} 时，IBP 与转铁蛋白受体 mRNA 的 IRE 结合，使其抵抗降解，延长寿命，提高翻译效率。一旦细胞摄取了足够的 Fe^{2+}，Fe^{2+} 与 IBP 结合，使 IBP 与 IRE 解离，解除对转铁蛋白受体 mRNA 的保护，导致降解加快，寿命缩短。

2. 5′非翻译区长度　5′非翻译区长度影响翻译起始的效率。当 5′非翻译区的长度不到 12nt 时，有 50% 的 40S 小亚基扫描失误而不能组装；当 5′非翻译区的长度为 17 ~ 80nt 时，体外翻译效率与其长度成正比。

3. 上游开放阅读框 有些 mRNA 的 5′非翻译区内有一个或数个 AUG，称为 5′ AUG，它们引导一种称为上游开放阅读框（uORF）的特殊阅读框。这种阅读框与编码区不一致，很小，翻译产物为无活性短肽。因此，上游开放阅读框通常对翻译起始起负调节作用，使翻译维持在较低水平。上游开放阅读框多存在于原癌基因中，它们的缺失可以导致原癌基因激活。

4. 翻译阻遏蛋白 许多 mRNA 都有较长的非翻译区，其中含反向重复序列（IR），可以形成茎环结构。一些翻译阻遏蛋白可以与这种茎环结构结合，干扰核糖体复合物的组装，阻遏翻译起始。

（1）翻译产物的反馈抑制：poly(A)结合蛋白 mRNA 指导合成的 poly(A)结合蛋白可以与其 5′非翻译区的一段 oligo(A)序列结合，阻遏翻译。

（2）翻译阻遏蛋白的变构调节：例如 Fe^{2+} 对铁蛋白（ferritin）合成的调控。高浓度游离 Fe^{2+} 对细胞有毒性，因而当细胞内 Fe^{2+} 浓度很高时，铁蛋白的翻译合成加强，并与 Fe^{2+} 结合，降低游离 Fe^{2+} 浓度。

铁蛋白翻译阻遏机制：铁蛋白 mRNA 的 5′非翻译区含铁应答元件（IRE），可以结合铁应答元件结合蛋白（IBP），从而阻遏铁蛋白的合成。高浓度游离 Fe^{2+} 可以使 IBP 脱离 IRE，从而解除对铁蛋白 mRNA 的翻译阻遏（图 5-17）。

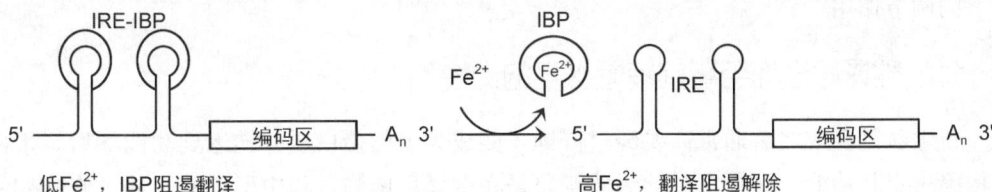

图 5-17 铁蛋白翻译阻遏机制

（3）翻译阻遏蛋白的化学修饰调节：eIF-4E 结合蛋白 1（4E-BP1）是真核生物的一种翻译阻遏蛋白，可以与 eIF-4E 结合，抑制其与 eIF-4G 结合组装 eIF-4F 复合物，从而阻遏翻译起始。生长因子等信号激活蛋白激酶 B，催化 4E-BP1 磷酸化，使其脱离 eIF-4E，解除翻译阻遏。

5. 翻译起始因子磷酸化 翻译调控主要发生在翻译起始阶段。翻译调控的典型机制是翻译起始因子或翻译起始因子调节蛋白磷酸化。

（1）eIF-2 磷酸化抑制：eIF-2 在翻译起始过程中起关键作用。它首先与 GTP、Met-tRNA$_i^{Met}$ 形成三元复合物，进一步与核糖体 40S 小亚基组装 43S 复合物，并最终组装 80S 核糖体复合物。

eIF-2 是一个 $\alpha\beta\gamma$ 三聚体，eIF-2α 是 eIF-2 的调节亚基，其 Ser51、Ser48 是磷酸化调节位点，磷酸化导致以下交换不能进行：eIF-2·GDP + GTP→eIF-2·GTP + GDP，从而影响 eIF-2·GTP 的循环利用，阻遏蛋白质合成。

（2）eIF-4E 磷酸化激活：eIF-4E 在翻译起始阶段的早期与 mRNA 5′帽结构结合，松解 mRNA 二级结构，促进 80S 核糖体复合物组装，是翻译起始的关键步骤。eIF-4E 的

Ser209 是一个磷酸化位点，可以被蛋白激酶 C（第六章，146 页）催化磷酸化，磷酸化 eIF-4E 与 5′帽结构的亲和力增强 4 倍，促进 eIF-4F 组装，启动翻译。

6. 核糖体蛋白磷酸化　在细胞周期 G₁期，核糖体蛋白 S6 被核糖体蛋白 S6 激酶（p70S6K，一种丝氨酸/苏氨酸激酶）磷酸化激活，促进蛋白质合成，使细胞从 G₁期进入 S 期。

7. RNA 干扰　1993 年，Ambros 和 Lee 用定位克隆的方法从线虫（*C. elegans*）基因组中克隆出 *lin-4* 基因，通过定点诱变发现 *lin-4* 编码一种 61nt RNA，它被切割后得到一种 22nt 的 miRNA（微 RNA），能以不完全互补的方式与其靶基因 *lin-14* mRNA 的 3′非翻译区结合，阻遏翻译，最终导致 lin-14 蛋白质合成的减少。这就是 *lin-4* 控制线虫幼虫由 L1 期向 L2 期转化的机制，这一机制后来被称为 **RNA 干扰**（RNAi）。

研究表明，miRNA 在真核生物中普遍存在。每一种 miRNA 都可以调节多种基因的表达，因为许多 mRNA 中都存在多种 miRNA 的靶序列（人体约 60% 基因的表达受一种或多种 miRNA 调节）。例如：人体内已鉴定到 1100 多种 miRNA，作用于 19898 种基因的 34911 种 3′非翻译区的 16228619 种靶序列。一种称为 miR-206 的人 miRNA 既可以下调一种雌激素受体的表达，又可以下调几种共激活因子的表达，而后者的作用是受雌激素受体控制的，因此，miR-206 通过作用于雌激素受体信号转导途径的多个环节抑制雌激素的调节作用。

七、翻译后修饰与靶向转运水平的调控

新生肽链合成之后通常需要经过修饰才能成为天然蛋白质并转运到功能场所。蛋白质构象决定其功能，而蛋白质的天然构象是在翻译后修饰过程中形成的。通过修饰控制其功能，通过转运控制其分布，这都是基因表达调控的重要内容。

八、蛋白质降解水平的调控

蛋白质的活性取决于蛋白质的结构和水平，蛋白质的水平由合成与降解平衡决定。真核生物存在各种蛋白质降解途径。例如：溶酶体内的组织蛋白酶可以降解从细胞外摄取的蛋白质。肝细胞每小时降解的蛋白质量占其蛋白质总量的 4.5%，主要由溶酶体完成。

泛素–蛋白酶体系统（ubiquitin-proteasome system）由泛素化系统和蛋白酶体组成，是基因和蛋白质功能重要的调节者和终结者。

1. 降解过程　泛素–蛋白酶体系统降解蛋白质过程分为两个阶段。

（1）靶蛋白多泛素化：靶蛋白单泛素化尚不足以介导其降解，细胞内有两种方式对其进一步**多泛素化**（multiubiquitination）：①靶蛋白泛素多泛素化，例如其 Lys48 泛素化，形成多聚泛素链。②靶蛋白多泛素化，即将靶蛋白的多个赖氨酸泛素化。

（2）蛋白酶体降解：靶蛋白一旦多泛素化，则由 **26S 蛋白酶体**（proteasome）识别、募集，降解成含 7~8AA 的寡肽，而泛素则被释放并再利用。

2. 生理意义　①严格控制功能蛋白水平：例如细胞周期蛋白在完成使命之后会被

磷酸化，暴露出称为降解盒的泛素化系统识别序列，被 SCF/APC 介导的泛素 - 蛋白酶体系统标记、降解。②清除修饰错误的蛋白质：修饰错误包括折叠错误、变性、氧化等，这些修饰错误导致蛋白质暴露出疏水序列，被泛素 - 蛋白酶体系统识别、标记、降解。③参与免疫应答：免疫系统抗原提呈细胞应用泛素 - 蛋白酶体系统将病毒蛋白标记、降解，产生的抗原肽运至内质网，与内质网膜上的 I 类主要组织相容性抗原结合成复合物，转运到细胞膜，激活细胞毒性 T 细胞，杀死被病毒感染的细胞。

维持蛋白质合成与降解的动态平衡对生命活动至关重要。阐明泛素 - 蛋白酶体系统对研究基因表达调控、疾病发病机制和研发新药具有重要意义。

第四节 基因表达调控异常与疾病

基因表达是一个由诸多因素共同决定的复杂过程，必须受到精确调控，即在特定的发育阶段、特定的组织器官表达特定的基因，以满足机体生长发育的需要。一旦表达异常，会导致疾病发生。

一、调控序列变异

可诱导基因和可阻遏基因的表达通常具有复杂的调控模式，其调控离不开相关调控序列。调控序列变异会引起基因表达异常，导致遗传病。已经发现三种形式的调控序列变异。

1. **调控序列突变** 人 *Shh* 基因的一个增强子 ZRS 位于其上游另一个基因 *LMBR1* 的内含子 5 中，其功能是促进 *Shh* 基因在肢体前端表达，限制在肢体后部表达。已发现 ZRS 点突变导致 2 型肢体内侧多趾症（PPD2）。

2. **染色质结构改变** 调控序列所在染色质区域的空间结构改变，会引起相关基因表达异常，导致遗传病的发生。

✍ 1 型面肩肱肌营养不良（FSHD1）是一种常染色体显性遗传的神经肌肉性疾病。人类 4 号染色体上（4q35）存在一种串联重复序列，重复单元 3.3kb，称为 D4Z4，正常人有 11 ~ 150 个 D4Z4 拷贝。95％ 的 FSHDI 患者的 D4Z4 拷贝数是 1 ~ 10 个，并且拷贝数越低，病情越严重，发病年龄也越早。

3. **结构基因与调控序列分离** 由结构基因之外的染色体结构畸变引起的遗传病称为**位置效应遗传病**。染色体结构畸变（例如缺失、易位、倒位）导致调控序列破坏或与结构基因分离，是这类遗传病发生的根本原因。

✍ 无虹膜（aniridia）是由 *PAX6* 基因表达不足引起的常染色体显性遗传病。*PAX6* 编码一种转录因子。然而，在一些患者基因组中检测不到 *PAX6* 突变，却发现其 *PAX6* 下游存在染色体重排，重排位点全部位于组成型基因 *ELP4*（编码组蛋白乙酰转移酶的一个亚基，与 Rolandic 癫痫连锁）的最后三个内含子中，其中含 *PAX6* 增强子，重排导致这些增强子丢失或易位，引起 *PAX6* 表达不足，从而导致与 *PAX6* 编码区突变相同的临床表型。

二、翻译后修饰与靶向转运异常

翻译后修饰异常也会造成蛋白质构象异常，这种蛋白质不仅没有活性，反而会被不完全降解，导致大量降解片段积累，引发某些退行性疾病，特征是在肝脏、大脑等形成不溶性斑块。

一些神经退行性疾病（例如阿尔茨海默病、帕金森病、牛海绵状脑病）的标志是脑组织形成纤维缠结斑块。形成这些结构的淀粉样蛋白纤维来自大量天然蛋白质，例如嵌膜的淀粉样前体蛋白（APP）、微管相关蛋白质（τ 蛋白）、朊病毒蛋白（PrP）。受未知因素影响，这些蛋白质或其降解片段的 α 螺旋变构成 β 折叠，然后聚集形成稳定的淀粉样蛋白纤维。

一些疾病与蛋白质靶向转运异常有关。*CFTR* 基因编码的囊性纤维化跨膜转导调节因子（CFTR，一种 12 次跨膜蛋白，1480AA，氯离子通道）存在 Phe508 缺失，折叠错误，不能正确嵌入细胞膜，导致囊性纤维化病（cystic fibrosis，占 72%，其余突变体可以嵌膜但不能被磷酸化激活）。

三、蛋白质降解异常

一些疾病与蛋白质降解异常相关：①人 *PARK2* 基因编码 Parkin 蛋白（465AA），它的一个功能是参与构成泛素连接酶 E3，介导泛素 – 蛋白酶体系统降解底物蛋白。*PARK2* 基因突变导致常染色体隐性青少年型帕金森病（juvenile Parkinson disease）。②抑癌蛋白 p53 通过抑制细胞周期促进细胞衰老和细胞凋亡，在抑制肿瘤发生方面起着至关重要的作用。p53 在细胞内的水平受泛素 – 蛋白酶体系统控制。③某些脑瘤细胞表达一种 *BIRC6* 基因，表达产物 Birc6 是一种抗凋亡蛋白（4857AA），它的 C 端（Arg4576 ~ Pro4704）具有泛素结合酶 E2 活性，介导泛素 – 蛋白酶体系统降解促凋亡蛋白，抑制凋亡。

小　结

基因表达是 DNA 转录过程及转录产物翻译过程。基因表达调控决定细胞的结构和功能，决定细胞分化和形态发生，赋予生物多样性和适应性。

不同基因可能具有不同的表达方式：管家基因的表达为组成型表达，可诱导基因的表达受诱导物诱导，可阻遏基因的表达受阻遏物阻遏，功能相关的一组基因的协同表达。

基因表达的特异性表现为时间特异性、空间特异性和条件特异性。

基因表达调控既有适应性调控，又有程序性调控，其根本目的在于适应环境，使细胞能够生长、分裂、分化，个体能够生存、生长、发育、繁殖。

基因表达是一个多环节过程，每一个环节都可能受到调控，其中转录是基因表达调控的主要环节。

调控转录主要是控制转录起始，调控的基本要素是 RNA 聚合酶、调控序列和调节蛋白，调控的本质是控制 RNA 聚合酶与启动子的识别与结合。

原核生物基因表达特点：多以操纵子为转录单位；转录的特异性由 σ 因子决定；转录与翻译偶联。原核生物基因表达调控特点：既有正调节，又有负调节；调节蛋白都是 DNA 结合蛋白；存在衰减调控机制；存在应急应答调控机制。

原核生物基因的转录调控是由 RNA 聚合酶、调控序列和调节蛋白决定的。调控序列包括启动子、终止子、操纵基因和激活蛋白结合位点；调节蛋白包括转录起始因子、阻遏蛋白、激活蛋白，通过与调控序列结合影响转录。

大肠杆菌乳糖操纵子的转录受双重调控：一方面受阻遏蛋白的阻遏调控，可被诱导物别乳糖去阻遏；另一方面受分解代谢物基因激活蛋白的激活调控，且依赖 cAMP，而 cAMP 水平与葡萄糖水平呈负相关。

大肠杆菌色氨酸操纵子的转录受双重负调控：当色氨酸充足时，一方面色氨酸作为阻遏物与阻遏蛋白结合，可阻遏 RNA 聚合酶启动转录；另一方面色氨酰 tRNA 充足，前导序列转录产物形成衰减子，阻遏转录延长。

阿拉伯糖操纵子结构复杂，其调节蛋白 AraC 与调控序列有三种不同的结合方式，产生不同的调节效应：阿拉伯糖缺乏时 AraC 阻遏转录，产生负调节效应；阿拉伯糖充足时 AraC 促进转录，产生正调节效应；AraC 还可以自调控，防止 AraC 过多。

原核生物基因表达在翻译水平上的调控与 mRNA 稳定性、SD 序列、翻译阻遏、反义 RNA、核糖开关、翻译移码等有关。

真核生物基因表达特点：以基因为转录单位；转录后加工更复杂；转录和翻译存在时空隔离；翻译及翻译后修饰更复杂。真核生物基因表达调控特点：既有瞬时调控，又有发育调控；调控环节更多；染色质结构变化影响转录效率；转录调控以正调节为主；调控序列多并且可以远离转录区；调节蛋白种类繁多，调节机制复杂。

真核生物染色质水平调控基因表达的本质是改变染色质结构，包括染色质活化、组蛋白修饰、DNA 甲基化、基因重排、基因扩增、染色质丢失、基因组印记等。

真核生物基因的转录调控是由 RNA 聚合酶、调控序列和调节蛋白决定的。RNA 聚合酶 II 是转录调控的核心；调控序列包括启动子、终止子、增强子和沉默子；调节蛋白（转录因子）包括通用转录因子、转录调节因子、共调节因子，它们含特定的 DNA 结合域、转录激活域或二聚化域。

转录后加工也是真核生物基因表达调控的一个重要环节，包括加帽和加尾、转运、选择性剪接、编辑和转录后基因沉默等转录后加工事件都影响基因表达。

真核生物翻译水平的调控主要是控制 mRNA 稳定性、翻译因子活性及选择性翻译。mRNA 的非翻译区是主要调节位点。

翻译后修饰与靶向转运是基因表达调控的重要内容。

蛋白质的活性取决于蛋白质的结构和水平。蛋白质的水平由合成与降解平衡决定。泛素 – 蛋白酶体系统是基因和蛋白质功能重要的调节者和终结者。

第六章 信 号 转 导

单细胞生物和多细胞生物都与环境发生信息交换。单细胞生物可以直接与细胞外环境交换信息。在多细胞生物中，各个细胞的代谢需要相互协调，以适应环境变化，保证机体生命活动的正常进行。这种相互协调依赖于细胞之间的相互联系，即细胞之间通过内环境进行的信息传递，这种信息传递过程称为**细胞通讯**（intercellular communication）。

细胞通讯触发细胞内一系列有序的化学反应，这些反应的本质是将一种信号转换成另一种信号，最终产生细胞应答，包括代谢物水平和代谢速度的改变，导致细胞的生长、分裂、分化、衰老、死亡速度的改变，这一过程称为**信号转导**（signal transduction），信号转导过程所发生的一系列有序化学反应构成**信号转导途径**（signal transduction pathway），又称**信号转导通路**。执行信号转导的成分称为**信号转导分子**（signaling molecule）。细胞内各种信号转导途径相互联系和相互协调，交织成复杂有序的**信号转导网络**（signaling network）。

微环境通过细胞通讯和信号转导控制细胞代谢，协调细胞行为。这是组织稳态、个体发育、组织修复、免疫应答的基础。环境因素和遗传因素可能导致信号分子和信号转导分子出现异常，包括结构异常和数量异常，造成细胞通讯和信号转导异常，导致肿瘤、糖尿病、自身免疫病等的发生。研究细胞通讯和信号转导有助于研究发病机制，寻找新的诊断标志和药物靶点。

第一节 概 述

在多细胞生物体内，一些特定细胞合成和分泌信号分子，作用于特定的靶细胞，触发靶细胞内的信号转导，完成对细胞代谢的调节。这一过程复杂而有序。

一、细胞通讯概述

细胞通讯方式有三种：①细胞间隙连接通讯（gap junction）：两个相邻细胞的细胞膜上形成由连接子蛋白构成的细胞间通道，该通道的直径为 1.5～2nm，允许相邻细胞直接交换小分子物质，实现代谢偶联或电偶联。②细胞表面分子接触通讯（juxtacrine signaling）：又称近分泌信号传送，两个相邻细胞通过位于细胞膜上特定蛋白质、糖类、脂类分子的相互结合进行信号交换。③化学信号通讯（chemical signal）：一种细胞释放信号分子，经过近距离扩散或远距离转运到相应的靶细胞，调节其代谢行为。这是多细胞生物普遍采用的通讯方式。

二、信号转导概述

触发信号转导的细胞外信号来自其他细胞或外环境，其中有一些是物理信号，包括光、热和机械刺激等，但大多数是信号分子。

（一）信号转导的基本机制

信号转导由信号转导分子完成。信号转导分子的化学本质是小分子活性物质或大分子信号转导蛋白，其转导信号的过程是改变浓度、构象或分布的过程。

1. 通过数量调节改变信号转导分子浓度　①小分子第二信使是一些酶或信号转导蛋白的变构剂，其浓度通过酶促反应改变，产生的变构效应也会改变，调节快速。②大分子信号转导蛋白的浓度通过蛋白质的合成和降解进行调节。环境信号可以通过调控基因表达改变信号转导蛋白的浓度，调节迟缓。

2. 通过结构调节改变信号转导蛋白构象　信号转导蛋白受到变构调节或化学修饰调节而改变构象，从而改变活性，甚至改变功能，调节快速。变构调节通常是变构剂的结合与解离过程，化学修饰调节多数是磷酸化与去磷酸化过程。

3. 通过靶向转运改变信号转导分子分布　例如：糖皮质激素使糖皮质激素受体从细胞质进入细胞核；IP_3 使 Ca^{2+} 从内质网腔透出，进入细胞质。

（二）信号转导的终止方式

信号转导是通过其快速、有效的触发和终止来完成的，已经阐明的信号转导终止方式有：①环境信号消除。②受体与信号分子解离。③膜受体内吞，数量减少。④抑制性受体与信号转导分子作用。⑤第二信使降解或清除。⑥信号转导蛋白变构或降解。⑦信号转导途径负反馈调节。⑧信号转导途径之间相互制约。

例如：①成纤维细胞长时间受大量表皮生长因子（EGF）刺激，会引起细胞膜表皮生长因子受体（EGFR）内吞而减少（下调）；如果降低表皮生长因子水平，细胞会合成新的表皮生长因子受体补充到细胞膜上而使其数量增多（上调）；如果表皮生长因子受体基因发生突变，细胞会对表皮生长因子产生持续应答，导致细胞持续增殖。②细胞因子信号转导抑制因子（SOCS）可以抑制蛋白激酶 JAK，从而抑制 JAK-STAT 途径。

（三）信号转导的基本特点

形成信号转导网络的各种信号转导途径具有机制和效应的复杂性和多样性，这是复杂的生命过程应答多变的生存环境的结果。即便如此，它们仍然具有以下共同特点：

1. 信号转导过程中的双向反应　通过一些双向反应，信号转导分子适时、有效地参与信号转导。例如：①cAMP 通过浓度变化参与信号转导，而 cAMP 浓度取决于其合成速度和分解速度，即取决于腺苷酸环化酶和 cAMP 磷酸二酯酶活性。②信号转导蛋白主要通过改变构象参与信号转导，即它们至少存在有活性与无活性或高活性与低活性两种构象，两种构象可以通过变构调节或化学修饰调节相互转换。

2. 信号转导过程中的级联反应 信号转导的很多环节就是酶促反应，其转导过程是一个**级联反应**（cascade）过程。信号转导途径所包含的酶促反应环节越多，级联反应效应就越显著。微弱的环境信号通过级联反应可以诱导细胞最终产生强烈的应答（图6-1）。

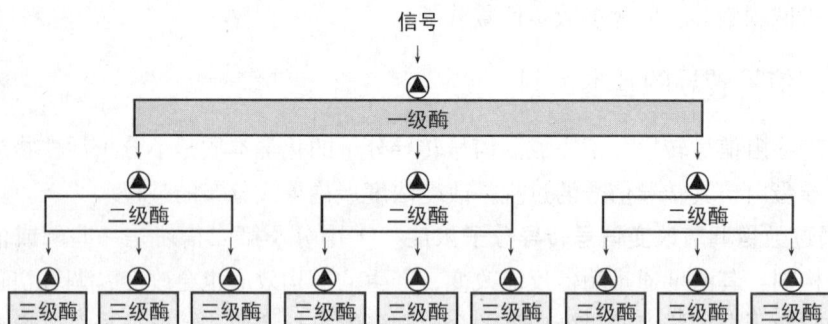

图6-1 级联反应

3. 信号转导途径的通用性和特异性 ①信号转导途径的通用性是指不同信号转导分子转导的信号可以汇合于同一信号转导途径。例如：不同信号分子可以作用于同一受体，不同受体可以影响同一第二信使。②信号转导途径的特异性是指特定信号分子触发特定组织细胞内特定的信号转导途径，产生特异应答。例如：胰高血糖素触发肝细胞内的蛋白激酶A途径，促进肝糖原分解。不同信号的特异程度有很大差异，有的只作用于少数组织细胞，例如腺垂体促激素主要作用于相应的靶内分泌腺；有的作用范围遍及全身，例如生长激素、甲状腺激素、胰岛素，这完全取决于其受体分布。

4. 信号转导网络的复杂性和精密性 形成信号转导网络的各种信号转导途径相互协同或制约，体现在：①一种信号分子可以触发不同组织的不同信号转导途径，产生不同的效应，例如乙酰胆碱作用于骨骼肌细胞引起收缩，作用于心肌细胞引起收缩频率降低，作用于唾液腺细胞引起分泌。②一种受体可以作用于不同的信号转导途径产生不同的效应。③一种信号转导分子可以作用于不同的信号转导途径产生不同的效应，并介导其相互协同或制约。④不同的信号转导途径可以作用于同一个靶分子或靶基因，产生的效应可能一致，也可能相反。

第二节 信号转导的分子基础

信号转导网络由众多信号转导途径交织而成，每一条途径都涉及信号分子和各种信号转导分子，例如胰高血糖素促进肝糖原分解的信号转导途径：

胰高血糖素（化学信号）→GPCR（受体）→Gs（分子开关）→腺苷酸环化酶→cAMP（第二信使）→蛋白激酶A

（蛋白激酶/磷酸酶）→糖原磷酸化酶b激酶（关键酶/功能蛋白）→糖原磷酸化酶b→糖原分解

一、信号分子

信号分子（signal molecule）是信号转导的触发者，是细胞外的信息物质。

1. **分类**　信号分子种类繁多，包括激素、生长因子、细胞因子、神经递质、神经肽、营养物质、氧气、药物、毒素等（表6-1）。信号分子可以分为亲水性信号分子和疏水性信号分子：①亲水性信号分子又称**第一信使**，包括氨基酸、氨基酸衍生物、活性肽和蛋白质等。它们与位于靶细胞膜上的受体结合，触发信号转导。②疏水性信号分子有类固醇激素、甲状腺激素、视黄酸和1,25-二羟维生素 D_3 等。它们可以穿过靶细胞膜进入细胞内，与细胞内受体结合，触发信号转导。

表6-1　部分信号分子

信号分子	合成或分泌细胞	化学本质	生理功能
激素			
甲状腺激素	甲状腺	酪氨酸衍生物	刺激多种细胞代谢
肾上腺素	肾上腺髓质	酪氨酸衍生物	应激反应，代谢调节
胰高血糖素	胰岛 α 细胞	一种二十九肽	刺激细胞糖异生、糖原分解、脂肪动员
胰岛素	胰岛 β 细胞	蛋白质	刺激细胞摄取葡萄糖、合成蛋白质、合成脂类
皮质醇	肾上腺皮质	类固醇	调节多数组织蛋白质、糖、脂类代谢
雌二醇	卵巢	类固醇	诱导和维持雌性第二性征
睾酮	睾丸	类固醇	诱导和维持雄性第二性征
局部介质			
表皮生长因子	多种细胞	蛋白质	刺激上皮细胞等增殖
血小板源性生长因子	血小板等多种细胞	蛋白质	刺激多种细胞增殖
神经生长因子	各种神经支配的组织	多肽	促进各种神经元代谢、神经元轴突生长，引起神经元肥大和增殖
组胺	肥大细胞	组氨酸衍生物	促进毛细血管扩张、胃液分泌等
一氧化氮	神经元，血管内皮细胞	无机化合物	引起平滑肌松弛，调节神经元活性
神经递质			
乙酰胆碱	神经末梢	胆碱酯类	许多神经肌肉突触和中枢神经系统中存在的兴奋性神经递质
γ-氨基丁酸	神经末梢	谷氨酸衍生物	中枢神经系统中存在的抑制性神经递质

2. **通讯方式**　根据通讯距离及信号作用对象的不同，动物体内的通讯方式主要有内分泌、旁分泌、自分泌和神经分泌通讯（图6-2）。

（1）**内分泌**（endocrine）：以内分泌方式通讯的信号分子属于激素，由无导管腺体或其他组织（例如心肌、肠道、脂肪组织）分泌，通过血液和其他细胞外液进行运输，远距离作用于靶细胞。

（2）**旁分泌**（paracrine）：在旁分泌通讯方式中，信号分子通过局部扩散向邻近的

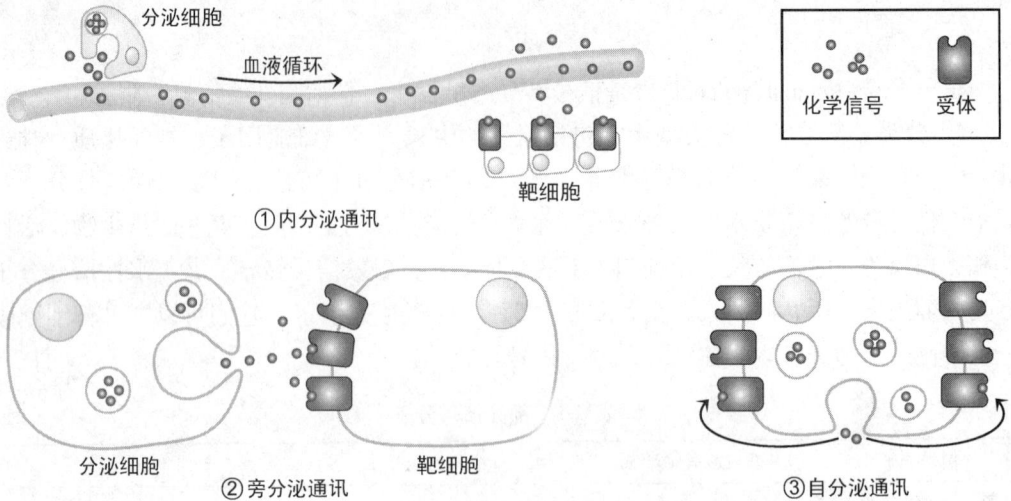

图 6-2 信号分子主要通讯方式

靶细胞传递。例如：胰岛 δ 细胞分泌的生长抑素抑制 α 细胞分泌胰高血糖素，胰高血糖素促进 β 细胞分泌胰岛素，胰岛素抑制 α 细胞分泌胰高血糖素。多细胞生物的许多生长因子和细胞因子及**局部激素**（又称**自体有效质**，autacoid，例如一氧化氮、组胺、5-羟色胺、类花生酸、血管紧张素、内皮素等）以这种方式发挥作用。

（3）**自分泌**（autocrine）：在自分泌通讯方式中，信号分子作用于分泌细胞自身及同类细胞，发挥兴奋、抑制或调控分泌作用。例如胰岛素可以抑制 β 细胞自身进一步分泌胰岛素。一些细胞因子也以这种方式发挥作用，例如单核细胞分泌的白细胞介素 1、T 细胞分泌的白细胞介素 2。肿瘤细胞普遍存在自分泌通讯，许多肿瘤细胞分泌过多的生长因子，刺激肿瘤细胞大量增殖。

（4）**神经分泌**（neurocrine）：下丘脑某些神经元属于神经分泌细胞，它们既能产生和传导神经冲动，又能合成和分泌激素。来自神经分泌细胞的激素称为神经激素，有转运到神经垂体储存和释放的神经垂体激素，有经垂体门脉系统转运到腺垂体的下丘脑激素。

一种信号分子可以有几种通讯方式。例如：肾上腺素既可以作为神经递质，以旁分泌通讯方式发挥作用；又可以作为激素，以内分泌通讯方式发挥作用。

二、受体

信号转导途径中的**受体**（receptor）是一类细胞膜跨膜蛋白或细胞内可溶性蛋白（个别受体是糖脂，例如霍乱毒素受体是神经节苷脂 GM1），可以通过直接与信号分子（称为受体的**配体**，ligand）特异性结合而变构激活，触发信号转导，产生生物学效应，是药物或毒素最重要的靶点。

1. **受体分类** 受体可以根据定位分为细胞内受体和细胞膜受体两大类（图 6-3）。

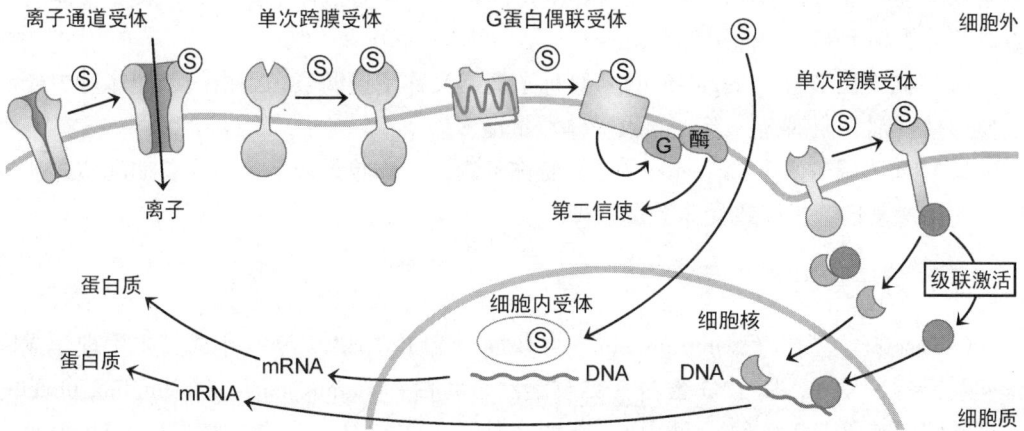

图 6-3 信号分子受体主要类型

（1）**细胞内受体**位于细胞质中或细胞核内，绝大多数属于转录因子，与信号分子结合之后作用于被称为应答元件的调控序列，调控基因表达。

（2）**细胞膜受体**（简称**膜受体**）位于细胞膜上，与细胞外的信号分子结合之后，改变构象及活性，进而启动信号转导途径，引起细胞代谢和行为的改变。细胞膜受体包括：①离子通道受体，分布于神经、肌肉等可兴奋细胞。②G 蛋白偶联受体，分布于各种组织细胞。③单次跨膜受体，分布于各种组织细胞。④蛋白质降解受体，分布于各种组织细胞。

2. **受体结构** 各种蛋白质类受体大小为 400~1000AA。不同受体的结构区别明显，同类受体的结构非常相似（图 6-4）。

图 6-4 受体结构

（1）属于转录因子的各种细胞内受体被称为**核受体**，都含三种结构域：①**配体结合域**（LBD，225~285AA），位于一级结构的 C 端，是信号分子（配体）结合位点，具有结合特异性。②**DNA 结合域**（DBD，68AA），位于一级结构的中部，含两个锌指，具有效应特异性。③**可变区**（100~500AA），位于一级结构的 N 端，有的可变区含转录激活域。此外，有的转录因子还含二聚化域。

（2）细胞膜受体都含三种结构域：①**胞外域**（配体结合域）：与配体相互作用，具有结合特异性。②**胞内域**：在细胞内触发信号转导，具有效应特异性。③**跨膜结构域**：又称**穿膜域**，将受体固定在细胞膜上。

受体与配体的结合具有特异性高、亲和力强、可逆结合、可以饱和等特点。

3. **受体调节**（receptor regulation） 是指细胞受体的数量及与配体的亲和力受生理

因素或药理因素的影响而改变，是机体维持内环境稳定的一种重要机制，其中受体的数量调节分为向上调节和向下调节。

（1）**向上调节**（up regulation）：简称**上调**，又称**增量调节**，是指长期配体过少或反复使用拮抗剂（阻滞剂）等，导致受体数量增多。

（2）**向下调节**（down regulation）：简称**下调**，又称**减量调节**，是指长期配体过多或反复使用激动剂等，导致受体数量减少。

三、分子开关

GTPase 开关蛋白（switch protein）由 Gilman 和 Rodbell（1994 年诺贝尔生理学或医学奖获得者）发现，属于 **G 蛋白**（鸟苷酸结合蛋白，guanine nucleotide-binding protein，人类基因组编码近 200 种 G 蛋白），有两个特点：①它是一类变构酶，以 GTP 为激活剂、GDP 为抑制剂。②它是一类 GTPase，能把 GTP 水解成 GDP 和磷酸，即把激活剂水解成抑制剂。

GTPase 开关蛋白是控制信号转导的一类**分子开关**（molecular switch），分为大 G 蛋白和小 G 蛋白。

1. 大 G 蛋白　又称**三聚体 G 蛋白**（trimeric G protein）、**异三聚体 G 蛋白**（hetero trimeric G protein），由 G_{α}、G_{β} 和 G_{γ} 三个亚基构成，其中 G_{β} 和 G_{γ} 结合牢固形成 $G_{\beta\gamma}$ 二聚体，G_{α} 与 $G_{\beta\gamma}$ 结合松散，G_{α} 和 G_{γ} 与脂酰基共价结合，锚定于细胞膜的胞质面。

G_{α} 有多个功能位点：①C 端的 G 蛋白偶联受体（GPCR）结合位点。②N 端的 $G_{\beta\gamma}$ 二聚体结合位点。③GTP/GDP 结合位点。④下游效应蛋白结合位点。⑤GTPase 活性中心。

当 G_{α} 结合 GDP 时，与 $G_{\beta\gamma}$ 形成无活性 $G_{\alpha\beta\gamma}\cdot$GDP 结构。当信号分子与 G 蛋白偶联受体结合时，G 蛋白偶联受体发生变构，作用于 $G_{\alpha\beta\gamma}\cdot$GDP，使 G_{α} 释放 GDP，结合 GTP；然后 $G_{\alpha}\cdot$GTP 与 $G_{\beta\gamma}$ 解离，彻底激活，表现出两种活性：①变构剂活性：$G_{\alpha}\cdot$GTP 促使下游效应蛋白变构，进一步转导信号。②GTPase 活性：被下游效应蛋白激活后，$G_{\alpha}\cdot$GTP 将 GTP 水解，$G_{\alpha}\cdot$GDP 与下游效应蛋白解离，重新与 $G_{\beta\gamma}$ 结合，形成无活性 $G_{\alpha\beta\gamma}\cdot$GDP 结构，这就是三聚体 G 蛋白循环（图6-5）。

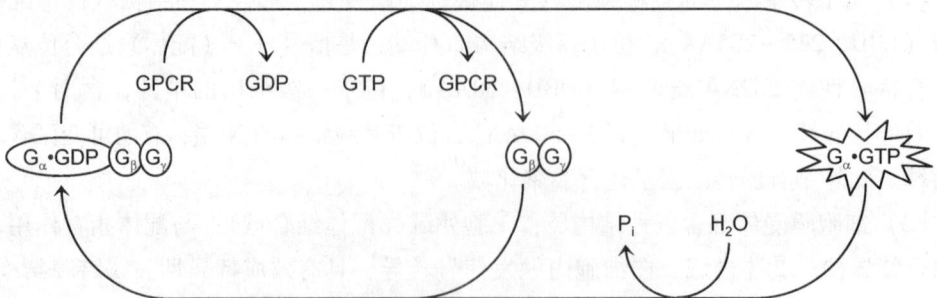

图 6-5　G 蛋白偶联受体与三聚体 G 蛋白循环

　　某些三聚体 G 蛋白通过 $G_{\beta\gamma}$ 转导信号。例如：迷走神经释放乙酰胆碱激活心肌细胞膜乙酰胆碱受体（属于 M 胆碱受体），受体激活抑制型三聚体 G 蛋白（G_i），G_i 的 $G_{\beta\gamma}$ 开启心肌细胞膜钾通道，K^+ 外流，膜超极化，心率减慢。

　　三聚体 G 蛋白可以根据 G_α 的不同进行分类。不同的三聚体 G 蛋白从不同的 G 蛋白偶联受体向其效应蛋白转导信号，产生不同的细胞应答（表 6-2）。人类基因组至少编码 27 种 G_α（~45kDa）、5 种 G_β（~35kDa）和 13 种 G_γ（~7kDa）。

表 6-2　哺乳动物的部分三聚体 G 蛋白

G 蛋白	上游 G 蛋白偶联受体	下游效应蛋白/效应	第二信使/水平变化
G_s	β 肾上腺素受体，胰高血糖素受体，血清素受体	腺苷酸环化酶/↑	cAMP/↑
G_i	α_2 肾上腺素受体	腺苷酸环化酶/↓	cAMP/↓
G_q	α_1 肾上腺素受体，血管紧张素 II 受体	磷脂酶 C_β/↑	IP_3，DAG/↑
G_o	内皮细胞乙酰胆碱受体	磷脂酶 C_β/↑	IP_3，DAG/↑
G_{olf}	嗅觉受体	腺苷酸环化酶/↑	cAMP/↑
G_t	视杆细胞光受体（视紫红质）	cGMP 磷酸二酯酶/↑	cGMP/↓

　　2. 小 G 蛋白　又称单体 G 蛋白（monomeric G protein），通过 C 端 Cys186 与法尼基共价结合，其他氨基酸（例如 HRAS 的 Cys181、Cys184）与软脂酰基共价结合，锚定于细胞膜的胞质面。人体内已发现各种小 G 蛋白，包括最早发现的小 G 蛋白 Ras，共同组成**小 G 蛋白超家族**（small GTPase superfamily），分为 5 个家族（表 6-3）。

表 6-3　小 G 蛋白超家族

家族	功能
Ras 家族	通过蛋白丝氨酸/苏氨酸激酶调节细胞生长
Rho 家族	通过蛋白丝氨酸/苏氨酸激酶调节细胞骨架运动
Arf 家族	调节小泡转运途径，激活磷脂酶 D，激活霍乱毒素 A 亚基的 ADP 核糖基转移酶活性
Rab 家族	调节细胞分泌和内吞
Ran 家族	调控 RNA 和蛋白质的跨核孔转运

　　与三聚体 G 蛋白相比，小 G 蛋白的 GTPase 活性很低，且不直接与受体结合。在小 G 蛋白循环中，受体通过三种蛋白因子调节小 G 蛋白活性（图 6-6）：

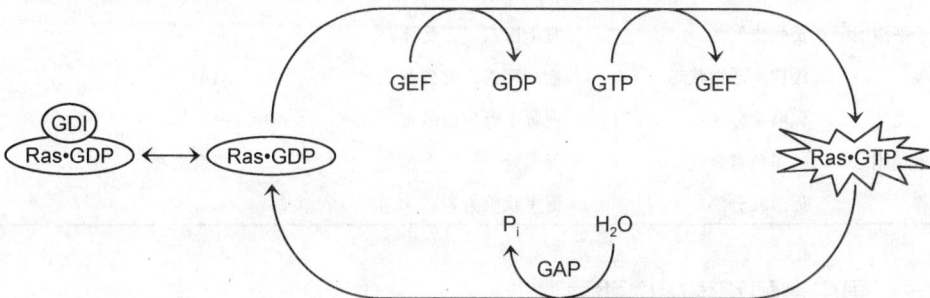

图 6-6　小 G 蛋白循环

（1）**鸟苷酸交换因子**（GEF）：促使小 G 蛋白释放 GDP，结合 GTP，向下游效应蛋白转导信号，是正调节因子，相当于 G 蛋白偶联受体。

（2）**GTP 酶激活蛋白**（GAP）：增强小 G 蛋白的 GTPase 活性，促使其水解 GTP 而失活，是负调节因子。

（3）**鸟苷酸解离抑制因子**（GDI）：抑制小 G 蛋白释放 GDP，是负调节因子，相当于 $G_{\beta\gamma}$。

四、第二信使

第一信使与膜受体结合，引起细胞内一些小分子物质浓度的改变，这些小分子物质是下游效应蛋白的变构剂，通过对效应蛋白进行变构调节来转导信号。它们被称为**第二信使**（second messenger，表 6-4）。第二信使的浓度是通过控制其合成与分解或门控通道的开放与关闭来改变的。

表 6-4　第二信使及其效应分子

第二信使	cAMP	cGMP	IP_3	DAG	Ca^{2+}
效应蛋白	蛋白激酶 A	蛋白激酶 G	IP_3 门控钙通道	蛋白激酶 C	蛋白激酶 C，钙调蛋白激酶

Sutherland（1971 年诺贝尔生理学或医学奖获得者）最早发现第二信使 cAMP 并提出**第二信使学说**：①有些激素等细胞外化学物质作为第一信使并不进入细胞内，而是与膜受体结合，形成激素 – 受体复合物。②激素 – 受体复合物激活细胞内腺苷酸环化酶，催化 ATP 合成第二信使 cAMP。③cAMP 使细胞内的蛋白激酶及其他功能蛋白逐级激活，产生一定的生理效应（表 6-5）。④cAMP 的降解使信号转导终止。

表 6-5　cAMP 的组织效应

组织细胞	效应	升 cAMP 因素	降 cAMP 因素
肝	促糖原分解、糖异生	胰高血糖素，肾上腺素	胰岛素
骨骼肌	促糖原分解、糖酵解	肾上腺素	—
脂肪组织	促脂肪动员	肾上腺素	胰岛素
肾小管上皮	促水重吸收	抗利尿激素	
肠黏膜	促水盐分泌	血管活性肠肽，腺苷，肾上腺素	内啡肽（鸦片受体）
血管平滑肌	扩张血管，抑制生长	肾上腺素（β 受体）	肾上腺素（α_2 受体）
支气管平滑肌	扩张支气管	肾上腺素（β 受体）	—
血小板	维持无活性状态	前列环素，前列腺素 E	ADP
肾上腺皮质	促激素分泌	促肾上腺皮质激素	—
黑色素细胞	促黑色素合成	促黑素	褪黑激素
甲状腺	促激素分泌	促甲状腺激素	—

五、蛋白激酶和蛋白磷酸酶

膜受体介导的信号转导途径会发生信号转导蛋白的化学修饰，通过化学修饰使信号转导蛋白在两种构象之间转换，实现信号转导。由 Fischer 和 Krebs（1992 年诺贝尔生理学或医学奖获得者）阐明的磷酸化和去磷酸化是最典型的化学修饰方式，分别由蛋白激酶和蛋白磷酸酶催化进行。人类基因组编码的 518 种蛋白激酶和 100 多种蛋白磷酸酶已被鉴定。

1. 蛋白激酶　是一类重要的激酶，可以催化蛋白质磷酸化反应，即将 ATP 的 γ-磷酸基转移到底物蛋白特定的氨基酸残基上，导致底物蛋白改变活性、分布及存在状态。蛋白激酶在代谢调节（特别是信号转导）中起关键作用，约 30% 的人体蛋白质都是其底物。目前发现的蛋白激酶有七类，以酪氨酸激酶和丝氨酸/苏氨酸激酶为主。

（1）酪氨酸激酶：可以催化底物蛋白特定酪氨酸的羟基磷酸化，从而促进正常细胞或肿瘤细胞的增殖，或 T 细胞、B 细胞、肥大细胞的活化。酪氨酸激酶可分为两类：①**受体酪氨酸激酶**（RTK，又称**酪氨酸激酶受体**），位于细胞膜上，已鉴定 50 多种，分为 6 个亚家族，例如表皮生长因子受体、胰岛素受体，主要功能是控制细胞生长和分化，而不是调节中间代谢。②**蛋白（质）酪氨酸激酶**（PTK），又称**非受体酪氨酸激酶**，位于细胞内，直接或间接与受体结合并被其激活，转导信号，例如 JAK、Src。

（2）丝氨酸/苏氨酸激酶：可以催化底物蛋白特定丝氨酸或苏氨酸的羟基磷酸化。丝氨酸/苏氨酸激酶可分为两类：①**受体丝氨酸/苏氨酸激酶**（receptor serine/threonine kinase），位于细胞膜上，例如转化生长因子 β 受体。②**蛋白（质）丝氨酸/苏氨酸激酶**（protein serine/threonine kinase），位于细胞内，例如 PKA、MAPK、CDK。

（3）双特异性蛋白激酶：例如蛋白激酶 MEK，既有酪氨酸激酶活性，又有丝氨酸/苏氨酸激酶活性。

此外，还有其他一些蛋白激酶，可以催化底物蛋白特定的组氨酸、天冬氨酸或谷氨酸等磷酸化。

一种蛋白激酶可以催化多种底物蛋白磷酸化。另一方面，多种蛋白激酶可以催化同一种底物蛋白磷酸化，而且磷酸化部位不同，则产生的效应可能不同。

2. 蛋白磷酸酶　是一类重要的磷酸酶，可以催化蛋白质去磷酸化反应，即将磷酸化底物蛋白脱磷酸，从而产生与蛋白激酶相反的效应。主要有**蛋白（质）酪氨酸磷酸酶**和**蛋白（质）丝氨酸/苏氨酸磷酸酶**两类。有些蛋白磷酸酶是**双特异性磷酸酶**（dual-specificity phosphatase），例如 Cdc25A 和 Cdc25C，既有酪氨酸磷酸酶活性，又有丝氨酸/苏氨酸磷酸酶活性。

蛋白酪氨酸磷酸酶在酪氨酸激酶受体等介导的信号转导途径中起重要作用，如果其活性被抑制，则相关信号转导途径组成性开启或不能终止，这种情况常见于肿瘤细胞内。

蛋白激酶和蛋白磷酸酶本身的活性也受到调节，包括变构调节和化学修饰调节。例如：蛋白激酶 A 由 cAMP 变构激活，丝裂原活化蛋白激酶（MAPK）由丝裂原活化蛋白激酶激酶（MAPKK）磷酸化激活。

六、连接物

连接物（adaptor，曾称接头蛋白、衔接蛋白）是参与信号转导中间环节的一类信号转导蛋白，它们并无催化活性，但分子中含两个及两个以上可以与其他分子结合的保守结构域。正是因为拥有这些结构域，连接物作为一个结构平台，可以与上游及下游信号转导蛋白通过蛋白质－蛋白质相互作用组装成信号转导蛋白复合物。目前已有 40 多种这样的结构域被阐明，以下是几种典型的结构域。

1. SH2 结构域　由约 100AA 构成，识别并结合信号转导蛋白的磷酸酪氨酸，这种磷酸酪氨酸必须属于某种基序，例如酪氨酸激酶 Src 的 SH2 结构域与 pTyr-Glu-Glu-Ile 中的磷酸酪氨酸结合。

2. SH3 结构域　由 55～70AA 构成，识别并结合信号转导蛋白（及细胞骨架）含以下共有序列的富含脯氨酸域：Xaa1-Pro2-p3-Xaa4-Pro5，其中 Xaa1、Xaa4 为脂肪族氨基酸，p3 多为脯氨酸。

3. PH 结构域　由 100～120AA 构成，识别并结合细胞膜内层脂所含肌醇磷脂的 3-磷酸基。

这些结构域不仅存在于连接物，也存在于其他信号转导蛋白（表 6-6）。

表 6-6　部分信号转导蛋白的结构域

信号转导蛋白	功能	SH2 结构域	SH3 结构域	PH 结构域	参考
Abl	酪氨酸激酶	1	1		
BTK	酪氨酸激酶	1	1	1	158 页
Crk	连接物	1	2		
Csk	酪氨酸激酶	1	1		
GAP	GTP 酶激活蛋白	2	1	1	138 页
GRB2	连接物	1	2		149 页
JAK	酪氨酸激酶	1			152 页
PI3KRα	磷脂酰肌醇 3 激酶调节亚基	2	1		251 页
PLCγ	磷脂酶 Cγ	2	1	2	
Src	酪氨酸激酶	1	1		
STAT	转录因子	1			152 页

第三节　信号转导的基本途径

各种信号转导途径尚无统一命名规则，一般结合其涉及的配体、受体及其他重要的信号转导分子来命名。以下介绍部分典型的信号转导途径。

一、细胞内受体介导的信号转导途径

细胞内受体绝大多数都是转录因子，并且是 DNA 结合蛋白，与配体结合之后通过 DNA 结合域与靶基因（目的基因）的调控序列（应答元件，RE，表 6-7）结合，调控基因表达。属于转录因子的细胞内受体被称为**核受体**（nuclear receptor）。人类基因组编码50多种核受体。

表6-7 人核受体及其应答元件

核受体名称（缩写）	亚基大小（AA）	活性结构	应答元件缩写（共有序列）	元件特征
糖皮质激素受体（GR）	777	GR-GR，GR-MR	GRE（AGAACAN$_3$TGTTCT）	反向重复
盐皮质激素受体（MR）	984	MR-MR，MR-GR	MRE（AGAACAN$_3$TGTTCT）	反向重复
雌激素受体1/2（ER）	595/530	ER1-ER1'，ER1-ER2，ER2-ER2	ERE（AGGTCAN$_3$TGACCT）	反向重复
维生素 D$_3$ 受体（VDR）	427	RXR-VDR，VDR-VDR	VDRE（AGGTCAN$_3$AGGTCA）	同向重复
甲状腺激素受体 α/β（TR）	490/461	RXR-TR，TR-TR	TRE（AGGTCAN$_4$AGGTCA）	同向重复
视黄酸受体 α/β/γ（RAR）	462/455/454	RXR-RAR	RARE（AGGTCAN$_5$AGGTCA）	同向重复

　　糖皮质激素（GC）是由肾上腺皮质分泌的类固醇激素，参与许多生理过程的调节，包括基因表达、能量代谢、水盐代谢、生长发育、炎症反应、免疫反应和应激反应等。这些效应是通过糖皮质激素与糖皮质激素受体（GR）的结合来实现的。人类基因组中约1%基因的调控序列含糖皮质激素应答元件。

　　当细胞内没有糖皮质激素时，糖皮质激素受体与细胞质中的转录因子抑制蛋白（如Hsp90）形成复合物而滞留于细胞质中，不能进入细胞核调控基因表达。一旦有糖皮质激素通过自由扩散进入细胞，就会作用于糖皮质激素受体，使其变构，与Hsp90分离，并形成（GR·GC）$_2$同二聚体，暴露出核定位信号（NLS），通过主动转运进入细胞核，以两种机制调控基因表达。

　　1. 作为转录调节因子　通过DNA结合域的两个锌指与靶基因的糖皮质激素受体应答元件（GRE）结合，启动或增强靶基因的转录（图6-7），例如可以启动葡萄糖-6-磷酸酶和磷酸烯醇式丙酮酸羧激酶基因（促进糖异生）、膜联蛋白A1（ANXA1，抑制磷脂酶A$_2$活性，抗炎，另参与胞吐）等基因的转录。

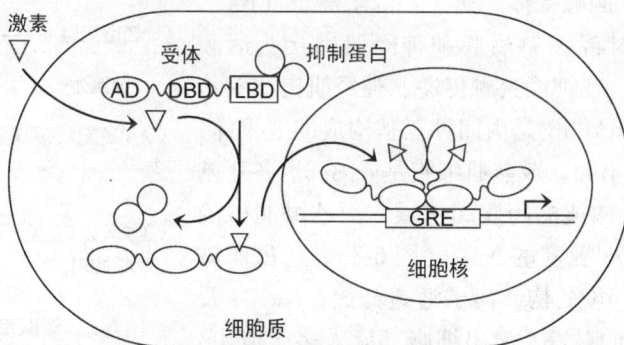

图6-7 糖皮质激素信号转导途径

　　2. 作为共调节因子　①作为共激活因子与转录因子STAT5结合，参与生长激素触发的JAK-STAT途径。②作为共阻遏因子与转录因子NF-κB或AP-1等结合，抑制它们对各自靶基因表达的增强效应，从而阻遏这些基因的表达，例如可以阻遏肿瘤坏死因子（TNF-α）和白细胞介素 2（IL-2）等基因的转录。

🖐 **雄激素不敏感综合征**（androgen insensitivity syndrome）　又称睾丸女性化综合征（testicular ferminization），分子机制是雄激素受体缺陷。已知胎儿睾丸合成两类重要活性物质：雄激素（睾酮和双氢睾酮，是男性外生殖器发育所必需的）和抗苗勒管激素（AMH，535AA，抑制子宫和输卵管形成）。雄激素不敏感综合征患者的睾酮水平正常，但雄激素受体缺陷，特征是外貌及性心理发育（psychosexual development）女性化，拥有隐睾，但是没有卵巢、子宫和输卵管。

二、配体门控离子通道介导的信号转导途径

感觉细胞、神经元、肌细胞的兴奋过程依赖于一类离子通道介导的无机离子的跨膜转运，这种转运具有特异性和门控性。特异性是指这类离子通道在开放时只允许特定无机离子（Na^+、K^+、Ca^{2+}、Cl^-）通过。门控性是指这类离子通道的开关状态受信号因素调控。这些**离子通道**可以根据门控机制的不同分为**配体门控离子通道**、**电压门控离子通道**和机械门控离子通道等。

1. 配体门控离子通道　又称**离子通道受体**，是许多神经递质（例如乙酰胆碱、5-羟色胺、谷氨酸、γ-氨基丁酸等）的受体，常见于神经元及神经肌肉接头处。目前发现有三类配体门控离子通道（表 6-8），其某些亚基含配体结合位点，与配体结合之后会改变开关状态。

表 6-8　配体门控离子通道分类与结构

配体门控离子通道	亚基数	亚基跨膜次数	举例	分布
半胱氨酸环受体	5	4	烟碱型乙酰胆碱受体	神经肌肉接头
谷氨酸受体	4	3	N-甲基-D-天冬氨酸受体	脑组织
ATP 门控离子通道	3	2	ATP 受体 P2X5	脑组织，免疫系统

2. 烟碱型乙酰胆碱受体　简称**烟碱受体**（nAChR），又称 **N 胆碱受体**，属于一价阳离子（Na^+、K^+）通道，位于神经突触后膜和神经肌肉接头后膜（又称终板膜）上，在神经突触传递、神经肌肉接头传递中起关键作用。nAChR 是由四种亚基构成的五聚体，未成熟肌细胞是 $\alpha_2\beta\gamma\delta$，成熟肌细胞是 $\alpha_2\beta\epsilon\delta$。各亚基都含由四段 α 螺旋构成的跨膜结构域，而乙酰胆碱的结合位点位于两个 α 亚基的 N 端（图 6-8）。乙酰胆碱的结合会引起 nAChR 变构，离子通道开放，Na^+（及少量 Ca^{2+}）流入细胞、K^+ 流出细胞，流入多于流出，导致细胞膜去极化。神经突触后膜去极化产生突触后电位，神经肌肉接头后膜去极化则引起肌细胞兴奋，肌肉收缩。

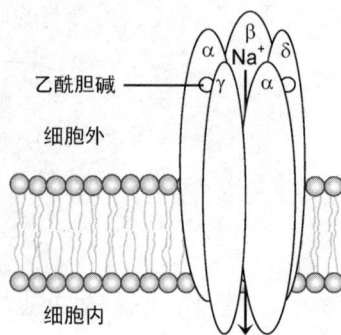

图 6-8　烟碱型乙酰胆碱受体

离子通道具有组织特异性。例如：脑细胞和神经肌肉接头的烟碱受体亚基存在差异。尼古丁可以激活脑细胞烟碱受体，箭毒可以抑制神经肌肉接头烟碱受体。

🔖 肌细胞 nAChR 基因突变会导致其亚基异常，造成先天性肌无力。例如：α 亚基的乙酰胆碱结合位点异常可以使受体与配体的亲和力增强，导致离子通道反复开放，造成肌无力。此外，抗乙酰胆碱受体抗体也可以造成重症肌无力。

3. 配体门控离子通道与视觉　有些 G 蛋白偶联受体可以通过第二信使调节 Na^+ 或 K^+ 等阳离子通道的开关状态。例如：人类视杆细胞膜盘上的视紫红质是一种 G 蛋白偶联受体，由 11-顺视黄醛和视蛋白构成。受到光照时，一部分 11-顺视黄醛异构成全反式视黄醛，变构激活视蛋白。视蛋白作用于转导素（G_t），使 $G_{t\alpha} \cdot GDP$ 释放 GDP、结合 GTP、与 $G_{\beta\gamma}$ 解离而激活。$G_{t\alpha} \cdot GTP$ 可以激活 cGMP 磷酸二酯酶，后者水解 cGMP，从而关闭 cGMP 门控阳离子通道，使 Na^+/Ca^{2+} 内流减少，视杆细胞膜超极化，释放神经递质减少，向大脑视皮层的传导发生变化，产生视觉效应。

三、G 蛋白偶联受体介导的信号转导途径

G 蛋白偶联受体（GPCR）通过与三聚体 G 蛋白作用转导信号，故得名。G 蛋白偶联受体是七次跨膜的单体蛋白（因此又称**七次跨膜受体**，其跨膜结构域为七段 α 螺旋，每段 16~24AA），N 端在细胞外，含配体结合域；C 端在细胞内，与 G 蛋白发生作用。

G 蛋白偶联受体是一个膜受体超家族，在真核生物中普遍存在（人类基因组编码 1000 多种 G 蛋白偶联受体，其中约 350 种是激素、生长因子等内源性配体的受体，约 500 种是嗅觉和味觉受体，其余 150 多种的天然配体尚未鉴定）。通过 G 蛋白偶联受体转导的信号有激素（例如肾上腺素、去甲肾上腺素、缓激肽、促甲状腺激素、黄体生成素、甲状旁腺激素）、神经递质（例如组胺、5-羟色胺、乙酰胆碱）、信息素等，此外还有视觉、味觉、嗅觉等信号。约 50% 临床药物的靶点是 G 蛋白偶联受体。

G 蛋白偶联受体介导的信号转导途径为数众多，比较经典的有蛋白激酶 A 途径、IP_3-DAG 途径、MAPK 途径及离子通道等。

（一）蛋白激酶 A 途径

蛋白激酶 A 途径以改变靶细胞内 cAMP 水平和蛋白激酶 A 活性为主要特征，是激素调控细胞代谢和基因表达的重要途径。

通过蛋白激酶 A 途径转导的信号有胰高血糖素、肾上腺素、去甲肾上腺素、黄体生成素、甲状旁腺激素等，此外还有信息素、视觉、味觉、嗅觉等非激素信号。

1. 主要成分　①激活型三聚体 G 蛋白（G_s）或抑制型三聚体 G 蛋白（G_i）。②**腺苷酸环化酶**（AC）：由人类基因组编码的 10 种腺苷酸环化酶同工酶已被鉴定，其中 9 种为十二次跨膜蛋白，其胞内域含活性中心，被 G_s 激活之后可催化合成 cAMP。③**环腺苷酸**（cAMP）：是第一种被发现的第二信使，由腺苷酸环化酶催化合成、磷酸二酯酶催化分解，细胞内基础浓度维持在 $10^{-6}mol/L$ 以下。④**蛋白激酶 A**（PKA）：是一类蛋白丝氨酸/苏氨酸激酶，催化 Arg-（Arg/Lys）-Xaa-（Ser/Thr）-Φ（Φ 为疏水性氨基酸）序列中的 Ser/Thr 磷酸化，为异四聚体结构（C_2R_2），含两个催化亚基（C）和两个调节亚基（R），调节亚基实际上是催化亚基的抑制蛋白。每个调节亚基有两个 cAMP 结合位点，可以与 cAMP 结合而变构，结果与催化亚基解离。因此，cAMP 是蛋白激酶 A 的变构激活剂，通过解除调节亚基对催化亚基的抑制作用而激活催化亚基。人类基因组编码的蛋白

白激酶 A 的 4 种催化亚基和 7 种调节亚基已被鉴定。

2. 转导过程　①肾上腺素与其一种受体——β 肾上腺素受体结合。②激素 – 受体复合物将三聚体 G 蛋白激活成 $G_\alpha \cdot GTP$，每一个激素 – 受体复合物可激活 100 个三聚体 G 蛋白，故产生放大效应。③$G_\alpha \cdot GTP$ 变构激活腺苷酸环化酶。④腺苷酸环化酶催化 ATP 合成第二信使 cAMP，使细胞内 cAMP 浓度在几秒钟内升高数倍。⑤cAMP 激活蛋白激酶 A（图 6-9）。

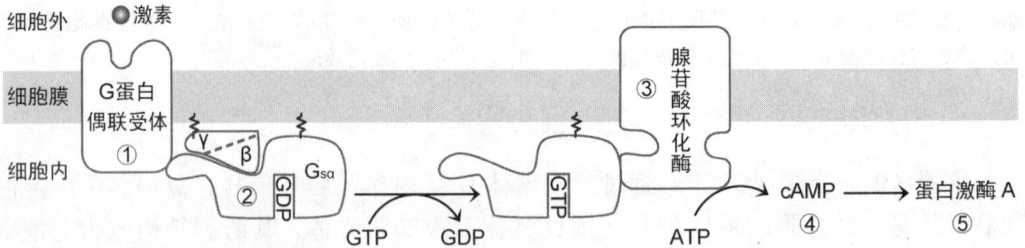

图 6-9　cAMP 与蛋白激酶 A 介导的信号转导

3. 转导效应　cAMP 通过激活蛋白激酶 A 转导信号，最终产生两种效应。

（1）短期效应：又称核外效应，发生于细胞质中，是作用于已有酶类或其他效应蛋白，所以显效快，整个过程只需要几秒钟到几分钟。例如：在肝细胞内激活糖原磷酸化酶 b 激酶，促进肝糖原分解，补充血糖。

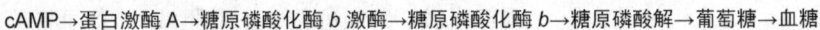

cAMP→蛋白激酶 A→糖原磷酸化酶 b 激酶→糖原磷酸化酶 b→糖原磷酸解→葡萄糖→血糖

（2）长期效应：又称核内效应，发生于细胞核内，蛋白激酶 A 磷酸化修饰转录因子，调控基因表达，从而影响细胞增殖或细胞分化。整个转导过程需要几小时到几天，慢而持久。例如：cAMP 在哺乳动物内分泌细胞内诱导合成生长抑素（somatostatin，又称促生长素抑制素），抑制各种激素释放；在肝细胞内诱导合成糖异生酶类。

4. 放大效应　在蛋白激酶 A 途径中，第一信使传递的信号被放大。放大发生在受体、腺苷酸环化酶、蛋白激酶 A 及其他化学修饰环节。

5. 特异性　蛋白激酶 A 在不同的组织细胞内磷酸化不同的靶蛋白，因而产生不同的转导效应：①在肝细胞内激活糖原磷酸化酶 b 激酶，促进肝糖原分解，补充血糖。②在脂肪细胞内激活激素敏感性脂肪酶，促进脂肪动员。③在心肌细胞内磷酸化细胞膜电压门控钙通道，增加 Ca^{2+} 内向通量（influx），增强心肌收缩。④在胃黏膜壁细胞促进微管泡转运，补充顶端膜 H^+，K^+-ATPase，促进胃酸分泌。⑤在海马锥体细胞抑制 Ca^{2+} 激活的钾通道，使细胞去极化，延长放电时间。

（二）IP₃-DAG 途径

IP₃-DAG 途径是一组相互联系的信号转导途径，首先由细胞外信号触发细胞内第二信使 IP₃、DAG 的产生和 Ca^{2+} 的释放，继而由第二信使触发蛋白激酶 C 途径和钙调蛋白途径等。例如：催产素通过该途径使 Ca^{2+} 进入子宫平滑肌细胞，激活蛋白激酶 C 和钙调蛋白，促进子宫平滑肌收缩。

通过该途径转导的信号有激素（促甲状腺激素释放激素、去甲肾上腺素、抗利尿激素和血管紧张素Ⅱ）和神经递质（乙酰胆碱、5-羟色胺）等。

1. **第二信使 IP_3/DAG/Ca^{2+} 与 IP_3-DAG 途径** 磷脂酰肌醇（PI）是细胞膜内层脂成分，其所含肌醇的羟基可以被磷酸化，例如经过两次磷酸化生成磷脂酰肌醇-4,5-二磷酸［$PI(4,5)P_2$］。$PI(4,5)P_2$ 是许多细胞质蛋白的停泊位点（docking site），参与骨架形成、小泡融合及内吞作用等。

IP_3-DAG 途径基本过程：以乙酰胆碱为例，乙酰胆碱与其 G 蛋白偶联受体结合，激活 G_o，G_o 激活磷脂酶 C_β（PLC_β），PLC_β 催化水解 $PI(4,5)P_2$，生成两种第二信使，即 1,2-甘油二酯（DAG）和 1,4,5-三磷酸肌醇（IP_3）。DAG 保留于细胞膜（会被代谢而终止转导，可能水解或重新生成磷脂），IP_3 进入细胞质，作为内质网膜同四聚体 IP_3 门控钙通道的配体，使通道开放，从内质网释放 Ca^{2+}（图6-10）。

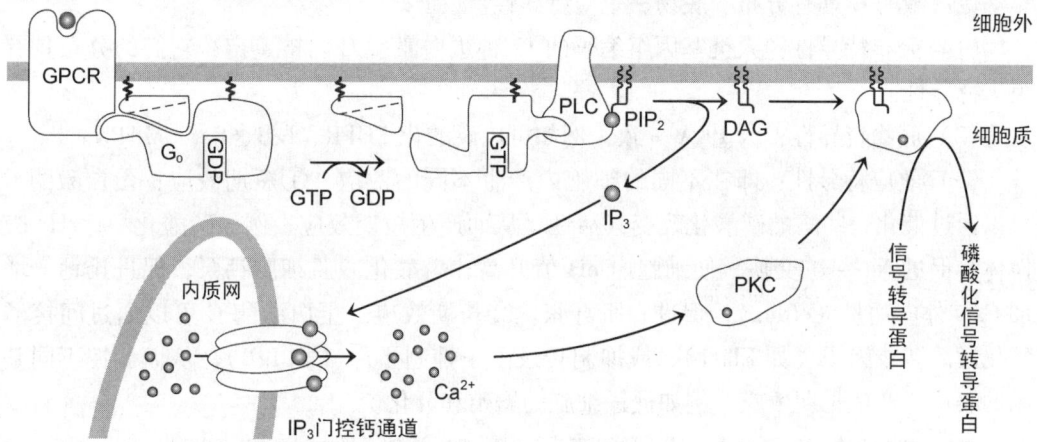

图6-10 IP_3 与 DAG 介导的信号转导

细胞质中的 Ca^{2+} 通常由钙泵（位于细胞膜、内质网膜上）、Na^+-Ca^{2+} 交换体（位于细胞膜、线粒体膜上）清除，所以基础游离浓度极低，约为 10^{-7} mol/L，仅为细胞外浓度（10^{-3} mol/L）的 $1/10^4$。信号分子或其他信号刺激可以使 Ca^{2+} 通过相应的钙通道从细胞外、内质网、线粒体进入细胞质，使浓度升至约 10^{-6} mol/L，介导各种效应（表6-9）。

表6-9 Ca^{2+} 的组织效应

组织细胞	促内质网释放钙的因素	效应
胰腺	胆囊收缩素，乙酰胆碱	促酶原分泌
肠黏膜	乙酰胆碱	促水盐分泌
血小板	血栓素，胶原，凝血酶，血小板活化因子，ADP	促变形、脱颗粒
内皮细胞	组胺，缓激肽，ATP，乙酰胆碱，凝血酶	促 NO 合成
血管平滑肌	肾上腺素（α_1 受体），血管紧张素Ⅱ，抗利尿激素	促血管收缩
支气管平滑肌	组胺，白三烯	促支气管收缩
甲状腺	促甲状腺激素	促激素合成与分泌
黄体	促黄体激素释放激素	促激素合成
肝	肾上腺素（α_1 受体）	促糖原分解

🖐 哮喘：特征是支气管痉挛反复发作，导致支气管阻塞。组胺（通过 H_1 受体）和乙酰胆碱（通过 M 胆碱受体）升钙，刺激支气管收缩。肾上腺素（通过 β 受体）升 cAMP，从而降钙，抑制支气管收缩，因此肾上腺素及 β 受体激动剂（如沙丁胺醇）、磷酸二酯酶抑制剂（如茶碱和氨茶碱）可用于治疗哮喘。

2. 蛋白激酶 C 途径　该途径以 Ca^{2+} 浓度升高和蛋白激酶 C 激活为主要特征，是激素调控细胞代谢和基因表达的重要途径。

蛋白激酶 C（PKC）是一类蛋白丝氨酸/苏氨酸激酶。游离于细胞质中的蛋白激酶 C 没有活性，与 Ca^{2+} 结合之后向细胞膜转运，与细胞膜 DAG 结合后被 DAG 和磷脂酰丝氨酸激活（图 6-10）。

蛋白激酶 C 具有分布、底物、效应特异性。

（1）分布特异性：人类基因组编码的 12 种蛋白激酶 C 已被鉴定，它们的分布具有组织特异性。

（2）底物特异性：与 PKA 一致，例如可以磷酸化 EGFR、IκB、Raf、MAPK。

（3）效应特异性：即在不同的细胞内产生不同的效应。①短期效应：蛋白激酶 C 可以通过催化一些酶的磷酸化改变其活性，从而产生短期效应，例如磷酸化 Na^+-H^+ 交换体，促进 Na^+-H^+ 交换，使细胞内 pH 值升高；磷酸化心肌细胞钙泵，促进排钙，增加 Ca^{2+} 外向通量（efflux），促进心肌舒张。②长期效应：蛋白激酶 C 可以通过间接磷酸化激活转录因子（如 Elk-1），或抑制转录因子抑制蛋白（如 IκB），从而调控不同基因的表达，产生长期效应，例如促进细胞的增殖和分化。

🖐 佛波酯存在于巴豆油中，是一种促癌剂，促癌机制是激活蛋白激酶 C。

3. 钙调蛋白途径　**钙调蛋白**（CaM，148AA）是位于细胞质中的一种小分子钙结合蛋白，含有四个称为 EF 手形（EF-hand）的螺旋 - 环 - 螺旋基序，每个 EF 手形都可以结合一个 Ca^{2+}。钙调蛋白与 Ca^{2+} 的结合存在协同效应，所以对 Ca^{2+} 浓度的变化非常敏感，在离子钙浓度高于 5×10^{-7} mol/L 时，Ca^{2+} 与钙调蛋白结合并将其激活。游离型钙调蛋白无活性，Ca^{2+} 结合型钙调蛋白有活性，因此钙调蛋白是一种分子开关，在细胞代谢（特别是信号转导）中介导各种 Ca^{2+} 效应（图 6-11）。

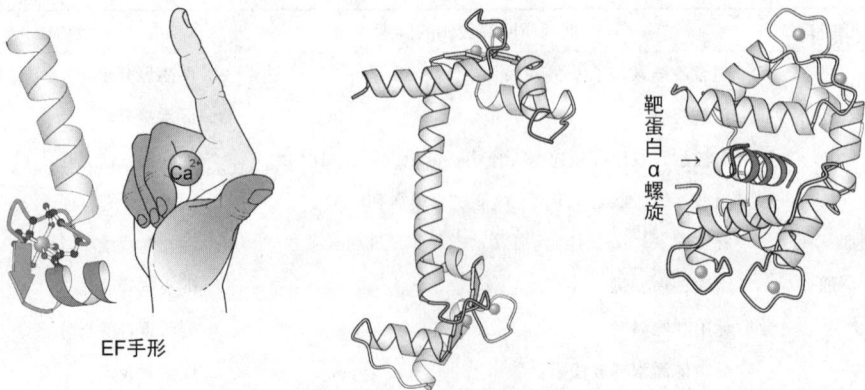

EF手形

靶蛋白 α 螺旋

图 6-11　钙调蛋白构象

（1）激活肌球蛋白轻链激酶（MLCK），MLCK 是一类**钙调蛋白激酶**（CaMK，属于 **CAMK** 丝氨酸/苏氨酸激酶家族），可以催化肌球蛋白轻链磷酸化，引起平滑肌、骨骼肌、心肌肌丝滑行，肌肉收缩。

（2）激活 cAMP 磷酸二酯酶，水解 cAMP，从而与蛋白激酶 A 途径关联，整合调节。

（3）激活血管**内皮细胞一氧化氮合酶**（eNOS），催化合成一氧化氮（NO，半衰期 2~30 秒），扩散至邻近平滑肌细胞，诱导平滑肌松弛，引起血管扩张。

一氧化氮对平滑肌的作用由第二信使 cGMP 介导：一氧化氮与平滑肌细胞内的一氧化氮受体、即**细胞内鸟苷酸环化酶受体**结合，将其激活，催化合成 cGMP，cGMP 激活**蛋白激酶 G**（PKG），蛋白激酶 G 作用于肌动蛋白 – 肌球蛋白复合物导致平滑肌松弛（图 6-12）。心钠素（ANP）作用于平滑肌细胞膜鸟苷酸环化酶受体产生相同效应。

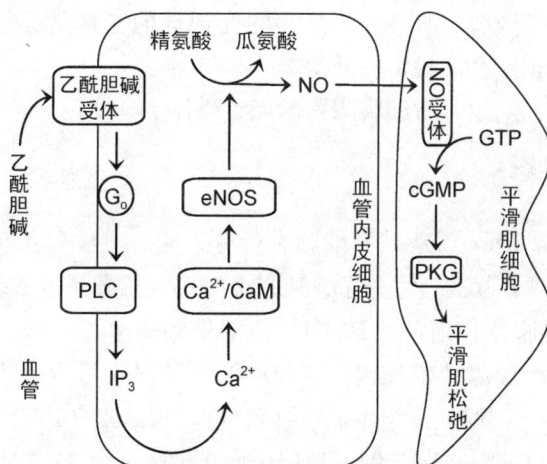

图 6-12　NO 诱导平滑肌松弛

Furchgott、Ignarro 和 Murad 因发现 NO 的信号分子作用并阐明其作用机制而获得 1998 年诺贝尔生理学或医学奖。

硝酸甘油、硝酸异山梨酯和硝普钠为硝基血管扩张剂（vasodilator），用于治疗心绞痛急性发作、高血压（硝普钠）。硝酸甘油在体内由线粒体醛脱氢酶代谢产生一氧化氮；硝酸异山梨酯在体内代谢生成单硝酸异山梨酯，进一步代谢产生一氧化氮；硝普钠在血液循环中分解产生一氧化氮。

阳痿（勃起功能障碍）：阴茎海绵体在受到副交感神经刺激时会明显膨胀。一氧化氮是最重要的刺激因子。海绵体一氧化氮主要由神经末梢合成，少量由血管内皮细胞合成，直接作用是激活血管平滑肌细胞内鸟苷酸环化酶。西地那非类药物治疗阳痿的机制是抑制磷酸二酯酶 5。

（4）间接激活转录因子：①激活钙调蛋白激酶，后者磷酸化激活转录因子。②激活钙调蛋白磷酸酶（属于丝氨酸/苏氨酸磷酸酶），后者去磷酸化激活转录因子。

例如：T 细胞的一种被称为活化 T 细胞核因子（NFAT）的转录因子以无活性磷酸化状态存在于细胞质中，受体激活使细胞质 Ca^{2+} 浓度升高，由 Ca^{2+}/CaM 激活一种被称为神经钙蛋白（calcineurin）的钙调蛋白磷酸酶，催化 NFAT 脱磷酸，暴露出核定位信号（NLS），进入细胞核，促进基因表达。

（5）激活肌细胞糖原磷酸化酶 b 激酶：肌细胞糖原磷酸化酶 b 激酶 $(\alpha\beta\gamma\delta)_4$ 的调

节亚基 δ就是钙调蛋白。

4. 其他途径　①在骨骼肌，Ca^{2+} 与肌钙蛋白结合引起肌肉收缩。②在心肌，Ca^{2+} 与肌浆网上的兰尼碱受体（RyR）结合，促进 Ca^{2+} 释放。

四、单次跨膜受体介导的信号转导途径

单次跨膜受体含单次跨膜 α 螺旋结构，可以根据转导机制进一步分类。

（1）受体是酶，信号分子是酶的变构剂。这类受体可以是：①蛋白激酶：例如表皮生长因子受体是酪氨酸激酶（酪氨酸激酶受体），转化生长因子 β 受体是丝氨酸/苏氨酸激酶（丝氨酸/苏氨酸激酶受体）。②蛋白磷酸酶：例如接触蛋白（contactin）的受体是酪氨酸磷酸酶（酪氨酸磷酸酶受体）。③**鸟苷酸环化酶**：例如分布于肾和血管平滑肌细胞膜上的心钠素受体是鸟苷酸环化酶（鸟苷酸环化酶受体）。

（2）受体是酶的变构剂，信号分子是酶的变构剂的变构剂。例如细胞因子之 γ 干扰素的受体是蛋白酪氨酸激酶 JAK 的激活剂。

（3）受体是其他，例如参与细胞凋亡的死亡受体。

（一）MAPK 途径

生长因子（growth factor）是一类细胞有丝分裂素，主要是指促进细胞生长、增殖和分化的一类蛋白质或多肽类信号分子，通过旁分泌或内分泌方式起作用，例如表皮生长因子（EGF）、肝细胞生长因子（HGF）、成纤维细胞生长因子（FGF）、血管内皮生长因子（VEGF）、血小板源性生长因子（PDGF）、胰岛素样生长因子（IGF）、粒细胞集落刺激因子（G-CSF）、促红细胞生成素（EPO）、胰岛素（INS）等。

表皮生长因子（EGF）又称上皮生长因子，由 Cohen 和 Levi-Montalcini（1986 年诺贝尔生理学或医学奖获得者）于 1962 年发现，是一种热稳定的促分裂的肽类激素（53AA，含 3 个二硫键），能刺激表皮和其他上皮组织等增生，从而促进创伤后组织修复，另可抑制胃酸分泌，在巨噬细胞、血小板、血浆、乳汁、唾液、尿液中广泛存在。

表皮生长因子受体（EGFR，ErbB1，表 6-10）的胞内域是酪氨酸激酶活性中心，其胞外域既是配体结合域又是变构调节域，表皮生长因子既是信号分子又是其变构激活剂。表皮生长因子与表皮生长因子受体结合会使其形成二聚体，结果将其变构激活。激活的表皮生长因子受体可以相互催化 C 端富含酪氨酸域六个特定的酪氨酸磷酸化，既导致进一步的化学修饰激活，又成为下游信号转导蛋白的停泊位点。

表 6-10　人表皮生长因子受体家族

名称缩写	大小（AA）	配体
ErbB1，HER1，EGFR	1186	EGF，TGF-α，HB-EGF 等
ErbB2，HER2/neu	1233	
ErbB3，HER3	1323	NRG1，NRG2
ErbB4，HER4	1283	NRG1，NRG2，HB-EGF 等

　　表皮生长因子受体、成纤维细胞生长因子受体、胰岛素受体等许多生长因子受体属于酪氨酸激酶受体（RTK）家族。目前已鉴定50多种RTK，它们具有共同的结构特征：N端胞外域（含配体结合位点）、跨膜结构域（单次跨膜α螺旋）、C端胞内域（含酪氨酸激酶活性中心）。绝大多数RTK为单一肽链结构，与配体结合后二聚化激活，相互催化特定酪氨酸磷酸化（自磷酸化，autophosphorylation）。

　　酪氨酸激酶受体介导的信号转导途径有MAPK途径、PI3K/PKB途径和IP_3-DAG途径等，以MAPK途径最为典型。MAPK途径广泛存在于从酵母到哺乳动物的细胞内，包括以下几个阶段：

1. EGF-Ras 转导　即：EGF→ErbB1→GRB2→Sos→Ras（图6-13）。

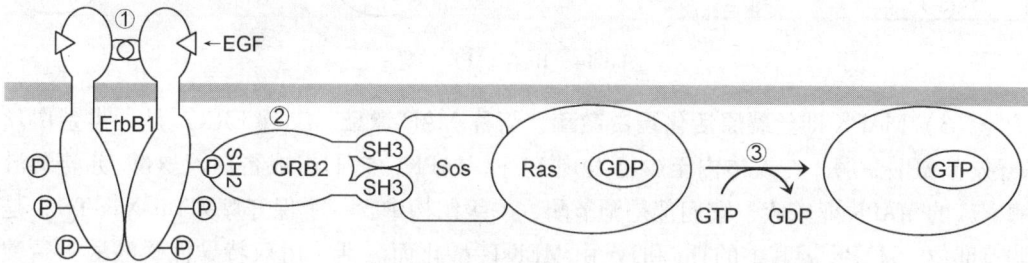

图6-13　EGF-Ras 转导

　　（1）两分子表皮生长因子与两分子表皮生长因子受体单体结合，二聚化形成（ErbB1·EGF）$_2$，激活ErbB1胞内域的酪氨酸激酶活性，自磷酸化，形成磷酸酪氨酸停泊位点。

　　（2）连接物GRB2含有一个SH2结构域和两个SH3结构域，通过SH2结构域与表皮生长因子受体停泊位点结合，通过SH3结构域与Sos蛋白的富含脯氨酸域结合，Sos被活化。

　　（3）Sos属于鸟苷酸交换因子（GEF），促使Ras释放GDP而结合GTP，从而激活Ras。

2. Ras-MAPK 转导　这是一个级联反应过程，涉及三种蛋白激酶的激活，依次为Raf、MEK和MAPK，即：Ras→Raf→MEK→MAPK。

　　（1）Ras·GTP在不同组织可以作用于多种信号转导蛋白，例如与一种蛋白丝氨酸/苏氨酸激酶Raf结合，将其变构激活（图6-14①），并使Raf被另一种蛋白丝氨酸/苏氨酸激酶PAK1磷酸化激活。之后Ras将GTP水解，与Raf分离（图6-14②）。Raf属于**MAP激酶激酶激酶**（MAPKKK，又称MAP3K）家族，是细胞癌基因*c-raf*的编码产物，通常以无活性状态与两分子磷酸丝氨酸结合蛋白14-3-3形成复合物。

　　（2）Raf磷酸化激活多种信号转导蛋白，例如一类双特异性蛋白激酶MEK（图6-14③），又称**MAP激酶激酶**（MAPKK，又称MAP2K）。在人体内至少已发现7种MEK，它们组成蛋白丝氨酸/苏氨酸激酶家族的MAPKK亚家族，可以将多种信号转导蛋白（例如MAPK）的丝氨酸（或苏氨酸）与酪氨酸同时磷酸化（图6-14④）。

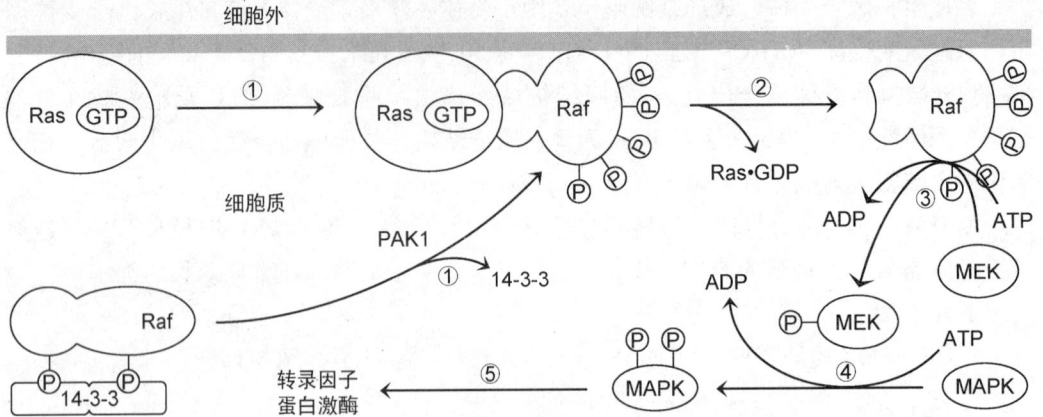

图 6-14　Ras-MAPK 转导

（3）**MAPK** 即**丝裂原活化蛋白激酶**，简称 **MAP 激酶**，又称 **ERK**，是一类蛋白**丝氨酸/苏氨酸激酶**。在人体内至少已发现 14 种 MAPK，它们组成蛋白丝氨酸/苏氨酸激酶家族的 MAPK 亚家族，它们都是调节酶，一级结构中含一个保守序列Thr-Xaa-Tyr，是调节部位，MAPK 因其中的Thr 和Tyr 由 MEK 磷酸化而激活，由双特异性磷酸酶去磷酸化而失活。

3. MAPK 调控基因表达　MAPK 被激活之后可以磷酸化各种底物蛋白，包括位于细胞核内的转录因子和细胞质中的蛋白激酶，它们可以直接或间接地调控基因表达，最终调节细胞周期，从而影响细胞增殖、分化、迁移、凋亡（图 6-14⑤）。

MAPK 是多条信号转导途径的整合点，一些细胞因子受体、T 细胞受体、G 蛋白偶联受体介导的信号转导途径也作用于 MAPK。

4. MAPK 途径异常　是细胞过度增殖及某些肿瘤发生的重要原因，例如一些肿瘤细胞常有 MAPK 途径的信号转导蛋白异常，导致 MAPK 途径异常。

（1）受体突变：一些乳腺癌细胞受体 ErbB2（又称 HER2/neu）的基因常有扩增或表达过度。

（2）Ras 突变：在人类多种肿瘤中有发现，突变造成 Ras 的 GTPase 活性缺失，MAPK 途径持续转导，磷酸化多种转录因子，导致原癌基因表达过度，细胞增殖过度。

（二）PI3K/PKB 途径

一些酪氨酸激酶受体可以通过 PI3K/PKB 途径促进细胞增殖或抑制细胞凋亡。

1. 核心成分　磷脂酰肌醇 3 激酶和蛋白激酶 B 是该途径的两种核心成分。

（1）**磷脂酰肌醇 3 激酶**（PI3K）：是一个激酶家族，人类基因编码的 PI3K 均由一个催化亚基和一个调节亚基构成。调节亚基通过与酪氨酸激酶受体（或 IRS-1、Ras）结合而激活催化亚基。催化亚基可以催化构成细胞膜内层脂的磷脂酰肌醇（PI）及其磷酸化产物 $PI(4)P$、$PI(5)P$、$PI(4,5)P_2$ 中肌醇的 3-羟基磷酸化，生成相应的 $PI(3)P$、$PI(3,4)P_2$、$PI(3,5)P_2$、$PI(3,4,5)P_3$ 等 $PI(3)P$ 类物质（表 6-11）。

表 6-11 磷脂酰肌醇 3 激酶的底物和产物

底物	PI	PI(4)P	PI(5)P	PI(4,5)P$_2$
产物	PI(3)P	PI(3,4)P$_2$	PI(3,5)P$_2$	PI(3,4,5)P$_3$

（2）**蛋白激酶 B**（PKB）：又称 Akt，是一类含 PH 结构域的蛋白丝氨酸/苏氨酸激酶，在细胞未受信号刺激时，游离于细胞质中，此时其活性中心被 PH 结构域掩盖，所以没有活性。人类基因组编码三种 PKB（表 6-12），催化 100 多种底物蛋白磷酸化。

表 6-12 人类基因组编码的 PKB/Akt

PKB/Akt	大小（AA）	定位	功能
PKBα/Akt1	480	细胞质，细胞核，细胞膜	介导生长因子促增殖、抗凋亡
PKBβ/Akt2	481	细胞质，细胞核，细胞膜	介导胰岛素效应
PKBγ/Akt3	478	细胞核，细胞质，细胞膜	影响脑发育

2. 基本过程 当一些酪氨酸激酶受体（或细胞因子受体）受信号分子刺激时，受体的胞内域磷酸化形成磷酸酪氨酸停泊位点，PI3K 会通过调节亚基的 SH2 结构域结合于停泊位点，催化亚基则催化磷脂酰肌醇及其磷酸化产物中肌醇的 3-羟基磷酸化，形成肌醇-3-磷酸基结构，成为信号转导蛋白的停泊位点，蛋白激酶 B 和依赖磷脂酰肌醇的蛋白激酶 1（PDK1，属于丝氨酸/苏氨酸激酶）就可以与这种停泊位点结合。而蛋白激酶 B 正是 PDK1 的底物（图 6-15）。

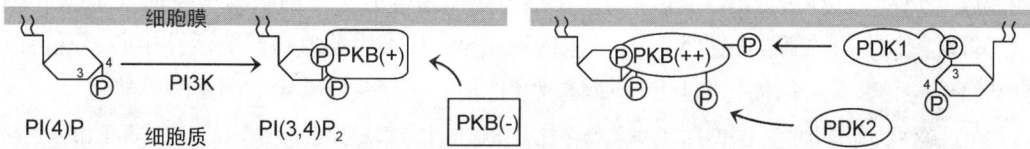

图 6-15 PI3K/PKB 途径

蛋白激酶 B 与肌醇-3-磷酸基的结合导致其结构改变：①由肌醇-3-磷酸基解除 PH 结构域的抑制，变构激活。②由 PDK1 和 PDK2 分别催化其 Thr308 和 Ser473 磷酸化，彻底激活。③一旦彻底激活，蛋白激酶 B 脱离肌醇-3-磷酸基，进入细胞质或细胞核，催化下游信号转导蛋白磷酸化。

3. 生理效应 蛋白激酶 B 在不同组织通过磷酸化不同的信号转导蛋白产生不同的效应，与细胞的代谢、生长、凋亡、恶变等密切相关。

（1）在转录水平调控基因表达：例如磷酸烯醇式丙酮酸羧激酶、脂肪酸合酶、胰岛素样生长因子结合蛋白 1（IGFBP1）。

（2）在翻译水平调控基因表达：①磷酸化翻译阻遏蛋白 eIF-4E 结合蛋白 1（4E-BP1），解除其对翻译起始因子 eIF-4E 的抑制。②磷酸化激活核糖体蛋白 S6 激酶（p70S6K），促进蛋白质合成（第五章，126 页）。

（3）磷酸化激活 eNOS：促进一氧化氮合成。

（4）降低血糖水平：①在肌细胞和脂肪细胞内，蛋白激酶 B 使携带葡萄糖转运蛋白 4（GLUT4）

的细胞内运输小泡与细胞膜融合，上调细胞膜 GLUT4，促进血糖摄取。②在肝细胞和肌细胞内，蛋白激酶 B 磷酸化抑制糖原合酶激酶 3（GSK3），解除它对糖原合酶的抑制，促进糖原合成。

（5）促进细胞增殖：①蛋白激酶 B 磷酸化转录因子 Forkhead-1，阻遏促凋亡蛋白基因表达，促进细胞增殖。②蛋白激酶 B 在某些细胞内直接磷酸化或诱导磷酸化抑制促凋亡蛋白 Bad、胱天蛋白酶 Caspase-9，从而抑制细胞凋亡。

（三）JAK-STAT 途径

细胞因子（cytokine）是指由免疫系统细胞及其他细胞合成并主动分泌的一类小分子量的可溶性蛋白质，包括淋巴因子、干扰素、白细胞介素、肿瘤坏死因子、趋化因子和集落刺激因子等。细胞因子以旁分泌、自分泌或内分泌通讯方式通过膜受体发挥作用，是免疫系统细胞之间、免疫系统细胞与其他细胞联络的核心，能改变分泌细胞自身或其他靶细胞的行为或性质。有 50 多种细胞因子（及生长因子和激素，例如生长激素、催乳素）通过 JAK-STAT 途径调节细胞的增殖、分化、凋亡。

1. 细胞因子受体（cytokine receptor）　虽然种类繁多，但是结构相似：胞外域含两个亚结构域，每个亚结构域含七段 β 折叠；胞内域通过非共价键与蛋白酪氨酸激酶 JAK 结合。

细胞因子受体介导的信号转导途径有 JAK-STAT 途径、MAPK 途径、IP_3-DAG 途径和 PI3K/PKB 途径等，以 JAK-STAT 途径最为典型。

2. JAK（Janus kinase）　人类基因组编码三种 JAK，属于蛋白酪氨酸激酶家族、JAK 亚家族（JAK1、JAK2、JAK3、TYK2）：N 端为受体结合域，与细胞因子受体（或生长激素、催乳素、促红细胞生成素受体）的胞内域结合；C 端为酪氨酸激酶活性中心，既可以催化自磷酸化，又可以催化细胞因子受体及其他信号转导蛋白特定的酪氨酸磷酸化。

　真性红细胞增多症（PV）：红细胞增多症是指血液中红细胞异常增多，在多数情况下由慢性缺氧引起。然而，真性红细胞增多症并无明显的外部原因，而是由基因突变导致：有报道 164 名病患者中有 21 名的 JAK2 存在 Val617Phe 突变。突变型 JAK2 具有组成活性，即不需由促红细胞生成素受体激活。

3. STAT（信号转导和转录激活因子）　又称信号转导及转录激活蛋白，是一类转录因子：①一级结构中间序列构成 DNA 结合域（DBD），含核定位信号（NLS）。②DNA结合域下游有受体结合域，是一个 SH2 结构域，可以与细胞因子受体胞内域特定的磷酸酪氨酸结合。③受体结合域下游有一个特定酪氨酸，可以被 JAK（或其他酪氨酸激酶）磷酸化（表 6-13）。

表 6-13　人 STAT 家族

名称缩写	大小（AA）	SH2 结合域位置	修饰酪氨酸（修饰酶）	活性结构	转导信号
STAT1	750	573～670	701（JAK）	同二聚体、异二聚体	IFN-I/II
STAT2	851	572～667	690（JAK）	同二聚体、异二聚体	IFN-I
STAT3	770	580～670	705（FER/PTK6）	同二聚体、异二聚体	IL/KITLG/SCF
STAT4	748	569～664	693（JAK）	同二聚体、异二聚体	IL-12
STAT5A	794	589～686	694（JAK2）	同二聚体、异二聚体	KITLG/SCF/ERBB4
STAT5B	787	589～686	699（JAK/HCK/PTK6）	同二聚体、异二聚体	KITLG/SCF
STAT6	847	517～632	641（JAK）	同二聚体、异二聚体	IL-4/3

4. 转导过程 以促红细胞生成素（EPO）为例：①EPO 与促红细胞生成素受体（EPO-R）结合形成 EPO-R$_2$·EPO 复合物，变构激活 JAK2，使 JAK2 自磷酸化，即通过化学修饰进一步激活。②JAK2 磷酸化 EPO-R 胞内域的多个酪氨酸，形成 STAT 停泊位点。③STAT5 结合于停泊位点，其 C 端的 Tyr694 被 JAK2 磷酸化。④磷酸化 STAT5 与 EPO-R 分离。⑤两个磷酸化 STAT5 单体通过各自的 SH2 与对方的磷酸酪氨酸结合，形成二聚体，暴露出核定位信号（NLS）。⑥STAT5 二聚体进入细胞核，与靶基因 *bcl-x*$_L$ 等的增强子结合，促进其表达（图 6-16）。

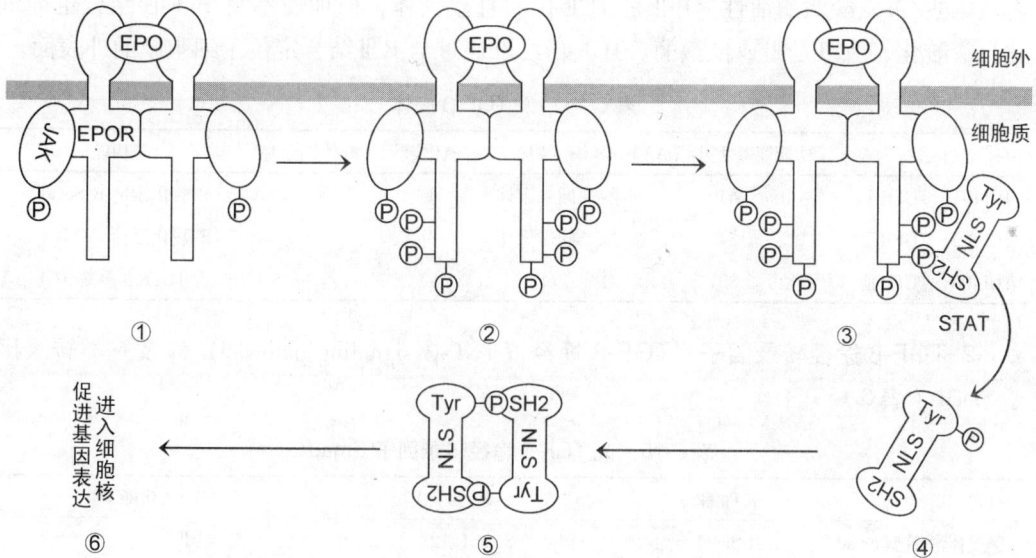

图 6-16 JAK-STAT 途径

5. 转导异常 许多实体肿瘤和血癌存在 STAT 变异，表现为 JAK-STAT 途径持续转导，激活原癌基因，诱导细胞增殖、血管生成和肿瘤细胞转移。

6. 干扰素（IFN） 是指脊椎动物某些细胞受多种因素（如促细胞分裂素、病毒核酸、细菌内毒素）诱导产生的一类抗病毒糖蛋白，可抑制病毒复制、细胞分裂（包括肿瘤细胞），调节免疫应答等。干扰素分为 I 型干扰素、II 型干扰素和干扰素样细胞因子。人体 I 型干扰素有 IFN-α（由巨噬细胞分泌，以下同）、β（成纤维细胞）、ε（肿瘤细胞）、κ（角质形成细胞、单核细胞、静息树突状细胞）、ω（白细胞），II 型干扰素有 IFN-γ（活化 T 细胞）。

干扰素抗病毒机制：当病毒感染宿主细胞之后，干扰素一方面诱导合成一种蛋白激酶 PKR，使 eIF-2α 磷酸化失活，从而抑制病毒蛋白合成（第五章，125 页）；另一方面诱导表达 2′-5′（A）$_n$ 合酶，该酶由 dsRNA 激活后催化合成 2′-5′（A）$_n$，2′-5′（A）$_n$ 激活一种内切核酸酶 L，降解病毒 ssRNA，从而阻断病毒蛋白合成。

干扰素具有很强的抗病毒作用，因而在医学上有重大的应用价值，但在生物组织中含量很少，难以大量分离。目前已可以用基因工程技术生产干扰素，以满足基础研究与临床应用的需要。

（四）TGF-β 途径

转化生长因子（TGF）是指能使正常表型细胞变成转化态的 TGF-α 和 TGF-β 两个

细胞因子超家族：①TGF-α 在一级结构和空间结构上都和表皮生长因子相似，并且与表皮生长因子受体结合，而与 TGF-β 的结构并不相关。与表皮生长因子不同的是 TGF-α 在胎儿和成人组织中广泛表达。②人类基因组编码 TGF-β1、TGF-β2 和 TGF-β3 三种 TGF-β，属于 **TGF-β 超家族**，该超家族的其他成员包括抑制素（inhibin）、激活素（activin）、骨形态发生蛋白（BMP）、抗苗勒管激素（AMH）等。

1. TGF-β 途径受体 TGF-β 受体（TGF-β receptor）是胞外域含二硫键结构的一类糖蛋白，有 R I、R II、R III 三种（表6-14）。R I 和 R II 都是跨膜二聚体，其胞内域具有丝氨酸/苏氨酸激酶活性。R II 是 TGF-β 的直接受体，但即使不与 TGF-β 结合也能催化自磷酸化，所以是组成性激酶。TGF-β 可以通过与 R III 结合定位于细胞膜的外表面。

表 6-14 人 TGF-β 受体

名称缩写	功能亚基大小（AA）	结构	催化域	配体结合域	功能
TGFR-1，TGFR I	470	同二聚体	+	−	磷酸化激活 R-Smad
TGFR-2，TGFR II	545	同二聚体	+	+	磷酸化激活 TGFR I
TGFR-3，TGFR III	831	单体	−	+	为 TGFR II 募集 TGF-β

2. TGF-β 途径转录因子 TGF-β 途径（TGF-β signaling pathway）涉及三类转录因子 Smad（表6-15）。

表 6-15 人 TGF-β 途径转录因子 Smad

分类	名称缩写	成员	功能
膜受体激活型 Smad	R-Smad	Smad1、2、3、5、9	转录因子
协同型 Smad	co-Smad	Smad4	转录因子
抑制型 Smad	I-Smad	Smad6、7	抗 Smad4

3. TGF-β 途径转导过程 ①TGF-β 二聚体直接（或通过 R III）与 R II 二聚体结合，形成 TGF-β₂-R II₂ 异四聚体。②TGF-β₂-R II₂ 与 R I 二聚体结合形成（TGF-β-R II-R I）₂ 异六聚体，并将 R I 胞内域的两个苏氨酸和三个丝氨酸磷酸化，使其活性中心暴露而激活。③R I 磷酸化 R-Smad，使其核定位信号（NLS）暴露。④两分子 R-Smad 与一分子 co-Smad、两分子 β 核输入蛋白结合，形成 Smad 复合物。⑤Smad 复合物进入细胞核，与不同的转录因子共同作用，调控多种靶基因的表达，例如与转录因子 TFE3 一起促进纤溶酶原激活剂抑制物（PAI-1）基因的表达（图6-17）。

4. TGF-β 途径生理效应 TGF-β 与其他生长因子共同控制细胞增殖、细胞分化、胚胎发育、造血调控、免疫调节等。

5. TGF-β 途径转导异常 TGF-β 途径可以诱导细胞合成抑癌蛋白 p15[Ink4b] 和其他细胞周期抑制蛋白（p27[Kip1]），因而在肿瘤发生的早期阶段，TGF-β 抑制肿瘤细胞增殖或诱导肿瘤细胞凋亡；但是，TGF-β 在肿瘤发展期不再有抑制作用，在晚期则刺激肿瘤细胞增殖。这一过程与 I-Smad 及两种癌蛋白 SnoN 和 Ski 的负反馈调节有关：①TGF-β 诱导 I-Smad（特别是 Smad7）表达，I-Smad 抑制 R I 磷酸化 R-Smad，从而抑制 TGF-β 途径。②TGF-β 起初是诱导 SnoN 和 Ski 迅速降解，后来则诱导其强烈表达，SnoN 和 Ski 可以与 Smad 复合物结合，使其虽然与靶基因的调控序列结合，但是不再促进转录，从而抑制 TGF-β 途径。

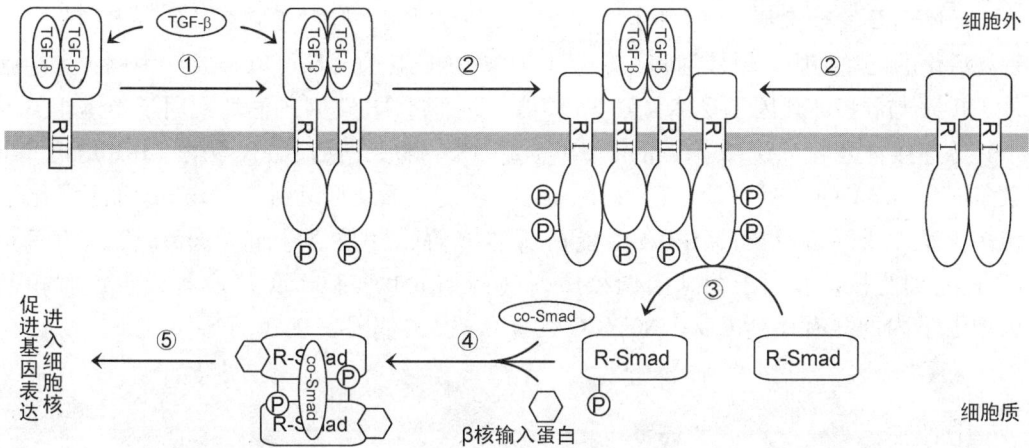

图 6-17 TGF-β 途径

五、蛋白质降解途径

这类途径的特点是：信号转导改变受体蛋白或其他信号转导蛋白的降解速度，从而改变其寿命。

（一）NF-κB 途径

NF-κB 途径使淋巴细胞内转录因子复合物解离，释放转录因子 NF-κB，进入细胞核，调控基因表达。

1. NF-κB 途径信号 既有细胞因子（例如肿瘤坏死因子 α）、生长因子（例如 EGF、PDGF、NGF）、自由基等信号分子作用，又有辐射等物理信号刺激，还有细菌、病毒等病原体感染。

2. NF-κB 途径成分 ①核因子 κB（NF-κB）：是哺乳动物几乎所有细胞都表达的一组重要的二聚体多效转录因子（表 6-16），以 p65-p50 最多。不同二聚体调控不同靶基因的表达，有的是转录激活因子（如 p65-p50），有的是转录阻遏因子（如 p50-p50）。②NF-κB 抑制蛋白(IκB)：人体有 α、β、δ、ε 四种 IκB，与 NF-κB 二聚体结合而将其滞留于细胞质中，从而抑制其转录因子活性。③IκB 激酶（IKK）：属于蛋白丝氨酸/苏氨酸激酶，由催化亚基 IKKα、IKKβ 和调节亚基 IKKγ 等构成。

表 6-16 人 NF-κB

NF-κB		功能单体	功能二聚体种类						
		大小（AA）	p105	p50	p100	p52	p65	RelB	c-Rel
NF-κB1	p105	968	p105-p50						
	p50 *	433		p50-p50			p65-p50	RelB-p50	p50-c-Rel
NF-κB2	p100	900						RelB-p100	
	p52 ‡	454				p52-p52	p65-p52	RelB-p52	p52-c-Rel
RelA	p65	551					p65-p65		p65-c-Rel
RelB		579							
c-Rel		619							c-Rel-c-Rel

*p105 降解产物；‡p100 降解产物

3. NF-κB 途径机制 以人肿瘤坏死因子 α（TNF-α，除肝细胞之外的许多细胞，特别是活化的巨噬细胞、单核细胞、某些 T 细胞、NK 细胞，都可以合成）为例：①细胞外 TNF-α 与肿瘤坏死因子受体（TNFR）结合，通过 TRAF（肿瘤坏死因子受体相关因子）等连接物激活 MAP3K 家族的 TAK1。②TAK1 磷酸化激活 IκB 激酶（IKK）。③IκB 激酶催化 IκBα 的两个丝氨酸磷酸化，被泛素连接酶 E3 识别。④IκBα 由泛素化系统多泛素化。⑤多泛素化 IκBα 由蛋白酶体降解，释放 NF-κB（p65-p50）。⑥NF-κB 进入细胞核，作用于靶基因调控序列（例如 p50 与位于免疫应答或急性时相基因增强子内的共有序列 GGRNNYYCC 结合），促进基因表达（图 6-18）。

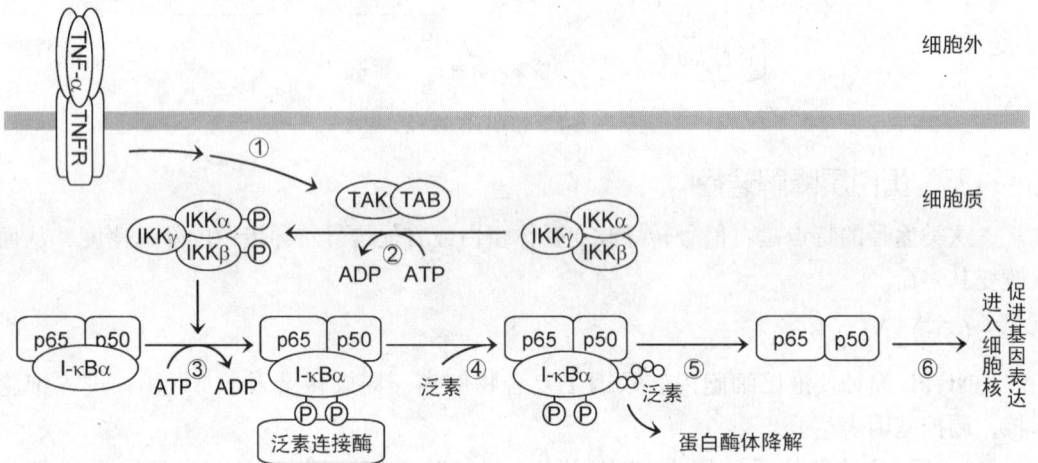

图 6-18　NF-κB 途径

NF-κB 是与各种生命现象（例如炎症、免疫、细胞生长与分化、肿瘤发生、细胞凋亡）有关的许多信号转导途径的终点。NF-κB 调控的靶基因有 150 多种，它们的表达产物包括细胞因子、趋化因子、抗凋亡蛋白等。

4. NF-κB 途径效应 参与炎症和免疫、分化和凋亡过程。NF-κB 通过直接应答病原体感染或间接应答损伤细胞释放的信号分子的刺激等提高机体防御能力，对增强机体免疫力至关重要。正因为如此，其作用异常与肿瘤发生、病毒感染、感染性休克、炎症性疾病、自身免疫性疾病等有密切关系。

5. NF-κB 途径调节 由蛋白质降解触发的 NF-κB 途径受到负反馈抑制，因为其一个靶基因的编码产物就是 IκBα，所以 NF-κB 途径可以促进 IκBα 合成，提高其细胞质水平，终止信号转导。

6. NF-κB 途径异常 NF-κB 的异常活化与肿瘤有密切关系，NF-κB 基因扩增和突变使得 NF-κB 途径持续转导，从而增强许多细胞周期相关蛋白的表达，抑制肿瘤细胞凋亡，促进肿瘤血管形成。携带突变 NF-κB 基因的病毒可以诱发淋巴瘤和白血病。此外，一些病毒也可以使 NF-κB 途径转导过度。

（二）Wnt 途径

Wnt 途径（Wnt signaling pathway）使转录因子复合物解离，释放转录因子 β 连环蛋白，进入细胞核，促进基因表达。

1. Wnt 途径信号 Wnt 是 Wnt 途径的信号分子，是一个信号蛋白家族，其 N 端被软脂酰化，锚定于分泌细胞膜外面。Wnt 是两个同源基因名字 *wingless*（果蝇体节极性基因）和 *int*（小鼠的一种原癌基因，因研究鼠乳腺瘤病毒 MMTV 整合致癌而被发现）的混成词。

2. Wnt 途径受体 Fz（Frizzled）是 Wnt 的受体，具有七次跨膜结构，与 G 蛋白偶联受体结构相似。

3. Wnt 途径机制 典型的 Wnt 途径还有几种核心成分：①β 连环蛋白（β-catenin，又称 β 连环素）：是一种转录因子。②Axin：是一类**支架蛋白**（scaffold protein），构建一种蛋白激酶复合物。③Dsh 蛋白（Dishevelled）：是一类抑制蛋白，通过作用于 Axin 使蛋白激酶复合物解离失活。

（1）当没有 Wnt 时，Axin 在细胞质中与两种丝氨酸/苏氨酸激酶 GSK3（糖原合酶激酶 3）和 CK1（酪蛋白激酶 1）及一种抑癌蛋白 APC（结肠腺瘤性息肉病蛋白）形成 GSK3-APC-Axin-CK1 蛋白激酶复合物，催化 β 连环蛋白磷酸化，并由泛素 – 蛋白酶体系统将其降解（图 6-19①～③）。

（2）当有 Wnt 与 Fz 结合时，Fz 募集 Dsh 蛋白，Dsh 蛋白促使跨膜蛋白 LRP（LDL 受体相关蛋白）募集 Axin，使蛋白激酶复合物解离，GSK3 不再磷酸化 β 连环蛋白，β 连环蛋白不再被降解，可以进入细胞核，与转录因子（例如 TCF4）结合，促进靶基因（例如 *CCND1*，*c-myc*）表达（图 6-19④～⑦）。

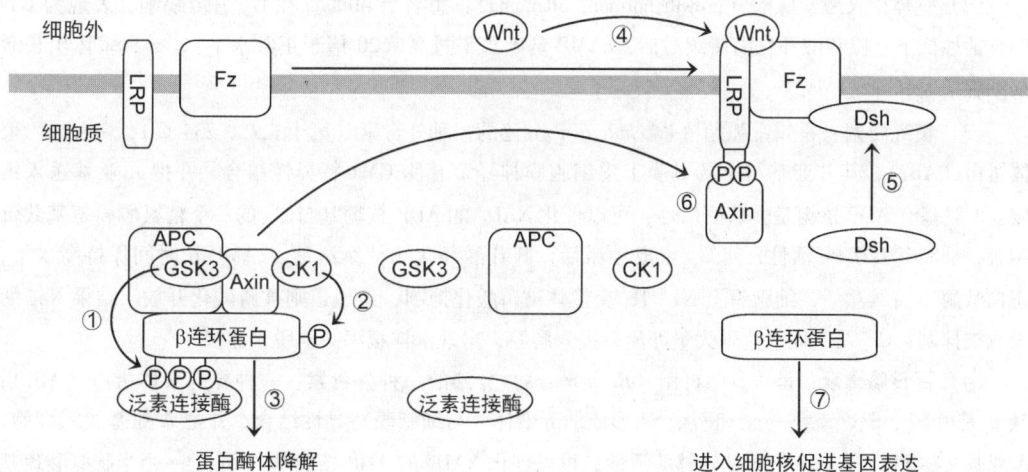

图 6-19 Wnt 途径

4. Wnt 途径效应 控制多种生物的系统发育，包括原肠胚形成、大脑发育、器官形成。

5. Wnt 途径异常 Wnt 途径可以促进一些在机体发育和肿瘤发生发展过程中起重要作用的基因的表达。例如：Wnt 途径在乳腺癌等肿瘤细胞内表现异常，促进细胞增殖、浸润、转移，抑制细胞凋亡；在 85% 的结直肠癌中可以检出抑癌基因 *APC* 突变，也有的存在 β 连环蛋白基因突变。

第四节 信号转导的医学意义

研究信号转导的医学意义主要体现在两方面：一是对发病机制的深入研究，二是为新的诊疗技术寻找标志或靶点。

一、信号转导与疾病

维持代谢平衡是健康的基础，打破平衡必然导致代谢紊乱。一些信号（或转导途径）过度激活，另一些信号（或转导途径）过度抑制，或兼而有之，都可以诱发疾病。例如心血管病、糖尿病、肿瘤和遗传病等都源于信号转导异常。已有的研究结果表明：所有疾病的发生和转归都能够从信号分子和信号转导异常中找到原因。

信号转导异常可发生在受体前、受体及受体后水平。①受体前水平：分泌细胞合成和释放的信号分子数量或结构异常，导致信号转导异常。②受体水平：受体的数量或结构异常，不能正常介导靶细胞对信号分子的应答，导致受体病。③受体后水平：细胞内的某些信号转导蛋白数量或结构异常，导致信号转导异常。

1. G 蛋白异常与疾病 G 蛋白活性异常与许多疾病有关。

（1）假性甲状旁腺功能减退症（pseudohypoparathyroidism）：患者血清中甲状旁腺激素水平并不低，但存在甲状旁腺激素抵抗，机制是其靶细胞 G_s 存在遗传缺陷，不能被甲状旁腺激素受体激活，因而对甲状旁腺激素无应答。

（2）垂体生长激素腺瘤（growth hormone adenoma）：患者有 40% 存在 $G_{s\alpha}$ 遗传缺陷，表现为 GTPase 活性低下，腺苷酸环化酶持续激活，cAMP 基础水平过高（20 倍于正常水平），导致垂体生长激素细胞增生和肿瘤形成。

（3）**霍乱毒素**：是霍乱弧菌（*V. cholerae*）分泌的一种外毒素（第十二章，234 页），一种异六聚体蛋白（AB_5），其 B 亚基与小肠黏膜上皮细胞膜神经节苷脂 GM1 特异性结合，并把 A 亚基送入细胞。A 亚基有 ADP 核糖基转移酶活性，可以催化 NAD^+ 的 ADP-核糖基与 $G_{s\alpha}$ 的一个精氨酸 ε-氨基共价结合，抑制其 GTPase 活性，使 $G_{s\alpha}$ 组成性激活，腺苷酸环化酶持续激活，cAMP 长时间保持高水平，蛋白激酶 A 持续激活，细胞膜上 Na^+-H^+ 交换体被磷酸化抑制，氯通道则被磷酸化开放。结果 Na^+ 的吸收被抑制，Cl^- 及其他水盐则大量外流，进入肠腔，出现水样腹泻甚至脱水症状。

（4）**百日咳毒素**：是百日咳杆菌（*B. pertussis*）分泌的一种外毒素，一种异六聚体蛋白（AB_5），其 B_5 是由 S2、S3、S5 各一个和两个 S4 形成的五聚体，与细胞膜特异性结合，并把 A 亚基送入细胞。A 亚基又称 S1，有 ADP 核糖基转移酶活性，可以催化 NAD^+ 的 ADP-核糖基与 $G_{i\alpha}$ 的一个半胱氨酸巯基共价结合，使 $G_{i\alpha}$ 与 GTP 的亲和力减弱，导致其组成性失活，不能抑制腺苷酸环化酶活性，腺苷酸环化酶持续激活，呼吸道上皮细胞 cAMP 长时间保持高水平，大量水盐及黏液进入呼吸道，引起严重的咳嗽。

2. 蛋白酪氨酸激酶异常与疾病 BTK（658AA）是第一种被发现与人类遗传病相关的蛋白酪氨酸激酶，属于蛋白酪氨酸激酶家族、Tec 亚家族，在 B 细胞内表达，在 B 细胞信号转导中发挥重要作用。*btk* 基因位于 X 染色体上（Xq22.1），其所发生的各种点突变导致 B 细胞的分化成熟出现障碍，是常见的原发性免疫缺陷病之一，其特征是血液循环中缺乏 B 细胞和 γ 球蛋白，称为 X 连锁的无 γ 球蛋白血症（XLA），属于 X 连锁隐性遗传病，多见于男性。

此外，许多肿瘤与信号转导异常有关。

二、信号转导与药物

许多疾病的发生发展都表现为转导蛋白变异或信号转导异常。因此，可以研发作用于信号转导途径的药物，通过促进或抑制信号转导，使其恢复正常，达到"扶正祛邪"的目的。

信号转导药物的作用靶点可以是信号转导途径各环节的转导蛋白。例如配体－受体的激动剂和拮抗剂、离子通道阻滞剂、靶酶抑制剂和细胞凋亡促进剂等。信号转导药物作用面广泛，作用点集中，比其他常规药物特异性更高，副作用更小，疗效更好。

现代药理学研究发现：许多中药通过作用于信号转导途径而发挥作用，并且已经有相关中药制剂问世，例如蟾酥灵的抗癌机制就是抑制 MAPK 途径。

小　结

多细胞生物体内一些特定细胞合成和分泌信号分子，作用于特定的靶细胞，触发信号转导，完成对细胞代谢的调节。这一过程复杂而有序。

细胞通讯方式有细胞间隙连接通讯、细胞表面分子接触通讯、化学信号通讯。

信号转导由信号转导分子完成。信号转导分子的化学本质是小分子活性物质或大分子信号转导蛋白，其转导信号的过程是改变浓度、构象或分布的过程。

信号转导的基本特点包括信号转导过程中的双向反应和级联反应、信号转导途径的通用性和特异性、信号转导网络的复杂性和精密性。

信号分子种类繁多，可以分为亲水性信号分子和疏水性信号分子。动物体内的通讯方式主要有内分泌、旁分泌、自分泌和神经分泌通讯。

信号转导途径中的受体分为细胞内受体和细胞膜受体。属于转录因子的各种细胞内受体都含配体结合域、DNA 结合域、可变区；细胞膜受体都含胞外域、胞内域、跨膜结构域。受体与配体的结合具有特异性高、亲和力强、可逆结合、可以饱和等特点，并受到调节，包括受体数量的向上调节和向下调节。

GTPase 开关蛋白是控制信号转导的一类分子开关，分为大 G 蛋白和小 G 蛋白。

信号分子（第一信使）与膜受体结合，引起细胞内第二信使浓度的改变，它们通过变构调节效应蛋白转导信号。

膜受体介导的信号转导途径发生信号转导蛋白的化学修饰。磷酸化和去磷酸化是最典型的化学修饰方式，分别由蛋白激酶和蛋白磷酸酶催化进行。蛋白激酶以酪氨酸激酶和丝氨酸/苏氨酸激酶为主。蛋白磷酸酶以蛋白酪氨酸磷酸酶和蛋白丝氨酸/苏氨酸磷酸酶为主。

连接物含两个及两个以上可以与其他分子结合的保守结构域，因而可以与上游及下游信号转导蛋白通过蛋白质－蛋白质相互作用组装成信号转导蛋白复合物。

1. 细胞内受体绝大多数都是转录因子，并且是 DNA 结合蛋白，与配体结合之后通过 DNA 结合域与靶基因的调控序列结合，调控基因表达。

2. 门控性离子通道参与信号转导。许多神经递质的受体是配体门控离子通道。

3. G蛋白偶联受体是一个膜受体超家族，介导各种信号转导途径。

（1）蛋白激酶A途径以改变靶细胞内cAMP水平和蛋白激酶A活性为主要特征，是激素调控细胞代谢和基因表达的重要途径。

（2）IP_3-DAG途径是一组相互联系的信号转导途径，首先由细胞外第一信使触发细胞内第二信使IP_3、DAG的产生和Ca^{2+}的释放，继而由第二信使触发蛋白激酶C途径和钙调蛋白途径等。①蛋白激酶C途径以Ca^{2+}浓度升高和蛋白激酶C激活为主要特征，是激素调控细胞代谢和基因表达的重要途径。②钙调蛋白途径是Ca^{2+}激活钙调蛋白，进一步激活肌球蛋白轻链激酶、cAMP磷酸二酯酶、血管内皮细胞一氧化氮合酶、转录因子、肌细胞糖原磷酸化酶b激酶等，调节代谢。

4. 许多生长因子受体属于酪氨酸激酶受体家族，介导各种信号转导途径。①MAPK途径：EGF→ErbB1→GRB2→Sos→Ras→Raf→MEK→MAPK→转录因子/蛋白激酶→基因表达→细胞周期。②PI3K/PKB途径：生长因子→酪氨酸激酶受体→PI3K→磷脂酰肌醇→依赖磷脂酰肌醇的蛋白激酶1→蛋白激酶B→信号转导蛋白→生理效应。

5. 细胞因子受体介导各种信号转导途径，以JAK-STAT途径最为典型：EPO→EPO-R→JAK2→STAT5→基因表达。

6. TGF-β受体介导TGF-β途径：TGF-β→TGF-β受体→R-Smad→co-Smad→其他转录因子→基因表达。

7. 蛋白降解途径的特点是信号转导改变受体蛋白或其他信号转导蛋白的降解速度：①NF-κB途径使淋巴细胞内转录因子NF-κB复合物解离，释放NF-κB，进入细胞核，调控基因表达。②Wnt途径使转录因子β连环蛋白复合物解离，释放β连环蛋白，进入细胞核，促进基因表达。

第七章 核酸提取与鉴定

核酸是分子生物学的主要研究对象之一，核酸提取是分子生物学研究的基本内容，核酸样品的纯度和核酸结构的完整度关系到后续研究结果的科学性和准确性。

作为分子生物学研究对象的核酸包括基因组 DNA、质粒、总 RNA 及 mRNA 等。提取过程涉及破碎细胞，除去杂质，浓缩核酸。

提取的核酸要进行鉴定，有几项基本技术是常用的：①分光光度技术：可以对样品进行定量分析、纯度鉴定。②凝胶电泳技术：可以对样品进行纯度鉴定、定量分析、分子量测定，还可以从样品中分离特定大小的核酸片段，用于进一步分析。如果结合其他技术，凝胶电泳技术还可以用于研究核酸多态性，或进行 DNA 测序。

第一节 核酸提取

核酸提取的总原则是避免核酸断裂。

核酸提取的主要步骤：①破碎细胞。②除去与核酸结合的蛋白质、多糖等生物大分子。③分离核酸。④除去其他杂质（无机盐、不需要的其他核酸分子等）。不同核酸的结构状态和亚细胞定位不同，具体的提取方法也不尽相同。

一、质粒提取

质粒（plasmid）是游离于细菌（及酵母等个别低等真核细胞）染色体 DNA 之外、能自主复制的遗传物质，大多数是一种闭环 DNA，大小为 1～300kb。质粒能够转化细菌，并利用细菌的代谢系统进行扩增和表达，在重组 DNA 技术中用于构建载体。

提取质粒包括三个基本步骤。

1. 培养细菌和扩增质粒　在培养基中加入抑制剂（例如氯霉素）可以抑制细菌的蛋白质合成，从而抑制细胞分裂，而质粒会继续复制，拷贝数可达 3000 个，这一过程称为**质粒扩增**。因此，如果在细菌对数生长期后期在培养基中加入氯霉素，既可以控制细胞数量，又可以继续进行数小时的质粒扩增，增加**质粒拷贝数**。如果要扩增的质粒携带氯霉素抗性基因（Cm^R），可以用壮观霉素（spectinomycin）替代氯霉素，抑制细胞分裂。

2. 收获和裂解细菌　细菌有细胞壁，可以用不同方法裂解：①机械法：例如用超声波、玻璃珠。用机械法裂解细菌容易造成 DNA 断裂。②化学试剂法：例如用十二烷基硫酸钠（SDS）。许多细菌的细胞壁较厚，仅用化学试剂难以充分裂解。③溶菌酶 – 化学试剂联合法：先用溶菌酶消化，再用化学试剂处理。这是最常用的方法。

3. 分离纯化质粒　提取质粒的关键是除去染色体 DNA，可以利用质粒相对较小及其闭环特性：①质粒很小，仅为染色体 DNA 的 0.1% ~ 2%。②在提取质粒的过程中，绝大多数质粒保持闭环结构，而染色体 DNA 大量断裂并且呈线性结构。基于以上特性，可以用氯化铯密度梯度分离法、碱裂解法、煮沸裂解法等提取质粒。

（1）氯化铯密度梯度分离法：①如果把含溴化乙锭（EB）的氯化铯溶液加入大肠杆菌裂解液，结构扁平的溴化乙锭分子会嵌入 DNA 相邻碱基对之间，导致 DNA 解旋。②不同构型 DNA 结合的溴化乙锭量不同：开环 DNA 或线性 DNA 片段因存在游离末端而容易解旋，可以结合大量溴化乙锭分子；闭环质粒没有游离末端，只能有限解旋，结合少量溴化乙锭分子。③DNA 结合的溴化乙锭越少，其密度越高。因此，在饱和溴化乙锭溶液中，闭环质粒的密度比染色体 DNA 片段的密度高。经过氯化铯密度梯度离心之后，它们会浓缩在不同的位置，从而达到分离纯化的目的（图 7-1）。

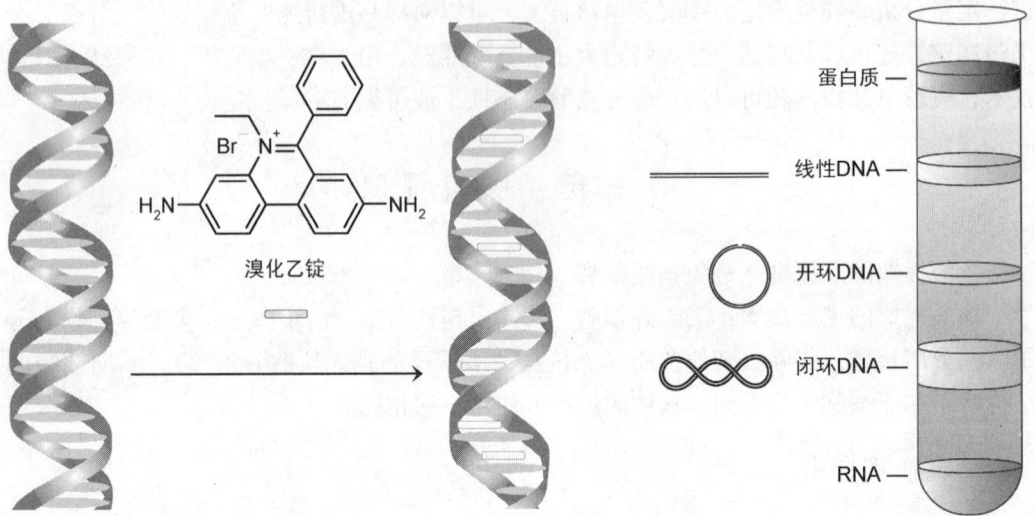

溴化乙锭

蛋白质 —
线性DNA —
开环DNA —
闭环DNA —
RNA —

图 7-1　氯化铯密度梯度分离法

（2）碱裂解法：是快速提取质粒的一种方法，其优点是收获率高，适用于从多数菌株提取质粒，所得的质粒经过纯化之后可以满足多数应用。常规碱裂解提取系统如下：①溶液 I（50mmol/L 葡萄糖 – 25mmol/L Tris-HCl – 10mmol/L EDTA，pH = 8.0）使大肠杆菌悬浮。EDTA 的作用是螯合 Mg^{2+}、Ca^{2+}，从而抑制 DNase 的活性，防止 DNA 被降解。②溶液 II（200mmol/L NaOH – 1% SDS）裂解细菌，并使蛋白质、染色体 DNA 和质粒变性。SDS 等阴离子去污剂裂解细胞效果较好。SDS 既能裂解细胞，又能使蛋白质变性。③溶液 III（3mol/L 醋酸钾 – 2mol/L 醋酸）使变性蛋白质与染色体 DNA 共沉淀，闭环质粒复性保持溶解状态，可通过离心分离纯化。

（3）煮沸裂解法：以溶菌酶和 Triton X-100 裂解细菌，然后以沸水浴加热，这样不仅可以促进细菌裂解，还可以使蛋白质和染色体 DNA、质粒变性。之后置于冰浴中退火，染色体 DNA 保持与蛋白质、细胞膜碎片结合、沉淀状态，而闭环质粒复性保持溶解状态，可以通过离心分离纯化。在离心上清液中加入有机溶剂（例如异丙醇）进行沉淀得到质粒粗品，可以直接用于一般研究。煮沸裂解法不适用于从 $endA$ 阳性株（例如 HB101、JM100）分离质粒，因为 $endA$ 编码内切核酸酶 I（Endo I），类似 DNase I，可以降解双链 DNA；加热时内切核酸酶 I 变性不彻底，存在 Mg^{2+} 时会降解质粒。

二、真核生物基因组 DNA 提取

真核生物基因组 DNA 可以直接从组织材料中提取，不过需要解决几个问题：①用普通匀浆方法破碎组织材料会导致 DNA 断裂。②长时间匀浆时 DNA 会被 DNase 降解。

为此，可以先用液氮冷冻组织材料，然后将其研成细粉，再用 EDTA、去污剂和蛋白酶 K 共同裂解细胞。**蛋白酶 K** 属于丝氨酸蛋白酶，可以水解由脂肪族氨基酸、芳香族氨基酸的羧基形成的肽键，从而将蛋白质降解成小肽或氨基酸，使 DNA 游离。在 pH = 4～12 时，即使与 SDS、EDTA、尿素共存，蛋白酶 K 也能保持高活性，所以适用于在提取 DNA 时降解 DNase 和 RNase。

DNA 游离之后，可以用苯酚和氯仿/异戊醇等抽提除去蛋白质（苯酚能使蛋白质沉淀变性，氯仿可以除去 DNA 溶液中残留的苯酚，异戊醇可以消除 SDS 裂解细胞时形成的气泡）。为了获得高纯度 DNA，操作中常加入 RNase 除去 RNA。经过数次抽提之后，通常应检测不到蛋白质和 RNA，否则可以用蛋白酶 K 和苯酚二次处理。得到的 DNA 溶液经乙醇沉淀进一步纯化，可获得 100～200kb 的 DNA 片段，适用于基因组文库构建、DNA 印迹分析。

三、真核生物 RNA 提取

RNA 容易被 RNase 降解，而 RNase 无处不在，并且可以抵抗长时间煮沸。因此，RNA 的提取条件要比 DNA 的苛刻，必须采取措施建立无 RNase 环境。

（一）总 RNA 提取

以下介绍几种真核细胞总 RNA 的提取方法。

1. 异硫氰酸胍－酚氯仿法 用裂解液（4mmol/L 异硫氰酸胍－0.1mmol/L 巯基乙醇）裂解细胞，然后在 pH = 4.0 的条件下用酚/氯仿抽提，最后通过异丙醇沉淀及 75% 乙醇洗涤来制备 RNA。该方法比较简便、经济和高效，能批量处理标本，并且 RNA 的完整性和纯度都很理想。

2. 异硫氰酸胍－氯化铯密度梯度分离法 用异硫氰酸胍使蛋白质变性，抑制 RNase 的活性，再进行密度梯度离心，能够获得高纯度的总 RNA。该方法适用于从冷冻时间长、细胞核不易分离及富含 RNase 的组织细胞内提取 RNA，但一次提取量有限，操作过程复杂耗时，并且需要进行密度梯度离心，所以不适用于一般实验室。

3. 氯化锂－尿素法 用 6mol/L 尿素使蛋白质变性，抑制 RNase 的活性，再用

3mol/L 氯化锂选择性沉淀 RNA。该方法快速简便，适用于从大量材料中提取少量 RNA，但有时会有 DNA 污染，并且会丢失部分小分子 RNA。

4. 热酚法 将异硫氰酸胍、巯基乙醇和 SDS 等联合使用，可以快速裂解细胞，解离核蛋白，释放 RNA，并有效抑制 RNase 的活性。再用热酚（65℃）、氯仿等有机溶剂抽提，离心除去蛋白质和 DNA，留在水相中的 RNA 可以用乙醇或异丙醇沉淀纯化。该方法操作简便，成本较低，适用于从培养细胞和动物组织中提取 RNA。

（二）mRNA 提取

研究基因表达或构建 cDNA 文库都需要获取有一定纯度和完整度的 mRNA。通常先提取总 RNA，再从总 RNA 中分离 mRNA。

真核生物 mRNA 绝大多数都有 poly(A)尾，因而可以用 oligo(dT)-纤维素亲和层析分离。即让总 RNA 流经 oligo(dT)-纤维素亲和层析柱，mRNA 在高离子强度条件下与 oligo(dT)结合，其他 RNA 等成分则被淋洗掉。然后，降低洗脱液的离子强度，可以将 mRNA 洗下，浓缩得到高纯度 mRNA。

四、核酸纯度鉴定

核酸对 260nm 紫外线有强吸收，并且在一定条件下其吸光度与浓度成正比。因此，可以通过 OD_{260} 比色分析核酸浓度。在标准条件下，1 个吸光度单位相当于 $50\mu g/mL$ 的双链 DNA、$40\mu g/mL$ 的单链 DNA 或 RNA。不过，这种换算关系受核酸纯度、溶液 pH 值和离子强度的影响，在中性 pH 值和低离子强度条件下测定纯度较高的核酸时比较准确。

通过测定紫外吸光度可以初步分析核酸的纯度：蛋白质对 280nm 紫外线有强吸收，而肽、盐和其他小分子物质则对 230nm 紫外线有强吸收。因此，测定核酸样品在这几种波长下的吸光度，可以分析其纯度。

1. 纯度较高的 DNA，$OD_{260}/OD_{280} \approx 1.8$。如果 $OD_{260}/OD_{280} > 1.8$，说明可能含有 RNA，或 DNA 部分降解；如果 $OD_{260}/OD_{280} < 1.8$，说明可能含有苯酚或蛋白质等。

2. 纯度较高的 RNA，$OD_{260}/OD_{280} = 1.8 \sim 2.0$。如果 $OD_{260}/OD_{280} < 1.8$，说明可能含有蛋白质等；如果 $OD_{260}/OD_{280} > 2.0$，说明可能有 RNA 降解。

3. 纯度较高的核酸，$OD_{260}/OD_{230} > 2.0$。如果比值太小，说明可能含有蛋白质、肽、苯酚或异硫氰酸盐等。

第二节　核酸电泳

核酸因含磷酸基而带负电荷，可以进行电泳分析。电泳技术操作简便、快速、灵敏，常用于核酸的分离、纯化和鉴定。

核酸电泳的常用支持物是琼脂糖凝胶和聚丙烯酰胺凝胶。琼脂糖凝胶电泳条件简易，操作简便，多用于鉴定较大（50~20000bp）的核酸片段，特别是分子量测定；聚丙烯酰胺凝胶电泳具有很高的分辨率，用于鉴定较小（5~1000bp）的核酸片段，特别是 DNA 测序。

一、琼脂糖凝胶电泳

琼脂糖是从红色海藻产物琼脂中提取的一种多糖，由 D-半乳糖和 3,6-脱水-L-半乳糖以 β-1,4-糖苷键和 α-1,3-糖苷键交替连接构成。核酸琼脂糖凝胶电泳区带整齐，分辨率高，重复性好，容易染色和回收，并且琼脂糖本身不吸收紫外线。用琼脂糖凝胶电泳分析核酸要考虑以下因素：

1. **凝胶浓度** 一般为 0.8% ~ 3%。不同大小的 DNA 片段要用不同浓度的琼脂糖凝胶，大的 DNA 片段要用低浓度的琼脂糖凝胶。

2. **DNA 大小** DNA 片段越大，其泳动速度越慢，且迁移率与分子量或碱基对数的对数值呈线性关系。

3. **DNA 构型** 琼脂糖凝胶电泳不仅可以分离不同大小的 DNA，还可以鉴别大小相同而构型不同的 DNA。例如：在提取质粒时，由于受各种因素影响，得到的是三种构型的混合物：①**闭环 DNA**（cccDNA），全称**共价闭合环状 DNA**，所含的两股 DNA 均成环，为闭环结构，称为 I 型。②**开环 DNA**（ocDNA），所含的两股 DNA 仅一股成环，另一股开链，为开环结构，称为 II 型。③**线性 DNA**（lDNA），所含的两股 DNA 均开链，为线性结构，称为 III 型。三种构型 DNA 琼脂糖凝胶电泳的迁移率是不一样的，一般为 I 型 > III 型 > II 型。不过，受电流强度、离子强度、凝胶浓度的影响，有时也会得到其他结果。

琼脂糖凝胶电泳主要用于分析 DNA 样品的含量和分子量。电泳结束之后，用溴化乙锭染色，在紫外灯下可以直接观察到橙色 DNA 区带（灵敏度可达 50ng）。区带的荧光强度与 DNA 含量成正比，迁移率与分子量呈负相关，因此只要与已知分子量和含量的分子量标志平行电泳，就可以分析样品 DNA 的分子量和含量（图 11-1，208 页）。

琼脂糖凝胶电泳也可以分析 DNA 样品的纯度，例如分析质粒样品中是否含染色体 DNA、RNA 或蛋白质等杂质。其中，蛋白质与 DNA 结合，会滞留于加样孔内形成荧光亮点；RNA 则在 DNA 区带前方形成云雾状亮带。

琼脂糖凝胶电泳还可以分析 RNA。RNA 为单链分子，容易形成各种二级结构，影响迁移率。为此，可以用变性琼脂糖凝胶电泳分析。控制变性条件是分析 RNA 的关键。在具体操作时，应先在 RNA 样品中加入适量甲醛和甲酰胺，于 60℃ ~ 65℃ 加热 5 ~ 10 分钟，破坏其分子内的发夹结构等各种二级结构；同时，在琼脂糖凝胶中加入适量甲醛，使 RNA 在电泳过程中保持解链状态，就可以分离不同大小的 RNA，分析其分子量。

为了确定 RNA 样品的纯度及完整度，可以用 28S（约 4700nt）和 18S（约 1900nt）两种 rRNA 作为参照。经过变性凝胶电泳之后，未降解的高质量 rRNA 分出两条 rRNA 区带（有时在溴酚蓝区带前隐约可见一条 5S 区带）；经过溴化乙锭染色之后，两条区带的亮度比值应为 28S：18S = 2：1。如果 RNA 发生降解，两条区带会变模糊，或亮度比值下降，而 5S 区带的亮度则明显增强。如果电泳显示 RNA 大量降解，则说明在制备过程中存在 RNase 污染。

二、聚丙烯酰胺凝胶电泳

聚丙烯酰胺凝胶是由丙烯酰胺和 N，N′-甲叉双丙烯酰胺在 N，N，N′，N′-四甲基乙二胺（TEMED）和过硫酸铵（AP）的催化下聚合形成的。聚丙烯酰胺凝胶制备时总浓度通常控制在 4% ~ 30%，可以根据样品分子大小及电泳性质来确定。和琼脂糖凝胶电泳相比，聚丙烯酰胺凝胶电泳（PAGE）所用凝胶的浓度较高，孔径较小，适用于分离较小的 DNA 片段；聚丙烯酰胺凝胶电泳因存在浓缩、电泳和分子筛三种效应而具有很高的分辨率，可以分离长度仅差一个核苷酸的核酸片段，只是操作过程繁琐。

有两种聚丙烯酰胺凝胶电泳可以分析核酸：一种是**变性凝胶电泳**，即在凝胶中加入尿素、甲酰胺或甲醛，使双链核酸解链，或破坏单链核酸的二级结构，可以分离和纯化单链核酸片段，常用于 DNA 测序。另一种是**非变性凝胶电泳**，可以分离和纯化小的 DNA 片段，常用于制备高纯度双链 DNA 片段。

聚丙烯酰胺凝胶电泳还是研究蛋白质的常规技术。例如：**SDS-聚丙烯酰胺凝胶电泳**（SDS-PAGE）属于变性凝胶电泳，可以分析蛋白质的亚基组成及其分子量；而非变性凝胶电泳可以在保持活性的条件下分析鉴定蛋白质。

第三节　DNA 测序

DNA 是遗传物质，其碱基序列携带遗传信息。因此，要想解读遗传信息就要进行 DNA 测序。然而，在确定 DNA 是遗传物质之后的 20 多年中，DNA 测序一直进展缓慢，因为那时受技术条件限制，即使分析一个 5nt 序列也是很困难的。直至 1977 年，第一个基因组——ΦX174 噬菌体长 5386nt 的环状单链 DNA 才由 Sanger 等完成测序。

1975 年，Sanger 建立了 DNA 测序的链终止法。1977 年，Maxam 和 Gilbert 建立了 DNA 测序的化学降解法。这两种方法使 DNA 测序有了划时代的突破，Gilbert 和 Sanger 因此于 1980 年获得诺贝尔化学奖。

链终止法和化学降解法都是用待测序 DNA 制备四组标记 DNA 片段，每组片段具有以下特征：①5′端序列相同，3′末端序列不同。②3′末端所对应的碱基相同，因而分析每组片段的长度可以确定一种碱基在待测序 DNA 链中的位置。③一种碱基在待测序 DNA 链中有多少个，相应片段组所含的 DNA 片段就有多少种，所以在待测序 DNA 链中的这种碱基全都可以定位。因此，接下来就是分析四组 DNA 片段的长度，要求分辨率达到一个碱基单位，而这用变性聚丙烯酰胺凝胶电泳就可以做到。

一、链终止法

链终止法（chain termination method）又称**双脱氧法**（dideoxy method），需要建立四个反应体系，每个体系都含 DNA 聚合酶、引物和 dNTP，可以用待测序 DNA 作为模板，合成其互补链，然后进行电泳、显影和读序（图 7-2）。

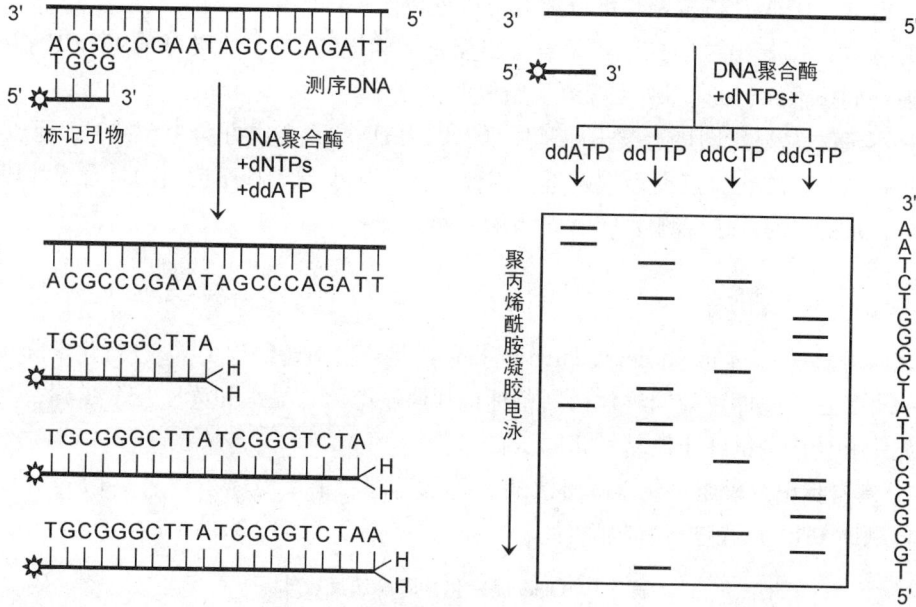

图7-2　链终止法

1. **制备标记片段组**　链终止法的关键是在每个反应体系中加入一种 2′,3′-双脱氧核苷三磷酸（ddNTP）。以 ddATP 为例：它和 dATP 一样可以与模板 dTMP 配对，把 ddAMP 连接到新生链的 3′端；但是 ddAMP 没有 3′-羟基，所以下一个 dNMP 不能连接，DNA 链的合成终止于 ddAMP，即最后合成的 DNA 片段的 5′端是引物序列，3′端是 ddAMP。

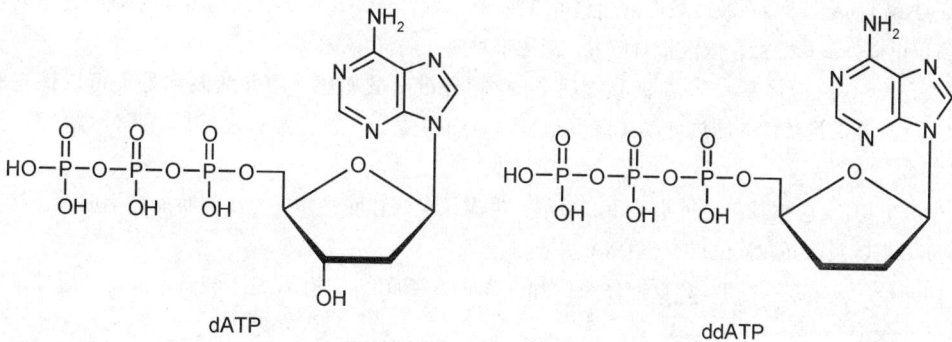

由于 ddATP 的掺入是随机的，通过优化反应体系中 dATP 和 ddATP 的比例，在 DNA 聚合酶读模板序列的任何一个 dTMP 时都可能催化 ddATP 的掺入。因此，在模板序列中有多少个 dTMP，该反应体系最终就会合成多少种 DNA 片段，它们的 5′端都是引物序列，3′端都是 ddAMP。这样，只要分析该组片段的长度就可以确定 dTMP 在待测序 DNA 中的位置。

为了便于接下来的分析，链终止法合成的 DNA 片段必须进行标记，例如将引物用荧光素或放射性同位素进行标记（第八章，174 页）。

2. **电泳**　将四个反应体系合成的 DNA 片段在聚丙烯酰胺凝胶的四个通道上进行变

性凝胶电泳，DNA 片段按照长度分离，可以形成阶梯状区带。

3. 显影　显影方法因标记物而异，用荧光素标记的 DNA 片段可采用 CCD 扫描仪，用放射性同位素标记的 DNA 片段可采用放射自显影。

4. 读序　从显影图谱上读出碱基序列。因为 DNA 的合成方向为 5′→3′，所以 DNA 链终止得越早，终止位点离 5′端越近。因此，按照从小到大顺序读出的是合成片段 5′→3′方向的碱基序列，是待测序 DNA 的互补序列。

二、化学降解法

化学降解法（chemical degradation method）是通过对待测序 DNA 进行化学降解而测序的一种方法，测序过程同样包括制备标记片段、电泳、显影和读序几个步骤，其中电泳、显影和读序与链终止法基本相同。

1. 制备标记片段组　化学降解法的关键是建立四个反应体系（表 7-1），对 5′端标记的待测序 DNA 片段进行有限降解。

表 7-1　DNA 测序化学降解法反应体系

反应体系	碱基修饰试剂	碱基修饰反应	脱碱基	主链断裂方式	断裂点
G > A	硫酸二甲酯	甲基化	中性条件加热	碱性条件加热	G 优先于 A
A > G	硫酸二甲酯	甲基化	稀酸温和处理	碱性条件加热	A 优先于 G
T + C	肼	嘧啶裂解、成腙	哌啶	哌啶	T 和 C
C	肼 + NaCl	胞嘧啶裂解、成腙	哌啶	哌啶	C

（1）G > A 反应体系：用硫酸二甲酯将 G 和 A 甲基化成 7-mG 和 3-mA，在中性条件下加热可以脱去 7-mG 和 3-mA，然后在碱性条件下加热可以在该位点裂解 DNA 主链。因为 G 的甲基化速度 5 倍于 A，所以电泳并显影之后，浓区带对应 G，淡区带对应 A。

（2）A > G 反应体系：3-mA 糖苷键比 7-mG 糖苷键对酸敏感，用稀酸温和处理可以优先脱去 3-mA，然后在碱性条件下加热可以在该位点裂解 DNA 主链，电泳并显影之后，浓区带对应 A，淡区带对应 G。

（3）T + C 反应体系：用肼使 T 和 C 裂解，生成尿素核苷酸，并进一步与肼反应生成腙，然后用 0.5mol/L 哌啶脱腙并在该位点裂解 DNA 主链。

（4）C 反应体系：在 T + C 反应体系中加入 2mol/L NaCl，只有 C 发生裂解、成腙、脱腙及裂解 DNA 主链反应。

上述反应体系具有以下特征：①每个体系都可以脱掉特定碱基，并在脱碱基位点裂解 DNA 主链。②控制温度和时间等反应条件，可以使每一个待测序 DNA 片段都有一个位点脱碱基并裂解。③经过化学降解之后，每个体系中标记 DNA 片段的 5′端序列都是一样的，3′端所对应的碱基都是确定的，片段种类也是确定的。例如：如果待测序 DNA 片段序列中有五个位置为 C，则用 C 反应体系降解之后可以得到五种标记片段。

虽然四个反应体系的特异程度不同，但是并不影响分析。

2. 读序　将四个反应体系得到的 DNA 片段在聚丙烯酰胺凝胶的四个通道上进行变性凝胶电泳，形成阶梯状区带，显影之后即可读序（图 7-3）。

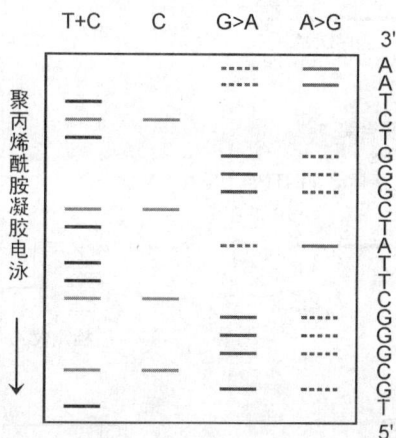

图 7-3 化学降解法

3. 特点 化学降解法只需简单的化学试剂，对长度在 250nt 以内的 DNA 片段测序效果最佳，并且可以测定很短（2~3nt）的序列，最后读出的就是待测序 DNA 的碱基序列。化学降解法的缺点是耗时长、有误读，并且需要消耗较多的待测序 DNA 样品，因此目前已经很少用于 DNA 测序。化学降解法可用于其他研究，例如分析和鉴定甲基化碱基、调控序列、DNA 的二级结构、DNA 与蛋白质的相互作用等。

三、DNA 测序自动化

传统的链终止法和化学降解法还存在不足，包括操作步骤繁琐、效率低、速度慢等，特别是显影读序耗时。

1987 年，以链终止法为基础发明的 **DNA 测序仪**（又称**序列分析仪**，sequencer）问世，实现了凝胶电泳、数据采集和序列分析的自动化。DNA 测序仪在技术上的一大发展就是用荧光素标记替代放射性同位素标记。在制备标记片段时，仍然建立四个传统的反应体系，但每个体系中的引物使用不同的荧光素标记，因此合成的四组 DNA 片段带有不同的荧光素标记，可以混合在一起，在聚丙烯酰胺凝胶的一个通道上进行分析，并通过位于凝胶底部的检测仪进行扫描，将扫描信号输入计算机，利用软件进行分析，自动读出 DNA 序列。

20 世纪 90 年代，DNA 测序自动化技术进一步得到发展：①将荧光素标记引物改为标记 ddNTP，因而只需建立一个反应体系就可以合成具有不同 3′末端标记的四组 DNA 片段。②用集束化的**毛细管电泳**（capillary electrophoresis）取代传统的聚丙烯酰胺凝胶电泳，简化了繁琐的人工操作（图 7-4）。DNA 测序自动化技术每次测序长度可达 500nt，每日可测序长度超过 10^6 nt。

此外，伴随人类基因组计划发明的基因芯片技术已经成为 DNA 测序的首选技术（第九章，189 页）。

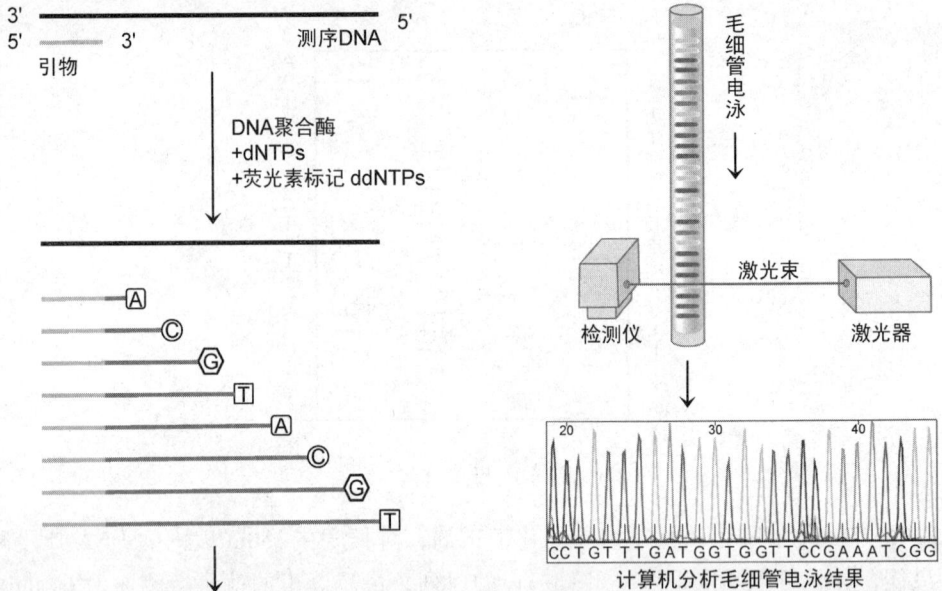

图 7-4　DNA 测序自动化

小　结

作为分子生物学研究对象的核酸包括基因组 DNA、质粒、总 RNA 及 mRNA 等。

质粒在重组 DNA 技术中用于构建载体。提取质粒的基本步骤是培养细菌和扩增质粒，收获和裂解细菌，分离纯化质粒。

提取真核生物基因组 DNA 的基本步骤是用液氮冷冻组织材料，将其研成细粉，用 EDTA、去污剂和蛋白酶 K 共同裂解细胞，用苯酚和氯仿/异戊醇等抽提除去蛋白质。

真核细胞总 RNA 的提取方法有异硫氰酸胍 - 酚氯仿法、异硫氰酸胍 - 氯化铯密度梯度分离法、氯化锂 - 尿素法、热酚法。用 oligo(dT)-纤维素亲和层析可以提取 mRNA。

用凝胶电泳可以分析核酸。琼脂糖凝胶电泳多用于鉴定较大的核酸片段，特别是分子量测定；聚丙烯酰胺凝胶电泳用于鉴定较小的核酸片段，特别是 DNA 测序。

DNA 测序的经典方法是链终止法和化学降解法。两种方法都包括制备标记片段组、电泳、显影和读序等步骤。链终止法的关键是应用 2′,3′-双脱氧核苷三磷酸，化学降解法的关键是建立四个降解体系。

第八章　印迹杂交技术

印迹杂交技术是将电泳分离的样品从凝胶中转印到印迹膜上，然后与标记探针进行杂交，并对杂交体做进一步分析。

1975 年，英国爱丁堡大学的 Southern 发明了印迹杂交技术，他将 DNA 片段从琼脂糖凝胶中转印到硝酸纤维素膜上进行杂交分析，这一技术后来被称为 Southern blotting。1977 年，美国斯坦福大学的 Alwine 等用类似方法分析 RNA，用于研究基因表达，这一技术被称为 Northern blotting。1979 年，瑞士米歇尔研究所的 Towbin 等将 SDS-聚丙烯酰胺凝胶电泳凝胶中的蛋白质转印到膜上进行免疫学分析，这一技术被称为 Western blotting。1982 年，美国宾夕法尼亚大学的 Reinhart 等对等电点聚焦电泳（IEF）凝胶中的蛋白质样品进行印迹分析，以研究蛋白质的翻译后修饰，这一技术被称为 Eastern blotting。目前根据研究成分将上述技术直接命名为 **DNA 印迹法**、**RNA 印迹法**和**蛋白质印迹法**。其中，蛋白质印迹法分析蛋白质的化学基础是其免疫原性，所以又称**免疫印迹法**（immunoblotting）。

印迹杂交技术是分子生物学的基本技术，并随着分子生物学技术的不断发展而发展，被广泛应用于克隆筛选、核酸分析、蛋白质分析和基因诊断等。

第一节　核酸杂交

在一定条件下（例如加热）断开碱基对氢键，可以使双链核酸局部解链，甚至完全解离成单链，形成无规卷曲结构，称为核酸的**熔解**（melting）、**变性**（denaturation）。反之，两股单链核酸的序列如果部分互补甚至完全互补，则在一定条件下可以自发结合，形成双链结构，称为**退火**（annealing）。同一来源变性核酸的退火称为**复性**（renaturation），即重新形成变性前的双链结构。不同来源单链核酸的退火称为**杂交**（hybridization），形成杂交体。

一、变性

生物体内的 DNA 几乎都是双链的，RNA 几乎都是单链的。因此，核酸变性主要是指 DNA 变性。不过，许多 RNA 分子内因存在茎环或发夹等结构而含局部双链结构。因此，核酸变性也包括 RNA 变性。

加热或加入化学试剂（例如酸、碱、乙醇、尿素和甲酰胺）等均能使溶液中的 DNA 变性。变性导致核酸的一些物理性质改变，例如黏度下降，沉降速度加快。此外，单链 DNA 的紫外吸收比双链 DNA 高 30% ~40%，所以变性导致 DNA 的紫外吸收值增大，这一现象称为**增色效应**（hyperchromic effect）。

温度较其他变性因素更易于控制，因此常用加热法研究 DNA 变性。使双链 DNA 解链度达到 50% 所需的温度称为**解链温度**（T_m），又称**变性温度**、熔点（图 8-1）。DNA 的解链温度一般在 82℃ ~95℃，它与 DNA 的分子大小和碱基组成、溶液的 pH 值和离子强度、变性剂等有关（图 8-2）。

$$T_m =41 \times （G+C）\% +69.3 （0.15mol/L \text{氯化钠} -0.15mol/L \text{柠檬酸钠}）$$

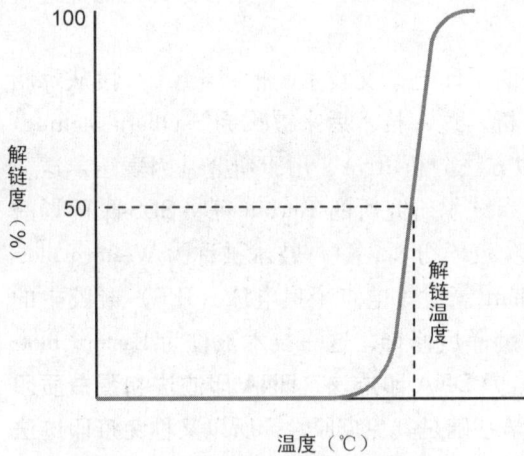

图 8-1   DNA 变性曲线

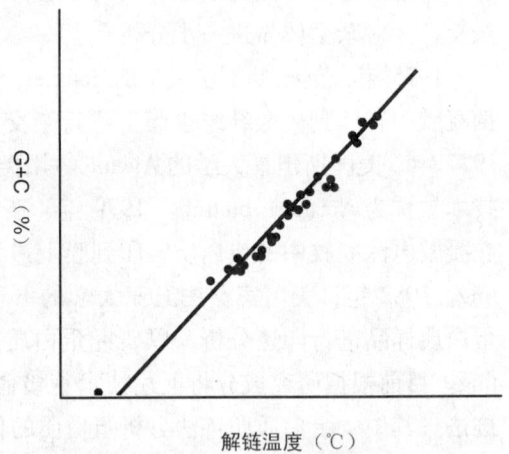

图 8-2   G+C 百分含量与解链温度的关系

此外，同样条件下，RNA-DNA、RNA-RNA 的解链温度分别比 DNA-DNA 高 10℃ ~15℃、20℃ ~25℃。

通常 DNA 在低离子强度的溶液中具有较低的解链温度，而且解链温度范围较宽。离子强度提高时，DNA 的解链温度也升高，而且解链温度范围变窄。因此，DNA 制剂通常保存在高离子强度的溶液中。

二、复性

缓慢降温可以使热变性 DNA 复性，即重新形成变性前的双链结构。复性导致 DNA 的紫外吸收值减小，这一现象称为**减色效应**（hypochromic effect）。因此，通过检测 DNA 紫外吸收值的变化可以分析其变性或复性程度。

DNA 复性并不是简单的逆变性过程，复性效率受多种因素影响：

1. **复性温度**   DNA 的最适复性温度通常比解链温度低 25℃ 左右。

2. **DNA 浓度**   复性过程的第一步是两股 DNA 互补链随机碰撞形成局部双链，DNA 浓度越高，互补链碰撞几率就越大，因而复性越快，遵循二级反应动力学。

3. **复性时间**   显然复性时间越长，复性越彻底。

4. **DNA 序列复杂性** 在一定条件下，序列简单的 DNA（例如重复序列）复性快，序列复杂的 DNA（例如单一序列）复性慢，因而可以通过测定复性速度分析 DNA 序列的复杂性。

5. **DNA 大小** DNA 片段越大，寻找互补序列的难度就越大，因而复性越慢。

6. **离子强度** DNA 溶液的离子强度越高，DNA 互补链越容易碰撞，因而复性越快。

三、杂交与核酸杂交技术

不同来源的单链核酸，只要其序列有一定的互补性就可以杂交，形成的杂交产物被称为**杂交体**、**杂交分子**。杂交可以发生在 DNA 与 DNA、DNA 与 RNA、RNA 与 RNA 之间，不论是来自生物体的还是人工合成的，只要它们的序列具有互补性即可发生。杂交是核酸杂交技术的分子基础。**核酸杂交技术**是分子生物学领域常用的重要技术之一，是将已知序列的单链核酸片段进行标记以便检测，再与未知序列的待测核酸样品进行杂交，从中鉴定互补序列，以分析样品中是否存在特定序列或序列是否存在变异等。通常把所用已知序列的标记核酸片段称为探针。

根据杂交体系的不同，核酸杂交可以分为液相杂交和固相杂交。

1. **液相杂交** 是指待测核酸和探针都游离于溶液中，在一定条件下进行杂交。该方法杂交速度快、效率高，操作简便；但既会发生待测核酸的复性，又不易除去未杂交的多余探针，因而误差较大。不过，目前已经发展了新的液相杂交技术。

2. **固相杂交** 是先将待测核酸固定在固相支持物（常用硝酸纤维素膜、尼龙膜、乳胶颗粒、磁珠、微孔板）上，然后与溶液中的游离探针进行杂交，形成的杂交体结合在固相支持物上。固相杂交既可以避免待测核酸的复性，又可以通过漂洗除去未杂交的多余探针，而且因为杂交体结合在固相支持物上，检测很方便，所以固相杂交应用广泛。印迹杂交技术中的核酸杂交就是以固相杂交为基础的。

第二节 核酸探针与标记

生物化学和分子生物学实验技术中的**探针**（probe）是用于指示特定物质（如核酸、蛋白质、细胞结构等）的性质或状态的一类标记分子。**核酸探针**是带有标记物且序列已知的核酸片段，能与待测核酸中的特定序列特异杂交，形成的杂交体可以检测。核酸探针是否合适是决定核酸杂交分析能否成功的关键。合适的核酸探针具备以下条件：①特异性高，只与待测核酸样品中的互补序列杂交。②为单链核酸，双链核酸探针使用前要先变性解链。③带有标记物，标记物稳定且灵敏度高，检测方便。

一、核酸探针种类

根据来源和性质的不同，可以把核酸探针分为基因组 DNA 探针、RNA 探针、cDNA 探针和寡核苷酸探针等。

1. 基因组 DNA 探针　可以直接从基因组文库中选取目的基因克隆，经过酶切制备（第十一章）；也可以通过聚合酶链反应扩增基因组 DNA 中的目的基因序列制备（第十章）。基因组 DNA 探针包含目的基因的全部序列或部分序列，是最常用的 DNA 探针。制备基因组 DNA 探针应尽量选用编码序列，避免选用非编码序列，因为非编码序列特异性低，会得到假阳性杂交结果。

2. RNA 探针　可以用带有噬菌体 DNA 启动子的质粒载体制备。RNA 探针具有以下特点：①是单链核酸探针，因而不会自身退火，杂交效率较高，杂交体的稳定性更好。②不含高度重复序列，所以非特异性杂交也较少。③杂交之后可以用 RNase 降解游离的 RNA 探针，从而降低**本底**（background，这里指样品背景的信号值）。不足：标记复杂，容易降解。

3. cDNA 探针　不含内含子等非编码序列，所以特异性高，是一类较为理想的核酸探针，尤其适用于研究基因表达。不过 cDNA 探针不易制备，因此使用不广。

4. 寡核苷酸探针　是根据已知核酸序列人工合成的 DNA 探针，或根据编码产物氨基酸序列推导并合成的**简并探针**（degenerate probe，编码同一氨基酸序列的寡核苷酸的混合物），具有以下特点：①复杂性低，因而杂交时间短。②是单链 DNA 探针，因而不会自身退火。③多数寡核苷酸探针长度只有 17～30nt，只要其中有一个碱基错配就会影响杂交体的稳定性，因而特别适用于分析点突变。

二、核酸探针标记物

核酸杂交体的检测依赖于灵敏而稳定的核酸探针标记物。合适的核酸探针标记物具备以下条件：①标记方便。②标记稳定。③不影响杂交特异性。④检测灵敏。⑤对环境污染轻。

核酸探针标记物分为放射性同位素标记物和非放射性标记物。

（一）放射性同位素标记物

放射性同位素是应用较多的一类核酸探针标记物，可以用液体闪烁计数法、放射自显影法或磷光成像技术来检测和定量。其优点是：①与普通元素化学性质相同，既不影响各种酶促反应，也不影响杂交的特异性和杂交体的稳定性。②具有极高的灵敏度（10^{-14}～10^{-18} g）和特异性。

用于标记核酸探针的放射性同位素有 ^{32}P（灵敏度高，半衰期短，只有 14.3 天）、^{35}S（可以取代磷酸基团中的氧原子，半衰期为 87.48 天）和 ^{3}H（灵敏度低，半衰期长，为 12.43 年）等，均可放射出 β 射线，其中 ^{32}P 因能量高、信号强而应用最多。^{32}P 主要以 $[\alpha\text{-}^{32}P]NTP$ 或 $[\alpha\text{-}^{32}P]dNTP$ 形式通过酶促反应掺入核酸探针，也可以用 $[\gamma\text{-}^{32}P]ATP$ 进行末端标记。

不过，放射性同位素有以下不足：①需要采取放射性保护措施，否则会危及操作者身体健康甚至生命安全。②废弃物易造成放射性污染，需要进行特殊处理。③用半衰期短的放射性同位素标记的探针应尽快使用。④需要昂贵的检测设备和苛刻的检测场所。⑤稳定性差，检测耗时。为此，20 世纪 80 年代发展了非放射性标记物。

（二）非放射性标记物

非放射性标记物的优点：①实验周期短。②稳定性好，所标记的核酸探针可以长时间存放备用。③废弃物处理方便，无放射性污染。

不足：①灵敏度和特异性有时不理想。②标记之后不能立即确定标记效率。目前常用的非放射性标记物有生物素、地高辛精和荧光素等。

1. 生物素（biotin） 应用最早，通常用一段4～16原子的连接臂与核苷酸交联，例如生物素-11-dUTP，可以取代 dTTP 掺入 DNA 探针。

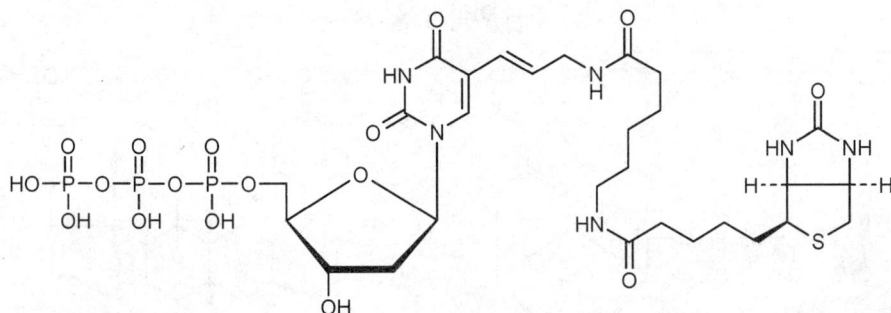

生物素-11-dUTP

生物素是亲和素（avidin，又称抗生物素蛋白，是蛋清中的一种同四聚体糖蛋白，128AA×4）和链霉亲和素（streptavidin，又称链霉抗生物素蛋白，是链霉菌产生的一种同四聚体蛋白质，159AA×4）的天然配体。用生物素标记核酸探针与待测核酸杂交之后，可以用偶联有报告酶（例如碱性磷酸酶、辣根过氧化物酶，表8-1）的亲和素与杂交体结合，然后加报告酶底物，通过呈色反应或产生发光产物进行分析（图8-3）。如果用荧光素标记亲和素，则可以直接进行荧光分析。

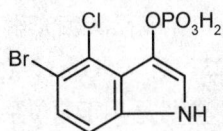

5-溴-4-氯-3-吲哚磷酸酯   3,3'-二氨基联苯胺

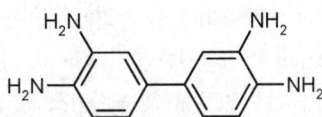

表8-1 报告酶及其底物

报告酶	底物	呈色试剂	产物呈色
碱性磷酸酶（ALP）	5-溴-4-氯-3-吲哚磷酸酯（BCIP）	氮蓝四唑（NBT）	深蓝色
辣根过氧化物酶（HRP）	3,3'-二氨基联苯胺（DAB）	H_2O_2	棕色

生物素普遍存在于各种生物体内，所以会对杂交结果产生内源性干扰。

2. 地高辛精（digoxigenin） 是一种类固醇半抗原化合物，是应用比较广泛的非放射性标记物。地高辛精可以用一段连接臂与核苷酸交联，例如地高辛精-11-dUTP，可以取代 dTTP 掺入 DNA 探针。

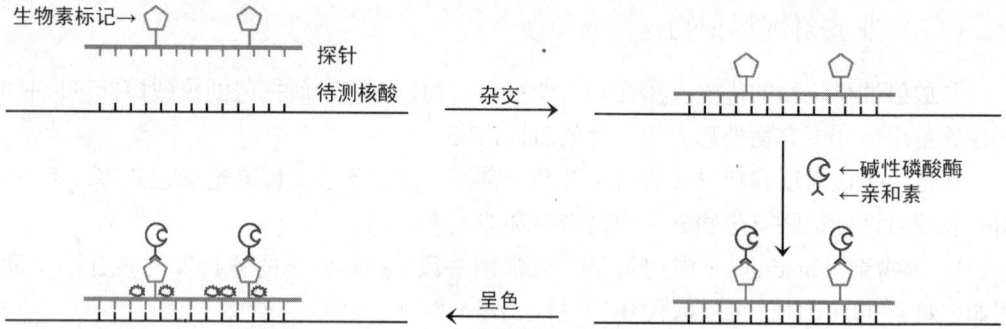

图 8-3　生物素标记核酸探针的应用

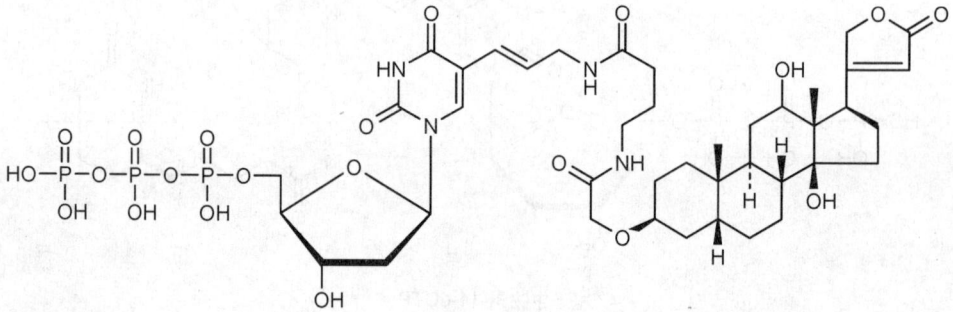

地高辛精-11-dUTP

用地高辛精标记的核酸探针与待测核酸杂交之后，可以用偶联有报告酶或荧光素的抗地高辛精抗体与杂交体结合，进行分析。

地高辛精标记优点：①所标记的核酸探针非常稳定，－20℃下可以保存一年。②地高辛精只存在于洋地黄类植物，所以不会产生类似于生物素的内源性干扰，杂交本底较低。不足：所标记的 DNA 探针在碱性条件下易水解，因此只能采用加热变性。

3. 荧光素（fluorescein）　核酸探针可以用荧光素例如异硫氰酸荧光素（FITC，$\lambda_{ex} = 490nm$，$\lambda_{em} = 525nm$）、罗丹明（rhodamine，例如罗丹明 123，$\lambda_{ex} = 511nm$，$\lambda_{em} = 534nm$）等直接标记，杂交结果可以进行荧光分析。荧光素标记的核酸探针适用于原位杂交分析。

三、核酸探针标记法

核酸探针标记可以在体内进行，也可以在体外进行。体内标记是将放射性化合物加入培养基，由细胞摄取之后掺入新合成的核酸分子。例如加入 ^{3}H-胸苷可以标记 DNA，加入 ^{3}H-尿苷可以标记 RNA。

体外标记可以采用化学法和酶促法。①化学法是利用标记物分子的活性基团与核酸探针进行交联，将标记物直接结合到核酸探针上，例如用光敏生物素标记即属于化学法。化学法的优点是简便快捷、标记均匀。②酶促法是先用标记物标记核苷酸，再通过酶促反应将标记核苷酸掺入核酸探针，或将标记基团从核苷酸转移到核酸探针上。

体外标记法最常用。前述所有标记物都可以用体外标记法标记核酸探针。下面介绍体外标记的四种酶促法。

（一）切口平移标记法

切口平移标记法由 Kelly 等建立于 1970 年，是最早用于 DNA 探针标记的方法之一，制备的 DNA 探针适用于大多数杂交分析。

标记过程：①用 DNase I 在 DNA 双链上随机水解磷酸二酯键，形成切口。②用大肠杆菌 DNA 聚合酶 I 通过切口平移降解原有 DNA 片段，用标记核苷酸作为原料合成标记 DNA 片段。③变性解链，获得 DNA 探针（图 8-4）。

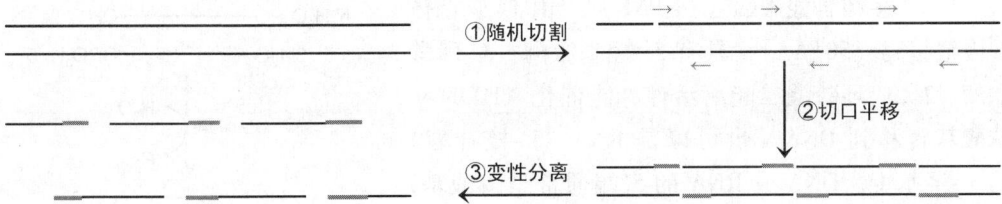

图 8-4　切口平移标记法

（二）随机引物标记法

随机引物（random primer）是一定长度（6～10nt）寡核苷酸部分随机序列或全部随机序列的集合，可以为各种 DNA 序列的合成提供引物。如果合成时应用的是标记 dNTP，则合成的就是标记产物，可以作为 DNA 探针，这就是 DNA 探针的**随机引物标记法**（random priming）。随机引物标记法可以合成各种长度的标记 DNA 探针，适用于一般的杂交分析。与切口平移标记法相比，随机引物标记法标记效率高，且只需要一种酶——Klenow 片段，合成的标记 DNA 探针长度更均匀，在杂交分析中重复性更好，因而成为 DNA 探针标记的首选方法。

标记过程：①将 DNA 探针模板变性，与随机引物退火。②加 Klenow 片段，以一种标记 dNTP 和三种普通 dNTP 为原料，合成标记 DNA。③变性解链，获得 DNA 探针（图 8-5）。

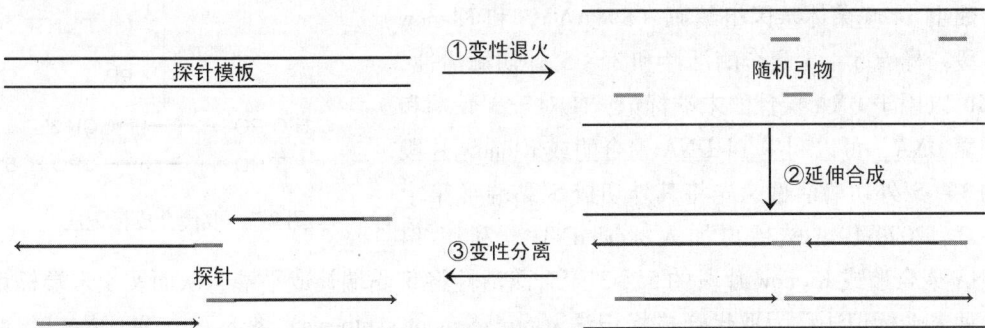

图 8-5　随机引物标记法

（三）聚合酶链反应标记法

聚合酶链反应（PCR）可以快速扩增 DNA。如果在反应体系中加入标记 dNTP，聚合酶链反应扩增产物即为标记 DNA，可以作为 DNA 探针。**聚合酶链反应标记法**适用于制备短链 DNA 探针。

（四）末端标记法

末端标记法是对 DNA 或 RNA 探针的 5′末端或 3′末端进行标记，多用于寡核苷酸探针的标记，标记效率不高。末端标记法常用到 T4 多核苷酸激酶、末端转移酶、Klenow 片段和 T4 DNA 聚合酶等。

1. T4 多核苷酸激酶（T4 PNK）　由 T4 噬菌体基因组编码（301AA），具有 5′-羟基激酶、3′-磷酸酯酶、2′,3′-环磷酸二酯酶活性，能催化 ATP 的 γ-磷酸基转移到 DNA（也可以是 RNA、3′-核苷酸）的 5′-羟基上。DNA 或 RNA 的 5′端通常是磷酸基，因此标记时要先用碱性磷酸酶（ALP）脱去，暴露出 5′-羟基，然后再用 T4 多核苷酸激酶催化 $[\gamma\text{-}^{32}P]$ ATP 将其磷酸化（图 8-6）。

2. 末端转移酶　即末端脱氧核苷酸转移酶（TdT），是从小牛胸腺或髓细胞内分离的一种酶（509AA），能催化脱氧核苷酸连接到单链 DNA 的 3′端或双链 DNA 的 3′黏端（第十一章，207 页），反应不需要模板，但需要 Mg^{2+}。如果用标记 3′-dNTP 或 2′,3′-ddNTP 为原料，可以在 3′端加接一个标记核苷酸。如果用一种 2′-dNTP 为原料，可以合成由单一核苷酸组成的 3′尾，这一过程被称为**同聚物加尾**（第十一章，220 页）。

3. T4 DNA 聚合酶和 Klenow 片段　T4 DNA 聚合酶由 T4 噬菌体基因组编码（898AA），和 Klenow 片段一样有 5′→3′聚合酶活性和 3′→5′外切酶活性，都可以用于 DNA 探针的末端标记：①对于 3′黏端和平端 DNA，可以利用 T4 DNA 聚合酶或 Klenow 片段的 3′→5′外切酶活性，先将其外切成 5′黏端（第十一章，207 页），然后再加入标记 dNTP，利用 T4 DNA 聚合酶或 Klenow 片段的 5′→3′聚合酶活性将 5′黏端补成平端，从而实现末端标记，这种末端标记法称为**取代合成标记法**（replacement synthesis，图 8-7）。T4 DNA 聚合酶的3′→5′外切酶活性比 Klenow 片段高 200 倍，因此成为取代合成标记法的首选酶。②对于具有 5′黏端的 DNA，可以直接加入标记 dNTP，利用 T4 DNA 聚合酶或 Klenow 片段的 5′→3′聚合酶活性催化标记。

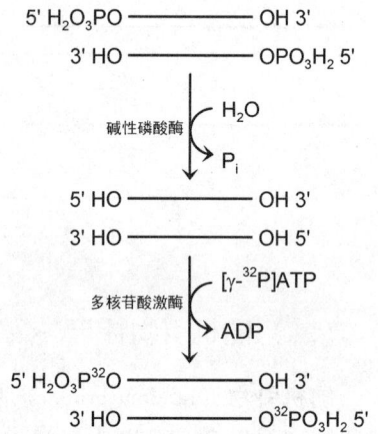

图 8-6　末端标记法

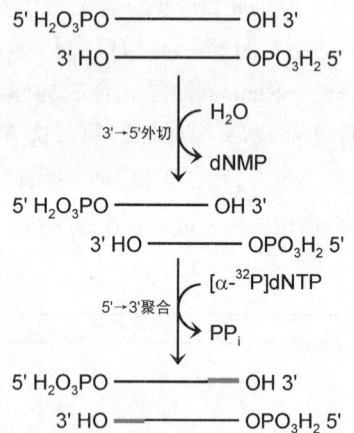

图 8-7　取代合成标记法

第三节 固相支持物与印迹

印迹杂交技术包括三项基本操作：电泳分离、样品转印和杂交分析。为了保证杂交的灵敏度和重复性，选用合适的固相支持物和印迹方法至关重要。

一、固相支持物

固相支持物应具备以下基本条件：①结合量多，核酸结合量应不少于 $10\mu g/cm^2$。②结合稳定，可耐受杂交温度及漂洗。③非特异性吸附可以排除。

印迹杂交技术目前应用的固相支持物有硝酸纤维素膜、尼龙膜、聚偏氟乙烯膜（PVDF）和活化滤纸等**印迹膜**，可以根据实际需要选用，其中硝酸纤维素膜、尼龙膜和 PVDF 膜最常用。

1. 硝酸纤维素膜 硝酸纤维素膜是最早用于 DNA 印迹的印迹膜，其优点是结合量多（$80\sim100\mu g/cm^2$）、本底较低、操作简便。被广泛应用于 DNA 印迹、RNA 印迹、蛋白质印迹和菌落杂交、噬菌斑杂交、斑点杂交等。

硝酸纤维素膜虽然应用广泛，但也有不足之处：①核酸与硝酸纤维素膜以疏水作用结合，因而亲和力弱，在杂交之后的漂洗时会被洗掉，用于小的 DNA 片段（特别是小于 200nt）及蛋白质印迹时尤其如此。②核酸与硝酸纤维素膜的结合受离子强度影响，需要较高的离子强度。③硝酸纤维素膜在碱性条件下不能结合核酸，并且长时间浸于碱性溶液中会破裂，所以不适于在碱性条件下使用。④硝酸纤维素膜在 80℃烘烤固定时会变脆易裂，很难进行多轮杂交。

2. 尼龙膜 尼龙膜韧性较强，不易破裂，结合量更多（$350\sim500\mu g/cm^2$）。在各种 pH 值及离子强度条件下，经紫外线照射后，尼龙膜与核酸部分嘧啶碱基以共价键牢固结合，与小 DNA 片段（即使只有 10nt）的结合也很牢固。在保持完整的情况下，尼龙膜可以进行多轮杂交，即在第一轮杂交之后，将核酸探针变性洗脱，可以再与第二种核酸探针杂交。用于印迹杂交的尼龙膜有中性尼龙膜（例如 Amersham 公司的 Hybond-N）和正电荷修饰尼龙膜（例如 Amersham 公司的 Hybond-N$^+$、Bio-Rad 公司的 Zeta-Probe、PerkinElmer 公司的 GeneScreen Plus）。正电荷修饰尼龙膜与核酸的结合更牢固，灵敏度更高。

尼龙膜的不足之处是无法对印迹的蛋白质进行染色，并且本底较高（但可以通过预杂交降低）。

3. 聚偏氟乙烯膜 常用于蛋白质印迹，有较高的机械强度，耐受剧烈的实验条件，样品结合强度比硝酸纤维素膜强 6 倍，结合量是 $100\sim200\mu g/cm^2$，结合后可用氨基黑、印度墨汁、丽春红 S 及考马斯亮蓝等进行染色，可以进行多轮杂交。

聚偏氟乙烯膜的不足之处是不能用于荧光分析。此外，在使用时需用甲醇或乙醇预处理，以活化膜上的阳离子基团，使其更容易与带负电荷的蛋白质结合。

二、印迹方法

印迹（blotting）是指将核酸和蛋白质等样品用类似于吸墨迹的方法从凝胶等电泳或层析介质中转移到合适的印迹膜上，样品在印迹膜上的相对位置与在凝胶中时一样。目前常用的印迹方法有电转移法、毛细管转移法和真空转移法。

1. 电转移法（electrotransfer） 是通过电泳使凝胶中的带电荷样品沿着与凝胶平面垂直的方向泳动，按原位从凝胶中转移到印迹膜上（图8-8），是一种简便、高效的转移方法。

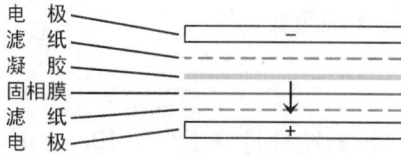

| 电 极 |
| 滤 纸 |
| 凝 胶 |
| 固相膜 |
| 滤 纸 |
| 电 极 |

图8-8 电转移法

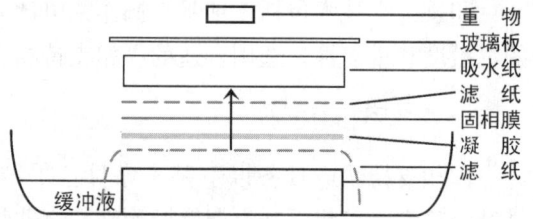

图8-9 向上的毛细管转移法

核酸电转移法一般选用尼龙膜而不是硝酸纤维素膜作为印迹膜，因为硝酸纤维素膜结合核酸需要有较高的离子强度，而高离子强度缓冲溶液的导电效率极高，会引起转移系统温度急剧升高，影响转移效率及随后的杂交。

由于电转移是在强电流条件下进行，所以电转移系统会产热，需要使用循环水冷却，或在冷室内操作。

2. 毛细管转移法 是通过虹吸作用使缓冲溶液定向渗透，带动样品按原位从凝胶中转移到印迹膜上。样品转移速度主要取决于样品分子大小、凝胶浓度和凝胶厚度。传统的毛细管转移法是采用液流自下而上虹吸，带动样品印迹（图8-9）。在这种方法中，吸水纸及其上面重物的重量会将凝胶压紧，降低转移速度。后来发展的一种方法是采用液流自上而下虹吸，使转移速度更快，并且信号强度提高约30%。

毛细管转移法操作简便，重复性好，并且不需要特殊设备，被普遍采用。

3. 真空转移法（vacuum transfer） 是通过真空作用将缓冲溶液从上层储液器中通过凝胶和印迹膜抽到下层真空室内，同时带动样品按原位从凝胶中转移到印迹膜上。真空转移法的优点是简便、高效，并且在转移的同时可以对核酸进行变性处理。

第四节　常用核酸印迹法

常用的核酸杂交技术多为固相杂交，例如印迹杂交、原位杂交、菌落杂交、等位基因特异性寡核苷酸杂交等。

一、DNA印迹法

DNA印迹法分析的样品是DNA，基本过程如下（图8-10）。

1. 样品制备 提取具有一定纯度和完整度的基因组DNA，用限制性内切酶切割，获得长度不等的限制性片段。

2. 电泳分离 通过琼脂糖凝胶电泳将限制性片段按长度分离。

3. 变性 用碱液（酸变性导致DNA降解）处理电泳凝胶，将限制性片段原位变性解链（同时还可降解RNA杂质）。变性条件：1.5mol/L NaCl－0.5mol/L NaOH 变性一

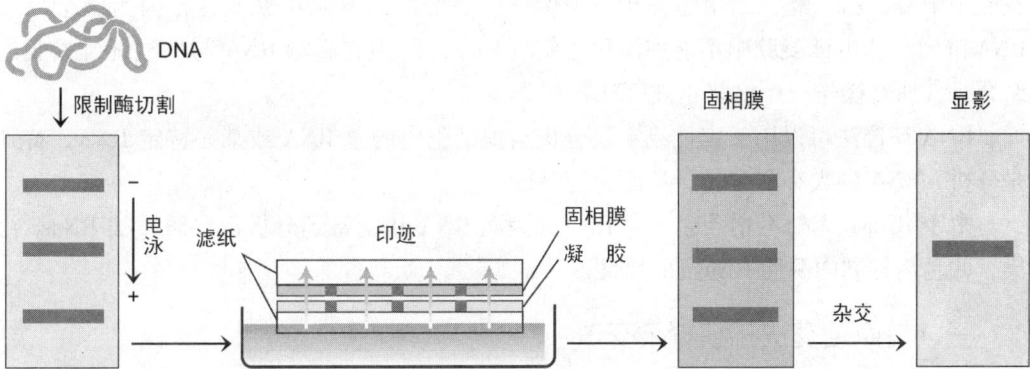

图 8-10　DNA 印迹法

小时，1.5mol/L NaCl - 1mol/L Tris-HCl（pH = 8.0）中和一小时。

4. **印迹**　选择合适的印迹法，将变性的限制性片段从凝胶中转移到经过预处理的印迹膜上。

5. **固定**　转移之后的 DNA 必须固定于印迹膜上。80℃烘烤两小时可以将 DNA 固定于印迹膜上，紫外线照射可以使 DNA 以共价键与尼龙膜结合。

6. **预杂交**　在杂交之前用**封闭物**（主要是大量非同源性核酸或蛋白质，例如变性的鲑鱼精子 DNA 或牛血清白蛋白）封闭印迹膜上那些未结合 DNA 的位点，以避免 DNA 探针的非特异性吸附，降低杂交结果的本底，称为**预杂交**。之后需漂洗，除去未结合的封闭物。

7. **杂交**　用 DNA 探针杂交液浸泡结合了待测 DNA 的印迹膜，温育，DNA 探针即与待测 DNA 片段进行杂交，形成 DNA-DNA 杂交体。如果用双链 DNA 探针需要先变性。

8. **漂洗**　用不同离子强度的漂洗液依次漂洗印迹膜，除去未杂交 DNA 探针和形成非特异性杂交体的 DNA 探针。非特异性杂交体稳定性差，解链温度低，可以在比特异性杂交体解链温度低 5℃ ~ 12℃ 的条件下解链，而特异性杂交体在同样条件下不会解链。

9. **分析**　通过放射自显影或呈色反应等方法分析印迹膜上的杂交体，进而分析样品 DNA 的有关信息。例如：将印迹膜上杂交体的位置与凝胶电泳图谱进行对比，可以确定样品 DNA 片段的大小。

DNA 印迹法是最经典的基因分析方法，可以用于分析 DNA 大小、DNA 克隆、DNA 多态性、限制性酶切图谱、基因拷贝数、基因突变和基因扩增等，从而用于基础研究和基因诊断。

二、RNA 印迹法

RNA 印迹法分析的样品是 RNA。RNA 印迹法与 DNA 印迹法基本一致，所不同的是：①RNA 样品不需酶切。②为了保持 RNA 呈单链状态进行电泳，以使 RNA 按分子大小分离，需先用变性剂处理，使 RNA 完全变性，再通过琼脂糖凝胶电泳分离。③RNA

只能用甲醛、乙二醛、二甲基亚砜（DMSO）等变性，不能用碱变性，因为碱会导致 RNA 降解。④电泳凝胶中不能加溴化乙锭（EB），因为它影响 RNA 与硝酸纤维素膜的结合。⑤所有操作应严格防止被 RNase 污染。

RNA 印迹法可以用于定性或定量分析组织细胞内的总 RNA 或某一特定 RNA，特别是分析 mRNA 的大小和含量，从而研究基因表达。

由于 RNase 无处不在，会水解 RNA，因而 RNA 从制备到分析都要防止被 RNase 污染，并且需抑制内源性 RNase 的活性。

三、斑点杂交法和狭缝杂交法

斑点杂交法（dot blotting）和**狭缝杂交法**（slot blotting，又称**狭线印迹法**）是将粗制或纯化的核酸样品变性之后直接点在印迹膜上，经过固定、预杂交之后与核酸探针进行杂交分析。斑点杂交法点样印迹为圆斑，狭缝杂交法点样印迹为短线。

斑点杂交法或狭缝杂交法可以做定性和半定量分析，用于检测 DNA 样品的同源性、细胞内特定基因的拷贝数和基因表达情况；优点是用样量少，操作简便，提取的核酸不需要进行电泳和转移，在同一张印迹膜上可以分析批量样品；缺点是特异性不高，有一定的假阳性，并且不能分析核酸片段的大小。

四、菌落杂交法和噬菌斑杂交法

1975 年，Grunstein 和 Hogness 在 DNA 印迹法的基础上发明了**菌落杂交法**（colony hybridization，又称**菌落印迹法**）。1977 年，Benton 和 Davis 发明了**噬菌斑杂交法**（plaque hybridization）。

菌落/噬菌斑杂交法的基本过程：①用印迹膜拓印培养菌落/噬菌斑，并做相应标记。②用碱液处理拓膜菌落/噬菌斑，原位裂解释放 DNA，用蛋白酶 K 水解除去蛋白质，80℃烘烤固定。③进行预杂交、杂交和分析。

菌落杂交法和噬菌斑杂交法的特点是省略了核酸提取步骤，在基因工程技术中适用于筛选含目的 DNA 序列的阳性菌落和噬菌斑，在临床上适用于检验病原体标本。图 8-11 为用菌落杂交法筛选阳性菌落。

五、原位杂交

原位杂交（ISH）是指把细菌、细胞或组织切片进行适当处理（0.2mol/L HCl 处理，蛋白酶 K 水解，乙醇脱水），增加其膜结构的通透性，然后置于含核酸探针的杂交液中，使探针进入细胞内，与目的 DNA/RNA 杂交。其中，以 cDNA 为探针检测与其互补的 mRNA 在细胞内的分布，称为 **RNA 原位杂交**，常用于分析基因表达的组织特异性。

原位杂交不需要把核酸提取出来，可以保持组织和细胞的形态，多用于分析目的 DNA/RNA 的染色体、细胞器、细胞、组织甚至整体分布，这一点具有重要的生物学和病理学意义。此外，原位杂交还可用于分析病原体的存在部位和存在方式。

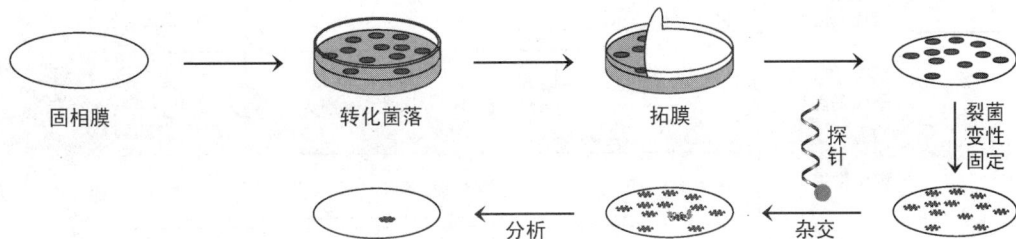

图 8-11 菌落杂交

荧光原位杂交（FISH）是用荧光素标记核酸探针进行的原位杂交，因具有以下特点而广泛应用：①荧光素标记灵敏、稳定、安全、直观，不需要特别的防护措施。②建立多色荧光原位杂交可以同时分析多种靶序列，分辨率可达 100 ~ 200bp。

六、等位基因特异性寡核苷酸杂交法

等位基因特异性寡核苷酸杂交法（ASOH）是最早用于检测已知点突变的方法，也是目前广泛采用的基因诊断方法，由 Wallace 于 1979 年建立。该方法的关键是设计一对**等位基因特异性寡核苷酸探针**（ASO），这是人工合成的一对寡核苷酸，长度为 15 ~ 20nt。两种探针序列只有位于序列内部的一个碱基不同，该碱基对应突变位点，因而一种探针与野生型基因序列完全互补，为野生型探针；另一种探针与突变型基因序列完全互补，为突变型探针。

ASOH 要求所设计的探针覆盖突变位点的两侧。通过严格控制杂交条件，可以使探针只与完全互补序列杂交，所以可以鉴定一个碱基的不同，从而鉴定个体的基因型。

在各种遗传病中，大多数致病基因的结构异常是点突变，并且每一种致病基因都有一些突变热点，因此可以用 ASOH 诊断遗传病，例如苯丙酮尿症。**苯丙酮尿症**（PKU）是一种常染色体隐性遗传病，主要原因是点突变造成苯丙氨酸羟化酶基因异常，以至于不表达苯丙氨酸羟化酶，或表达的苯丙氨酸羟化酶无活性，导致苯丙氨酸正常代谢障碍，血液浓度持续高于 $1200\mu mol/L$（新生儿正常值上限是 $120\mu mol/L$），造成患儿智力低下（除非及早限制苯丙氨酸摄入量），会出现先天性痴呆。要检测苯丙酮尿症基因的点突变，我们可以根据某个突变位点（例如 Arg243Gln）设计一对探针：

野生型探针：TTCCGCCTCC**G**ACCTGT
突变型探针：TTCCGCCTCC**AA**CCTGT

用两种探针分别和待测 DNA 杂交，显性纯合子只与野生型探针杂交，杂合子与野生型探针和突变型探针都杂交，隐性纯合子只与突变型探针杂交，因此根据杂交结果可以判断待检个体的基因型，如图 8-12 所示的杂交结果：①a/b/d/g 与野生型探针、突变型探针都形成杂交点，为突变携带者，基因型是杂合子。②e/h 只与野生型探针形成杂交点，为正常人，基因型是显性纯合子。③c/f 只与突变型探针形成杂交点，为苯丙酮尿症患者，基因型是隐性纯合子。

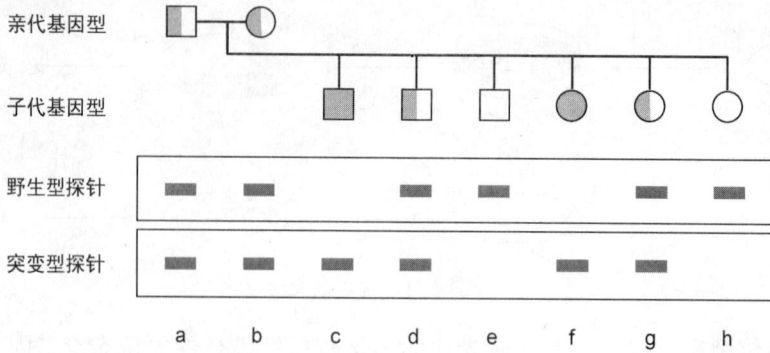

图 8-12　ASOH 检测苯丙酮尿症

第五节　蛋白质印迹法

蛋白质印迹法可以用于定性和半定量分析蛋白质样品，它综合了聚丙烯酰胺凝胶电泳分辨率高和固相免疫分析特异性高、灵敏度高等优点，被广泛应用于生物学研究和医学研究。

一、基本内容

蛋白质印迹法与 DNA 印迹法、RNA 印迹法类似，也包括电泳分离、样品转印和检测分析等主要步骤，但使用的探针不同，是能与目的蛋白特异性结合的抗体。

1. **样品制备**　蛋白质样品制备过程主要包括组织匀浆或裂解细胞，沉淀蛋白质，纯化蛋白质。

2. **电泳分离**　对于培养的哺乳动物细胞，先用磷酸盐缓冲溶液（PBS）洗涤，再加加样缓冲液，100℃加热 5～10 分钟裂解细胞，离心除去细胞碎片，取上清液，通过 SDS-聚丙烯酰胺凝胶电泳分离蛋白质样品，使其按照分子大小在凝胶上形成阶梯状区带；也可以采用其他电泳，例如等电点聚焦电泳。

3. **印迹**　用电转移法将蛋白质区带转移到印迹膜上，可用硝酸纤维素膜或聚偏氟乙烯膜。

4. **封闭**　用非特异性蛋白质（例如脱脂奶粉、白蛋白）浸泡，以封闭印迹膜上未结合样品的位点，避免抗体的非特异性吸附，降低本底。

5. **检测分析**　通常应用抗原－抗体反应检测印迹膜上的目的蛋白。用抗目的蛋白的抗体（简称一抗）溶液浸泡印迹膜，一抗与目的蛋白反应；漂洗除去未反应的一抗，再用抗一抗的酶标抗体（抗抗体，又称第二抗体，简称二抗）溶液浸泡，酶标二抗与一抗反应；漂洗除去未反应的二抗，则印迹膜上只有目的蛋白区带结合有标记酶；加标记酶底物进行呈色反应，使目的蛋白区带呈色，可以确定其在印迹膜上的位置，进而确定其分子量（图 8-13）。

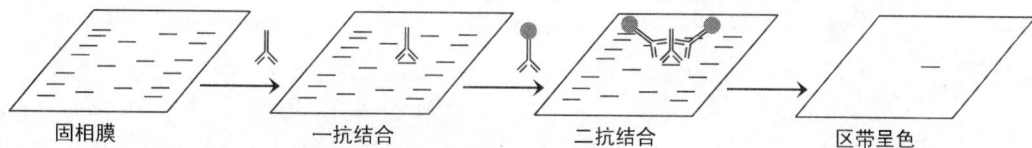

图 8-13　蛋白质印迹免疫分析

二、注意事项

以下因素决定蛋白质印迹法的成败：

1. 选用合适的聚丙烯酰胺凝胶浓度可以获得较好的蛋白质分离效果。

2. 印迹时，应根据蛋白质分子量的大小选用合适孔径的印迹膜，以免小分子量蛋白质透过印迹膜丢失。

3. 蛋白质印迹法检测信号的强度受多种因素的影响，所以一般只能做到半定量，即测定目的蛋白的相对含量，确定其是否存在，比较其在不同细胞内的含量。不同目的蛋白用不同抗体检测时，分析结果没有可比性。

4. 按照抗体使用说明书的建议稀释倍数稀释抗体。如果没有建议稀释倍数，可参照一般推荐的稀释倍数（1∶100～1∶3000），抗体浓度过高会呈现非特异性区带。

印迹技术发明至今虽然不过几十年，但应用非常广泛，在基因、基因组、基因工程、基因诊断和一些生物制品的研究中具有独特优势。不难想象，随着不断发展及与其他技术的广泛结合，印迹技术将在生命科学各领域中发挥更大作用。

小　结

印迹杂交技术是分子生物学的基本技术。

核酸在一定条件下可以变性解链。单链核酸在一定条件下可以复性或杂交。杂交是核酸杂交技术的分子基础。核酸杂交包括液相杂交和固相杂交。

核酸探针是否合适是决定核酸杂交分析能否成功的关键。核酸探针包括基因组 DNA 探针、RNA 探针、cDNA 探针和寡核苷酸探针等。

核酸探针需要标记，标记物分为放射性同位素标记物和非放射性标记物。标记可以在体内进行，也可以在体外进行。体外标记可以采用化学法和酶促法。酶促法可以采用切口平移标记法、随机引物标记法、聚合酶链反应标记法、末端标记法。

印迹杂交技术基本操作包括电泳分离、样品转印和杂交分析。印迹杂交技术应用的印迹膜有硝酸纤维素膜、尼龙膜、聚偏氟乙烯膜和活化滤纸等，常用的印迹方法有电转移法、毛细管转移法和真空转移法。

常用的核酸杂交技术包括 DNA 印迹法、RNA 印迹法、斑点杂交法、狭缝杂交法、菌落杂交法、噬菌斑杂交法、原位杂交、等位基因特异性寡核苷酸杂交法等。

第九章　生物芯片技术

广义的**生物芯片**（biochip）是指采用生物技术制备或应用于生物技术的一切微型分析系统，包括用于研制生物计算机的生物芯片、将健康细胞与集成电路结合起来的仿生芯片、芯片实验室，以及可以利用生物分子相互作用的特异性处理生物信号的基因芯片、蛋白质芯片、细胞芯片和组织芯片等。狭义的生物芯片又称**微阵列**（microarray），是将许多核酸片段、多肽、蛋白质、组织或细胞等生物样品有序固定在惰性载体（玻片、硅片、滤膜等，统称基片）表面，组成高度密集二维阵列的微型生化反应和分析系统，包括基因芯片、蛋白质芯片、细胞芯片和组织芯片。

生物芯片的特点是高通量、集成化、标准化和微型化。由于芯片上可以固定数十到上百万种探针，因此可以批量分析生物样品，快速准确地获取样品信息。生物芯片用途广泛，可以用来对基因、抗原或活细胞、组织等进行检测分析，已经成为生物学和医学等各研究领域最有应用前景的一项生物技术。

第一节　基因芯片

基因芯片（gene chip）又称 **DNA 芯片**（DNA chip）、**DNA 微阵列**（DNA microarray）、**寡核苷酸微阵列**（oligonucleotide array）等，是有序固定了寡核苷酸、基因组 DNA 或互补 DNA 高密度阵列的生物芯片，可用于分析基因组图谱、基因表达谱等。和 DNA 印迹法、RNA 印迹法一样，基因芯片技术的基本原理依然是基于核酸杂交，属于固相杂交。所不同的是探针固相化、集成化并且不被标记；而待测样品游离于液相并且被标记。

一、基本操作

基因芯片技术是以斑点杂交为基础高通量检测 DNA 的技术。其基本操作分为芯片制作、样品制备、分子杂交和检测分析等四个步骤。

1. **芯片制作**　基因芯片的杂交面积一般只有几平方厘米，常要排列数十到上百万种探针，所以制作基因芯片是一个复杂而精密的工艺过程，需要专门的仪器。根据制作原理和工艺的不同，基因芯片的制作方法可以分为原位合成和微量点样两大类。

（1）**原位合成**（*in situ* synthesis）：是指直接在基片上合成寡核苷酸。作为探针的寡核苷酸采用光蚀技术直接在芯片的固相基片上合成，所用基片上带有由光敏保护基团保护的活性基团。制作过程：①用掩模（mask）遮盖基片，只暴露特定阵列位点，然后用光照除去暴露位点的光敏保护基团，使活性基团游离。②加入一种被光敏保护基团保护的核苷酸，并化学连接到游离的活性基团上。重复上述步骤，即根据设计程序更换掩模，用光照使特定阵列位点（包括已经连接的核苷酸）的活性基团游离→加入被保护的核苷酸，并化学连接到游离的活性基团上，就能在不同位点合成不同序列的寡核苷酸探针（20～60nt），最终制成基因芯片（图9-1）。

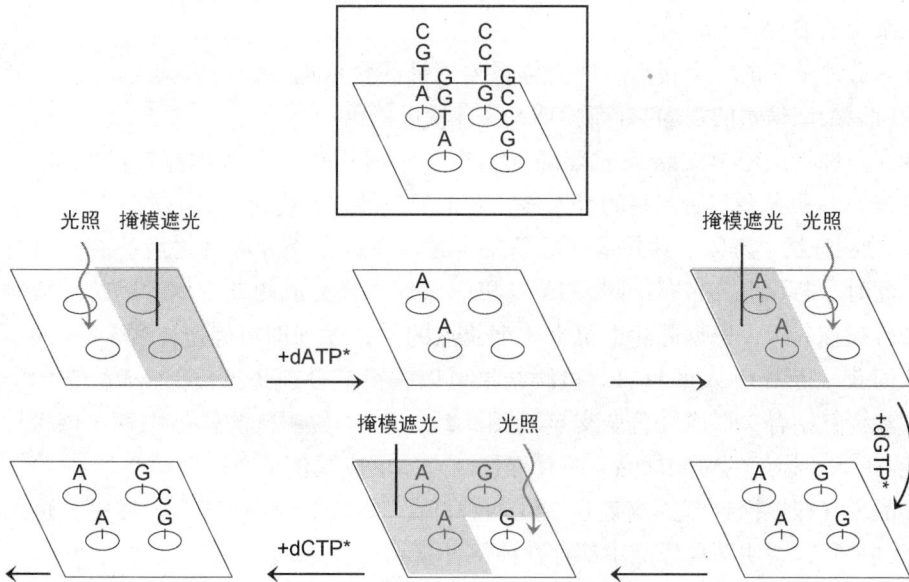

图9-1 原位合成

（2）微量点样：是先制备探针，再用专门的全自动点样仪按一定顺序点印到基片表面，使探针通过共价交联或静电吸附作用固定于基片上，形成微阵列。点样主要有喷墨打印和接触打印两种方式。喷墨打印法是利用微压电打印技术或其他技术将探针溶液通过微孔喷射到基片表面，产生的液滴体积可以控制在250nL以下。接触打印法是用较为坚硬的点样针蘸取少量探针溶液，然后接触基片，在其表面留下探针斑点。斑点大小由点样针、探针溶液和基片表面的性质共同决定。

微量点样法点样量很少，适用于大规模制备 cDNA 芯片。使用这种方法制备芯片，其探针分子的大小和种类不受限制，并且成本较低。

2. 样品制备 包括从组织细胞内分离纯化 RNA 或基因组 DNA 样品，对样品进行扩增和标记。标记物主要是荧光素和生物素等，其中以荧光素最为常用。扩增和标记可以采用逆转录反应和聚合酶链反应等。

在目前的基因芯片技术中，一般将待测样品和对照样品分别用 Cy3（$\lambda_{ex} = 554\,nm$，$\lambda_{em} = 568\,nm$）和 Cy5（$\lambda_{ex} = 649\,nm$，$\lambda_{em} = 666\,nm$）进行标记，这样与芯片杂交之后可以清楚地分析两种样品基因表达谱的异同。

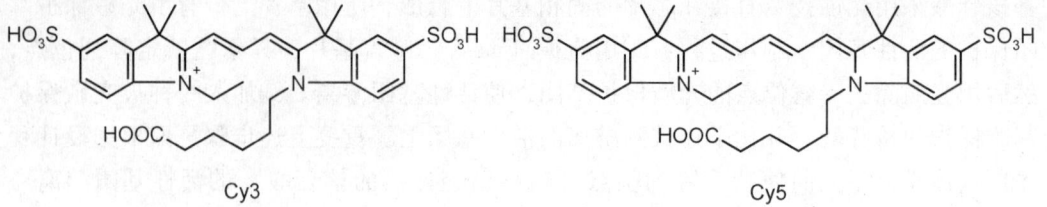

Cy3　　　　　　　　　　　　　Cy5

3. 分子杂交　将已标记的样品液滴到芯片上，或将芯片浸入已标记的样品液中，在一定条件下使样品 DNA 与芯片探针阵列进行杂交。杂交之后，用漂洗液漂洗芯片，除去未杂交的 DNA 样品。

基因芯片杂交的一个特点是杂交体系内探针的含量远多于可以杂交的待测 DNA 的含量，所以杂交信号的强弱与待测 DNA 的含量成正比。

杂交条件将决定杂交结果的准确性。在实际应用中，应考虑探针的长度、类型、G/C 含量、芯片类型和研究目的等因素，对杂交条件进行优化。

4. 检测分析　基因芯片技术的最后一步是对完成杂交和漂洗之后的芯片进行扫描分析。此时，芯片上分布有待测 DNA 与相应探针结合形成的杂交体。用芯片检测仪对芯片进行扫描分析，根据芯片上每个阵列位点的探针序列即可确定待测 DNA 的杂交序列，从而获得待测 DNA 的信息。检测结果可以获得三种杂交点：①Cy3 标记的待测样品与芯片探针结合，形成红色杂交点（图 9-2 中Ⓡ），说明待测样品中存在该探针基因高表达。②Cy5 标记的对照样品与芯片探针结合，形成绿色杂交点（图 9-2 中Ⓖ），说明对照样品中存在该探针基因高表达。③两种样品都与芯片探针结合，形成黄色杂交点（图 9-2 中Ⓨ），说明两种样品中都存在该探针基因高表达。

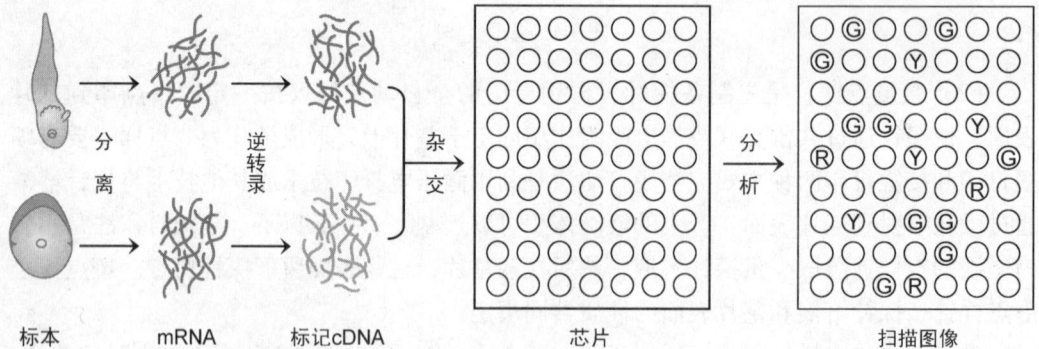

标本　　　mRNA　　　标记cDNA　　　芯片　　　扫描图像

图 9-2　基因芯片技术分析基因表达

目前应用的荧光芯片检测仪有激光共聚焦生物芯片扫描仪和 CCD 扫描仪。激光共聚焦生物芯片扫描仪配有计算机和专业分析软件，可以定量分析高密度探针阵列每个位点的荧光信号强度，灵敏度和分辨率较高，但需要较长的扫描时间，适用于科学研究。CCD 扫描仪的特点是扫描时间短，但灵敏度和分辨率较低，适用于临床诊断。

二、应用

基因芯片技术自诞生以来，在生物学和医学领域的应用日益广泛，主要用于 DNA 测序和基因表达研究。在此基础上，基因芯片技术已经应用于基因组研究（包括基因组测序、基因组图谱绘制、基因表达谱分析、多态性分析和突变检测等）、基因诊断、药物发现、卫生监督、法医学鉴定和环境检测等。

1. DNA 测序　应用基因芯片进行的 DNA 测序属于**杂交测序**（SBH），基本原理是：在芯片上固定一定长度寡核苷酸所有序列的探针，和待测序 DNA 杂交。从理论上讲，任意待测 DNA 序列都有相应探针与之杂交。根据杂交探针的重叠序列进行排列分析，即可确定待测 DNA 序列。例如：将含有全部 8nt 探针（$4^8 = 65536$ 种）的芯片与一个 12nt 的待测 DNA 片段杂交之后，检出 5 个杂交位点。将这 5 个杂交位点的探针按照其重叠序列进行排列，可以确定 12nt 序列为 3′AGCCTAGCTGAA5′（图 9-3）。

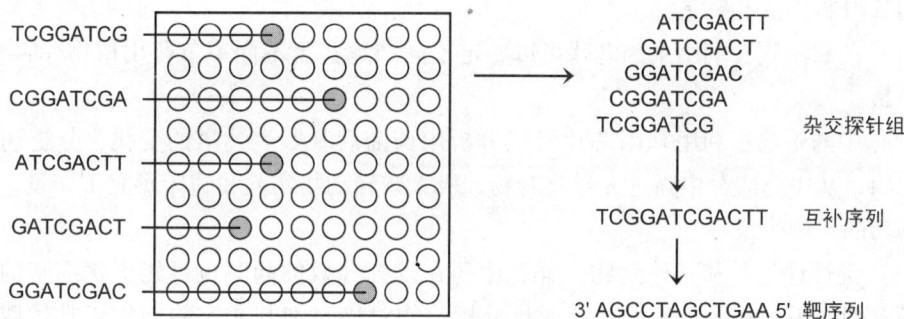

图 9-3　杂交测序

2. 基因表达谱分析　在转录水平研究基因表达谱，从而研究基因功能，这是目前基因芯片（cDNA 芯片）应用最多的一个领域。例如：肿瘤细胞与正常细胞的基因表达谱存在差异，涉及众多基因的异常表达。应用基因芯片可以平行分析大量基因的表达水平，从而方便地揭示肿瘤细胞和正常细胞的基因表达在 mRNA 水平上的差异，即提取 mRNA，应用标记 dNTP 通过逆转录反应合成标记 cDNA，应用基因芯片分析标记 cDNA 水平，从而分析 mRNA 水平。应用人类基因表达谱芯片检测不同肿瘤细胞的基因表达谱差异，选择差异显著的基因作为肿瘤标志，可以对肿瘤进行分类和鉴定，从而建立一种新的肿瘤分类方法。

3. 基因诊断　基因芯片技术是基因诊断的核心技术，可以用于诊断肿瘤、遗传病、传染病，特别适用于产前诊断、群体筛查。目前已经成功研发的有艾滋病病毒芯片——可以诊断是否携带艾滋病病毒，p53 芯片——可以分析患肿瘤的可能性，P450 芯片——可以诊断是否有药物代谢缺陷（有关基因诊断的内容见第十三章，267 页）。

4. 用药个体化分析　同一种药物对于不同患者在疗效和副作用方面会有很大差异，一定剂量的某种药物对甲有效，对乙却不起作用，对丙甚至会有副作用。导致药物反应个体差异的主要基础是患者的遗传背景存在种族差异和个体差异，这种差异主要体现在 DNA 的单核苷酸多态性（SNP）上。基因芯片技术已经广泛应用于分析单核苷酸多态性，可以在人类基因组中大规模筛查新的单核苷酸多态性。经过基因诊断之后，可以针对不同基因型采取不同的给药剂量，使临床用药个体化，减少药物的副作用，获得最佳疗效。

5. 药物发现 药物发现包括四个环节：靶点确证、建立模型、发现先导化合物、优化先导化合物。基因芯片技术已被用于药物发现，特别是靶点确证。

药物靶点（drug target）是指生物体内的一类大分子及其特定结构位点，具有重要的生理功能，其活性可以通过与药物分子的结合而改变，并产生预期的药理效应。一种药物可能作用于单靶点，也可能作用于多靶点。靶点确证及其分布评估是药物发现的关键环节，合适的药物靶点必须具有高度特异性，即对特定代谢途径的影响显著，而对其他代谢途径的影响很小。应用基因芯片比较正常组织和病变组织在给药前后基因表达水平的变化，可以确定一组相关基因作为药物靶点，用于药物发现。

6. 中药研究 由于中药具有多成分、多靶点、多途径、多系统的作用特点，用芯片技术研究中药优势巨大。基因组学及转录组学、DNA 指纹等在中药研究中的应用都要应用基因芯片技术来完成。

（1）药材鉴别：利用基因芯片可以鉴定不同产地甚至不同季节药用植物/动物的品种和质量。

（2）中药筛选：利用基因芯片可以分析用药前后基因表达谱的变化，分析病理生理学原因，从中药成分中筛选先导化合物，极大减轻动物实验和临床研究工作量，加快中药新药的研制步伐。

（3）毒性评价：和其他药物一样，中药在发挥药效的同时也可能干扰细胞的正常代谢而有副作用。基因芯片可以高通量分析药物对培养细胞或实验动物正常代谢的影响，从而在分子水平评估药物的副作用，比传统的动物实验准确、快速、经济。

第二节 蛋白质芯片

蛋白质芯片（protein chip）又称**蛋白质微阵列**（protein microarray），是在基因芯片基础上研发的新型生物芯片，即在几平方厘米的基片表面有序固定多达数万个蛋白质探针点，可以进行以抗原－抗体相互作用、蛋白质－蛋白质相互作用等为基础的大规模分析。

一、基本操作

因为蛋白质比核酸难合成，更难在基片表面合成，此外，蛋白质固定于基片表面会改变构象而失去生物活性，所以蛋白质芯片技术要比 DNA 芯片技术复杂。

1. 蛋白质芯片制作 蛋白质的构象决定其功能，因此在基片上固定蛋白质探针时必须维持其天然构象。

（1）基片选择和处理：包括各种滤膜、玻片、硅片等。①滤膜是理想材料，常用聚偏氟乙烯膜（PVDF），使用时用 80% ~ 100% 的甲醇或乙醇浸泡处理。②玻片被广泛使用，常用含乙醛的硅烷试剂处理其表面，或将亲和素吸附于硅烷化的玻片表面，以增大蛋白质探针的结合量，提高其结合的牢固程度。

（2）蛋白质探针预处理：根据不同的研究目的，可选用抗体、抗原、受体、酶等不同蛋白质作为探针，用含 40% 甘油的磷酸盐缓冲溶液等溶解，防止水分蒸发及蛋白质变性。

（3）微量点样：用全自动点样仪将探针蛋白点印到基片表面，形成微阵列。

（4）基片封闭：用 Tris、Cys 等小分子将芯片上未与探针蛋白结合的区域进行封闭。

2. 样品制备　蛋白质芯片的检测对象包括蛋白质、酶的底物或其他小分子，检测前要先标记。标记物可以是荧光素（如 Cy3、Cy5）、报告酶（如辣根过氧化物酶、碱性磷酸酶）、化学发光物（如吖啶酯）等。

3. 检测分析　检测方法取决于检测样品的标记物：荧光素标记的芯片可以用激光共聚焦生物芯片扫描仪扫描，报告酶标记的芯片显色后可用 CCD 扫描仪扫描，化学发光物标记的芯片可以用 X 光胶片感光，未标记的芯片目前也可用质谱法分析。

二、应用

蛋白质芯片广泛用于蛋白质功能研究、基因表达研究、临床诊断、靶点确证及新药研发等领域。

1. 蛋白质功能研究　蛋白质芯片可以用来研究蛋白质 – 核酸、蛋白质 – 蛋白质及酶 – 底物相互作用，从而研究其各种结构域，例如 DNA 结合域、转录激活域、二聚化域、配体结合域、催化域（即活性中心）。

2. 基因表达研究　例如用抗体制作抗体芯片在蛋白质水平研究基因表达，可以分析各组织或细胞的蛋白质组图谱及其差异，鉴别疾病相关蛋白质，从而发现疾病标志物，建立新的诊断、评价和预后指标，已在膀胱癌、大肠癌、卵巢癌、乳腺癌、鼻咽癌、肺癌、前列腺癌等常见肿瘤的标志物研究中取得了许多有意义的结果，并在阿尔茨海默病、精神分裂症等疾病研究中显现优势。

3. 靶点确证及新药研发　人类基因组编码 1000 多种 G 蛋白偶联受体（GPCR），它们是许多新药研发的候选靶点。其中，约 850 种 G 蛋白偶联受体的天然配体已有报道，其余 150 种的天然配体尚未得到鉴定，称为**孤儿受体**（orphan receptor）。多数孤儿受体被认为是候选的药物靶点，因此需要研发确证技术。G 蛋白偶联受体芯片既可以提供与常见疾病相关的各种候选靶点，又可以筛选针对 G 蛋白偶联受体的多靶点先导化合物，还可以研究多靶点先导化合物的选择性。

第三节　组织芯片

组织芯片（tissue chip）又称**组织微阵列**（tissue microarray），是由 Kononen 等于 1998 年最先研发的以形态学为基础的生物芯片，即在基片（通常是玻片）表面有序固定数十到上千种微小组织切片，可以进行免疫组织化学、原位杂交或原位 PCR 等分析。

一、基本操作

组织芯片与基因芯片、蛋白质芯片在芯片制备、样本处理及检测等方面有很多不同（表9-1）。

表9-1　基因芯片、蛋白质芯片和组织芯片的比较

项目	基因芯片	蛋白质芯片	组织芯片
基片上固定物	核酸探针	蛋白质探针	组织标本
靶分子种类	同一样品中的不同核酸	同一样品中的不同蛋白质	不同组织标本中的同一种/组蛋白质/基因
标本类型	体液、组织提取液中的核酸	体液、组织提取液中的蛋白质	组织
检测方法	非原位检测	非原位检测	原位检测
分析仪器	扫描仪	扫描仪	光学显微镜
制备工艺	相对简单	复杂	简单
自动化程度	高	较高	低
成本	高	较高	低
应用	分析同一样品中数千种基因	分析同一样品中数千种蛋白质	原位分析数千种标本中一种/组蛋白质/基因

1. 组织芯片制作　要用组织芯片制备仪。组织芯片制备仪通常由样本架、打孔采样装置、定位装置等组成：①制备供体蜡块（donor block）（组织蜡块），标记采样点。②用打孔采样装置的微细穿刺针在受体蜡块（recipient block）（空白蜡块）上有序打孔。③用微细穿刺针钻取供体蜡块上标记的采样点组织（圆柱形小组织芯，tissue core），整齐安插入受体蜡块的相应孔位。④按常规方法制作组织芯片蜡块切片，转移到玻片上制成组织芯片（图9-4）。

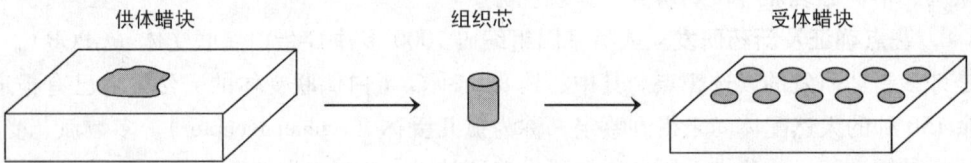

供体蜡块　　　　　组织芯　　　　　受体蜡块

图9-4　组织芯片制备

2. 样品选择　组织芯片上的组织点能否反映标本的真实情况是组织芯片技术成败的关键，并不是每张芯片所含组织点数量越多越好。在制作肿瘤分化程度差异大或异质性明显的组织芯片时更得注意，采样时要考虑代表性，可在供体蜡块上进行多点采样。

3. 检测分析　常用组织芯片检测方法有HE染色、免疫组织化学、原位杂交等。

二、应用

组织芯片最初主要应用于肿瘤研究，包括标志物筛选、病因和诊断、治疗和预后等，目前已扩展到包括人类基因/蛋白质研究、基础医学研究、分子诊断、新药研发等

领域。

1. **肿瘤标志物筛选**　组织芯片可以高通量地分析大批量肿瘤组织的基因及其表达。用上千种肿瘤组织制成组织芯片，利用相应的探针可以平行地原位分析各种标志物。目前已从乳腺癌、前列腺癌、结直肠癌、膀胱癌、肾癌、肺癌、肝癌和脑瘤等鉴定了上百种肿瘤标志物，并获得了数以万计的免疫组织化学、原位杂交数据，其中对乳腺癌和前列腺癌研究得最为深入。

2. **临床研究**　组织芯片已经成为临床病理学研究的一个标准平台。组织芯片与基因芯片结合可以组成基因功能检测系统，从而使疾病的分子诊断、预后和治疗等大规模研发成为可能。例如：可以先用基因芯片分析异常组织与正常组织的基因表达谱，确定差异表达基因，再用其表达产物作为探针分析组织芯片，以确定其表达的组织特异性。

3. **药物发现**　组织芯片与基因芯片结合可以用于靶点确证。例如：可以先用基因芯片确定候选药物靶点，再用大量病理标本制作组织芯片进行靶点确证。

总之，组织芯片技术对人类基因组的相关研究，尤其在基因和蛋白质与疾病关系的研究，疾病相关基因的验证，疾病的诊断、治疗和预后，新药研发等方面具有实际意义。

小　结

广义的生物芯片是指采用生物技术制备或应用于生物技术的一切微型分析系统。狭义的生物芯片是将生物样品有序固定在惰性载体表面，组成高度密集二维阵列的微型生化反应和分析系统。

基因芯片是有序固定了寡核苷酸、基因组 DNA 或互补 DNA 高密度阵列的生物芯片。基因芯片技术基本操作包括芯片制作、样品制备、分子杂交和检测分析等步骤。基因芯片技术已经应用于基因组研究、基因诊断、药物筛选、卫生监督、法医学鉴定和环境检测等。

蛋白质芯片是在基片表面有序固定多达数万个蛋白质探针点，可以进行抗原－抗体相互作用、蛋白质－蛋白质相互作用等的大规模分析。蛋白质芯片广泛用于蛋白质功能研究、基因表达研究、临床诊断、靶点确证及新药研发等领域。

组织芯片是以形态学为基础的生物芯片，即在基片表面有序固定数十到上千种微小组织切片，可以进行免疫组织化学、原位杂交或原位 PCR 等分析。组织芯片最初主要应用于肿瘤研究，目前已扩展到人类基因/蛋白质研究、基础医学研究、分子诊断、新药研发等领域。

第十章　聚合酶链反应技术

核酸体外扩增是指通过无细胞化学反应体系选择性扩增核酸，使微量核酸样品在短时间内扩增几百万倍。**聚合酶链反应技术**（PCR）是核酸体外扩增的核心技术，由 Mullis（1993 年诺贝尔化学奖获得者）于 1983 年发明，在生物学研究和医学临床实践中得到广泛应用，成为分子生物学研究的重要技术之一。

第一节　PCR 基本原理

PCR 是一种通过无细胞化学反应体系选择性扩增 DNA 的技术，待扩增 DNA 及其扩增产物称为目的 DNA。PCR 与细胞内 DNA 半保留复制的化学本质一致，但过程更简便，是用一对单链 DNA 片段（引物对）作为引物，通过变性、退火、延伸三个基本步骤的多次循环，使目的 DNA 得到扩增（图 10-1）。

1. **变性**　根据 DNA 高温变性的原理，将反应体系温度升至 94℃～98℃，使目的 DNA 双链解离成单链模板。

2. **退火**　将反应体系温度骤降至 50℃～65℃，使 PCR 引物与目的 DNA 模板 3′端杂交，这一步骤称为退火（第八章，171 页）。与细胞内半保留复制 RNA 引物不同的是：PCR 引物是一对人工合成的单链 DNA 片段。此外，因为引物本身短而不易缠绕，并且引物量远多于模板量，所以目的 DNA 模板与引物的退火（杂交）效率远高于目的 DNA 模板之间的退火（复性）效率。因此，通过控制退火条件，引物可以与目的 DNA 模板特异结合。

3. **延伸**　将反应体系温度升至 70℃～75℃，DNA 聚合酶按照碱基互补配对原则在引物 3′端以 5′→3′方向催化合成目的 DNA 模板新的互补链。

以上变性、退火、延伸三个基本步骤构成 PCR 循环，每一次循环的产物都是下一循环的模板，这样每循环一次目的 DNA 的拷贝数就增加 1 倍。PCR 一般需要循环 30 次，理论上能将目的 DNA 扩增 2^{30}（$\approx 10^9$）倍，但 PCR 的扩增效率平均约为 75%，循环 n 次之后的扩增倍数约为 $(1+75\%)^n$。PCR 每循环一次需要 2～3 分钟，不到 2 小时就能将目的 DNA 扩增几百万倍。

图 10-2 是 PCR 产物示意图，从图中可以看出：经过三次循环得到八条双链 DNA，其中两条短链 DNA（※）是最终要得到的目的 DNA 双链（被称为扩增子）。从理论上

讲，随着循环次数的增加，长链 DNA 双链以 $2n$ 倍数增多，而短链目的 DNA 双链以 $(2^n - 2n)$ 倍数增多。因此，循环 30 次之后得到的几乎都是短链目的 DNA，长链 DNA 只有 60 条，用电泳法分析时不会检出。

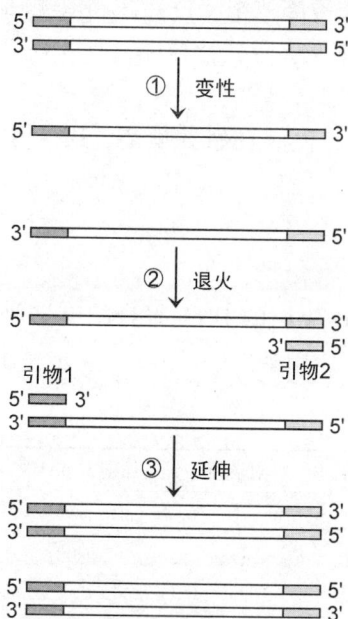

图 10-1　聚合酶链反应

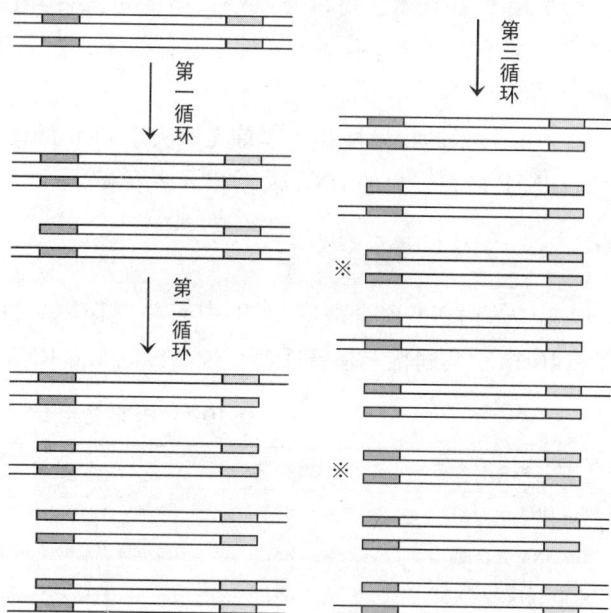

图 10-2　聚合酶链反应产物

第二节　PCR 特点

PCR 具有特异性高、灵敏度高、简便快捷、重复性好、易自动化等优点，在一支试管内就能将所要研究的目的 DNA（例如来自一根毛发、一滴血，甚至一个细胞的 DNA 片段）扩增几百万倍，以供分析研究和检测鉴定。

1. **特异性高**　PCR 的特异性取决于引物序列与模板序列的特异性、引物与模板杂交的特异性和 DNA 聚合酶催化反应的特异性，其中引物与模板杂交的特异性是关键。通过合理设计引物、控制适宜的反应温度、采用高温启动法等，可以使扩增具有很高的特异性。

2. **灵敏度高**　即使只有一个 DNA 分子也能扩增。PCR 产物呈指数扩增，即使按 75% 的扩增效率计算，经过 30 次循环之后目的 DNA 的拷贝数也能增加几百万倍。

3. **简便快捷**　在 PCR 技术发明初期，由于所用的 DNA 聚合酶因加热而变性失活，每一次循环之后都要补加，只能靠手工操作。目前 PCR 技术已经自动化，可以应用各种 PCR 扩增仪，使用耐高温的 DNA 聚合酶，只需一次性地建立反应体系，并设置一定程序，即可进行扩增，通常不到 1 小时即可完成。

4. **对样品要求低**　样品不论是来自病毒、细菌还是来自培养细胞，不论是新鲜的还是陈旧的，不论是 DNA 还是 RNA，不论是纯品还是粗品，都可以扩增。原位 PCR 甚至都不必从标本中分离 DNA 或 RNA。

第三节　PCR 体系组成

应用 PCR 技术扩增目的 DNA，既要考虑特异性，又要考虑效率。特异性和效率通常是一对矛盾：过分强调特异性会降低效率，过分强调效率又会降低特异性，所以必须综合考虑。

PCR 技术的特异性和效率首先取决于 PCR 的体系组成，包括 DNA 聚合酶、DNA 引物、dNTP 原料、目的 DNA 模板和缓冲溶液等。

一、DNA 聚合酶

耐热的 DNA 聚合酶在 PCR 中起关键作用。目前 PCR 应用的 DNA 聚合酶有多种（表 10-1），共同特点是最适温度较高，以 Taq DNA 聚合酶应用最广。

表 10-1　PCR 常用 DNA 聚合酶

DNA 聚合酶	大小（AA）	来源	校对活性	加接 3′ dAMP
Taq DNA 聚合酶	832	*Thermus aquaticus*	−	+
Tth DNA 聚合酶	831	*Thermus thermophilus*	−	+
KOD DNA 聚合酶	1671	*Thermococcus kodakaraensis*	+	
Tli/Vent DNA 聚合酶	1702	*Thermococcus litoralis*	+	
Pfu DNA 聚合酶	775	*Pyrococcus furiosus*	+	
Pwo DNA 聚合酶	775	*Pyrococcus woesei*	+	
AmpliTaq DNA 聚合酶		Taq DNA 聚合酶修饰	−	+
KlenTaq DNA 聚合酶		Taq DNA 聚合酶修饰	−	+

Taq DNA 聚合酶来自栖热水生菌（*T. aquaticus*）YT 1 株。该菌株是 1969 年在美国黄石国家公园的温泉中发现的，能在 70℃ ~75℃条件下生长，所以 Taq DNA 聚合酶有良好的热稳定性，在 92.5℃、95℃和 97.5℃条件下的半衰期分别为 120 ~130、40 ~90 和 5 ~9 分钟，其催化活性可以适应相当宽的温度范围。目前应用于 PCR 的 Taq DNA 聚合酶既有栖热水生菌表达的天然酶，又有大肠杆菌表达的基因工程酶。

Taq DNA 聚合酶属于多功能酶，具有以下特点：①有 5′→3′聚合酶活性，以 DNA 为模板，四种 dNTP 为原料，从引物 3′端以 5′→3′方向合成 DNA。②有 5′→3′外切酶活性，但无 3′→5′外切酶活性，因此没有校对活性，其错误掺入率较高，为 2.0×10^{-5} ~ 2.1×10^{-4}。③具有类似末端转移酶的活性，可以不依赖模板地在 DNA 双链的 3′末端加接一个核苷酸，并且优先加接 dAMP，因此扩增产物可以用 **T 载体**（限制性酶切位点 3′黏端为 dTMP 的载体，例如 pUCm-T、pGEM-T）克隆，当然也可以用 Klenow 片段削平。

Taq DNA 聚合酶催化聚合速度为 35 ~150nt/s，最适温度为 75℃ ~80℃，降低温度则合成明显减慢。PCR 反应体积为 50μL 时（一般控制在 10 ~200μL）所需 DNA 聚合酶量的为 1 ~2.5U，加酶过多会影响扩增特异性，加酶过少则影响扩增效率。

二、引物

PCR 通常需要一对引物（引物对），分别称为**上游引物**（又称**正向引物**，forward primer）和**下游引物**（又称**反向引物**，reverse primer），上游引物序列与目的 DNA 模板链的 3′端互补（与编码链的 5′端相同，引发合成编码链），下游引物序列与目的 DNA 编码链的 3′端互补（与模板链的 5′端相同，引发合成模板链）。引物与模板 DNA 的互补性影响 PCR 产物的特异性，所以 PCR 引物的设计非常重要。设计和应用引物时应遵循以下原则：

1. **引物长度**　一般为 20～30nt。①引物如果过短，所识别模板序列不具有唯一性，就会与模板多位点退火，因而降低 PCR 的特异性。②引物如果过长，同样条件下会使错配增多，特异性降低。为了保证特异性，需要升高退火温度，延长退火时间，这会使 DNA 聚合酶变性失活，影响扩增效率。

2. **引物组成**　①G/C 含量以 40%～60% 为宜，G/C 太少影响扩增效率，G/C 过多影响扩增特异性。②引物对的碱基组成要一致，以确保其最适退火温度一致（相差不超过 5℃）。

3. **引物结构**　①碱基分布应该是随机的，所含单碱基串联重复序列的长度不超过 5nt。②避免引物内部形成影响退火的二级结构。例如：引物自身互补序列不能超过 3bp，以免形成发夹结构。③引物之间不能存在互补序列，特别是 3′端不能互补，以免退火时形成引物二聚体，并发生非特异性扩增。④引物 3′端是延伸起点，决定扩增效率和特异性，要求与模板严格互补，特别是末端的两个碱基，最好是 G/C，但不能有三个连续的 G/C。⑤引物 5′端可以修饰，例如引入限制性酶切位点，便于扩增产物的进一步应用。

4. **引物特异性**　为了避免发生非特异性扩增，引物与目的 DNA 扩增区以外序列的互补度一般不超过 70%。

5. **引物浓度**　在 PCR 体系中，引物浓度通常为 0.1～1μmol/L，引物浓度过高会发生错配，从而影响扩增特异性，还会形成引物二聚体，从而影响扩增效率。因此，在保证效率的前提下应采用最低引物浓度。

6. **引物质量**　化学合成的引物可能含错误序列，这些序列会影响扩增特异性，所以需要纯化，一般采用聚丙烯酰胺凝胶电泳或反相高效液相色谱进行纯化。

三、dNTP

在 PCR 中，四种 dNTP 是扩增原料，其浓度、比例和质量与 PCR 密切相关。

1. **dNTP 浓度**　应当根据目的 DNA 的长度和组成确定 dNTP 的浓度和比例，一般在 20～200μmol/L。浓度过高可以提高反应速度，但会降低扩增特异性，并增加实验成本。浓度过低虽然可以保障扩增特异性，但会降低扩增效率。

2. **dNTP 质量**　dNTP 试剂呈颗粒状，保存不当会分解。dNTP 溶液呈酸性，使用时应当先配成高浓度原液，再调其 pH = 7.0～7.5，然后小量分装，−20℃ 保存。

四、模板

PCR 的模板可以是 DNA 或 RNA，不过 RNA 需先逆转录合成 cDNA 才能扩增。线性模板最好，若为环状，应先用酶切开。PCR 扩增目的 DNA 的长度可达 10000bp，不过多数在 100~500bp。

PCR 模板的来源：根据科学研究或临床检验的需要，可以是临床标本（血液、尿液、羊水、分泌物等）、药物标本（动植物细胞、组织等）、法医标本（犯罪现场的血渍、精斑、毛发等）、病原体标本（病毒、细菌、真菌、支原体、衣原体、立克次体等）、考古标本（骨骼、毛发等）。无论何种来源的标本，都应该进行预处理，特别是除去 DNA 聚合酶抑制剂。

五、缓冲溶液

缓冲溶液用以维持 DNA 聚合酶的活性和稳定性。如果反应体系缓冲溶液的组成不当，包括 pH < 7.0，会影响 PCR 扩增效率：①PCR 要在 pH = 7.2 下进行，为此可以用 10~50mmol/L Tris-HCl 缓冲溶液（20℃时 pH = 8.3~8.8）建立反应体系，该体系在 72℃时 pH ≈ 7.2。②50mmol/L KCl 可促进引物退火，但浓度过高会抑制 Taq DNA 聚合酶的活性。③100μg/mL 小牛血清白蛋白可以除去样品中可能存在的抑制剂。④2%~10% 二甲基甲酰胺或二甲基亚砜有利于松解发夹等二级结构，促进引物退火。

Mg^{2+} 是 PCR 缓冲溶液的重要组成成分，主要作用是影响酶活性及变性解链、引物退火、扩增效率、扩增特异性等。Mg^{2+} 浓度过低会降低 Taq DNA 聚合酶的活性，降低扩增效率；Mg^{2+} 浓度过高会降低扩增特异性。PCR 反应体系中的 DNA 模板、引物和 dNTP 的磷酸基都可以结合 Mg^{2+}，从而降低游离 Mg^{2+} 的浓度。Taq DNA 聚合酶需要的是游离 Mg^{2+}，因此反应体系中 Mg^{2+} 的总浓度要高于 dNTP 的浓度，一般在 1.0~2.5mmol/L，常用 1.5mmol/L。可以先在 1.0~10mmol/L 范围内进行优化。

第四节 PCR 条件优化

PCR 条件也影响 PCR 的特异性和效率，可以从以下两方面控制和优化。

1. 反应温度和时间 在常规 PCR 中，采用三温度点法是基于 PCR 原理的变性、退火、延伸三个步骤。

（1）变性温度和时间：解链不彻底是导致 PCR 失败的主要原因。在 PCR 中，双链 DNA 必须彻底解链，才能与引物有效退火。解链是通过加热变性实现的，变性温度和变性时间主要是根据目的 DNA 的长度和 G/C 含量来确定的。通常选择 95℃加热 15 秒钟。如果温度低于 93℃则需要延长时间，但若温度过高并且时间过长会使 Taq DNA 聚合酶失活，dNTP 也会分解。

（2）退火温度和时间：降低退火温度可以提高退火效率，但会降低特异性；升高退火温度可以提高特异性，但会降低退火效率，进而降低扩增效率。合适的退火温度应

当比引物 T_m 值低 3℃ ~5℃，通常为 50℃ ~65℃，实际应用时要考虑引物的长度、组成、浓度及模板序列。25nt 短引物的**最适退火温度**可根据以下公式计算参考值：

$$最适退火温度（℃）= 4(G+C) + 2(A+T) - (5~10)$$

在引物 T_m 值允许的前提下，选择较高的退火温度可以减少引物和模板的非特异性结合，提高扩增的特异性。

退火时间一般为 20~40 秒钟，这足以使引物与模板充分结合。

（3）延伸温度和时间：Taq DNA 聚合酶的最适温度为 75℃ ~80℃，PCR 的延伸温度一般控制在 70℃ ~75℃，常用 72℃。如果引物短（ <16nt），过高的延伸温度会造成引物脱落，为此可以将延伸温度分段升高至 70℃ ~75℃。

PCR 延伸时间可以根据酶活性和模板长度确定，一般 1kb 以内延伸 1 分钟，3~4kb 延伸 3~4 分钟，10kb 延伸 15 分钟。延伸时间过长会增强非特异性扩增。扩增低浓度模板可以适当延长延伸时间。此外，PCR 最后一次循环的延伸时间可以延长至 5~15 分钟，以确保充分延伸。

此外，对于较短的目的 DNA（100~300bp）可以采用二温度点法，即统一退火温度与延伸温度，一般采用 94℃ 变性，65℃ 退火与延伸。

2. 循环次数 循环次数决定 PCR 扩增效率。从理论上讲，经过 20~25 次循环之后，PCR 产物的积累可达最大值，但 PCR 效率不可能达到 100%。如果以 75% 计算，30 次是比较合适的。

PCR 循环次数的设定主要取决于模板 DNA 的浓度。当初始模板拷贝数为 3×10^5 时，循环次数可以设定为 25~30 次。如果模板浓度偏低，可以增加循环次数，一般控制在 30~40 次。如果循环次数太少，产物的量不够；如果循环次数太多，由于各种原因会发生错配，降低扩增特异性。而且由于酶活性下降、dNTP 浓度下降等，会使反应进入平台期，即增加循环次数也不会提高产量。因此，在保证产量的前提下，应当控制循环次数。如果需要进一步扩增，可以将产物适当稀释，再作为模板进行新一轮 PCR。

第五节 PCR 产物分析

PCR 特异性如何，其最终产物是否符合预期，必须通过分析才能确定。具体可以根据不同的研究对象和研究目的采用不同的分析方法。

1. 电泳分析 可以分析扩增产物的长度。PCR 产物长度应与预期一致，特别是多重 PCR，因为应用了多对引物，其产物片段长度都应符合预期。

2. 酶切分析 根据 PCR 产物中的限制性酶切位点，用相应的限制性内切酶将其切割成限制性片段（第十一章，225 页），通过电泳分析其长度，看是否符合预期。酶切分析既能对 PCR 产物进行鉴定，又能对目的基因进行分型，还可对基因突变进行研究。

3. 杂交分析 是分析 PCR 产物特异性的有效方法，也是研究 PCR 产物是否存在突变的有效方法。常用 DNA 印迹法和斑点杂交法（第八章，171 页）。

4. 序列分析 是分析 PCR 产物特异性最可靠的方法，能对目的基因进行分型，还能对基因突变进行研究。

此外，一些联合技术可以提高分析的精确度和灵敏度，例如 PCR-ELISA。

第六节 常用 PCR 技术

PCR 技术自发明以来在各领域得到广泛应用，PCR 技术本身也在不断发展和完善，目前已经衍生出各种特殊的 PCR 技术，广泛应用于基础研究和临床检验。

一、原位 PCR

原位 PCR（*in situ* PCR）由 Hasse 等于 1990 年建立。

1. 原位 PCR 原理 ①处理组织切片或细胞涂片，原位固定其核酸成分，增加其细胞膜通透性。②在细胞内建立 PCR 体系，扩增其目的 DNA 或 RNA 序列。③原位杂交分析。

2. 原位 PCR 应用 研究基因表达调控，早期鉴定癌变细胞，研究发病机制，筛查病原体携带者，诊断疾病，评估预后。

3. 原位 PCR 特点 ①不需要从组织细胞内分离目的 DNA 或 RNA。②可以获得其他 PCR 技术得不到的信息，因为原位 PCR 只在含目的 DNA 或 RNA 的组织细胞内进行。

二、多重 PCR

多重 PCR（multiplex PCR）由 Chamberlain 等于 1988 年建立。

常规 PCR 只应用一个引物对，扩增一个靶序列。多重 PCR 是在同一 PCR 体系中加入多个引物对，同时扩增同一 DNA 或不同 DNA 的多个靶序列。多重 PCR 原理与常规 PCR 相同，但要优化反应体系和反应条件，使其适合各个引物对及靶序列，通常还要确保各个靶序列长度不同，以便于产物的电泳分析。多重 PCR 可以用于模板定量、DNA 多态性（微卫星 DNA、SNP）高通量分析、连锁分析、基因突变（特别是基因缺失，例如缺失突变导致的假肥大型肌营养不良症，第十二章，238 页）分析、RNA 分析、癌基因鉴定、病原体鉴定及分型、法医鉴定、食品鉴定。其特点是经济、简便、高效。

三、长距离 PCR

常规 PCR 扩增大片段 DNA 存在以下问题，导致扩增效率明显下降，且扩增产物不完整：①长时间加热导致 Taq DNA 聚合酶失活明显。②模板发生脱嘌呤或断裂等损伤明显增多。③Taq DNA 聚合酶较高的错误掺入率导致部分链的延伸提前终止，合成不完整。④扩增特异性明显下降。

长距离 PCR（LD-PCR）是对常规 PCR 进行条件优化而建立的改良技术，扩增长度可达 5 ~ 35kb。

1. 使用有校对活性的 DNA 聚合酶 通常使用两种酶：主酶（高浓度，如 0.5 ~

2.5U/50μL 的 Tth DNA 聚合酶）没有校对活性，次酶（低浓度，如 0.02 ~ 0.1U/50μL 的 Vent DNA 聚合酶）有校对活性，不同组合使用不同缓冲系统。

2. 保证模板完整 避免损伤。

3. 应用长引物 多为 22 ~ 34nt。

4. 使用改良缓冲溶液 将 pH 提高至 8.7 ~ 9.0，抵消高温导致的 pH 下降，应用降低解链温度、提高酶稳定性的试剂，例如 5% ~ 15% 甘油、2% ~ 10% 二甲基亚砜、0.01% ~ 0.1% 明胶。

5. 调整热循环参数 一般采用 92℃变性 10 秒钟（第一循环用 120 秒钟），60℃ ~ 65℃退火 10 秒钟，68℃延伸，延伸时间可参考表 10-2。

表 10-2 长距离 PCR 延伸时间参考值

模板长度（kb）	15	20	25	30	35	40	45
延伸时间（分钟）	11	14	17	20	23	27	30

四、等位基因特异性 PCR

等位基因特异性 PCR（AS-PCR）用于检测点突变。原理：同时设计一个正常引物对和一个突变引物对，两个引物对的下游引物完全一样，上游引物只是 3′末端的碱基不同，对应已知突变碱基。针对目的 DNA 分别建立两个 PCR 体系，各加入一个引物对，进行扩增，通过控制扩增条件，使错配的引物不能扩增，可以确定目的 DNA 是否存在点突变（图 10-3）。

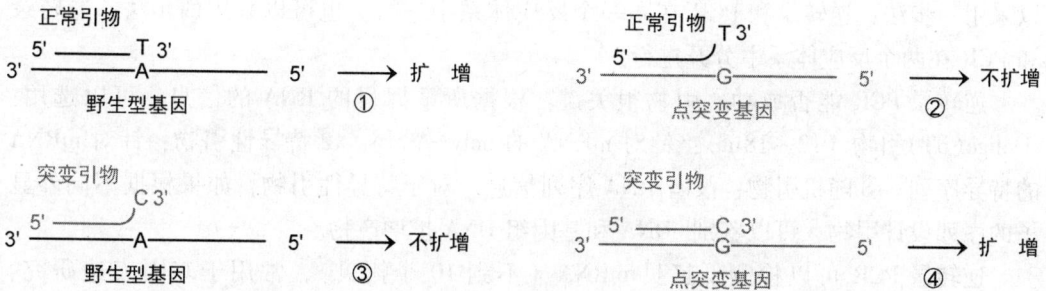

图 10-3 等位基因特异性 PCR

等位基因特异性 PCR 用于鉴定单核苷酸多态性，要求目的 DNA 序列已知，单核苷酸多态性明确并且位于引物 3′末端。

五、修饰引物 PCR

对特定 DNA 序列进行定向克隆、定点诱变（第十一章，227 页）、体外转录等研究时，需要其末端带有限制性酶切位点、突变序列、启动子等 DNA 元件，为此可以在 PCR 引物的 5′端加接这些元件进行扩增，这就是**修饰引物 PCR**。例如：在引物 5′端加接限制性酶切位点（值得注意的是：扩增序列内不能有同样的限制性酶切位点），就可以用限制性内切酶切割扩增产物，形成黏端，从而与相应载体重组，这就是**克隆 PCR**，又称 **PCR 克隆**。克隆 PCR 克隆效率较高，并且如果给两个引物加接不同的限制性酶切位点，可以进行定向克隆（图 10-4）。

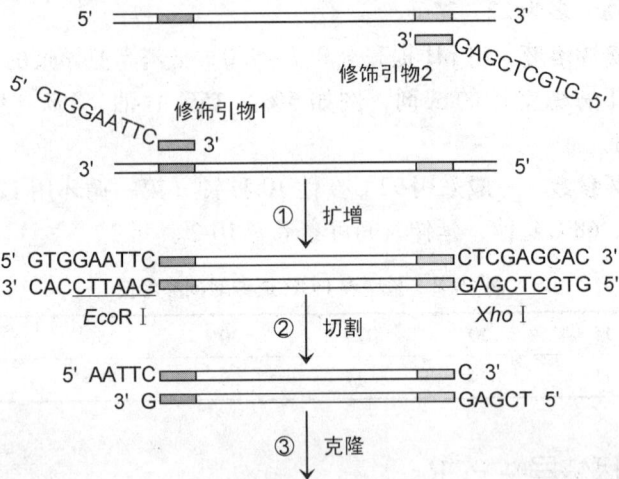

图 10-4 克隆 PCR

六、逆转录 PCR

逆转录 PCR（RT-PCR）是逆转录与 PCR 的联合，即先以 RNA 为模板，用逆转录酶催化合成其 cDNA，再以该 cDNA 为模板，通过 PCR 扩增其特定序列。逆转录 PCR 可以采用一步法：逆转录和 PCR 在同一个反应体系中进行。也可以采用两步法：逆转录和 PCR 在两个反应体系中分开进行。

逆转录 PCR 能否成功，引物很关键。根据所掌握目的 RNA 的信息，可以选用：①oligo(dT)引物（12~18nt）：针对 mRNA 的 poly(A)尾。②特异性引物：针对 mRNA 的特异序列。③随机引物：没有 RNA 序列信息。对于特异性引物，如果根据不同外显子的序列设计引物，可以鉴别 cDNA 和基因组 DNA 扩增产物。

逆转录 PCR 可以检测低拷贝 mRNA（不到 10 个拷贝），常用于基因表达研究、cDNA克隆、cDNA 探针制备、RNA 高效转录体系构建、遗传病诊断、RNA 病毒检测。

七、定量 PCR

定量 PCR（qPCR）又称**实时 PCR**（real-time PCR），是一种实时监测 PCR 进程的方法，即在 PCR 体系中加入一种**荧光探针**，PCR 过程中发出荧光信号，信号强度与 PCR 产物水平成正比，所以通过对荧光信号的实时监测可以跟踪 PCR 进程，最后根据连续监测下获得的反应动力学曲线可定量分析模板的初始水平。

1. 定量 PCR 原理　定量 PCR 的关键是在 PCR 体系中加入一种特异性荧光探针，例如 Taqman 探针（18~22nt，T_m值高出引物 10℃），该探针的 5′端标记有一个荧光报告基团 R（例如 6-羧基荧光素，6-FAM，$\lambda_{ex} = 490nm$，$\lambda_{em} = 530nm$），3′端标记有一个荧光淬灭基团 Q（例如 6- 羧基四甲基罗丹明，TAMRA）。探针完整时，报告基团 R 发出的荧光信号被淬灭基团 Q 吸收。

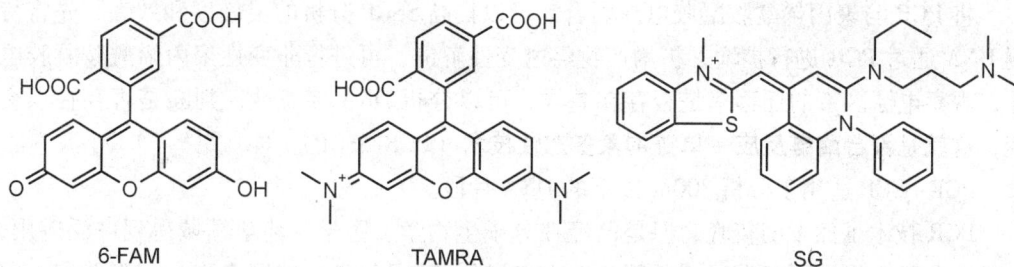

6-FAM　　　　　　　　　　　TAMRA　　　　　　　　　　　SG

在 PCR 退火时，探针与模板 DNA 杂交；在 PCR 延伸遇到探针 5′ 端时，DNA 聚合酶的 5′→3′ 外切酶活性将探针降解，报告基团 R 和淬灭基团 Q 分离，报告基团 R 可发出荧光。每扩增一条 DNA 链就释放一个报告基团 R，实现了荧光强度与 PCR 产物量的同步化（图 10-5）。

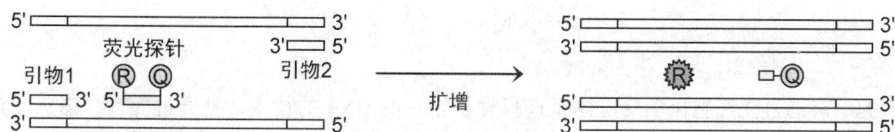

图 10-5　定量 PCR

定量 PCR 还可以用溴化乙锭或荧光染料 SG 作为荧光探针：①溴化乙锭与双链核酸强烈结合，但与单链核酸也有结合，且为强诱变剂。②荧光染料 SG 只与双链 DNA 结合，成本低廉，操作简便，但特异性差。

2. 定量 PCR 应用　与逆转录联合可以定量分析 mRNA 以研究基因表达，从而应用于基础研究（等位基因、细胞分化、药物作用、环境影响）与临床诊断（肿瘤、遗传病、病原体）。

3. 定量 PCR 特点　充分利用 PCR 的高效性、核酸杂交的特异性、荧光技术的高灵敏度和可计量性、Taq DNA 聚合酶的 5′→3′ 外切酶活性，在封闭条件下监测扩增产物，没有污染，灵敏度高，特异性高，自动化程度高，能实现多重反应。

八、PCR-RFLP

聚合酶链反应 - 限制性片段长度多态性分析技术（PCR-RFLP）是 PCR 技术与 RFLP 分析的联合，即先用 PCR 将包含待测多态性位点的 DNA 片段扩增出来，然后用限制性内切酶切割，电泳分析其 RFLP，判断其是否存在突变。PCR-RFLP 可以极大地提高 RFLP 分析的灵敏度和特异性（第一章，16 页），是检测突变的较为简便的方法。

九、PCR-SSCP

在中性条件下，单链 DNA 形成一定的构象，这种构象是由其碱基序列决定的。长度相同的单链 DNA 只要碱基序列不同，即使只有一个碱基的差异，也会形成不同的构象，这就是**单链构象多态性**（SSCP）。

　　单链 DNA 即使长度相同，只要构象不同，就会有不同的电泳迁移率，所以 SSCP 可以用非变性凝胶电泳进行分析（第七章，166 页）。

　　将 PCR 与聚丙烯酰胺凝胶电泳联合，可以提高 SSCP 分析的灵敏度和效率：先将待测 DNA 通过 PCR 进行扩增，扩增产物经过变性解链，再进行非变性聚丙烯酰胺凝胶电泳，观察电泳区带的迁移率是否存在差异，可以分析 DNA 多态性，判断是否存在点突变，这就是**聚合酶链反应 - 单链构象多态性技术**（PCR-SSCP）。

　　PCR-SSCP 适用于分析 300nt 以下的 DNA 片段。

　　PCR 技术虽然发明较晚，但是已经在分子生物学、医学、药学领域得到广泛应用，包括在分子生物学研究中用于基因组 DNA 扩增、基因分离、基因克隆、克隆鉴定、定点诱变、突变鉴定（分子进化研究）、探针制备、DNA 测序等，在临床上用于肿瘤、遗传病和传染病的基因诊断和骨髓移植、器官移植的配型，在法医学鉴定中用于个体识别、亲子鉴定等，在药物研究中用于中药材鉴定。

小　结

　　PCR 是一种通过无细胞化学反应体系选择性扩增目的 DNA 的技术，是通过变性、退火、延伸三个基本步骤的循环使目的 DNA 得到扩增。

　　PCR 具有特异性高、灵敏度高、简便快捷、重复性好、易自动化等优点。

　　PCR 技术的特异性和效率取决于 PCR 的体系组成：①Taq DNA 聚合酶最适温度较高，应用最广。②DNA 引物非常重要，设计和应用时应考虑其长度、组成、结构、特异性、浓度、质量。③dNTP 浓度、比例和质量与 PCR 密切相关。④目的 DNA 模板可以是 DNA 或 RNA，可以是临床标本、药物标本、法医标本、病原体标本、考古标本。⑤用缓冲溶液可以维持 DNA 聚合酶的活性和稳定性。

　　PCR 反应温度和时间、循环次数也影响 PCR 的特异性和效率，需要控制和优化。

　　PCR 特异性需通过产物分析才能确定，可采用电泳分析、酶切分析、杂交分析、序列分析及一些联合分析技术。

　　PCR 技术不断发展，衍生出原位 PCR、多重 PCR、长距离 PCR、等位基因特异性 PCR、修饰引物 PCR、逆转录 PCR、定量 PCR、PCR-RFLP、PCR-SSCP 等各种特殊技术，广泛应用于分子生物学、医学、药学领域。

第十一章　重组 DNA 技术

重组 DNA 技术（recombinant DNA technology）又称**基因工程**（genetic engineering），是 DNA 克隆所采用的技术和相关工作的统称。**DNA 克隆**（DNA cloning）是重组 DNA 技术的核心，即将某种 DNA 片段与 DNA 载体连接成重组 DNA，导入细胞进行复制，并随细胞分裂而扩增，最终获得该 DNA 片段的大量拷贝。

重组 DNA 技术的建立依赖于 1967 年发现的 DNA 连接酶和 1968 年发现的限制性内切酶。它们使 DNA 分子的体外剪接得以实现，是重组 DNA 技术的基本工具。

1972 年，斯坦福大学 Berg（1980 年诺贝尔化学奖获得者）构建了含 λ 噬菌体 DNA 片段和大肠杆菌 DNA 片段的重组猿猴空泡病毒（SV40）。1973 年，Cohen、Chang 和 Boyer 等用 pSC101（携带四环素抗性基因）和 RSF1010（携带链霉素、磺酰胺抗性基因）构建重组质粒并转化大肠杆菌，使它们所携带的四环素和链霉素抗性基因得到表达；同年，他们又在大肠杆菌中克隆和表达了非洲爪蟾（*Xenopus*）基因。至此，重组 DNA 技术打破了种属界限，使大肠杆菌可以合成真核生物的蛋白质。

1978 年，重组 DNA 技术生产人胰岛素获得成功，1983 年重组人胰岛素获准上市，从而使重组 DNA 技术进入成熟阶段。1990 年，Anderson 用重组 DNA 技术对一名患有重症联合免疫缺陷的儿童进行基因治疗获得成功。

重组 DNA 技术自诞生之日起就为细胞的分裂和分化、肿瘤的发生和发展等的基础研究提供了实验手段，也为医药卫生和工农业生产开辟了新的发展领域。目前，人们利用重组 DNA 技术研发并生产了大量用传统生产技术产量很低或不易制备的生物制品，包括肽类激素、抗体和疫苗等，很多已经应用于临床。重组 DNA 技术使药物改造和新药研发步入了分子医学时代，医药工业已经成为重组 DNA 技术应用活跃的领域之一。

第一节　工具酶

重组 DNA 技术的核心内容之一是 DNA 重组，即将目的 DNA 与载体共价连接成重组 DNA。DNA 重组的基本工艺是 DNA 的切割和连接，很多时候还需要合成 DNA，或对 DNA 进行修饰。这些工作都离不开工具酶（表 11-1）。

表 11-1　重组 DNA 技术工具酶

工具酶	催化活性	应用
Ⅱ型限制性内切酶	识别并切割 DNA 特异序列	制备合适 DNA 片段，绘制限制性酶切图谱
DNA 连接酶	切口 5′-磷酸基与 3′-羟基形成磷酸二酯键	连接 DNA 切口，制备重组 DNA
DNA 聚合酶	以 DNA 指导合成 DNA	DNA 复制、扩增，DNA 缺口填补
逆转录酶	以 RNA 指导合成 DNA	cDNA 合成
碱性磷酸酶	水解各种磷酸单酯键	DNA 末端脱磷酸基
多核苷酸激酶	多核苷酸 5′端羟基磷酸化	DNA 末端磷酸化，DNA 末端同位素标记
末端转移酶	合成 DNA（不需要模板）	DNA 3′端同聚物加尾
外切酶Ⅲ	双链 DNA 3′端脱核苷酸	DNA 末端修饰
λ 噬菌体外切酶	双链 DNA 5′端脱核苷酸	制备 3′黏端，DNA 末端修饰
DNA 甲基化酶	DNA 特定碱基甲基化	保护目的 DNA

一、限制性内切酶

限制性内切酶又称**限制酶**、**限制性酶**（restriction enzyme）、**限制性内切核酸酶**（restriction endonuclease），是一种内切核酸酶，由原核生物（主要是细菌）基因编码，能识别双链 DNA 的特定序列，水解该序列内部或附近的磷酸二酯键。限制性内切酶识别的特定序列称为**限制性酶切位点**（简称**限制位点**，restriction site）。

在原核细胞内，限制性内切酶可以降解含限制性酶切位点的外源 DNA，从而抗转化。例如：噬菌体 DNA 感染率仅为 10^{-4}。虽然原核细胞基因组 DNA 中也含同样的限制性酶切位点，但其中的某些碱基已被甲基化，因而这些限制性酶切位点受到保护，不会被限制性内切酶切割。DNA 的这种甲基化修饰是由 DNA 甲基化酶催化完成的。实际上，限制性内切酶和 DNA 甲基化酶组成了原核细胞的**限制修饰系统**（restriction modification system），起着防御作用，即降解外源 DNA、保护自身 DNA，对原核生物遗传性状的稳定遗传具有重要意义。

（一）限制性内切酶的命名

限制性内切酶大多数用表达该酶的细菌的学名来命名，其命名规则是：①第一个字母取自该细菌属名的首字母，用大写斜体。②第二、三个字母取自该细菌种名的头两个字母，用小写斜体。③第四个字母（有时无）代表特定菌株等，用大写或小写。④用罗马数字代表同一菌株中不同限制性内切酶的编号，按发现时间排序。

例如：埃及嗜血杆菌（*H. aegytius*）表达的三种限制性内切酶，分别命名为 *Hae* Ⅰ、*Hae* Ⅱ 和 *Hae* Ⅲ。

（二）限制性内切酶的分类

已报道的限制性内切酶有一万多种，分为以下三类：

1. Ⅰ型限制性内切酶　具有 DNase 活性和 DNA 甲基化酶活性，这类酶通常在距离限制性酶切位点约 1kb 处切割 DNA，对切割位点序列并无特异性，所以切割形成的末端的序列并不确定。

2. Ⅲ型限制性内切酶　具有 DNase 活性和 DNA 甲基化酶活性，这类酶通常在限制性酶切位点附近切割 DNA，对切割位点序列并无特异性，所以切割形成的末端的序列并不确定。

3. Ⅱ型限制性内切酶　只有 DNase 活性，切割位点就是限制性酶切位点，所以切割形成的末端的序列是确定的。Ⅱ型限制性内切酶是重组 DNA 技术中所用的限制性内切酶，被称为分子生物学家的手术刀（表 11-2）。

表 11-2　限制性内切酶

特性	Ⅰ型	Ⅱ型	Ⅲ型
DNase 活性	+	+	+
DNA 甲基化酶活性	+	−	+
亚基数	3	1	2
辅助因子	ATP，Mg^{2+}，SAM	Mg^{2+}	ATP，Mg^{2+}，SAM
切割位点	在距离限制性酶切位点约 1kb 处	在限制性酶切位点内部	在距离限制性酶切位点约 25bp 处

第一种Ⅱ型限制性内切酶 *Hind* Ⅱ由 Smith（与 Arber、Nathans 获得 1978 年诺贝尔生理学或医学奖）、Wilcox 和 Kelley 于 1970 年从 *H. influenzae* 中分离，其限制性酶切位点是 GTY·RAC。

（三）Ⅱ型限制性内切酶的识别和切割

限制性酶切位点有两个特点：①通常含 4~8bp。②多为回文序列或反向重复序列。在随机序列 DNA 中，平均每 4096（4^6）bp 存在一个 6bp 的限制性酶切位点。因此，DNA 分子可以被一种限制性内切酶切割成平均长度为 4kb 的片段，称为**限制性酶切片段**，简称**限制性片段**（restriction fragment）。限制性片段有两类末端：

1. **黏端**　限制性内切酶从限制性酶切位点的两个对称点错位切割 DNA 双链，形成的末端带一段单链，这种末端称为**黏性末端**，简称**黏端**（cohesive end，sticky end），包括 5′**黏端**和 3′**黏端**。例如：

限制性内切酶 *Eco*R Ⅰ切割限制性酶切位点对称中心 5′侧，形成 5′黏端。

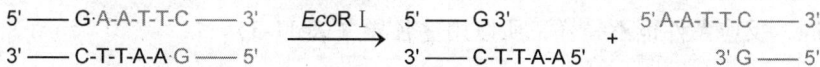

```
5' —— G·A-A-T-T-C —— 3'      EcoR I      5' —— G 3'            5' A-A-T-T-C —— 3'
3' —— C-T-T-A-A·G —— 5'     ———————→     3' —— C-T-T-A-A 5'  +  3' G —— 5'
```

限制性内切酶 *Pst* Ⅰ切割限制性酶切位点对称中心 3′侧，形成 3′黏端。

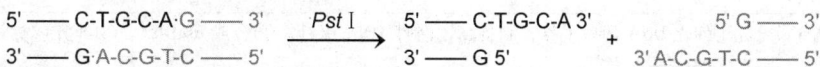

```
5' —— C-T-G-C-A·G —— 3'      Pst I       5' —— C-T-G-C-A 3'        5' G —— 3'
3' —— G·A-C-G-T-C —— 5'     ———————→     3' —— G 5'          +  3' A-C-G-T-C —— 5'
```

2. **平端**　限制性内切酶从限制性酶切位点的对称中心切割 DNA 双链，形成**平头末端**，简称**平端**（blunt end）。例如：

限制性内切酶 *Sma* Ⅰ切割限制性酶切位点对称中心处，形成平端。

```
5' —— C-C-C·G-G-G —— 3'   SmaI   5' —— C-C-C 3'   +   5' G-G-G —— 3'
3' —— G-G-G·C-C-C —— 5'    ──►    3' —— G-G-G 5'       3' C-C-C —— 5'
```

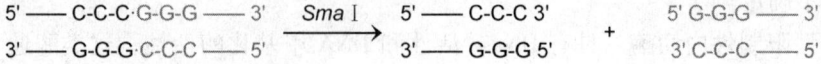

（四）限制性内切酶的应用

限制性内切酶的应用非常广泛，包括用于 DNA 重组、载体构建、探针制备、DNA 杂交、**限制性酶切图谱**（restriction map，简称**限制图谱**，一种或一组限制性酶切位点在某种 DNA 分子中的数目和分布，图 11-1 为 SV40 的三种限制性酶切图谱）绘制、DNA 指纹分析、基因组文库构建、DNA 测序、DNA 同源性研究和基因定位等。

图 11-1　SV40 限制性酶切图谱

二、DNA 连接酶

DNA 重组需要 DNA 连接酶，用以将目的 DNA 与载体共价连接成重组 DNA。常用的 DNA 连接酶包括大肠杆菌 DNA 连接酶和 T4 DNA 连接酶。它们的生理功能都一样，即催化 DNA 切口处的 $5'$-磷酸基与 $3'$-羟基连接，形成磷酸二酯键；反应机制也基本相同。不过，反应消耗不同的高能化合物：大肠杆菌 DNA 连接酶消耗 NAD^+，而 T4 DNA 连接酶消耗 ATP。

1. 大肠杆菌 DNA 连接酶　由大肠杆菌 *ligA* 基因编码（671AA），在大肠杆菌 DNA 的复制、修复和重组过程中发挥作用，用于连接 DNA 切口或互补黏端（220 页）。

2. T4 DNA 连接酶　由 T4 噬菌体的 *30* 基因编码（487AA），存在于 T4 噬菌体感染的大肠杆菌细胞内，用于连接 DNA 平端或互补黏端。

三、DNA 聚合酶

DNA 聚合酶催化合成 DNA，在重组 DNA 技术中用于 DNA 体外扩增、DNA 缺口填补和 DNA 探针标记等。各种 DNA 聚合酶的共同特点是都需要模板和引物，不过其特异性高低不同，反应条件也不一样，所以用途各异（表 11-3）。

表 11-3　重组 DNA 技术应用的 DNA 聚合酶

DNA 聚合酶	用途
DNA 聚合酶 I	①催化 DNA 切口平移，制备高比活性 DNA 探针。②合成 dscDNA。③补齐或标记 $5'$黏端。④DNA 测序
Klenow 片段	①补齐或标记 $5'$黏端。②合成 dscDNA。③DNA 测序
T4 DNA 聚合酶	①补齐或标记 $5'$黏端。②平端标记（先水解后补齐）制备探针
T7 DNA 聚合酶	①补齐或标记 $5'$黏端。②平端标记（先水解后补齐）制备探针
Taq DNA 聚合酶	①PCR。②DNA 测序
逆转录酶	①逆转录合成 sscDNA。②制备探针。③逆转录 PCR。④补齐或标记 $5'$黏端。⑤DNA 测序

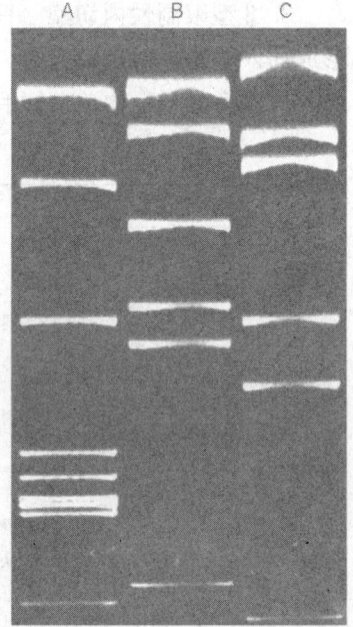

四、修饰酶

在重组 DNA 技术中，目的 DNA 经常需要通过修饰进行标记、保护，或加接人工接头，以便重组。这些修饰由各种修饰酶催化进行。

1. 末端转移酶　末端转移酶（第八章，178 页）可以用于：①DNA 末端进行同聚物加尾（220 页），以便克隆。②标记 DNA 3′端，以制备探针或测序。

2. 碱性磷酸酶　常用的碱性磷酸酶（ALP）有两种：从牛小肠细胞内分离的，称为牛小肠碱性磷酸酶（CIP，487AA，同二聚体）；从细菌中分离的，称为细菌碱性磷酸酶（BAP，大肠杆菌 450AA，同二聚体）。它们的特异性不高，能水解各种磷酸单酯键，可以用于：①脱去载体的 5′-磷酸基，防止其自身环化或形成**串联体**（concatemer，又称**多联体**，以基因组为重复单位的串联 DNA，或一组基因序列通过重组 DNA 技术构建的串联 DNA），提高重组效率。②与 T4 多核苷酸激酶联合，用[γ-^{32}P]ATP 标记 DNA 或 RNA 的 5′端。

3. T4 多核苷酸激酶　T4 多核苷酸激酶（第八章，178 页）可以用于：①将 DNA 或 RNA 的 5′-羟基磷酸化。②与碱性磷酸酶联合，用[γ-^{32}P]ATP 标记 DNA 或 RNA 的 5′端。

4. DNA 甲基化酶　在重组 DNA 技术中，常用 DNA 甲基化酶将目的 DNA 的某些限制性酶切位点甲基化，使其不再被相应的限制性内切酶切割，起到保护作用。例如：*Eco*R I DNA 甲基化酶能催化 S-腺苷甲硫氨酸将限制性内切酶 *Eco*R I 限制性酶切位点 G·A̲ATTC 的 A̲ 甲基化成 N^6-甲基腺嘌呤，使该限制性酶切位点不再被 *Eco*R I 切割。

第二节　载　体

重组 DNA 技术的一个重要环节，是把目的 DNA 导入宿主细胞，并在宿主细胞内扩增。大多数目的 DNA 很难自己进入宿主细胞，更不能自我复制。因此，需要把目的 DNA 片段连接到一种特定的、可以复制的 DNA 分子上，这种 DNA 分子就是重组 DNA 技术的**载体**（vector）。

载体的化学本质是 DNA。载体不但能与目的 DNA 重组，导入宿主细胞，还能利用自身的调控序列，使目的 DNA 在宿主细胞内独立和稳定的复制甚至表达，并据此分为克隆载体和表达载体（图 11-2）。

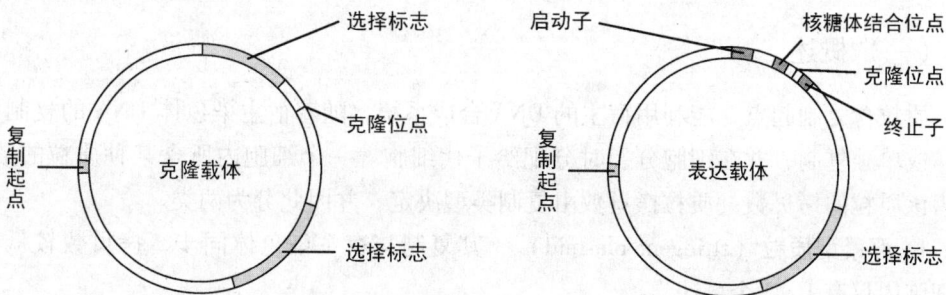

图 11-2　载体的基本结构

克隆载体（cloning vector）是用来克隆和扩增目的 DNA 的载体，含以下基本元件：①复制起点（ori）：能利用宿主的 DNA 合成系统启动复制和扩增，目的 DNA 也随之复制和扩增。②克隆位点：目的 DNA 的插入位点，为某种限制性内切酶的单一限制性酶切位点，或多种限制性内切酶的单一限制性酶切位点，后者多集中形成**多克隆位点**（MCS）。③选择标志：是一种能产生特定表型（例如抗药性或营养依赖性）的基因，便于筛选重组 DNA 克隆。此外，克隆载体还应具有分子小、容量大、容易导入宿主细胞、拷贝数高、容易提取和抗剪切力强等特点。克隆载体适用于目的 DNA 的重组、克隆和保存。

表达载体（expression vector）除了含克隆载体的基本元件之外，还含表达元件，这些元件能被宿主表达系统识别，从而控制转录和翻译。因此，表达载体可以利用宿主表达系统表达其携带的目的基因。

常用的载体有：①**原核载体**：以原核细胞为宿主的质粒载体、噬菌体载体、噬菌粒载体、黏粒载体和细菌人工染色体。②**真核载体**：以真核细胞为宿主的病毒载体和酵母人工染色体。③**穿梭载体**：可以转化不同宿主细胞，例如酵母与细菌、细菌与动物细胞。它们是由相应的野生型质粒或病毒等构建的（表 11-4）。

表 11-4　常用载体类型

载体	最大容量（kb）	实例	宿主	用途
质粒	10~20	pBR322，pUC18	大肠杆菌	一般用途，载体构建
λ 噬菌体（插入型）	10	λgt11	大肠杆菌	cDNA 文库构建
λ 噬菌体（置换型）	23	λZAP，EMBL4	大肠杆菌	基因组文库构建
M13 噬菌体	8~9	M13mp18	大肠杆菌	基因诱变，DNA 测序
黏粒	50	pJB8	大肠杆菌	基因组文库构建
噬菌粒	10~20	pBluescript	大肠杆菌	一般用途，基因诱变
P1 人工染色体	75~90	pAd10SacBⅡ	大肠杆菌	基因组文库构建
细菌人工染色体	100~300	pBAC108L	大肠杆菌	基因组文库构建
酵母人工染色体	1000	pYAC4	酵母	基因组文库构建

一、质粒载体

质粒载体是在重组 DNA 技术中应用最早、最广泛的载体。

（一）概述

质粒含复制起点，能利用宿主的 DNA 合成系统，随着宿主染色体 DNA 的复制而复制，或单独复制，并在细胞分裂时分配给子代细胞。一个细胞内所含某种质粒的数目，称为该质粒的拷贝数。质粒拷贝数由复制类型决定，并因此分为两类。

1. 严紧型质粒（stringent plasmid）　其复制与宿主染色体同步，拷贝数较低，一个细胞内仅有 1~3 个。

2. 松弛型质粒（relaxed plasmid）　其复制与宿主染色体不同步，可以单独复制，拷贝数较高，一个细胞内可以有 10 ~ 500 个。

（二）pBR322 载体

pBR322 是第一种人工构建的载体（Bolivar & Rodriguez，1977），现在已经对其进行详细研究，绘制其限制性酶切图谱，并测定其全部碱基序列。

1. 基本结构 pBR322 质粒的大小为 4361bp，用三种亲本 DNA 构建而成，含以下元件：①一个复制起点（ori）：来自 pMB1 质粒的复制起点 *rep*。②两个抗性基因：氨苄青霉素抗性基因（*amp*^{R}）来自 Tn3 转座子，编码一种 β-内酰胺酶，可以分解氨苄青霉素（又称氨苄西林）；四环素抗性基因（*tet*^{R}）来自 pSC101 质粒，编码一种膜蛋白质，可以将四环素泵出细胞。③40 多种限制性内切酶的单一限制性酶切位点：其中有的位于 *tet*^{R} 基因内（例如 *Bam*H I 限制性酶切位点），在这种位点插入目的 DNA 会导致 *tet*^{R} 基因失活；有的位于 *amp*^{R} 基因内（例如 *Pst* I 限制性酶切位点），在这种位点插入目的 DNA 会导致 *amp*^{R} 基因失活。pBR322 质粒的基因图谱如图 11-3 所示（图中未标出所有限制性酶切位点）。

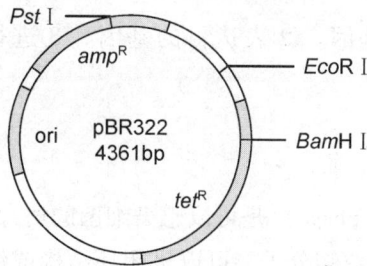

图 11-3 pBR322 载体结构

2. 特点 ①分子量较小：为了便于纯化并且避免在提取过程中发生断裂，克隆载体的大小最好不超过 10kb。②有两个抗性基因：可以通过插入失活筛选转化子（携带目的 DNA 克隆的细胞）。③是松弛型质粒：用氯霉素处理，可在每个细胞内扩增 1000 ~ 3000 个拷贝，极大提高 DNA 克隆的制备效率。

3. 应用 ①常规原核克隆载体。②构建原核表达载体。③构建其他载体。

（三）pUC 系列载体

pUC 系列载体用 pBR322 质粒和 M13 噬菌体构建而成（Vieira & Messing，1982），大小为 2686bp，是目前在分子生物学研究中应用比较广泛的一类质粒载体。

1. 基本结构 典型的 pUC 含以下元件：①复制起点：来自 pBR322 质粒，因含一个点突变而使 pUC 有高拷贝数。②*amp*^{R}：来自 pBR322 质粒，但其序列已被改造，不再含原有的限制性酶切位点。③*lacZ'*：来自 M13mp18/19 噬菌体，包含大肠杆菌乳糖操纵子的 CAP 位点、启动子 *lacP*、操纵基因 *lacO* 和结构基因 *lacZ* 的 5'端部分序列，编码 β-半乳糖苷酶 N 端的 146AA。④多克隆位点，位于 *lacZ'* 编码区内。⑤大肠杆菌乳糖操纵子的调节基因 *lacI*（图 11-4）。

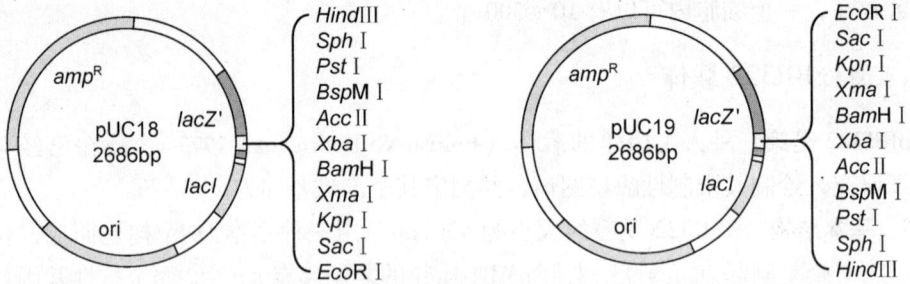

图 11-4　pUC18 和 pUC19 载体结构

2. 特点　与 pBR322 相比，pUC 具有以下特点：①分子量更小，拷贝数更高，不用氯霉素处理即可在每个细胞内扩增 500 ~ 700 个拷贝。②针对所含的 *lacZ'* 可用 α 互补和蓝白筛选法筛选转化子，筛选过程简便省时（223 页）。③*lacZ'* 内的多克隆位点使重组更方便。

pUC 系列载体都是成对构建的。它们在结构上基本一致，只是多克隆位点所含限制性酶切位点的排序相反。

3. 应用　①克隆目的基因。②表达目的基因。③进行 DNA 测序。④构建 cDNA 文库。

二、噬菌体载体

噬菌体（bacteriophage，phage）是可以感染细菌的病毒，它们的基因组可以是 DNA 或 RNA，可以是单链分子或双链分子，可以呈闭环结构或线性结构。噬菌体 DNA 除了含复制起点之外，还携带编码噬菌体衣壳蛋白的基因。用噬菌体构建的载体具有以下特点：转化效率高、拷贝数高。噬菌体载体适用于构建基因文库。

（一）λ 噬菌体载体

λ 噬菌体有一个携带基因组 DNA 的头部、一个用于感染大肠杆菌的尾部和尾丝（图 11-5）。

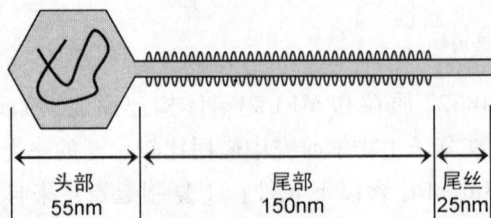

图 11-5　λ 噬菌体

1. λ 噬菌体的生命周期　λ 噬菌体属于溶原性噬菌体（lysogenic phage），又称温和噬菌体，感染细菌之后可以进行溶菌性生长和溶原性生长。溶菌性生长（lytic）是指噬菌体感染细菌之后持续增殖，可以包装 100 多个子代噬菌体，直至溶菌，释放出的噬菌体可以继续感染细菌。溶原性生长（lysogenic）是指噬菌体感染细菌之后将 DNA 整合至其染色体 DNA 中，并随之一起复制，遗传给子代细胞。这种宿主细胞只有一个噬菌体 DNA 拷贝，并且宿主细胞不被裂解，但在合适条件下可以转入溶菌性生长（图 11-6）。

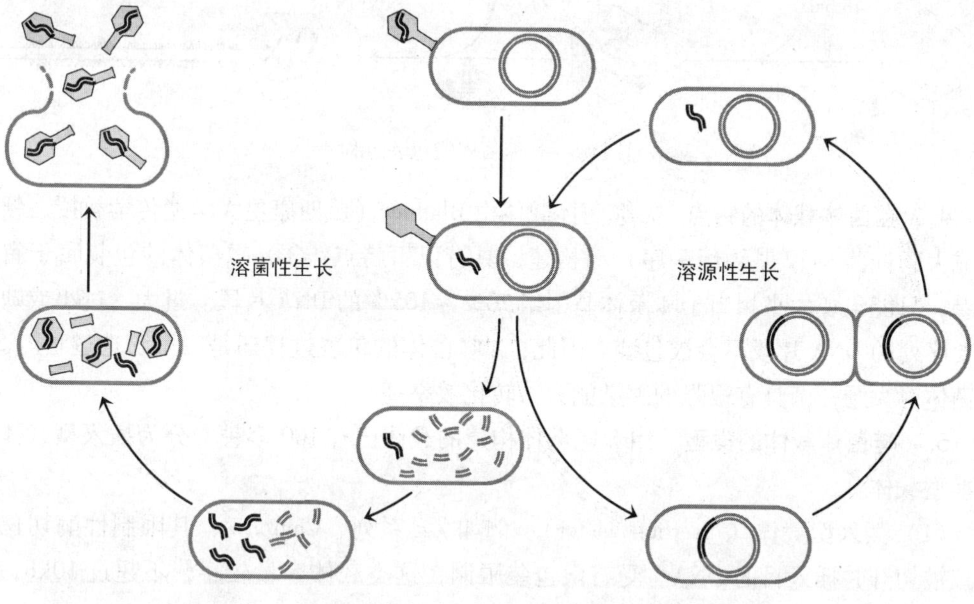

图 11-6 λ 噬菌体感染途径

2. λ 噬菌体的基因组 为线性双链分子，长度为 48502bp，在分子两端各有 12nt 的互补单链，是天然黏端，称为 **cos 黏端**，包括左端（L cos）和右端（R cos）（图 11-7）。

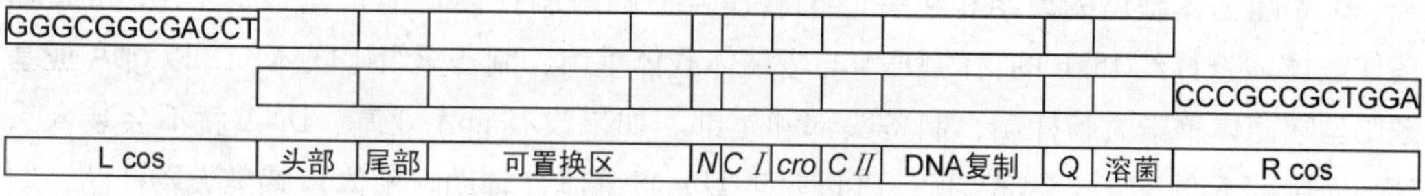

图 11-7 λ 噬菌体基因组

野生型 λ 噬菌体基因组包含 60 多个基因：①衣壳蛋白（头部和尾部、尾丝）基因在左侧。②裂解生长蛋白基因在右侧。③中间的一部分序列属于可置换区，可置换容量为 23kb。可置换区并非溶原性生长所必需，该序列缺失或被置换并不影响 λ 噬菌体的感染和包装。

3. λ 噬菌体的复制和包装 λ 噬菌体的 DNA 感染大肠杆菌之后自身环化，cos 黏端结合形成 **cos 位点**。如果营养条件差，则进入溶原性生长途径；如果营养条件好，则进入溶菌性生长途径，在感染晚期进行滚环复制（第二章，38 页），合成 DNA 串联体，同时合成衣壳蛋白，分别装配成头部、尾部和尾丝。

λ 噬菌体包装过程：①由头部包裹串联体的一个基因组单位。②Nu1 亚基（181AA）和 gpA 亚基（641AA）构成的二聚体末端酶（terminase）与 cos 位点结合，其中 gpA 亚基可能是内切核酸酶，从 cos 位点切开串联体，将切下的基因组装入头部空腔，每个头部可以装入约 50kb 的 DNA。③头部和尾部结合，装配成子代噬菌体，由溶菌酶（158AA）溶菌，释放噬菌体（图11-8）。

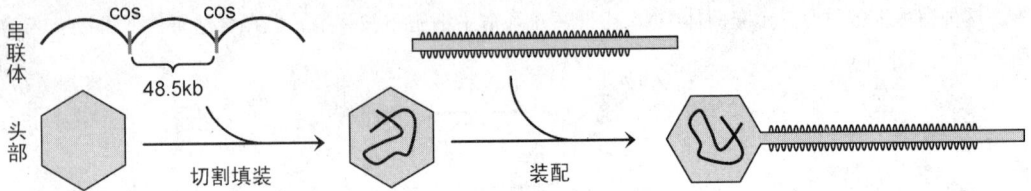

图11-8　λ噬菌体的包装过程

4. λ噬菌体载体的特点　λ噬菌体载体由 Blattner（威斯康星大学遗传学教授，领导完成大肠杆菌 K-12 基因组测序）等构建，具有以下特点：①λ噬菌体的包装属于**有限包装**，只能包装大小相当于噬菌体基因组70%～105% 的 DNA 片段。过大、过小或缺少必要序列的 DNA 片段不会被包装。因此，λ噬菌体的包装过程还是一个筛选过程。②λ噬菌体对大肠杆菌具有很强的感染能力，转化效率高。

5. λ噬菌体载体的类型　用λ噬菌体构建的载体已有 100 多种，分为插入型载体和置换型载体。

（1）**插入型载体**（insertion vector）：例如 λgt 系列、Charon 2，其限制性酶切位点可以被切开并插入目的 DNA。受有限包装限制，这类载体容量较小，不超过 10kb，主要用于构建 cDNA 文库。

（2）**置换型载体**（replacement vector）：又称**取代型载体**，例如 EMBL 系列、Charon 4，其各种限制性酶切位点都成对存在，一对限制性酶切位点之间的 DNA 序列可以被目的 DNA 置换。置换型载体容量大，可达 23kb，主要用于构建基因组文库。

6. λ噬菌体载体的重组和包装　①选择合适的限制性内切酶切割目的 DNA 和λ噬菌体载体，选择约 15kb 的目的 DNA 与噬菌体载体重组，制备重组串联体。②以 **gpA 亚基缺陷型噬菌体**感染大肠杆菌，制备头部和尾部。如果没有 gpA 亚基，DNA 就不会装入头部，而尾部不会与空的头部装配。③以野生型λ噬菌体（**辅助噬菌体**）感染大肠杆菌，制备 gpA 亚基，与重组串联体、头部及尾部混合，重组λ噬菌体便自动包装（图11-9）。

7. λ噬菌体载体的应用　①构建基因组文库和 cDNA 文库。②克隆目的基因。

（二）M13 噬菌体载体

M13 噬菌体是一类丝状噬菌体，其基因组为环状单链 DNA（+），长 6407nt。M13 噬菌体只能感染具有性纤毛（由 F 因子编码）的大肠杆菌（例如 JM103），即通过性纤毛进入细胞，然后利用大肠杆菌 DNA 合成系统进行复制（图11-10）：①以 DNA（+）为模板复制 DNA（-），得到复制型闭环 DNA（RF DNA）。②DNA（-）转录并翻译合成复制相关蛋白 G2P、单链 DNA 结合蛋白 G5P 等。③G2P 在复制起点切开 DNA（+），并以磷酸酪氨酸酯键结合于 5′端，游离出 3′-羟基末端。④由大肠杆菌酶系统滚环合成 DNA（+）。⑤DNA（+）合成到其基因组长度即由 G2P 切下，连接成环，并重复①～⑤。⑥DNA（-）转录并翻译合成大量 G5P，G5P 形成同二聚体，与 DNA（+）结合，抑制复制 DNA（-）（此时 RF DNA 已经积累至 100～200 个拷贝），从而只合成 DNA（+），并包装成 M13 噬菌体，分泌到细胞外，这一过程不会引起溶菌。

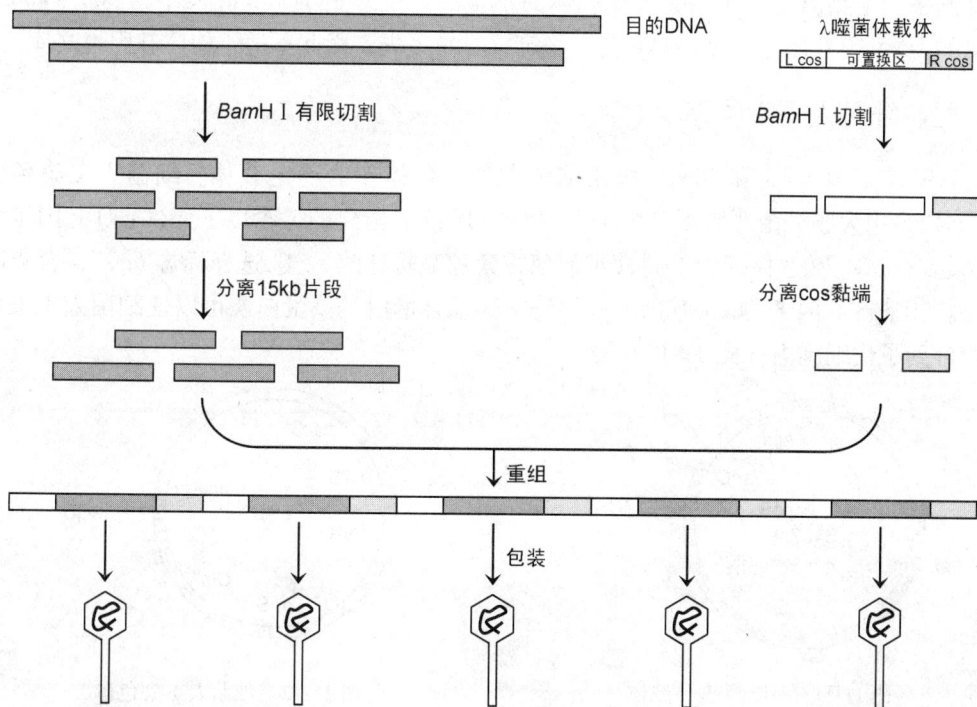

图 11-9 λ 噬菌体的重组和包装

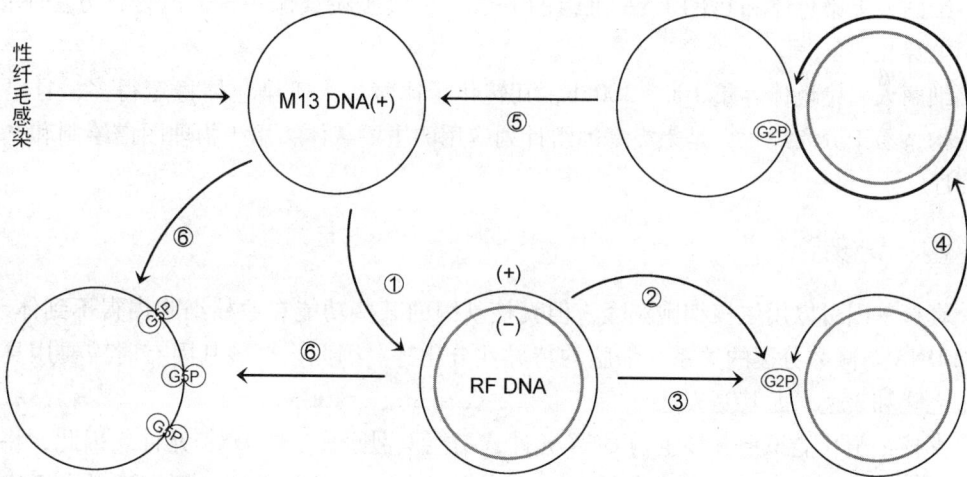

图 11-10 M13 噬菌体基因组的复制

1977 年，Joachim Messing 等利用 M13 噬菌体的 RF DNA 构建克隆载体。目前使用的 M13 噬菌体载体含以下元件：①选择标志 *lacZ'* 及控制其表达的 *lacI*。②多克隆位点，位于 *lacZ'* 的编码区内，可用 α 互补和蓝白筛选法筛选转化子（图 11-11）。

M13 噬菌体载体的最大特点是获得的克隆产物为单链 DNA，可以用于 DNA 测序、探针制备和定点诱变。M13 噬菌体载体的不足之处是容量小，克隆大小为 300～400bp 的目的 DNA 较为合适，大于 1kb 就不稳定，容易丢失，因此不适于构建基因组文库。

三、细菌人工染色体

1992 年，Shizuya 和 Birren 构建细菌人工染色体作为稳定载体。**细菌人工染色体**（BAC）是用大肠杆菌严紧型 F 因子（又称 F 质粒）构建的，含以下元件：①F 因子的复制起点 *oriS*。②选择标志 *Cm*^R（编码氯霉素乙酰转移酶）。③选择标志 *lacZ'*，含克隆位点。④来自 F 因子的 *par* 基因——编码 *oriS* 结合蛋白，该蛋白质可以使细菌人工染色体均分到子代细胞内（图 11-12）。

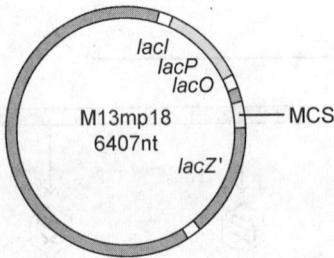

图 11-11　M13 噬菌体载体　　　　图 11-12　细菌人工染色体

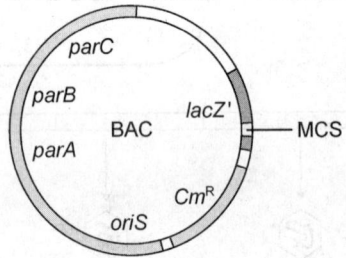

细菌人工染色体在一个宿主细胞内的拷贝数为 1～2 个，拷贝数过高时会发生不可控重组，破坏目的 DNA，影响研究和应用。

细菌人工染色体和目的 DNA 重组的方法与一般质粒载体一样，但转化方法不同，需用电穿孔法。

细菌人工染色体容量 100～300kb，其转化子比酵母人工染色体稳定得多，且呈闭环结构，易于分离纯化，是人类基因组计划应用的主要载体，用于物理图谱绘制和基因组测序。

四、真核载体

真核基因可以用原核细胞克隆，但真核基因的某些功能在原核细胞内得不到体现，例如 DNA 与减数分裂的关系、细胞的特异性分化等。因此，真核基因有时需要用真核细胞克隆和表达，尤其是表达。

真核细胞只能识别真核生物 DNA 元件，不能识别原核生物 DNA 元件。因此，将基因导入真核细胞需要用含真核生物 DNA 元件的载体，即真核载体，例如酵母人工染色体、逆转录病毒载体、腺病毒载体和腺相关病毒载体。

1. 酵母人工染色体　1983 年，Szostak（2009 年诺贝尔生理学或医学奖获得者）等用一种酿酒酵母的质粒与其染色体片段制备酵母人工染色体；1987 年，Burke 等用酵母人工染色体克隆大片段 DNA 获得成功。**酵母人工染色体**（YAC）含以下元件：①着丝粒（CEN）：负责在细胞分裂过程中将染色体分配到子代细胞内。②端粒（TEL）：有利于染色体末端完全复制，防止染色体被外切核酸酶降解。③自主复制序列（ARS）：真核生物 DNA 的复制起点。④克隆位点：目的 DNA 的插入位点。⑤两个选择标志：常用的是 *URA*（编码乳清酸核苷-5'-磷酸脱羧酶，参与嘧啶核苷酸的从头合成）和 *TRP*（编码磷酸核糖邻氨基苯甲酸异构酶，参与色氨酸合成），分别位于克隆位点的两侧，用于筛选转化子。⑥大肠杆菌的复制起点和选择标志，用于扩增载体（图 11-13）。

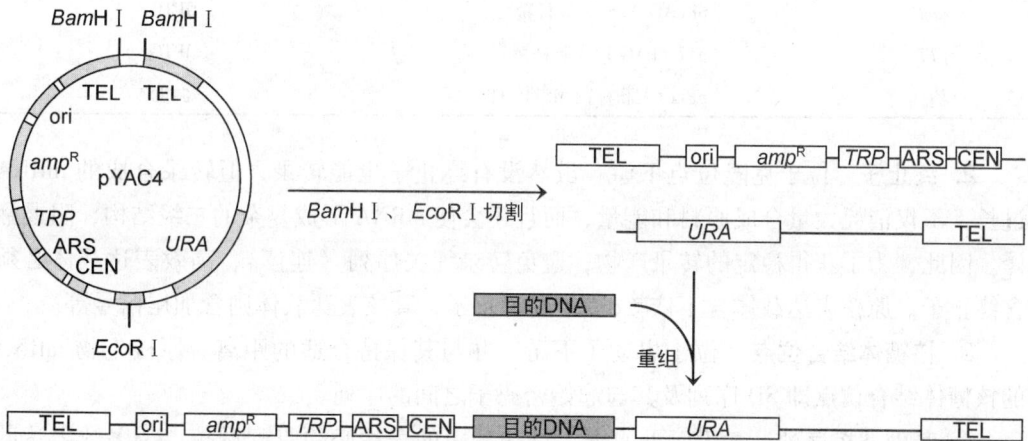

图 11-13 酵母人工染色体克隆原理

酵母人工染色体的主要特点是容量大，可达 1000kb，因而可以用于克隆较大的目的 DNA 片段，适用于传统的遗传图谱的研究，曾经是人类基因组计划应用的主要载体，用于人类基因组的物理图谱绘制和 DNA 测序，后因存在以下问题而被弃用：①正确重组率低，错误重组率高。②不稳定，易断裂，易发生目的 DNA 缺失、酵母人工染色体整个丢失。③与酵母染色体结构相似，不易提取。④拷贝数低（一个细胞内仅有1~2个拷贝），目的 DNA 产率低。

2. 病毒载体 目前所应用的病毒载体包括 SV40 载体、痘苗病毒载体、腺病毒载体、逆转录病毒载体等，均已删除了病毒的有害基因，但保留了感染相关基因，能携带目的 DNA 感染宿主细胞并复制。多数病毒载体已经质粒化，由病毒启动子、包装元件、选择标志构成。病毒具有宿主细胞定向感染性和寄生性两大特征。用动物病毒基因组构建的真核载体不但能把目的 DNA 送入宿主细胞，有的还能进一步整合于宿主染色体 DNA，例如逆转录病毒载体。

五、表达载体

表达载体包括原核表达载体和真核表达载体，都含表达元件。原核表达载体（例如 pET）含原核基因的表达元件，包括启动子、终止子、核糖体结合位点，只能被原核表达系统识别；真核表达载体（例如杆状病毒载体）含真核基因的表达元件，包括增强子、启动子、终止子、核糖体结合位点，只能被真核表达系统识别。

1. 启动子 位于克隆位点上游。好的启动子必须是具有特异性、能被宿主细胞表达系统高效识别和有效调控的强启动子。目前在原核表达系统中普遍使用的可调控强启动子有以下几种（表 11-5）。

表 11-5　大肠杆菌可调控强启动子表达系统

启动子	载体/宿主系统	诱导因素
lacUV5	pET/大肠杆菌 BL21，pHC624/大肠杆菌 K-12	IPTG
trpP	ptrpL1/大肠杆菌 HB101	吲哚丁酸
tacP	pFLAG ATS/大肠杆菌	IPTG
pT7	pT7 FLAG 1/大肠杆菌	IPTG
P_L	pPLc/大肠杆菌 M5219 株	温度

2. 终止子　位于克隆位点下游。虽然没有终止子也能转录，但转录合成的 mRNA 过长，不仅消耗大量合成原料和能量，而且还会使 mRNA 形成复杂的二级结构，阻遏翻译。因此，为了获得稳定的转录产物，避免转录无关序列（连读），高效表达载体必须含终止子。原核表达载体含不依赖ρ因子的终止子，真核表达载体则含加尾信号等。

3. 核糖体结合位点　位于启动子下游，并与其保持合适的距离。原核生物 mRNA 的核糖体结合位点即 SD 序列及其与起始密码子之间的序列。

4. 其他调控序列　基于以下原因，目的基因的表达必须受到调控：①多数表达载体的启动子是强启动子，表达效率非常高，以至于会影响宿主基因的表达。②某些目的蛋白可能有毒性，过量表达会影响宿主细胞的代谢，甚至杀死宿主细胞。③如果翻译速度快于翻译后修饰速度，会造成翻译后修饰异常，影响产物活性。

为此，通常控制宿主细胞的代谢和目的基因的表达，使其分两阶段进行：第一阶段是使宿主细胞快速增殖，以获得足够量的细胞。第二阶段是启动目的基因表达，使所有细胞内的目的基因都高效表达，合成目的蛋白。

5. 结构基因　表达载体可以分为非融合表达载体和融合表达载体。**非融合表达载体**仅提供表达元件，表达产物完全由目的基因编码，例如 pKK223-3。**融合表达载体**有一段结构基因，克隆位点位于其一端，所以这段结构基因可以与插入的目的基因重组成**融合基因**（fused gene，两个不同来源的基因片段通过重组构成的一种基因），表达**融合蛋白**（fused protein）。例如 pET、pGEX 系列载体等。

第三节　基本过程

重组 DNA 技术通常包括以下基本步骤：①获取目的 DNA：用限制性内切酶切割 DNA，获得待克隆的目的 DNA。②选择载体：根据研究目的和目的 DNA 的特点选择。③构建重组 DNA：用 DNA 连接酶将目的 DNA 与载体连接，形成重组 DNA（重组体）。④将重组 DNA 导入合适的细胞（宿主细胞）。⑤筛选和鉴定获得了重组 DNA 的宿主细胞（转化子）（图 11-14）。

一、目的 DNA 制备

重组 DNA 技术中的**目的 DNA** 既是指有待克隆的 DNA，又是指有待研究或应用的克

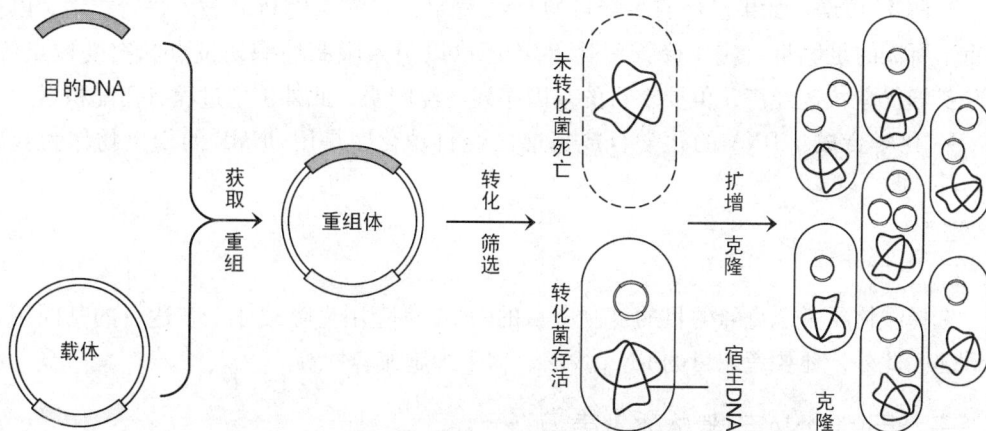

图 11-14　重组 DNA 技术基本过程

隆产物（扩增子）。制备目的 DNA 就是要保证目的 DNA 的量、结构和纯度能满足要求。常用的制备方法有从组织细胞提取、逆转录合成、PCR 扩增和化学合成。

1. **从组织细胞提取**　只要有足够的组织或细胞材料，就可以从中提取基因组 DNA，不过在提取过程中要尽量维持 DNA 分子的完整性，减少断裂（第七章，163 页）。

2. **逆转录合成**　以下目的 DNA 不宜从基因组 DNA 中获取：①要在原核细胞内表达的真核基因：真核基因转录的 mRNA 前体必须经过后加工，成为成熟 mRNA，才能指导蛋白质合成；原核细胞转录后加工系统不能加工真核生物 mRNA 前体。②要研究表达特异性的基因：基因组 DNA 没有组织特异性，并且含量非常稳定，不受环境、营养和发育状况的影响。

研究这类基因可以用其 cDNA。这就需要先从高表达组织细胞内提取 mRNA（例如从网织红细胞提取珠蛋白 mRNA，从眼球晶体提取晶体蛋白 mRNA），然后用 oligo（dT）作引物，逆转录合成其 cDNA（图 11-15），再进行克隆。

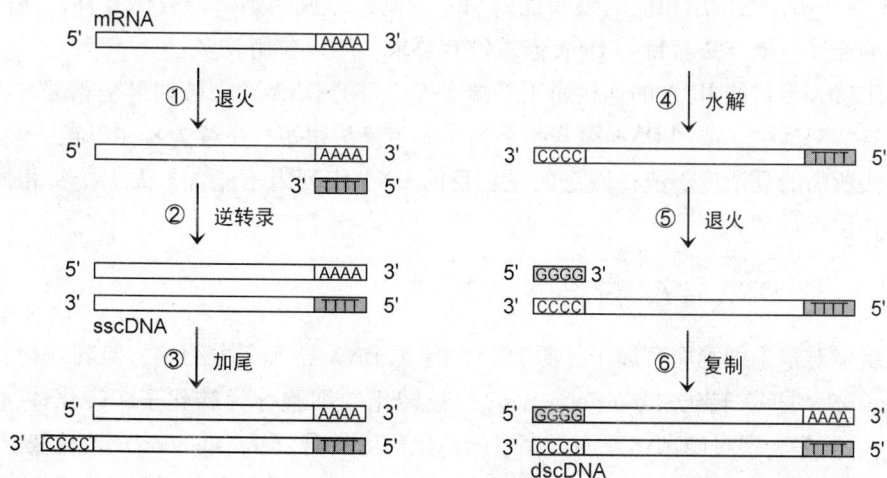

图 11-15　cDNA 合成

3. PCR 扩增　如果已经有少量目的 DNA 样品，可先应用 PCR 技术进行扩增，以获得重组所需的足够量。应用修饰引物 PCR 还可以引入限制性酶切位点和突变位点等。PCR 扩增简单快速经济，但要求目的基因序列已经阐明，此外扩增过程有错配积累。

4. 化学合成　DNA 的化学合成目前已经自动化，是用 dNMP 的衍生物作为合成原料。

二、载体选择

选择载体要考虑克隆的目的：制备目的 DNA 克隆用克隆载体，表达目的基因用表达载体。此外，还要考虑目的 DNA 大小、宿主细胞兼容性等。

三、目的 DNA 与载体体外重组

在重组 DNA 技术中，目的 DNA 与载体在体外连接的过程称为 **DNA 的体外重组**。体外重组的产物称为**重组 DNA**（rDNA）、**重组体**（recombinant）。

1. 平端连接　凡是有 3′-羟基和 5′-磷酸基的平端 DNA 都可以由 T4 DNA 连接酶催化，直接形成 3′,5′-磷酸二酯键。这就是**平端连接**。

2. 互补黏端连接　目的 DNA 与载体由同一种限制性内切酶切割，产生相同的黏端，因而彼此互补，称为**互补黏端**（complementary sticky end）。在适宜条件下，互补黏端退火，由 DNA 连接酶催化以 3′,5′-磷酸二酯键连接成重组 DNA，这就是**互补黏端连接**。

3. 同聚物加尾连接　用末端转移酶在线性载体 DNA 分子的两端加接同聚物，例如 oligo(dA)，在目的 DNA 分子的两端加接互补同聚物，例如 oligo(dT)。两者混合，即可通过同聚物退火。用 DNA 聚合酶催化填补缺口，再用 DNA 连接酶催化连接成重组 DNA。

4. 加人工接头连接　**人工接头**又称**接头 DNA**（linker DNA），是一种化学合成的双链寡核苷酸，含一种或多种单一限制性酶切位点，可以用 T4 DNA 聚合酶催化连接到目的 DNA 的平端，然后用相应的限制性内切酶切割，形成的黏端与载体互补，即可进行互补黏端连接。该方法对目的 DNA 末端没有要求，所以应用较多。

人工接头与目的 DNA 的连接属于平端连接，目的 DNA 的末端如果是黏端，需要先用外切核酸酶削平，或用 DNA 聚合酶补齐。人工接头很短，一般为 8～12bp，容易达到平端连接所需的高浓度。值得注意的是：目的 DNA 序列内不能含与人工接头相同的限制性酶切位点。

四、外源 DNA 导入宿主细胞

重组体对宿主细胞而言属于外源 DNA。外源 DNA 导入宿主细胞，使其获得新的遗传表型，称为 **DNA 转化**（transformation），被转化的细胞称为**转化子**、**转化体**（transformant）。其中，通过噬菌体或病毒完成的转化称为**转导**（transduction）或**感染**（infection），被转导的细胞称为**转导子**（transductant）；外源 DNA 转化培养的真核细胞称为**转染**（transfection），被转染的细胞称为**转染子**（transfectant）。

重组 DNA 技术是将重组体导入宿主细胞内，利用宿主细胞的代谢系统进行复制、扩增和表达。评价重组 DNA 技术应用的成败首先要看是否得到转化子。

（一）宿主细胞选择

重组 DNA 的宿主细胞既有原核细胞又有真核细胞。常用的原核细胞包括大肠杆菌、枯草杆菌和链球菌等，可以用于构建基因组文库、扩增目的 DNA、表达目的基因；常用的真核细胞包括酵母、昆虫和哺乳动物细胞等，一般仅用于表达目的基因。选择宿主细胞要考虑以下因素：

1. **限制与修饰** 宿主细胞必须是限制性内切酶和重组酶缺陷型，以免重组 DNA 在宿主细胞内被降解或发生重组。

2. **功能互补** 宿主细胞必须是目的基因功能缺陷型，便于筛选。

3. **易于转化** 例如大肠杆菌容易诱导形成感受态，转化效率高。

4. **遗传稳定性好** 易于大量培养或发酵。

5. **安全性高** 为安全型缺陷株，例如所用大肠杆菌多为从 K-12 大肠杆菌改造的缺陷株，在人体肠道内几乎不能存活。

6. **内源蛋白酶基因缺失或低表达** 有利于目的基因表达产物的富集。

7. **存在翻译后修饰系统** 确保有效表达活性产物。

（二）常用转化方法

有许多方法可以将重组 DNA 导入宿主细胞内，各种方法都有其适用对象、适用条件。可根据目的 DNA、载体、宿主细胞等的特性采用合适的转化方法（表 11-6）。

表 11-6　常用转化方法

转化方法	适用宿主细胞	转化方法	适用宿主细胞
氯化钙法	大肠杆菌	显微注射法	真核细胞
噬菌体感染法	大肠杆菌	病毒感染法	真核细胞
完整细胞转化法	酵母	磷酸钙共沉淀法	真核细胞
原生质体转化法	酵母，链霉菌	DEAE-葡聚糖法	真核细胞
电穿孔法	链霉菌，哺乳动物细胞	脂质体载体法	真核细胞

1. **氯化钙法** 用于较小外源 DNA（例如环状质粒）转化大肠杆菌。将大肠杆菌悬浮在 0℃ 的 0.1mol/L $CaCl_2$ 低渗溶液中，冰浴 30 分钟，Ca^{2+} 使细菌膨胀，细胞膜的结构发生变化，通透性增加，易被外源 DNA 转化，这种细胞称为**感受态细胞**（competent cell）。感受态的大肠杆菌细胞在 0℃ 时吸附 DNA，在 42℃ 时摄入 DNA。因此，将外源 DNA 加入感受态细胞悬液，冰浴 30 分钟，升温至 42℃ 维持 45～90 秒钟（称为热激），再冰浴 2 分钟，DNA 可导入细胞，转化率 10^5～10^8 转化子/μg 质粒（环状 DNA 比线性 DNA 转化率高 1000 倍）。

2. **噬菌体感染法** 用于转化大肠杆菌。以 λ 噬菌体载体或黏粒构建重组体，在体外包装成具有感染能力的噬菌体，可以感染大肠杆菌。

3. 完整细胞转化法　用于转化酵母。用醋酸锂或氯化锂处理对数生长期的酵母细胞，在运载 DNA（鲑鱼精子 DNA、小牛胸腺 DNA）、聚乙二醇、二甲基亚砜存在的条件下，外源 DNA 经过热激处理导入酵母细胞。

4. 原生质体转化法　用于转化酵母、链霉菌。用蜗牛酶（snailase）等处理对数生长期的酵母细胞，降解细胞壁，获得原生质体，以山梨醇 – CaCl$_2$ 溶液悬浮，可以在运载 DNA、聚乙二醇存在的条件下吸收外源 DNA。

5. 电穿孔法　用于转化链霉菌、哺乳动物细胞。**电穿孔**（electroporation）是指在 0℃~4℃下用 10~20kV/cm 的高压电脉冲瞬时电击细胞，提高其膜通透性，可以促使其有效吸收 DNA 等大分子或其他亲水性分子。目前，各种不能用其他方法转化的细胞都可以用电穿孔法转化。电穿孔法操作简便，转化率高（10^9~10^{10} 转化子/μg 质粒），在基因工程和细胞工程中被广泛应用。

五、细胞筛选和 DNA 鉴定

重组体转化宿主细胞之后，经过培养，可以形成许多克隆。然而，这些克隆的细胞并非都含有重组体。有的转化细胞可能只是导入了载体、目的 DNA 或非目的 DNA，更多的细胞根本就没有导入上述成分。显然，导入了重组体的转化细胞只占少数，常常是极少数。因此，我们必须排除那些阴性克隆，筛选出含有目的 DNA 的阳性克隆，形成这些克隆的转化细胞即为转化子。

筛选和鉴定方法的选择与设计主要根据载体、重组体、目的 DNA、宿主细胞的遗传学特性和生物学特性。这些方法可以分为两类：①利用转化细胞表型变化进行筛选，例如利用抗药性、营养依赖性、呈色反应、噬菌斑形成能力等；这些方法简便快捷，可以批量筛选，但存在假阳性。②根据目的 DNA 长度、碱基序列、表达产物特性等进行鉴定，例如利用核酸杂交、序列分析、放射免疫分析；这些方法灵敏度好、结果可靠，但要求高、成本高、难度大。

1. 载体标志筛选　载体的选择标志赋予转化细胞新的表型。例如：抗药性的得失决定转化细胞能否在含药平板培养基上形成克隆，*lacZ* 的表达与否使这些克隆具有不同的颜色。载体标志筛选简便省时，是筛选转化子的第一步，也是重要的一步。不过，载体标志筛选通常只能确定哪些克隆含有重组体，至于这些重组体是否携带目的 DNA，尚需进一步鉴定。

（1）抗生素抗性：以 pBR322 为例，如果 DNA 插入载体抗性基因以外的位点（例如 *Eco*R I 限制性酶切位点，图 11-3），则不会造成抗性基因失活；此外，未经限制性内切酶切割或切割之后重新环化的质粒也都不存在抗性基因失活。它们转化的细胞的表型都是 *amp$^+$tet$^+$*。这些细胞都能在含氨苄青霉素（Amp）或四环素（Tet）的 LB 平板培养基上形成克隆。而未转化细胞的表型是 *amp$^-$tet$^-$*，不能在同样的平板培养基上形成克隆。

（2）插入失活：许多载体的选择标志（例如抗性基因）内有限制性酶切位点，插入目的 DNA 将导致该选择标志失活，称为**插入失活**（insertional inactivation）。

以 pBR322 为例，应用插入失活筛选过程：①将目的 DNA 插入 amp^R 的 Pst Ⅰ限制性酶切位点（图 11-3），制备重组体，其 amp^R 被插入失活。②转化大肠杆菌，转化之后有三种不同表型的大肠杆菌：未导入 pBR322 载体或重组体的表型为 $amp^- tet^-$，导入载体的表型为 $amp^+ tet^+$，导入重组体的表型为 $amp^- tet^+$。③用含 Tet 平板培养基培养，$amp^- tet^-$ 细胞被四环素杀死，不形成克隆，$amp^+ tet^+$ 细胞形成的都是阴性克隆，$amp^- tet^+$ 细胞形成的克隆中含阳性克隆，但这些克隆在外观上不易鉴别。④制备 Tet 平板和 Tet + Amp 平板，标记对应位置作为接种点，接种上一步在 Tet 平板培养基上形成的克隆细胞。两平板对应位置接种同一克隆的细胞，不同的位置接种不同克隆的细胞。经过培养，在 Tet 平板培养基上接种的细胞全部形成克隆；在 Tet + Amp 平板培养基上接种的细胞一部分形成克隆，其表型为 $amp^+ tet^+$，是阴性克隆；其余未形成克隆，其表型为 $amp^- tet^+$。从 Tet 平板上挑出对应的克隆，其中有些是阳性克隆，其细胞为转化子（图 11-16）。

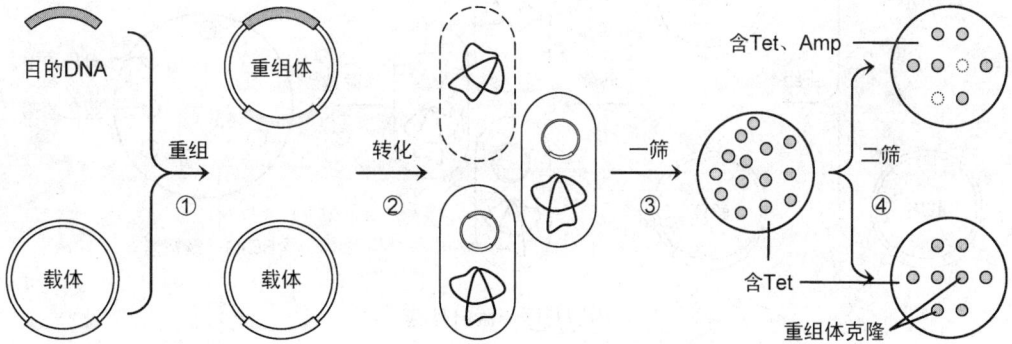

图 11-16　插入失活

（3）蓝白筛选：有些选择标志的表达产物属于这样一类酶，它们催化呈色反应，使培养细胞形成有色克隆，容易识别。例如：细菌人工染色体含 *lacZ*，并且 *lacZ* 内含限制性酶切位点，与目的 DNA 重组构建的重组体中 *lacZ* 被插入失活。转化细菌后，在培养基中加入 *lacZ* 的人工诱导物异丙基-β-D-硫代半乳糖苷（IPTG）和人工底物 5-溴-4-氯-3-吲哚-β-D-半乳糖苷（BCIG，又称 X-gal），IPTG 诱导 *lacZ* 表达 β-半乳糖苷酶，催化水解 BCIG，生成的 5-溴-4-氯-3-羟基吲哚进一步氧化，产物呈蓝色，因而使克隆呈蓝色；另一方面，重组体的 *lacZ* 因插入失活而不表达有活性的 β-半乳糖苷酶，相应的克隆呈白色。因此，很容易根据呈色鉴别含重组体的克隆，这一方法称为**蓝白筛选**（图 11-17）。

鉴别 pUC、pGEM 系列质粒和 M13mp 系列噬菌体转化的克隆是依靠另一种蓝白筛选。以 M13mp 噬菌体为例，其选择标志为含多克隆位点的 *lacZ′*，编码产物为 β-半乳糖苷酶 N 端的 146AA（称为 α 肽）。M13mp 噬菌体的宿主菌为 JM 系列（例如 JM103），其 F 因子含 *lacZ*ΔM15，编码的 β-半乳糖苷酶片段称为 ω 肽，缺少 11～41 号氨基酸肽段，因而没有酶活性。当 M13mp 噬菌体感染 JM 菌之后，两种表达产物 α 肽和 ω 肽结合，形成有活性的 β-半乳糖苷酶，这一现象称为 **α 互补**（α-complementation）。

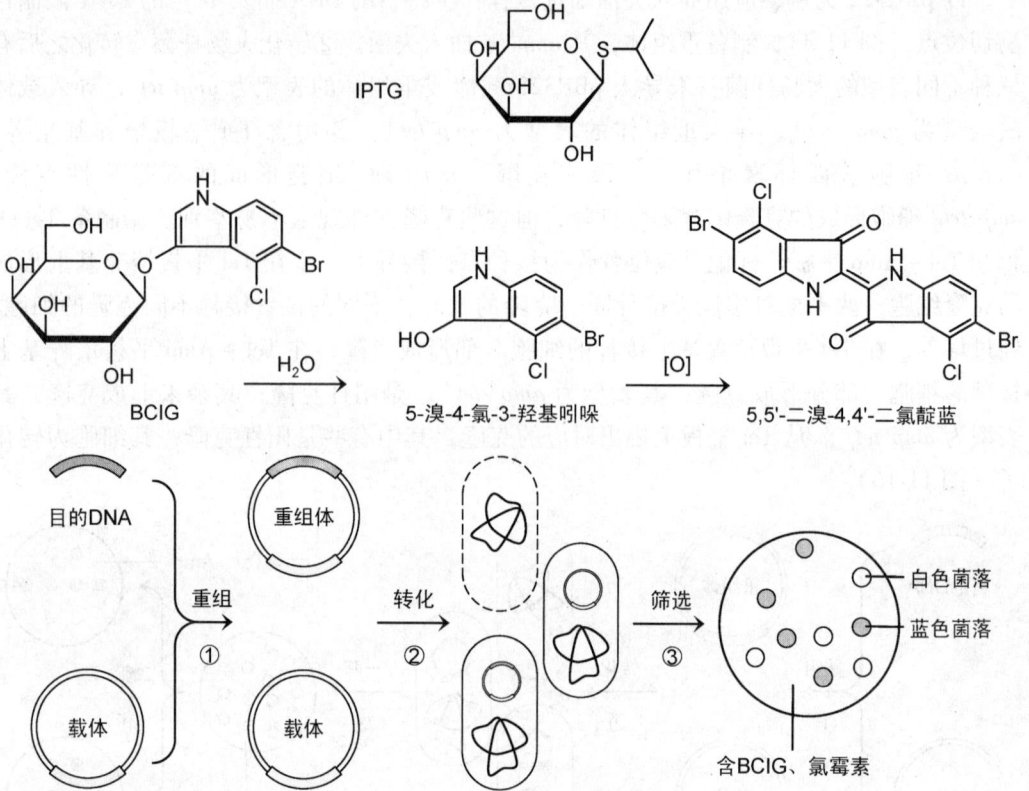

图 11-17　蓝白筛选

当在培养基中加入 IPTG 和 BCIG 时，IPTG 诱导 M13mp 噬菌体的 *lacZ'* 和 JM 菌的 *lacZ*ΔM15 表达，通过 α 互补形成活性 β-半乳糖苷酶，催化 BCIG 水解，进一步氧化生成蓝色产物，因而使克隆呈蓝色；而 M13mp 重组体的 *lacZ'* 被插入失活，JM 菌不能通过 α 互补形成活性 β-半乳糖苷酶，因而形成白色克隆。

（4）**遗传互补**：又称标志补救，是指载体标志（或目的基因）的表达产物恰好可以弥补宿主细胞本身的遗传缺陷，从而使细胞可以在选择性培养基（selective medium）中生长。例如：中国仓鼠卵巢细胞（CHO）二氢叶酸还原酶基因缺陷株（*dhfr⁻*）不能在未加胸腺嘧啶的选择性培养基中生长，被 *dhfr⁺* 载体或重组体转化后则可以生长。

（5）**阳性筛选**：用 pBR322 构建的质粒载体 pTR262 含 *tet*ᴿ 和 *cI*（来自 λ 噬菌体）。*cI* 编码产物是阻遏蛋白，阻遏 *tet*ᴿ 表达。*cI* 的 *Hind*III 限制性酶切位点插入目的 DNA 导致插入失活，转化细胞后不表达 *cI* 而表达 *tet*ᴿ，故转化子可在含四环素的培养基中生长。

2. 核酸杂交分析　要想鉴定含目的 DNA 的转化子，可通过核酸杂交，即从转化细胞提取核酸，与用目的 DNA 制备的探针进行杂交。该方法常用于从基因文库中鉴定目的 DNA。

如果转化细胞经过平板培养形成克隆菌落或噬菌斑，则可以用菌落杂交法或噬菌斑杂交法鉴定含目的 DNA 的转化子。

3. PCR 分析 根据目的 DNA 或克隆位点序列设计引物对，从转化细胞提取 DNA 作为模板，进行 PCR 扩增，通过琼脂糖凝胶电泳分析扩增产物，可以鉴定出含目的 DNA 的转化子。PCR 技术鉴定转化子简便有效，适用于鉴定插入目的 DNA 的种类较多、长度相近的重组体。

4. 限制性酶切图谱分析 从转化细胞提取 DNA，用合适的限制性内切酶切割，通过琼脂糖凝胶电泳获得限制性酶切图谱。通过分析限制性酶切图谱，可以判断有无目的 DNA 及目的 DNA 是否完整。酶切鉴定的关键是根据载体和目的 DNA 所含的限制性酶切位点选择合适的限制性内切酶。

5. 表达产物分析 如果目的基因在转化细胞内有表达，并且表达产物已经阐明，具有酶、激素等活性或免疫原性，则可根据酶 – 底物作用、激素 – 受体作用或抗原 – 抗体作用，用呈色反应、化学发光、免疫化学等方法鉴定表达产物，从而间接鉴定转化子。

6. 序列分析 序列分析是鉴定目的 DNA 最准确的方法，可确定其序列是否存在损伤、阅读框是否正确；但是序列分析成本太高，仅作为其他方法的补充。

第四节 目的基因表达

重组 DNA 技术的主要内容之一，就是要获得目的基因的表达产物。在得到目的基因克隆之后，只要将其按正确的方向插入表达载体的正确位置——启动子的下游，然后导入合适的宿主细胞，即可进行表达。

用重组 DNA 技术表达目的基因，首先要确定它是原核基因还是真核基因，然后选择合适的表达载体和宿主细胞，构建相应的表达系统。通常考虑用原核表达系统表达原核基因，用真核表达系统表达真核基因。不过，真核表达系统条件苛刻，成本太高，所以某些真核基因也可以用原核表达系统表达。

重组 DNA 技术目前已经用原核细胞（大肠杆菌、枯草杆菌、乳酸菌、沙门菌、苏云金杆菌、蓝细菌、棒状杆菌、链霉菌等）、真菌细胞（酵母等）、植物细胞、昆虫细胞、哺乳动物细胞（中国仓鼠卵巢细胞 CHO、大鼠肝细胞 IAR20、人肝癌细胞 HepG2 等）等构建了各种表达系统。它们具有遗传背景清楚、对人和环境安全等优点，在理论研究和生产实践中有较高的应用价值。

一、大肠杆菌表达系统

大肠杆菌表达系统是建立最早、研究最详尽、应用最广泛、发展最成熟的原核表达系统，既可以用于表达原核基因，又可以用于表达真核基因。与真核表达系统相比，大肠杆菌表达系统具有以下特点：①培养条件简单，培养成本低廉，适用于大规模生产。②增殖迅速，在对数生长期每 20 ~ 30 分钟即可分裂一次。③实验室应用株是安全型缺陷株，只能在实验室条件下生存。④基因组图谱已经阐明。⑤其寄生型或共生型质粒、噬菌体可以携带异源基因。⑥表达水平通常高于真核表达系统（表 11-7），并且表达易于调控。大肠杆菌在重组 DNA 技术中占有重要的地位，是分子生物学研究和生物工程领域的重要工具。

表 11-7　一些目的基因在大肠杆菌表达系统中的表达水平

目的基因	表达产物占细胞总蛋白比例/%	目的基因	表达产物占细胞总蛋白比例/%
生长激素抑制剂	<0.05	α_1 抗胰蛋白酶原	15
胰岛素 A 链	20	白细胞介素 2	10
胰岛素 B 链	20	肿瘤坏死因子	15
牛生长激素	5	β 干扰素	15
人生长激素	5	γ 干扰素	25

二、哺乳动物细胞表达系统

哺乳动物细胞表达系统的最大优点是转录后加工和翻译后修饰系统完善、精确，因此：①目的基因既可以来自 cDNA，又可以来自基因组 DNA。②能进行复杂的一级结构修饰（如糖基化）和高级结构修饰（如肽链折叠），因而表达产物的结构、性质、活性最接近天然产物。③分泌表达更有效。④表达产物不降解。哺乳动物细胞表达系统常用于表达结构复杂需要进行精确翻译后修饰的蛋白质。

哺乳动物细胞表达系统的不足之处：生长速度缓慢，表达效率不高，营养要求复杂，培养条件苛刻，技术操作困难，培养成本太高，污染风险较大。

目的基因要在哺乳动物细胞内表达，必须先与合适的真核表达载体重组，通常应用穿梭载体，即重组之后先在大肠杆菌中扩增，然后分离纯化，并导入哺乳动物细胞内进行表达。

第五节　应　用

重组 DNA 技术是分子生物学的核心技术，与其他技术联合应用于分子生物学和医药、农业、林业、国防等相关领域（表 11-8），应用范围非常之广。这里只部分介绍，其他内容见相关章节。

表 11-8　重组 DNA 技术的应用

应用	内容（参考）
基因扩增	基因组文库（第十一章）、cDNA 文库（第十一章）
基因表达	生物制药、表面展示
基因研究	基因组学（第十四章）、表面展示、基因表达调控（第五章）、原癌基因和抑癌基因、致病基因/候选基因（第十二章）、基因诊断和基因治疗（第十三章）、生物克隆
基因改造	定点诱变（第十一章）、转基因技术和基因打靶技术、基因治疗（第十三章）

一、基因文库构建

基因文库（gene library）是一个包括了各物种 DNA 的克隆群，可以用于鉴定未知基因。基因文库包括基因组文库和 cDNA 文库。

1. 基因组文库构建　基因组文库（genomic library）是应用重组 DNA 技术构建的一个克隆群，它包含了一种生物基因组的全部 DNA 序列，即以序列片段形式储存着该生物的全部基因组信息。基因组文库可以用于分离基因片段，分析基因结构，绘制基因组物理图谱、序列图谱。

为了保证基因组文库的完整性，克隆群所携带的基因组片段必须覆盖整个基因组，为此可以采取两种策略：①采用机械切割法或限制性内切酶切割法随机切割 DNA，以保证克隆的随机性。②增加基因组文库的克隆数目，以提高基因组的覆盖倍数。

2. cDNA 文库构建 理想的 cDNA 文库是这样一个克隆群，它包含了一种生物基因组全部基因的 cDNA 序列。不过，构建这样的 cDNA 文库并不容易。虽然一个个体的所有细胞都拥有相同的基因组，但其所含基因中只有少数处于表达状态；并且，不同类型的细胞和同类细胞在不同生长阶段或受不同因素刺激时，所表达基因的种类和表达效率是不同的。因此，在实际应用中，**cDNA 文库**（cDNA library）是这样一个克隆群，它包含了一种生物的某种细胞在特定状态下表达的全部基因的 cDNA 序列。cDNA 文库可以用于目的基因鉴定、基因序列分析、基因芯片杂交等。迄今已阐明的蛋白质基因大都是从 cDNA 文库中鉴定的。

与基因组基因和基因组文库相比，cDNA 和 cDNA 文库有以下优势：①cDNA 无内含子，比基因组基因序列短（0.5~8kb），操作更方便。②cDNA 文库比基因组文库小，从中鉴定基因的工作量较小。③高表达基因在 cDNA 文库中的丰度大于在基因组文库中的丰度，鉴定方便。④目的基因鉴定方法更多，可以根据表达产物进行鉴定。⑤cDNA 可以在原核细胞内表达功能产物。⑥从 cDNA 序列中可以直接鉴定编码区，分析其编码产物的氨基酸序列、性质和功能等。⑦可以研究基因表达的特异性。⑧假阳性率低。

二、定点诱变

要研究基因的结构和功能就要分析其特定序列甚至特定碱基的作用。传统的研究方法是培育突变表型，然后克隆突变表型基因，与野生表型基因进行序列比对分析。传统方法不足之处：①个体突变太具有随机性，常得不到想要的突变表型。②突变种类受限制，有些突变表型无法获得。③诱发个体突变，实验周期长，突变率低下。④某些突变并无明显的突变表型，容易遗漏，或得出错误结论。

英国科学家 Smith（1993 年诺贝尔化学奖获得者）建立的定点诱变技术可以在基因的任何位点诱发突变，从而使我们对基因结构和功能的研究有了质的突破，已经成为基因工程定点改造基因结构的主要方法。

1. 定点诱变技术 **定点诱变**（site-directed mutagenesis）是指在基因或基因组的指定位点人为进行单核苷酸或寡核苷酸置换、插入或删除的过程。定点诱变技术建立至今发展很快，新技术不断推出，这里介绍几种。

（1）寡核苷酸定点诱变：Smith 建立的定点诱变技术属于寡核苷酸定点诱变。

以碱基置换诱变为例，**寡核苷酸定点诱变**的基本原理：①针对待诱变环状单链 DNA（可以用 M13 噬菌体克隆）设计一段寡核苷酸引物。寡核苷酸引物的中间序列对应诱变位点，含有置换单核苷酸或寡核苷酸，两侧序列则与诱变位点两侧的序列严格互补。这样，通过变性、退火，寡核苷酸可以与基因诱变位点进行**错配杂交**，即在诱变位点形成非 Watson-Crick 碱基配对。②用 Klenow 片段催化寡核苷酸引物延伸，合成一个双链 DNA 杂交体，用 DNA 连接酶连接成闭环双链。③用杂交体转化大肠杆菌，令其在细胞内复制，产生野生型 DNA 与突变型 DNA（突变体）。理论上两者各占 50%，可以通过筛选获得突变体。定点插入或删除诱变的基本原理与定点置换诱变一致（图 11-18）。

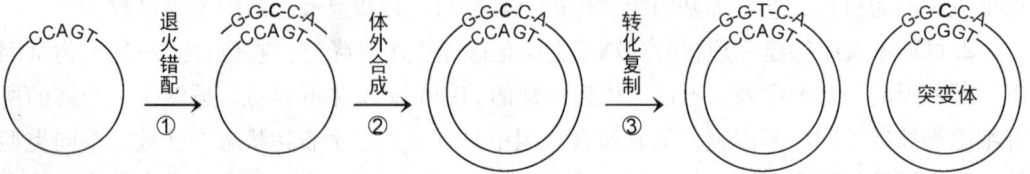

图 11-18　寡核苷酸定点诱变

（2）Kunkel 法：1985 年，Kunkel 将上述定点诱变技术加以改进，建立了 **Kunkel 法**，又称**含 U 模板法**，大大提高了诱变效率。

Kunkel 法的关键是用大肠杆菌 *dut⁻ung⁻* 突变体制备含 U 模板：①*dut* 编码 dUTP 焦磷酸酶（151AA），催化水解 dUTP。*dut⁻* 突变体不表达 dUTP 焦磷酸酶，造成 dUTP 积累，dUTP 就会在 DNA 复制时替代 dTTP 掺入。②*ung* 编码尿嘧啶-DNA 糖苷酶（228AA），催化从 DNA 脱 U，形成 AP 位点。*ung⁻* 突变体不表达尿嘧啶-DNA 糖苷酶。

大肠杆菌 *dut⁻ung⁻* 突变体合成的 DNA 中除了有 T 之外还有 U，故称为**含 U 模板**。①制备含 U 模板，与介导定点诱变的寡核苷酸引物退火。②用 DNA 聚合酶和 DNA 连接酶复制闭环双链杂交体。③将杂交体导入野生型（*dut⁺ung⁺*）大肠杆菌，野生型大肠杆菌细胞内的尿嘧啶-DNA 糖苷酶催化含 U 模板脱 U，形成 AP 位点。④含 AP 位点的含 U 模板不但不复制，反而被特异的 AP 核酸内切酶切割并进一步降解，剩下带诱变位点的新生链，通过复制扩增，可以获得大量突变体（图 11-19）。

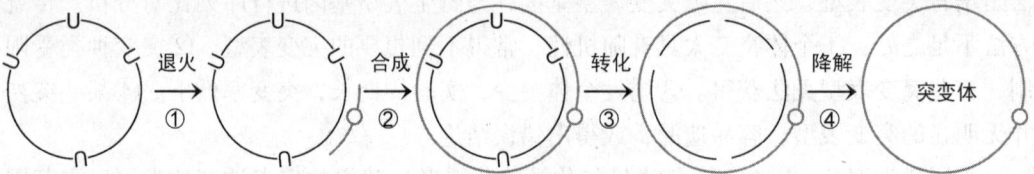

图 11-19　Kunkel 法

（3）**盒式诱变**：是用限制性内切酶切除目的基因中包含诱变位点的一段序列，再与化学合成的双链寡核苷酸重组。因为合成片段中含已经改造的诱变位点，重组之后的目的基因就是突变体（图 11-20）。

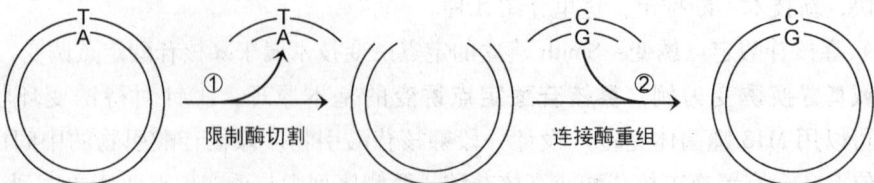

图 11-20　盒式诱变

盒式诱变同样可以用于碱基置换、插入或删除，并且操作更简便。不足之处：因为双链寡核苷酸不能太长，所以要求诱变位点两侧必须恰好存在合适的限制性酶切位点，以便切割与重组。很多诱变位点两侧没有合适的限制性酶切位点，所以不能应用盒式诱变。

（4）**PCR 定点诱变**：是一种高效定点诱变方法，所用 PCR 技术称为**重组 PCR**。

基本原理：PCR 定点诱变除了需要制备针对诱变位点两侧序列的常规引物 a/d 之外，还需要制备一对覆盖诱变位点的互补寡核苷酸引物 b/c。①用 a/b 引物对扩增出诱变的 DNA 片段（PCR$_1$产物，a-b 对）。②用 c/d 引物对扩增出诱变的 DNA 片段（PCR$_2$产物，c-d 对）。③PCR$_1$ 和 PCR$_2$ 产物等量混合、变性、退火，形成 3′端互补的 a-d 对和 5′端互补的 b-c 对（图中未示）。④用 Klenow 片段补齐 a-d 对，b-c 对不能补齐。⑤加 a/d 引物对，变性、退火、延伸，可以得到定点诱变的 DNA 片段（PCR$_3$产物，a-d 对）（图 11-21）。

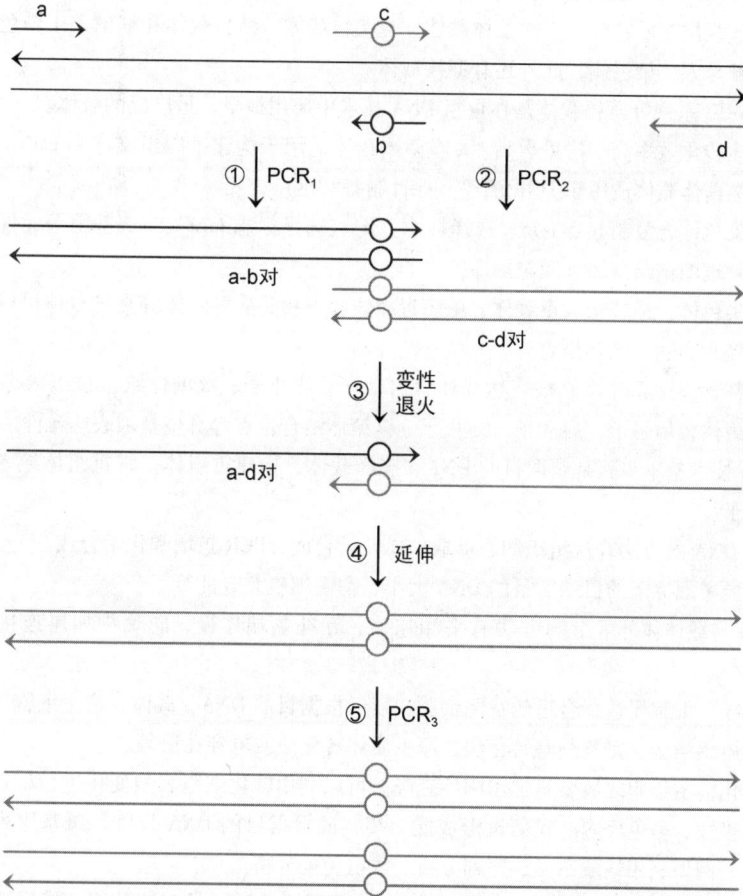

图 11-21　PCR 定点诱变

2. 定点诱变应用　定点诱变技术能够精确地产生预先设计的突变，用于改造基因或载体。

（1）改造基因：①改变个别密码子，从而改造蛋白质的结构。②构建融合基因。③改变调控序列，以研究 DNA 特定序列的功能。④删除不需要的序列（例如内含子和非翻译区）。⑤精确组合不同的结构单位（例如启动子和编码区）。

（2）改造载体：①在表达载体的最佳位置插入核糖体结合位点和加尾信号等表达元件。②删除原有限制性酶切位点，构建新的限制性酶切位点。

小　结

重组 DNA 技术是 DNA 克隆所采用的技术和相关工作的统称。

重组 DNA 技术需要限制性内切酶、DNA 连接酶、DNA 聚合酶及各种修饰酶。

重组 DNA 技术需要载体，包括克隆载体和表达载体。克隆载体含复制起点、克隆位点、选择标志等基本元件，用于目的 DNA 的重组、克隆和保存；表达载体除了含克隆载体的基本元件之外，还含表达元件，可以利用宿主表达系统表达其携带的目的基因。

常用的原核载体有质粒载体、噬菌体载体、噬菌粒载体、黏粒载体和细菌人工染色体，真核载体有病毒载体和酵母人工染色体，此外还有穿梭载体。

pBR322、pUC 系列等质粒载体是在重组 DNA 技术中应用最早、最广泛的载体。

噬菌体载体转化效率高、拷贝数高。λ 噬菌体载体适用于构建基因组文库和 cDNA 文库，克隆目的基因；M13 噬菌体载体适用于 DNA 测序、探针制备和定点诱变。

细菌人工染色体含复制起点 $oriS$、选择标志 Cm^R、选择标志 $lacZ'$、par 基因等元件，在人类基因组计划中用于物理图谱绘制和基因组测序。

酵母人工染色体、逆转录病毒载体、腺病毒载体和腺相关病毒载体等真核载体可以将基因导入真核细胞进行克隆和表达，尤其是表达。

表达载体都含表达元件。原核表达载体含启动子、终止子、核糖体结合位点等原核基因表达元件；真核表达载体含增强子、启动子、终止子、核糖体结合位点等真核基因表达元件。

重组 DNA 技术基本步骤是获取目的 DNA、选择载体、构建重组体、将重组体导入宿主细胞、筛选和鉴定转化子。

制备目的 DNA 的方法有从组织细胞提取、逆转录合成、PCR 扩增和化学合成。

选择载体要考虑克隆的目的、目的 DNA 大小、宿主细胞兼容性等。

目的 DNA 与载体体外重组的方法有平端连接、互补黏端连接、同聚物加尾连接、加人工接头连接。

将重组体导入细胞要选择合适的宿主细胞，然后根据目的 DNA、载体、宿主细胞等的特性采用氯化钙法、噬菌体感染法、完整细胞转化法、原生质体转化法或电穿孔法等。

重组体转化宿主细胞之后要筛选出阳性克隆。可以利用转化细胞表型变化进行筛选，例如利用抗药性、营养依赖性、呈色反应、噬菌斑形成能力等，或根据目的 DNA 长度、碱基序列、表达产物特性等进行鉴定，例如利用核酸杂交、序列分析、放射免疫分析。

用重组 DNA 技术表达目的基因，首先要确定它是原核基因还是真核基因，然后选择合适的表达载体和宿主细胞，构建相应的表达系统。

大肠杆菌表达系统是建立最早、研究最详尽、应用最广泛、发展最成熟的原核表达系统。

哺乳动物细胞表达系统的最大优点是转录后加工和翻译后修饰系统完善、精确，常用于表达结构复杂需要进行精确翻译后修饰的真核蛋白质。

第十二章　疾病的分子生物学

　　疾病（disease）是指机体在一定条件下与致病因素相互作用而产生的一个损伤与抗损伤斗争的有规律过程，机体有代谢、功能和形态的一系列改变，与环境之间的协调发生障碍，临床出现一定的症状与体征。简言之，疾病是致病因素导致机体代谢紊乱而发生的异常生命活动过程。

第一节　概　述

　　从病因学（etiology）和发病学（pathogenesis）上看，致病因素包括先天因素和后天因素。由先天因素引发的疾病称为**先天性疾病**，其中由遗传因素引发的疾病称为**遗传性疾病**；由后天因素引发的疾病称为**获得性疾病**，其中由某些生物因素引发的疾病具有感染性，称为**感染性疾病**。

一、遗传性疾病的分子生物学

　　遗传性疾病简称**遗传病**，是指由生殖细胞或受精卵的遗传物质发生突变或畸变而引发的疾病。

　　遗传病通常具有以下特征：①生殖细胞突变：生殖细胞基因突变是遗传病的物质基础，而体细胞基因突变则不具有遗传性。②垂直传递：即从亲代直接向子代传递。不过，并不是在每个遗传病家系中都可以观察到垂直传递，例如有些患者是突变发病，是该家系中的先证者（propositus, proband）；当然，未育个体或不育个体也观察不到垂直传递现象。③终身性：传统理论认为通过治疗虽然可以改善遗传病的症状或进程，但不能改变遗传物质，故遗传病具有终身性。

　　遗传病包括基因病、染色体病和线粒体基因病。其中，**基因病**（genopathy）是指由基因突变所导致的疾病，按致病基因的遗传特点可分为单基因遗传病和多基因遗传病等。**染色体病**（chromosomal disorder）是由染色体数目或结构异常而引起的疾病，分为常染色体病和性染色体病（表12-1）。**线粒体基因病**（mitochondrial genetic disorder）致病基因位于线粒体 DNA 上，通过女性遗传，例如 Leber 遗传性视神经病、线粒体脑肌病。

表 12-1　遗传病的分类和发病率

分类	亚类	发病率（%）	病例
基因病	单基因遗传病	2.5	重症联合免疫缺陷（SCID）
	常染色体显性遗传病	0.9	家族性高胆固醇血症（FH）
	常染色体隐性遗传病	1.3	尿黑酸尿症
	性连锁遗传病	0.3	X 连锁抗维生素 D 佝偻病
	多基因遗传病	18.0	高血压、冠心病、糖尿病
染色体病	常染色体病	0.36	21 三体综合征
	性染色体病	0.18	特纳综合征（先天性卵巢发育不全）

此外，目前也有人将遗传病分为简单遗传病和复杂遗传病两类。简单遗传病又称孟德尔遗传病，其临床鉴定的疾病表型与相应基因型之间存在对应关系；复杂遗传病遗传性状复杂，其临床鉴定的疾病表型与相应基因型之间不存在对应关系。

（一）单基因遗传病

单基因遗传病简称**单基因病**（monogenic disease），是指发病只涉及一对等位基因的遗传病，包括以下几类：

1. **常染色体显性遗传病**　致病基因位于常染色体上，杂合子即可发病，例如家族性 ApoB-100 缺陷症（FDB）。

2. **常染色体隐性遗传病**　致病基因位于常染色体上，纯合子才会发病，例如苯丙酮尿症、糖原贮积症、白化病、血友病 C、着色性干皮病。

3. **X 连锁显性遗传病**　致病基因位于 X 染色体上，纯合子、杂合子或半合子均可发病，例如 X 连锁低磷血症（XLH）（又称 X 连锁抗维生素 D 佝偻病）、I 型高氨血症（鸟氨酸氨甲酰基转移酶缺乏）、无 γ 球蛋白血症。

4. **X 连锁隐性遗传病**　致病基因位于 X 染色体上，纯合子（X^-X^-）或半合子（X^-Y）发病，杂合子（X^+X^-）不发病，例如血友病 A、血友病 B、葡萄糖-6-磷酸脱氢酶缺乏症、色盲、自毁容貌症。

5. **Y 连锁遗传病**　致病基因位于 Y 染色体上，有致病基因即发病，这类疾病呈全男性遗传，例如外耳道多毛症、视网膜色素变性（retinitis pigmentosa）。因 Y 染色体基因极少，这类疾病罕见。

单基因遗传病的主要分子基础是某些蛋白质基因发生突变，导致代谢异常（表 12-2）。

（二）多基因遗传病

多基因遗传病简称**多基因病**（polygenic disease），是复杂遗传病，由多对等位基因共同控制，这些基因是共显性的，通过功能的叠加效应（duplicate effect）共同决定多基因遗传病的表型。多基因遗传病遗传性状复杂，临床鉴定的疾病表型与相应的基因之

表 12-2 人类单基因遗传病所涉及异常蛋白质的功能分布

蛋白质功能	比例（%）
受体及蛋白质－蛋白质相互作用（可能含信号转导蛋白）	27
酶	22
DNA/RNA 结合蛋白（可能含转录因子）	15
信号转导蛋白	10
膜转运体，递电子体	9
结构蛋白	4
酶活性调节蛋白	3
转录因子	2
其他功能蛋白	5
未知功能蛋白	3

间不像单基因遗传病那样存在对应关系，而且往往是遗传因素和环境因素相互作用的结果，因而又称**多因子病**（multifactorial disease）。从广义上讲，导致这类疾病遗传性状复杂的原因主要有多基因遗传、基因型不完全外显、表型变异的环境修饰和遗传基因的不均一性等。对这类遗传病的研究得益于重组 DNA 技术和 DNA 多态性等研究方法的应用。

多基因遗传病包括肿瘤、糖尿病、免疫性疾病、心血管疾病、精神系统疾病和其他代谢性疾病等（表 12-3）。尽管多基因遗传病由多基因（polygene）控制，但有些多基因遗传病往往有一个或几个基因（**主效基因**，又称**主基因**，major gene）的作用比较明显，成为从分子生物学水平研究多基因遗传病的靶点，使人们有可能从主效基因入手，应用重组 DNA 技术揭示多基因遗传病的分子病理。

表 12-3 部分多基因疾病的发病率和遗传率

疾病	发病率（%）	遗传率（%）	疾病	发病率（%）	遗传率（%）
哮喘	4.0	80	原发性高血压	4~8	62
精神分裂症	1.0	60~80	脊柱裂	0.30	60
唇裂或腭裂	0.17	76	癫痫	0.36	55
先天性幽门狭窄	0.30	75	消化性溃疡	4.0	37
早发型糖尿病	0.20	75	迟发型糖尿病	2~3	35
冠心病	2.50	65	先天性心脏病	0.50	35

（三）染色体病

染色体病是由染色体数目或结构异常而引起的疾病，通常不在家系中传递。人体细胞有 23 对染色体。如果在生殖细胞形成或受精卵早期发育过程中出现错误，就会形成染色体数目或结构异常的个体，表现为各种先天发育异常，例如唐氏综合征（Down syndrome）即多了一条21号染色体，所以又称21三体综合征（trisomy 21 syndrome）。孕妇妊娠头3个月的自然流产中有50%是由染色体病导致的。新生儿的染色体病发病率约为0.7%（其中非整倍体占0.25%，染色体重排占0.1%）。染色体结构异常往往涉及多基因，因而多表现出复杂的临床综合征。

二、感染性疾病的分子生物学

感染性疾病（infectious disease）是指由病原微生物、寄生虫和朊病毒等病原体通过一定的传播途径进入人体所引发的疾病，包括非传染性感染性疾病和传染性感染性疾病，后者又称**传染病**（communicable disease），在一定条件下能在人群中造成流行。

病原体致病的性质称为**致病性**（pathogenicity）。病原体能否致病取决于机体的免疫力和病原体的毒力。病原体的**毒力**（virulence）又称致病力，是指其致病的能力，是侵袭力和毒力因子的综合效应。**侵袭力**（invasiveness）是指病原体突破宿主的防御系统，在宿主生理环境中定居、增殖和扩散的能力。**毒力因子**（virulence factor）是指病原体表达或分泌的与致病相关的物质，是病原体致病的物质基础。

（一）病原菌致病的分子机制

病原菌的毒力因子包括毒素和其他毒力因子。病原菌**毒素**（toxin）是病原菌代谢产生的对另一种生物有毒性的代谢物，包括外毒素和内毒素。

1. 外毒素（exotoxin）　是指由病原菌在代谢过程中合成分泌的毒素，通过与靶细胞受体结合进入细胞而起作用，是主要的毒力因子。外毒素直接或间接作用于宿主细胞的膜结构及信号转导、基因表达等过程，导致宿主细胞受损或功能丧失。

（1）作用于膜受体，干扰信号转导。例如：大肠杆菌耐热肠毒素STA2（19AA）激活小肠上皮细胞膜鸟苷酸环化酶受体。

（2）作用于细胞膜导致膜损伤，甚至溶细胞。例如：肺炎球菌溶血素（pneumolysin，470AA）在细胞膜上形成带30nm孔径通道的寡聚体，导致溶细胞；产气荚膜梭菌（*C. perfringens*）的α毒素（370AA，属于溶血素）具有磷脂酶C活性，是气性坏疽的毒力因子。

（3）进入细胞发挥作用。例如：霍乱毒素（AB_5六聚体）催化三聚体G蛋白的$G_{s\alpha}$亚基ADP核糖基化失活；白喉毒素催化eEF-2 ADP核糖基化失活；Shiga毒素（AB_5六聚体）催化28S rRNA脱去一个腺嘌呤，使核糖体失活。

外毒素多为热不稳定性蛋白质分子，其基因位于染色体、质粒或噬菌体DNA序列中（表12-4）。

2. 内毒素（endotoxin）　是指由病原菌在菌体裂解时释放的毒素，主要是指革兰阴性菌细胞壁脂多糖或脂多糖与外膜蛋白的复合物，通过激活单核吞噬细胞系统释放细胞因子而起作用。

表 12-4　部分病原菌外毒素

毒素来源	毒素名称，缩写	宿主靶分子	作用方式	作用部位
百日咳杆菌（*B. pertussis*）	腺苷酸环化酶毒素,ACT	ATP	催化合成 cAMP	呼吸道
	百日咳毒素，PT	$G_{i\alpha}$	催化 $G_{i\alpha}$ ADP 核糖基化	呼吸道
霍乱弧菌（*V. cholerae*）	霍乱毒素，CT	$G_{s\alpha}$	催化 $G_{s\alpha}$ ADP 核糖基化	肠黏膜
炭疽杆菌（*B. anthracis*）	保护性抗原，PA	膜受体 ATR	形成七聚体膜通道	皮肤，肺，肠
	水肿因子，EF	ATP	催化合成 cAMP	皮肤，肺，肠
	致死因子，LF	MAPKK	降解多种 MAPKK	皮肤，肺，肠
大肠杆菌（*E. coli*）	不耐热肠毒素，LT	腺苷酸环化酶	激活腺苷酸环化酶	肠黏膜
白喉棒状杆菌（*C. diphtheriae*）	白喉毒素，DT	eEF-2	催化 eEF-2 ADP 核糖基化	多器官
肉毒杆菌（*C. botulinum*）	肉毒杆菌毒素，BT	阳离子通道	抑制突触后膜释放乙酰胆碱	神经组织

（二）病毒致病的分子机制

病毒感染性疾病占全部感染性疾病的 3/4。病毒的毒力主要取决于病毒能否进入宿主机体并接触到易感细胞、感染细胞后能否损伤细胞。

1. 病毒感染机制　病毒没有任何代谢系统，其全部生命活动就是感染易感细胞，依靠细胞的代谢系统进行复制。全过程可分为吸附、穿入、脱壳、合成、装配释放五个环节。

（1）吸附（adsorption）：病毒与细胞表面的病毒受体非共价特异性结合。病毒受体是宿主细胞的膜成分，多为膜蛋白质，也有膜脂，其分布具有种属特异性和组织特异性，因而病毒感染具有宿主特异性（表 12-5）。

表 12-5　部分病毒受体

病毒	病毒受体	易感细胞
脊髓灰质炎病毒	免疫球蛋白超家族	脊髓运动神经细胞
鼻病毒	黏附分子 ICAM-1（CD54）	淋巴细胞，上皮细胞等
狂犬病毒	乙酰胆碱受体	横纹肌细胞
EB 病毒	Ⅱ型补体受体（CD21）	B 细胞，树突状细胞
甲型、乙型流感病毒，副黏液病毒	含唾液酸的糖蛋白或糖脂	红细胞，上皮细胞
丙型流感病毒	含 9-O-乙酰唾液酸的糖蛋白或糖脂	上皮细胞
麻疹病毒	补体受体（CD46）	白细胞，上皮细胞
艾滋病病毒	CD4 受体，趋化因子受体 5	T 细胞，巨噬细胞
乙型肝炎病毒	尚未阐明	肝细胞

（2）穿入（penetration）：又称侵入，病毒与细胞表面病毒受体结合后，核衣壳（如腮腺炎病毒）或整个病毒颗粒（如狂犬病毒）进入，偶有仅核酸进入（如脊髓灰质炎病毒）。

（3）脱壳（uncoating）：核衣壳或病毒颗粒释放病毒核酸，其余部分被溶酶体降解。

（4）合成：不同病毒通过各自机制复制病毒基因组，合成病毒蛋白。

（5）装配释放：病毒基因组与病毒蛋白等装配核衣壳，包膜病毒还要包被包膜，裂解释放或出芽释放。

2. 病毒感染对宿主细胞功能的影响　病毒感染宿主细胞后会损伤细胞，从而影响其正常功能。

（1）直接损伤宿主细胞：包括干扰细胞大分子合成，破坏细胞膜及细胞器功能，影响细胞凋亡等。

（2）间接免疫病理损伤：即病毒抗原刺激宿主免疫应答，对机体造成间接损伤，包括 T 细胞、B 细胞介导病理损伤，诱发自身免疫反应等。

第二节　血友病 A

血友病（hemophilia）是临床上较常见的一类因遗传性凝血因子合成障碍引起的出血性疾病，表现为自发性出血，或轻度外伤、小手术后出血不止，且有以下特征：①阳性家族史。②生来具有，幼年发病，伴随一生。③常表现为软组织或深部肌肉内血肿。④负重关节反复出血甚为突出，最终可致关节肿胀、僵硬、畸形，可伴骨质疏松、关节骨化及相应肌肉萎缩（血友病关节）。血友病的男性发病率 $1/10000 \sim 2/10000$。血友病根据分子基础分为血友病 A、血友病 B 和血友病 C，三者发病率之比为 $16:3:1$，即血友病 A 最为常见（表 12-6）。

表 12-6　血友病分类

血友病类型	分子基础	染色体定位	遗传特征
血友病 A	凝血因子Ⅷ（FⅧ）缺乏或异常	Xq28	X 连锁隐性遗传
血友病 B	凝血因子Ⅸ（FⅨ）缺乏	Xq27	X 连锁隐性遗传
血友病 C	凝血因子Ⅺ（FⅪ）缺乏	4q35	常染色体隐性遗传

1. 一般性问题　血友病 A 是由于凝血因子Ⅷ基因异常，致血浆中凝血因子Ⅷ的含量不足或功能缺陷，从而引起凝血障碍而出血，具有 X 连锁隐性遗传特征。男性新生儿血友病 A 发病率 $5/10000 \sim 10/10000$。血友病出血程度与血友病类型及相关因子缺乏程度有关。血友病 A 出血较重，并根据血浆中凝血因子Ⅷ（FⅧ）活性分为重型、中型和轻型三种。①重型：FⅧ活性不到正常人的 1%。②中型：FⅧ活性为正常人的 2% ~5%。③轻型：FⅧ活性为正常人的 6% ~30%。

2. *F8* 基因　*F8* 基因定位于 Xq28，长 191153bp，约占 X 染色体的 0.1%，是人类基因组中目前克隆的最大基因。*F8* 基因含 26 个外显子和 25 个内含子，其中外显子 14 长 3106bp，是人类基因组中目前阐明的最大外显子。

3. *F8* 基因编码产物　*F8* 在肝血窦及各组织内皮细胞表达，其表达的 mRNA 长 9048nt，编码一个长 2351AA 的多肽。经历切除 N 端 19AA 的信号肽、糖基化、切割等翻译后修饰过程，得到由重链（Ala20 ~ Arg1332）、轻链（Glu1668 ~ Tyr2351）、Cu^+ 非共价结合的二聚体FⅧ糖蛋白，分泌入血液循环，与载体蛋白vWF形成复合物。

FⅧ又称抗血友病因子（AHF），是参与内源性凝血的一种辅助因子。在凝血过程中，FⅧ被FⅡ（凝血酶）或FⅩa水解Arg391、Arg759、Arg1708羧基形成的肽键，切除Ser760～Arg1332、Ser1709～Tyr2351，激活成由Ala20～Arg391、Ser392～Arg759、Ser1709～Tyr2351构成的三聚体FⅧa。FⅧa与Ca^{2+}、磷脂、FⅨa形成复合物，激活FX。当血浆FⅧ活性低下时，FⅧa-FⅨa-Ca^{2+}-磷脂复合物水平低下，凝血障碍，导致凝血缺陷性出血。

4. *F8*基因突变　如上所述，*F8*基因序列长，外显子多，突变呈现高度异质性，在散发病例中新突变的发生率较高，即使血友病家系患者也有30%为新的自发突变患者，因而对其研究有一定的难度。目前检出的*F8*基因突变类型有点突变、插入和缺失、移码、倒位、重复和mRNA剪接异常等，其中半数以上为缺失（表12-7）。

表12-7　已鉴定*F8*基因编码序列突变类型与血友病A临床严重程度

突变		临床严重程度
①点突变481处	147处	轻型
	130处	中型
	139处	重型
②缺失7处（6处缺1AA，1处缺2AA）	2处	中型
	4处	重型
③插入1处	外显子14插入3.5kb	重型
④移码1处	外显子8密码子GAA360缺失GA	重型

（1）大片段缺失：*F8*基因大片段（>100bp）缺失是约5%血友病A的病因。DNA印迹法分析显示这类缺失断裂点具有不均一性，提示在*F8*基因上不存在断裂热点。大多数缺失都导致重型血友病A，但外显子22、23、24的缺失却与中型血友病A相关。

（2）小片段缺失：*F8*基因小片段（<100bp）缺失引起移码突变，从而导致重型血友病A。大多数小片段缺失发生在短重复序列区域。

（3）倒位：有20%～25%的血友病A是由*F8*基因的内含子22发生倒位所致（重型血友病A更是高达45%）。倒位几乎全都发生在精子的形成过程中，却很少发生在卵子的形成过程中。此外，患者的母亲均为倒位携带者，几乎无一例外。

（4）插入：长散在重复序列1（LINE1）是真核生物基因组中散在分布的一类长重复序列，重复单位长度在1000bp以上。人类基因组序列中有约17%是LINE，虽然大部分存在5′缺失，但仍有100多个长度约6000bp的LINE具有逆转录转座子活性，含有编码逆转录酶、内切核酸酶的编码区。这些序列自身可以启动逆转录转座，即先转录成带poly(A)尾的RNA，再逆转录合成dscDNA，并插入新的基因位点。LINE插入*F8*基因可导致重型血友病A。

（5）重复：曾发现一对同胞姐妹患者*F8*基因外显子23和25之间存在重复突变，其中一位所生儿子的*F8*基因缺少外显子23和25，据此推断重复部位的DNA极不稳定。

（6）点突变：已经报道的点突变中有 488 种是错义突变，例如 *F8* 基因外显子 26 中存在 G6977T（Arg2326Leu）突变。绝大多数错义突变会引起 FⅧ活性降低。*F8* 基因点突变符合人类基因突变的两大普遍规律：①存在 GC 突变热点。38% 的点突变位于 GC 盒内，正链易发生 G-C̲→G-T̲ 突变，负链则发生 G̲-C→A̲-C 突变。②突变常发生在基因不表达的组织。

第三节　假肥大型肌营养不良症

假肥大型肌营养不良症又称 Duchenne 型肌营养不良症（DMD），是一种严重致残致死性 X 连锁隐性遗传病，其发展快，愈后差，男性发病率为 1/3500，女性为突变携带者。

1. 一般性问题　假肥大型肌营养不良症一般在 4～5 岁发病，特征是初期肌肉变性、萎缩和进行性无力，行走困难呈鸭步，仰卧起坐非常困难，后期腓肠肌假性肥大，病变肌纤维萎缩变性，被脂肪组织和结缔组织所替代。患者多在 12 岁左右出现不能行走，25 岁左右死亡。

2. *DMD* 基因　*DMD* 基因定位于 Xp21，全长 2220382bp，含 79 个外显子和 78 个内含子，是目前鉴定的人体最大的基因。

3. *DMD* 基因编码产物　*DMD* 基因表达的 mRNA 长 13794nt，编码含 3685AA 的抗肌萎缩蛋白，又称肌营养不良蛋白（dystrophin）。

抗肌萎缩蛋白是一种细胞骨架蛋白，主要分布在骨骼肌细胞膜上，占肌肉总蛋白量的 0.002%，占肌细胞骨架蛋白的 5%。现在认为抗肌萎缩蛋白要与糖蛋白形成抗肌萎缩蛋白－糖蛋白复合物才能起作用，该复合物积累于神经肌肉接头、中枢神经和外周神经的各种突触处。

抗肌萎缩蛋白的功能：①参与细胞骨架与细胞外基质的结合。②是肌膜（sarcolemma）的结构成分。③参与信号转导和突触传递。

4. *DMD* 基因突变　在假肥大型肌营养不良症患者中，有 50%～60% 是缺失突变，6% 是重复突变，其余为较小的结构变异，如点突变等。*DMD* 的缺失突变常发生在外显子 4～21（20%）和外显子 45～52（54%～60%）。缺失导致移码突变，是引起假肥大型肌营养不良症的主要原因。此外内含子 44 长 160～180bp，断裂几率最高。

第四节　高血压

全球有超过十亿高血压患者。高血压从遗传学角度可以分为原发性高血压（约占 95%）和单基因遗传性高血压（约占 5%）两大类。

一、原发性高血压

原发性高血压（essential hypertension）是以血压升高为主要临床表现，伴或不伴有多种心血管危险因素的综合征，通常简称高血压。原发性高血压是许多国家的公共卫生问题，因为它与冠心病、肾病、外周血管疾病等密切相关，影响重要脏器（如心、脑、肾）的结构和功能，最终导致这些脏器功能衰竭，迄今仍是心血管疾病死亡的主要原因之一。

原发性高血压是遗传因素和环境因素相互作用的结果，其中遗传因素约占40%、环境因素约占60%。关于原发性高血压的遗传方式目前认为可能存在主效基因显性遗传和微效基因混合遗传两种方式，不过相关基因和基因座尚未阐明，仅确定了部分候选基因。**候选基因**（candidate gene）通常是指一些已知其序列和生理功能的基因，它们赋予生物体表型，对数量性状有一定影响，且已有某些研究表明其与某种疾病有关（表12-8）。

表12-8 原发性高血压候选基因

编码产物名称	产物名称缩写	功能产物大小（AA）	组织特异性	功能
肾素	renin	340	肾	激活血管紧张素原
血管紧张素转化酶	ACE	1277	广泛	激活血管紧张素 I
血管紧张素原	AGT	452	肝	血管紧张素前体
内皮素	ET	21	肺，滋养层	缩血管
1 型血管紧张素 II 受体	AGTR1	359	肝，肺，肾上腺	触发 IP_3-DAG 途径
上皮细胞钠通道	ENaC		肾，肺，肠等	钠重吸收
11-β-羟类固醇脱氢酶	11-β-HSD	405	肾，胰腺，前列腺，卵巢等	皮质醇转化
交感神经受体 α_2	ADRA2	450	广泛	信号转导
交感神经受体 β_2	ADRB2	413	广泛	信号转导
内皮细胞一氧化氮合酶	eNOS	1202	血小板，肝，肾	NO 合成
心钠素	ANP	28	心房肌细胞	松弛血管平滑肌，促进肾排钠排水
α 内收蛋白	ADD1	737	广泛	细胞膜骨架相关蛋白质

1. 血管紧张素转化酶 血管紧张素转化酶基因（*ACE*）内含子 16 中存在 *Alu* 序列（287bp）多态性，可能与血浆血管紧张素转化酶（ACE）活性及原发性高血压相关，缺失者血浆血管紧张素高活性。

🖉 临床上可用 ACE 抑制剂（例如卡托普利）治疗高血压。

2. 血管紧张素和 1 型血管紧张素 II 受体 血管紧张素原基因（*AGT*）与原发性高血压相关的早期报道是 Met235Thr 突变。

血管紧张素原前体（485AA）是一种 α_2 球蛋白，由肝细胞合成，切除信号肽（33AA）后成为血管紧张素原（452AA），分泌入血浆后由肾素（即血管紧张素原酶，由球旁细胞合成）催化裂解成为血管紧张素 I（十肽，Asp34～Leu43），由血管紧张素转化酶催化切除 C 端二肽（His42-Leu43）成为血管紧张素 II（八肽，Asp34～Phe41）。血管紧张素 II 很快被血浆中的氨肽酶裂解成血管紧张素 III（七肽，Arg35～Phe41），半衰期不到 1 分钟。

血管紧张素Ⅱ具有很高的缩血管活性，通过作用于血管平滑肌和肾上腺皮质等细胞的血管紧张素受体（AGTR，属于 G 蛋白偶联受体）引起相应的生理效应，包括刺激血管平滑肌收缩、刺激肾皮质球状带合成分泌醛固酮（血管紧张素Ⅲ仍然具有刺激醛固酮分泌活性）。

AGT 突变是原发性高血压的易感因素，其 Met235Thr 突变在某些人群与高水平血管紧张素及原发性高血压相关。

1 型血管紧张素Ⅱ受体（AGTR1）分布于肝、肺、肾上腺等，通过 G_q 触发 IP_3-DAG 途径，导致肾上腺皮质球状带细胞膜去极化，使电压门控钙通道开放，钙流入，刺激醛固酮合成、分泌。有报道 *AGTR1* 基因 A1166C 突变与重度原发性高血压相关。

3. 内皮素和内皮素转化酶 1 内皮素（ET）又称内皮肽、内皮缩血管肽，是由内皮细胞分泌的一组二十一肽，主要有 ET-1、ET-2 和 ET-3，分别由 *EDN1*、*EDN2*、*EDN3* 编码，是已知活性最高的缩血管激素，在维持血压方面具有重要意义。*EDN1* 基因 C198T 突变体易患肥胖高血压。*EDN2* 基因 A985G 突变体与高血压程度密切相关。

内皮素转化酶 1（ECE-1）是一类同二聚体单次跨膜蛋白，770AA，有 A、B、C、D 四种同工酶，分布广泛，催化前内皮素（三十八肽）水解成具有生物活性的 ET-1。在原发性高血压时，ECE-1 的表达增加，ET-1 生成增加，促进钠潴留和高血压发生。

4. 上皮细胞钠通道 是一种 α（669AA，由 *SCNN1A* 编码）β（640AA，由 *SCNN1B* 编码）γ（649AA，由 *SCNN1G* 编码）异三聚体上皮细胞顶端膜蛋白，介导内腔液中的钠（及水）透过顶端膜，控制肾、肠、肺、汗腺的钠重吸收，被蛋白丝氨酸/苏氨酸激酶 WNK 激活，被利尿药阿米洛利抑制。有报道高血压病例上皮细胞钠通道 β 亚基存在 Thr594Met 突变。

5. 3β-羟类固醇脱氢酶/异构酶 1 和 11-β-羟类固醇脱氢酶 2 3β-羟类固醇脱氢酶/异构酶 1（372AA，由 *HSD3B1* 编码）是一种分布于内质网、线粒体的单次跨膜蛋白，是一种双功能酶，催化 3-β-羟-δ(5)-类固醇先脱氢生成 3-氧-δ(5)-类固醇，再异构生成 3-氧-δ(4)-类固醇，在类固醇激素（包括醛固酮）合成过程中起重要作用。*HSD3B1* 突变可能导致血浆醛固酮升高，血量增加，血压升高。

11-β-羟类固醇脱氢酶 2（405AA，由 *HSD11B2* 编码）分布于肾脏、胰腺、前列腺、卵巢、小肠、结肠等的微粒体、内质网内，催化 11-β-羟类固醇脱氢生成 11-氧类固醇，因而可把高活性的皮质醇（氢化可的松）转化成低活性的皮质酮（可的松），从而控制细胞内皮质醇水平。

皮质醇虽被称为糖皮质激素，但也能与特异性较差的盐皮质激素受体（MR）结合，而皮质酮与 MR 结合很弱。因此 11-β-HSD2 通过控制皮质醇水平限制其激活盐皮质激素受体。

Lovati 等报道 *HSD11B2* 基因的一个微卫星 DNA 标志与盐敏感性高血压（salt-sensitive hypertension）相关。Melander 等从其外显子 3 鉴定了一个 G534A（Glu178Glu）突变，其纯合子在原发性高血压的比例高于正常人，提示该突变增加其原发性高血压易感性。

🖑 11-β-羟类固醇脱氢酶 2 可被甘草次酸及其衍生物生胃酮、11-α-羟孕酮抑制，故长期应用甘草次酸会导致高血压。

6. 交感神经受体 α₂、交感神经受体 β 与 G 蛋白偶联受体激酶 4 交感神经受体 α₂ 介导儿茶酚胺抑制腺苷酸环化酶，α₂A 与肾上腺素的亲和力强，α₂B 与去甲肾上腺素的亲和力强；Baldwin 等在交感神经受体 α₂B 发现了一个含 9 个或 12 个谷氨酸的多态性区段，但尚未确定是否与原发性高血压相关。

交感神经受体 β₂ 介导儿茶酚胺激活腺苷酸环化酶，与肾上腺素的亲和力是去甲肾上腺素的 30 倍。有报道交感神经受体 β₂ 的一个 Arg16Gly 突变可能与高血压有关。

G 蛋白偶联受体激酶 4（GRK4，578AA）由 *GRK4* 编码，通过催化 G 蛋白偶联受体（例如多巴胺

D_1 受体）磷酸化失敏影响血压。原发性高血压患者存在近端小管多巴胺 D_1 受体应答不足，原因是多巴胺 D_1 受体 – G 蛋白 – 效应酶解偶联。有报道 GRK4 同工酶 3 存在的 Val486Ala 突变与原发性高血压有关。

7. 心钠素 又称心房钠尿肽（ANP），是一种肽类激素，由心房肌细胞合成并分泌，其主要作用是松弛血管平滑肌，促进肾脏排钠排水，从而降低血压。

心钠素基因（*NPPA*）的两个突变 G664A、T2308C 可能与原发性高血压有关。心钠素受体基因（*NPR1*）上游启动子的 A –55C 突变与高血压发病连锁。不过，关于心钠素基因多态性与原发性高血压的连锁性，各种研究报道并不一致。

8. 内皮细胞—氧化氮合酶 是一种细胞膜内侧的同二聚体周边蛋白质，主要分布于冠状血管和心内膜，由钙调蛋白激活，催化精氨酸合成一氧化氮。一氧化氮是有效的血管扩张剂（vasodilator），通过触发蛋白激酶 G 途径刺激血管平滑肌松弛，具有扩张血管、调节血流、抑制血管平滑肌细胞增殖、抑制血小板聚集和白细胞黏附等功能，参与多种疾病的病理过程。

Shoji 等报道了一种可能与高血压有关的内皮细胞—氧化氮合酶（eNOS）突变，即位于外显子 7 的 G894T（Glu298Asp）突变，导致 eNOS 活性降低，一氧化氮合成减少，血管平滑肌收缩增强，引起高血压。

9. 内收蛋白 是一类红细胞膜内侧周边蛋白质，由 α 亚基（ADD1，737AA）与 β（ADD2，725AA）或 γ（ADD3，706AA）亚基构成的异二聚体，属于红细胞膜骨架蛋白质，参与血影蛋白 – 肌动蛋白骨架的组装，与钙调蛋白结合，参与信号转导、离子转运。有报道一个 Gly460Trp 突变可能影响肾近端小管钠泵活性，从而影响钠的重吸收，与原发性高血压有关。

二、单基因遗传性高血压

单基因遗传性高血压目前研究得比较清楚，主要包括 Liddle 综合征等（表 12-9）。

表 12-9　单基因遗传性高血压遗传因素

单基因遗传性高血压	致病基因	编码产物	突变特征	功能	遗传模式	染色体定位
Liddle 综合征	*SCNN1B*,	钠通道 β 亚基,	无义突变,	↑	显性	16p12.1-p12.2,
	SCNN1G	钠通道 γ 亚基	错义突变			16p12
糖皮质激素可抑制性醛固酮增多症	*CYP11B1*,	类固醇 11β-羟化酶,	融合基因	↑	显性	8q21,
	CYP11B2	醛固酮合酶				8q21-q22
盐皮质激素增多症	*HSD11B2*	11β-羟类固醇脱氢酶 2	错义突变, 缺失	↓	隐性	16q22
妊娠高血压综合征	*NR3C2*	盐皮质激素受体	错义突变	↑	显性	4q31.1
II 型假性醛固酮减少症	*WNK1*,	丝氨酸/苏氨酸激酶1,	缺失, 错义突变	↑	显性	12p13.3,
	WNK4	丝氨酸/苏氨酸激酶4				17q21-q22
高血压 – 高胆固醇血症 – 低镁血症	*MT-TI*	tRNA^{Ile}	错义突变	线粒体功能障碍	Mit	Mit

1. Liddle 综合征（LIDDS） 最早报道于 1963 年，特征是高血压、假性醛固酮过多症（pseudoaldosteronism）、低钾碱中毒、低肾素。Liddle 综合征的致病基因是 *SCNN1B* 和 *SCNN1G*，分别编码上皮细胞钠通道（ENaC）β 亚基和 γ 亚基，其突变导致钠通道组成性激活。Liddle 综合征的高血压和低血钾可用氨苯蝶啶（triamterene，一种肾远端小

管钠通道阻滞剂）改善。

2. 糖皮质激素可抑制性醛固酮增多症（GRA）　最早报道于 1966 年，特征是高醛固酮、低肾素、盐敏感型高血压。GRA 的致病基因是 *CYP11B1*、*CYP11B2*，分别编码类固醇 11β-羟化酶、醛固酮合酶。两种基因均位于 8 号染色体上，且 95％序列同源。

1992 年 Lifton 等报道：GRA 患者 *CYP11B2* 的编码序列与 *CYP11B1* 的调控序列发生不等交换（unequal crossingover），形成融合基因，在肾上腺皮质束状带（而不是球状带）表达，且受促肾上腺皮质激素（ACTH）调控，导致醛固酮合成分泌增多，促使水盐重吸收增多而导致高血压。

地塞米松可抑制 ACTH 分泌，从而阻遏醛固酮合酶基因表达，降血压，故该型高血压称为糖皮质激素可抑制性醛固酮增多症。

3. 盐皮质激素增多症（AME）　是一种极其罕见的常染色体隐性遗传的低肾素型高血压，通常在出生一年内发病，特征是多尿、多饮、生长迟缓、高血钠、重度高血压、低肾素、低醛固酮、低钾碱中毒、肾钙沉着。AME 的致病基因是 *HSD11B2*，该基因有 18 处突变与高血压关联，其中 17 处为失活突变，导致皮质醇大量积累，血浆浓度是醛固酮的几百倍，激活盐皮质激素受体，导致高血压发生。

4. 妊娠合并重度发作期早发性高血压综合征（EOHSEP）　由盐皮质激素受体基因（*NR3C2*）的 Ser810Leu 突变引起。正常盐皮质激素受体可以与孕酮、安体舒通（一种利尿药）结合但不会被激活，然而其突变体却会被激活，因此妊娠期高水平孕酮导致高血压。

5. Ⅱ型假性醛固酮减少症（pseudohypoaldosteronism）　又称Ⅱ型假性低醛固酮血症、家族性高钾性高血压（FHH），其 *WNK4* 基因存在 Gln565Glu 突变，特征是高钙尿、低血钙。已知 WNK4 调节肾髓质钾通道、肾皮质氯-碱交换体、钠-钾-氯共转运体，且与一个钙通道（或转运体）有关联，其突变影响到肾对盐的重吸收。

6. 高血压-高胆固醇血症-低镁血症　见于白种人，由线粒体 *MT-TI* 基因（编码 tRNA^{Ile}）的 U4291C 突变导致，该突变点是位于反密码子 5′侧的一个保守位点，影响到 tRNA^{Ile} 与核糖体的结合。

7. 高血压-短趾（HTNB）　基因座位于 12p12，有待阐明。

第五节　高脂蛋白血症

高脂蛋白血症与动脉粥样硬化密切相关，有一定的遗传性，其相关基因的结构、功能和调控异常可能是重要原因，其中载脂蛋白及其受体基因的变化尤为重要（表12-10）。

1. *APOB* 基因突变与 ApoB-100 缺陷症　*APOB* 基因全长 42645bp，含 29 个外显子和 28 个内含子。相应的 mRNA 长 14000nt，编码 ApoB-100（4536AA）和 ApoB-48（2152AA）。

表 12-10　高脂蛋白血症遗传因素

高脂蛋白血症	致病基因	编码功能产物名称（大小，AA）	突变特征	功能	遗传模式	染色体定位
ApoB-100 缺陷症	*APOB*	载脂蛋白 ApoB-100（4536）	错义突变	↓	显性	2p24.1
ⅠB 型高脂蛋白血症	*APOC2*	载脂蛋白 ApoC-Ⅱ（79）	错义突变	↓	隐性	19q13.32
Ⅲ型高脂蛋白血症	*APOE*	载脂蛋白 ApoE（299）	错义突变	↓	显性	19q13.32
家族性高胆固醇血症	*LDLR*	低密度脂蛋白受体（839）	错义突变，缺失	↓	半显性	19p13.2

Innerarity 等于 1987 年报道了家族性 ApoB-100 缺陷症（FDB）。家族性 ApoB-100 缺陷症表现为脂蛋白代谢紊乱，发展成高胆固醇血症，易患冠心病。家族性 ApoB-100 缺陷症具有显性遗传特征，是由于 *APOB* 基因的 Arg3500Gln 和 Arg3531Cys 两个突变，使 ApoB-100 介导的 LDL 与 LDL 受体的亲和力减弱，导致血浆 LDL 水平升高。

2. *APOC2* 基因突变与ⅠB 型高脂蛋白血症　*APOC2* 基因全长 3320bp，含 4 个外显子和 3 个内含子。相应的 mRNA 长 488～494nt，编码 101AA 的新生肽，切除 22AA 的信号肽后，成为 79AA 的成熟 ApoC-Ⅱ。

ApoC-Ⅱ的功能是激活 LPL 等几种甘油三酯脂肪酶，可以与 CM、VLDL、HDL 可逆结合，促进富含甘油三酯的脂蛋白的分泌、代谢。ApoC-Ⅱ的结构发生变异或绝对含量减少，都不能有效地激活甘油三酯脂肪酶。

目前已经发现多种 *APOC2* 基因突变，均为点突变：

（1）Inadera 等研究发现一个家系存在 *APOC2* 基因的 Trp48Arg（T2697C）突变，导致ⅠB 型高脂蛋白血症（HLPP1B）。ⅠB 型高脂蛋白血症是一种常染色体隐性遗传病，特征是高甘油三酯血症、黄色瘤，患胰腺炎、早期动脉粥样硬化的风险增加。

（2）Pullinger 等研究 3 例无亲缘高血脂个体（胆固醇 313～345mg/dL，甘油三酯 203～1000mg/dL）发现均存在 *APOC2* 基因的 Glu60Lys 突变，其中 1 例还存在 Lys77Gln 突变。

3. *APOE* 基因突变与Ⅲ型高脂蛋白血症　*APOE* 基因全长 3612bp，含 4 个外显子和 3 个内含子。*APOE* 主要在肝、脑、脾、肺、肾、卵巢、肾上腺、肌细胞表达，相应的 mRNA 长 1169nt，编码 317AA 的新生肽，切除 18AA 的信号肽后，成为 299AA 的成熟 ApoE。

ApoE 参与形成各种血浆脂蛋白，功能是作为肝细胞 ApoB/E 受体（LDL 受体）、ApoE 受体的配体，介导 CM 残体、VLDL 残体被肝细胞结合、内吞、代谢。

目前已鉴定了 ApoE 的三种等位基因：$\varepsilon2$、$\varepsilon3$、$\varepsilon4$，其编码产物的一级结构仅有两个氨基酸残基不同，分别称为 A 位点（AA112）和 B 位点（AA158）（表 12-11）。

Ⅲ型高脂蛋白血症（HLPP3）特点是 VLDL 和 IDL 以及 ApoE 水平升高，患黄色瘤病、高胆固醇血症和高甘油三酯血症，早发心血管疾病。

ApoE 缺陷是导致Ⅲ型高脂蛋白血症的重要遗传因素（表 12-12）：Ⅲ型高脂蛋白血症个体 ApoE 结构存在缺陷，与肝细胞受体亲和力减弱，因而使 CM 残体、VLDL 残体清除缓慢，导致血浆胆固醇、甘油三酯积累，引发黄色瘤病、早发心血管疾病。绝大多数

表 12-11　三种 ApoE 异构体氨基酸差异

ApoE	E2	E3	E4
A 位点（AA112）	Cys	Cys	Arg
B 位点（AA158）	Cys	Arg	Arg
基因频率	0.11	0.72	0.17

表 12-12　与 Ⅲ 型高脂蛋白血症有关的 ApoE 错义突变

等位基因	突变
$\varepsilon2$	Arg136Cys，Arg136Ser，Arg145Cys，Lys146Gln，Arg224Gln，Val236Glu
$\varepsilon3$	Arg142Cys，Arg145His
$\varepsilon4$	Glu13Lys，Leu28Pro，Arg145Cys，Arg251Gly

患者为 $\varepsilon2$ 纯合子（91%）。极少数为 $\varepsilon3\varepsilon2$ 或 $\varepsilon4\varepsilon2$ 杂合子。不过，毕竟只有 1%～5% 的 $\varepsilon2$ 纯合子患 Ⅲ 型高脂蛋白血症，因此 Ⅲ 型高脂蛋白血症还与其他遗传因素及环境因素有关，如甲状腺功能减退症、系统性红斑狼疮、糖尿病酸中毒。

4. *LDLR* 基因突变与家族性高胆固醇血症　*LDLR* 基因全长 44468bp，含 18 个外显子和 17 个内含子。*LDLR* 在各组织都有表达，相应的 mRNA 长约 5300nt，编码 860AA 的新生肽，切除 21AA 的信号肽后，成为 839AA 的成熟低密度脂蛋白受体（LDLR）。

低密度脂蛋白受体是单次跨膜蛋白，功能是介导 LDL、CM 残体、VLDL 残体被肝细胞结合、内吞、代谢。

低密度脂蛋白受体缺陷导致家族性高胆固醇血症（FH），遗传基础主要是 *LDLR* 有大片段插入和缺失。这是一种常染色体半显性遗传病，纯合子极为罕见，发病率仅为 $1/10^6$，但症状较重；杂合子较为常见，发病率约为 $2/10^3$，但症状较轻。低密度脂蛋白受体缺陷导致肝细胞膜低密度脂蛋白受体数量减少或缺乏，肝脏对血浆 LDL 的清除能力低下，LDL 在血浆中积累，胆固醇沉积于皮肤、肌腱、冠状动脉。

第六节　糖尿病

糖尿病（DM）是一类代谢综合征，是由各种因素造成胰岛素分泌或作用缺陷，影响糖、脂肪、蛋白质的正常代谢而导致的一类代谢性疾病，以持续性高血糖为特征。此外还有多种临床特征，如口渴、多尿、体重减轻、视力减退，严重时有酮症酸中毒或非酮体性高渗状态，直至昏迷、死亡。不过很多时候这些特征并不明显甚至没有，因而在诊断之前常因长期的高血糖而出现病理性或功能性改变。

糖尿病的长期效应包括各种进行性并发症，各种组织器官病变与损伤、功能减退及衰竭。如视网膜病导致失明，肾病导致肾衰竭，神经疾病导致脚部溃疡、下肢坏死（甚至需要截肢），Charcot 关节病，心律失常，性腺功能减退。糖尿病患者易患心脑血管疾病和外周血管疾病。

糖尿病是常见病、多发病，且发病率随生活水平提高、人口老化、生活方式改变而上升。世界卫生组织（WHO）估计：截止 2012 年，全球有 3.71 亿人患糖尿病，其中 80% 以上生活于经济不发达国家和地区，有 480 万人死于糖尿病，糖尿病治疗费用高达 4710 亿美元。根据 WHO 最新公布的结果，糖尿病已成为人类第八大死亡原因，仅 2011 年就有 140 万人死于糖尿病。

糖尿病的发病机制十分复杂，多数是遗传因素和环境因素共同作用的结果，且尚未阐明。1999 年 WHO 建议根据病因把糖尿病分为 1 型糖尿病、2 型糖尿病、特殊类型糖尿病和妊娠期糖尿病，其中 1 型糖尿病和 2 型糖尿病最常见。

一、1 型糖尿病

1 型糖尿病（T1DM）占全部糖尿病患者的 5% ~ 10%，是由胰岛 β 细胞被破坏，导致胰岛素绝对缺乏而引起的，表现为血浆胰岛素水平绝对低下，持续性高血糖（空腹血浆葡萄糖 ≥7mmol/L 或 126mg/dL，糖耐量试验 2 小时后 ≥11.1mmol/L 或 200mg/dL），继发酮症酸中毒，需用胰岛素控制血糖并维持生命。1 型糖尿病根据 β 细胞破坏原因分为自身免疫性 1 型糖尿病（T 细胞介导胰岛 β 细胞破坏）和特发性 1 型糖尿病（未知因素介导胰岛 β 细胞破坏）。

自身免疫性 1 型糖尿病是由于 T 细胞介导胰岛 β 细胞破坏（残存不到 10% 甚至完全消失），导致胰岛素绝对缺乏。该糖尿病在任何年龄都可以发病，但主要起病于儿童和青少年期。该病可以根据发病年龄、病程的不同分为急进型（多发于儿童）和隐匿型（多发于成人，又称成人隐匿性自身免疫性糖尿病，LADA）。一些患者（特别是儿童和青少年）在诊断时常已表现酮症酸中毒；也有些患者表现中度高血糖，感染或其他应激时迅速发展成重度高血糖和（或）酮症酸中毒；还有些患者（特别是成人）尚有一定数量 β 细胞，数年后才会发展成酮症酸中毒。

自身免疫性 1 型糖尿病的标志是胰岛细胞抗体（ICA）、胰岛素抗体（AIA）、谷氨酸脱羧酶抗体（GADA）、胰岛细胞抗原 2 抗体（IA-2A）阳性，阳性率 85% ~ 90%。

自身免疫性 1 型糖尿病患者通常伴有其他自身免疫性疾病，如突眼性甲状腺肿（Graves disease）、桥本甲状腺炎（Hashimoto thyroiditis）、肾上腺皮质功能减退（Addison disease）。

对自身免疫性 1 型糖尿病遗传因素的鉴定目前集中在基因组的 18 个区（每个区可能含一个或多个基因），分别命名为 IDDM1 ~ IDDM18。目前研究较多的是 IDDM1（含人类白细胞抗原复合体）、IDDM2（含胰岛素基因）、IDDM12（含细胞毒性 T 细胞相关抗原 4 基因）。

1. IDDM1　又称 HLA 区，位于 6 号染色体上（6p21.3），含一个称为人类白细胞抗原复合体（HLA 复合体）的基因簇（属于人类主要组织相容性复合体，MHC），其基因编码产物称为人类白细胞抗原（HLA），属于人类主要组织相容性抗原（MHA）（表 12-13）。

表 12-13　主要组织相容性复合体与人类白细胞抗原复合体关系

MHC 类型	人类相关基因	染色体定位	功能
MHC Ⅰ	*HLA-A*，*HLA-B*，*HLA-C*	6p21.3	向 CD8$^+$ T 细胞（细胞毒性 T 细胞）提呈抗原肽
MHC Ⅱ	*HLA-CD74*，*DMA*，*DMB*，*DOA*，*DOB*，*DPA*，*DPB*，*DQA*，*DQB*，*DRA*，*DRB*	6p21.3	向 CD4$^+$ T 细胞（辅助性 T 细胞）提呈抗原肽
MHC Ⅲ	*C4A*	5p13	炎症及其他免疫应答（补体）
		6p21.3	

人类白细胞抗原是一类细胞膜糖蛋白，其作用是在细胞表面提呈抗原，协助 T 细胞识别自体（例如胰岛 β 细胞）和异体（例如细菌和病毒），进而发动其他免疫细胞对异体发起攻击，能引起强烈而迅速的排斥反应。

人类白细胞抗原对免疫应答至关重要。在健康个体的免疫系统中，T 细胞只被异体抗原活化。如果没有人类白细胞抗原，T 细胞无法识别异体抗原。不过，某些人类白细胞抗原突变体会诱导 T 细胞被自身抗原活化，发动其他免疫细胞攻击自身细胞，引起自身免疫性疾病。这正是 IDDM1 导致 T 细胞介导胰岛 β 细胞破坏及自身免疫性 1 型糖尿病的基础。

自身免疫性 1 型糖尿病的遗传因素至少有 50% 来自 HLA 区。HLA 基因有各种等位基因，因此每个人的 HLA 复合体都是特定 HLA 等位基因的组合，称为 HLA 单体型。某些 HLA 单体型与自身免疫性 1 型糖尿病有关，特别是 *HLA-DQA1*、*HLA-DQB1*、*HLA-DRB1* 组合。不过，该 HLA 单体型在人类广泛存在，仅 5% 是 1 型糖尿病患者。

2. IDDM2　位于 11 号染色体上（11p15.5），含一个胰岛素基因（*INS*）。*INS* 由 3 个外显子（e_1、e_2、e_3）和 2 个内含子（i_1、i_2）构成，其中 e_2 编码信号肽（72bp）、B 链（90bp）、连接肽（6bp）、C 肽的 N 端部分（19bp），外显子 3 编码 C 肽的 C 端部分（74bp）、连接肽（6bp）、A 链（66bp）（图 12-1）。

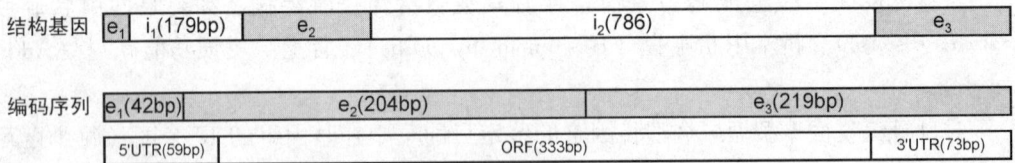

图 12-1　人胰岛素基因

IDDM2 占自身免疫性 1 型糖尿病遗传因素的 10%。相关基因座位于 *INS* 转录起始位点上游 0.5kb 处，是一种可变数目串联重复序列（VNTR），可分为三类：Ⅰ类含 26～63 个重复单位，此类个体具有高度易感性；Ⅱ类平均含 80 个重复单位；Ⅲ类含 141～209 个重复单位，此类个体具有抵抗性（Ⅰ/Ⅲ类杂合子易感性仅为 Ⅰ/Ⅰ类纯合子的 1/3）。

3. IDDM12　位于 2 号染色体上（2q33），含一组候选基因，编码产物是 T 细胞表面的一组**辅助受体**（又称协同受体，co-receptor），包括 CTLA-4、CD28 和 ICOS 等，其中与 1 型糖尿病关联度最高的是 CTLA-4（细胞毒性 T 细胞相关抗原 4）。

机体免疫应答涉及抗原提呈细胞（APC，包括巨噬细胞、树突状细胞、B 细胞）与 T 细胞的相互作用。抗原提呈细胞将主要组织相容性抗原 – 抗原肽复合物展示于细胞表面并提呈给 T 细胞。T 细胞通过 T 细胞受体（TCR）识别抗原肽之后有两种可能：①被活化后发动免疫攻击。②被钝化。

T 细胞的活化需要两个事件：①抗原提呈细胞提呈的抗原（第一信号）与 T 细胞受体作用。②抗原提呈细胞膜上的共刺激信号（co-stimulatory ligand，第二信号）与 T 细胞膜上的激活性辅助受体（如 CD28）作用。没有第二信号的刺激 T 细胞将被钝化（图 12-2）。

CTLA-4（223AA）是 T 细胞膜上的一种抑制性辅助受体，其天然共刺激信号是 CD80（表达于活化 B 细胞、巨噬细胞、树突状细胞）、CD86（表达于活化 B 细胞、单核细胞），且亲和力强于它们的激活性辅助受体 CD28。基于以下事实，CTLA-4 的功能很可能是防止发生自身免疫：①CTLA-4 仅在 T 细胞被提呈抗原（第一信号）活化后才表达，而其他辅助受体并非如此。②CTLA-4 通过干扰第二信号的作用下调 T 细胞活化，因而对免疫系统有负调节效应（图 12-2）。

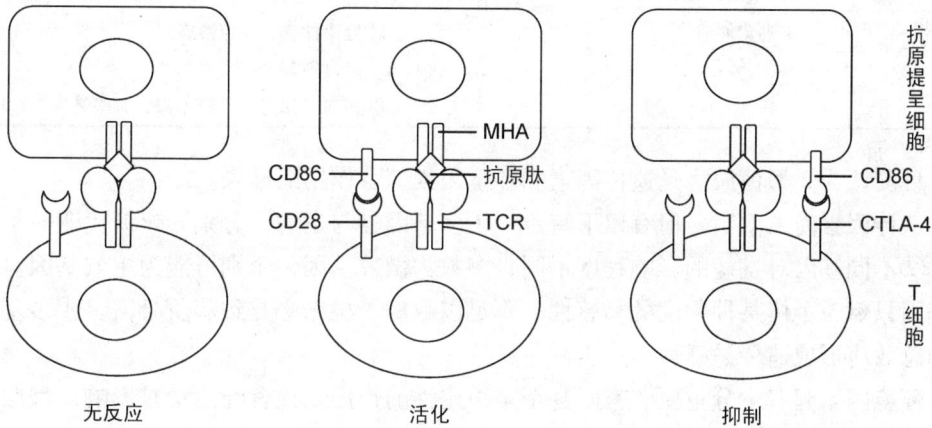

图 12-2 辅助受体与 T 细胞活化

CTLA4 突变导致 T 细胞被自身抗原活化，与自身免疫性疾病相关，例如自身免疫性甲状腺功能减退（例如桥本甲状腺炎）、突眼性甲状腺肿、系统性红斑狼疮、乳糜泻、自身免疫性 1 型糖尿病。

二、2 型糖尿病

2 型糖尿病（T2DM）占全部糖尿病患者的 90% 以上，是以胰岛素抵抗为主伴胰岛素分泌相对不足，或以胰岛素分泌不足为主伴或不伴胰岛素抵抗。

胰岛素抵抗和胰岛素分泌不足是 2 型糖尿病发病机制的两个要素。胰岛素抵抗是指胰岛素作用的靶细胞（主要是肝细胞、肌细胞、脂肪细胞）对胰岛素作用的敏感性降低。在存在胰岛素抵抗的情况下，如果 β 细胞能代偿性增加胰岛素分泌，则可维持血糖正常；如果 β 细胞存在胰岛素分泌不足，不能代偿胰岛素抵抗，则会引起 2 型糖尿病。胰岛素抵抗和胰岛素分泌不足对不同患者的影响不同，对同一患者的影响也可能随着疾病发展而发生变化。

2 型糖尿病症状可能与 1 型糖尿病相似，但临床症状往往不明显，常在发病多年之后才被诊断，此时多已出现并发症（表 12-14）。

表 12-14 1 型、2 型糖尿病对比

	1 型糖尿病	2 型糖尿病
表型	主要在儿童期和青少年期发病	主要在 40 岁后发病（目前有低龄化趋势）
	体重正常或消瘦	多数肥胖
	并发酮症酸中毒	极少并发酮症酸中毒
	依赖胰岛素维持生存	不依赖胰岛素维持生存
	胰岛受自身免疫损伤	胰岛不受自身免疫损伤
	胰岛素绝对缺乏	胰岛素相对不足或胰岛素抵抗
基因型	有遗传因素	有遗传因素
	同卵双生一致性 <50%	同卵双生一致性 >70%
	HLA 连锁	HLA 无连锁
治疗	胰岛素注射	①健康饮食，体育锻炼
		②降血糖药
		③胰岛素注射（初期不需，有些终身不需）

目前认为 2 型糖尿病是遗传因素和环境因素综合作用的结果。

遗传因素尚未阐明，但有以下特点：①多基因参与发病，分别影响糖代谢的某个环节。②不同基因对发病的影响程度不同，多数为微效基因，个别可能为主效基因。③每个基因只赋予个体某种程度的易感性，不足以致病，也未必是致病所必需。④多基因异常的总效应形成遗传易感性。

环境因素起着十分重要、有时甚至是决定性的作用。饮食与运动是影响 2 型糖尿病发生发展的重要环境因素。大多数 2 型糖尿病患者运动不足，体重超重或肥胖，而肥胖会引起或加重胰岛素抵抗（有些患者虽不肥胖，但其腹部有脂肪堆积）。此外，年龄、高血压、高血脂、妊娠期糖尿病都是 2 型糖尿病的易患因素。

2 型糖尿病的遗传易感性与许多潜在易感基因（又称易患基因，susceptibility gene）的关系尚未阐明。通过对糖代谢、脂代谢、信号转导等的研究，目前已发现一组候选基因，其变异可能导致糖尿病（表 12-15）。

1. 葡萄糖转运蛋白 2 是由 *GLUT2* 基因编码的一种 12 次跨膜蛋白。人体内已鉴定出 14 种葡萄糖转运蛋白，均通过易化扩散影响葡萄糖进出细胞，具有组织特异性。葡萄糖转运蛋白 2（GLUT-2）分布于肝、小肠、肾和胰岛 β 细胞，是控制葡萄糖进入胰岛 β 细胞的主要葡萄糖转运蛋白，也被视为胰岛 β 细胞的葡萄糖感受器。

（1） *GLUT2* 的错义突变 Thr110Ile、Val197Ile 可能与 2 型糖尿病有关。

（2） *GLUT2* 突变导致一种罕见的 Fanconi-Bickel 综合征（FBS）。患者进食时出现高血糖，禁食时出现低血糖。

2. 葡萄糖激酶 是由 *GCK* 基因编码的一种己糖激酶。催化肝细胞和胰细胞葡萄糖代谢的第一步反应，并被视为控制胰岛 β 细胞胰岛素分泌的葡萄糖感受器。

刺激胰岛素分泌的血糖阈值约为 5mmol/L。*GCK* 基因突变导致血糖阈值改变，与以

表 12-15 2 型糖尿病候选基因

基因名称缩写	染色体定位	外显子数	基因产物名称（名称缩写）	功能产物大小（AA）
SLC2A2，GLUT2	3q26.1-q26.2	11	葡萄糖转运蛋白2（GLUT-2）	524
GCK	7p15.1-p15.3	12	葡萄糖激酶（GCK）	465
ABCC8，SUR1	11p15.1	41	磺酰脲类受体1（SUR1，ABCC8）	1580
KCNJ11	11p15.1	1	钾通道（Kir6.2）	390
CAPN10	2q37.3	13	钙蛋白酶10（CANP 10）	672
INS	11p15.5	3	胰岛素（INS）	51
INSR	19p13.2-p13.3	23	胰岛素受体（IR）	2702
PIK3R1，GRB1	5q13.1	17	PI3K 调节亚基 α（PI3KRα）	724
GCGR	17q25	14	胰高血糖素受体（GL-R）	452
HNF4A，TCF14	20q12-q13.1	11	肝细胞核转录因子4α（HNF-4α，TCF-14）	474
LPL	8p22	10	脂蛋白脂肪酶（LPL）	448
PPARG	3p25	11	过氧化物酶体增殖物激活受体（PPAR-γ）	505

下三种综合征有关，反映出葡萄糖激酶（GCK）对葡萄糖稳态及糖尿病的重要性。

（1）激活突变：使刺激胰岛素分泌的血糖阈值降至约 1.5mmol/L，引起胰岛素分泌过度，出现先天性高胰岛素血症（congenital hyperinsulinism），又称婴儿家族性持续性高胰岛素性低血糖（PHHI）。

（2）失活突变纯合子：使刺激胰岛素分泌的血糖阈值大幅升高，出生时即患永久性新生儿糖尿病（PNDM）。

（3）失活突变杂合子：使刺激胰岛素分泌的血糖阈值升至约 7mmol/L，出生时即出现轻度高血糖，引发 MODY2（254 页）。

3. 磺酰脲类受体 1 磺酰脲类是 2 型糖尿病患者的一类离子通道阻滞剂类降血糖药物，通过作用于胰岛 β 细胞的磺酰脲类受体 1 刺激胰岛素分泌。

磺酰脲类受体 1（SUR1，ABCC8）是由 ABCC8 基因编码的一种 17 次跨膜蛋白，属于 ATP 结合盒转运蛋白超家族、ABCC 家族。四个磺酰脲类受体亚基（SUR1）和四个钾通道亚基（Kir6.2）构成胰岛 β 细胞膜 ATP 敏感性内向整流钾通道（IKATP）。

IKATP 在葡萄糖诱导的胰岛素分泌中起重要作用：①血糖升高时葡萄糖由胰岛 β 细胞膜 GLUT-2 转运进入细胞，代谢生成 ATP。②ATP/ADP 升高，IKATP 关闭，阻滞 K^+ 外流，使膜电位由 $-70mV$ 升至 $-30mV$，称为去极化。③去极化导致细胞膜电压门控钙通道开放，Ca^{2+} 进入细胞。④细胞内 Ca^{2+} 增多，触发胰岛素分泌。

显然，IKATP 活性影响胰岛素分泌。能使 IKATP 关闭的药物（如磺酰脲类）可用于治疗 2 型糖尿病，被称为口服降血糖药。

（1）ABCC8 突变影响胰岛素分泌，是 2 型糖尿病的一个遗传因素：①ABBC8 的一个错义突变 Glu1506Lys 造成 IKATP 活性降低，胰岛素分泌加快，出现先天性高胰岛素血症。②ABBC8 的一个同义突变 Arg1273Arg（AGG→AGA）与一种胰岛素分泌过快相关。在禁食时，纯合子（AA）突变体的胰岛素水平高于杂合子（GA）突变体和野生型（GG）。

（2）ABCC8 错义突变 Val86Ala 和 Phe132Leu 引起永久性新生儿糖尿病（PNDM），Cys435Arg 和 Arg1379Cys 引起 2 型短暂性新生儿糖尿病（TNDM2）。

4. 钾通道　是由 KCNJ11 基因编码的一种两次跨膜蛋白（Kir6.2），含 ATP 结合位点，与磺酰脲类受体（SUR1）构成 ATP 敏感性内向整流钾通道（IKATP）。

KCNJ11 的多种点突变导致 Kir6.2 结构异常，从而导致胰岛素分泌不足并成为 2 型糖尿病的遗传因素：①突变 Glu23Lys 使 Kir6.2 对 ATP 的敏感性降低，IKATP 容易开放，需要更多的 ATP 才能关闭。②肥胖或 2 型糖尿病患者存在持续性高游离脂肪酸，导致 β 细胞内长链脂酰 CoA 积累，作用于 IKATP，抑制胰岛素分泌。突变 Glu23Lys 和 Ile337Val 可能导致脂酰 CoA 的抑制效应增强。

此外，和 ABBC8 突变一样，KCNJ11 突变也会出现先天性高胰岛素血症，引起永久性新生儿糖尿病。

KCNJ11 和 ABBC8 均位于 11 号染色体上且相邻。KCNJ11 的突变 Glu23Lys 和 ABBC8 的突变 Ala1369Ser 几乎完全连锁不平衡（complete linkage disequilibrium）。因此从遗传学上尚未确定哪个是引起 2 型糖尿病的遗传因素。

5. 钙蛋白酶 10　是由 CAPN10 基因编码的一种依赖钙离子的内肽酶，属于半胱氨酸蛋白酶。

钙蛋白酶（CANP）由一个大的催化亚基和一个小的调节亚基构成，大亚基含四个结构域，其中 N 端的结构域I在激活时被切除，结构域II含活性中心，结构域III是个连接域，结构域IV很像钙调蛋白，含 EF 手形。钙蛋白酶通过切除某些蛋白质特定片段改变其活性，因而参与蛋白质修饰、信号转导。目前已在人体各种细胞内发现 15 种钙蛋白酶，许多都与疾病有关，例如钙蛋白酶 1 和 2 与中风后脑损伤及阿尔茨海默病有关，钙蛋白酶 3 突变引起肢带型肌营养不良（limb-girdle muscular dystrophy）。

钙蛋白酶 10 在各组织广泛表达，可能参与调节胰岛素的分泌与作用、调节肝细胞的糖异生。

CAPN10 存在 8 种选择性剪接及 8 种单核苷酸多态性，其中位于内含子 3（SNP-43）、6（SNP-19）、19（SNP-63）内的单核苷酸多态性与部分地区的 2 型糖尿病相关。

6. 胰岛素　其点突变 Phe48Ser（洛杉矶胰岛素）、Arg55Cys 及 3′UTR 的一种突变均与 2 型糖尿病相关。

7. 胰岛素受体　是由 INSR 基因编码的一种细胞膜糖蛋白。胰岛素受体（IR）新生肽链长 1382AA，自 N 端起依次为信号肽（1~27AA）、α 链（28~758AA）、剪切位点（759~762AA）、β 链（763~1382AA）。成熟胰岛素受体由两条 α 链（731AA）和两条 β 链（620AA）构成。α 链位于细胞外，含 1 个胰岛素结合域、11 个链内二硫键、1 个链间二硫键；β 链含跨膜 α 螺旋和胞内域（含酪氨酸激酶活性中心），无二硫键。α 链

和 β 链以非共价键结合。

胰岛素受体属于酪氨酸激酶受体（RTK）家族（第六章，149 页），但胰岛素受体与其他 RTK 不同，未与胰岛素结合时也为二聚体结构（视 α 链与 β 链构成单体，但两个 αβ 单体之间以二硫键结合）。胰岛素受体与胰岛素结合后，分两步自磷酸化激活：①先磷酸化活性中心内的酪氨酸（Tyr1185、Tyr1189、Tyr1190），使受体变构，结合 ATP 并进一步激活。②再磷酸化活性中心外的酪氨酸（Tyr992、Tyr999、Tyr1011、Tyr1355、Tyr 1361），形成的磷酸酪氨酸成为信号转导蛋白的停泊位点。

胰岛素受体底物 1（IRS-1）是结合于胰岛素受体停泊位点的一种重要的连接物，通过 SH2 结构域与胰岛素受体的 Tyr999 结合并被胰岛素受体磷酸化，触发两条信号转导途径：依赖 Ras 途径（Ras-dependent pathway）和不依赖 Ras 途径（Ras-independent pathway）。

有些 2 型糖尿病患者胰岛素的结构和水平并无异常，但其胰岛素受体基因（INSR）存在突变，且影响到表达的胰岛素受体数量或结构，因而产生胰岛素抵抗。胰岛素抵抗是引起糖尿病的主要原因，因此 INSR 可能是 2 型糖尿病易感基因，例如一种点突变 Val985Met 占 2 型糖尿病遗传因素的 4% 。

不过，虽然 INS 及 INSR 是 2 型糖尿病候选基因，但它们在大多数 2 型糖尿病患者并无异常。

8. PI3K 调节亚基 α　是由 PIK3R1 基因编码的一种磷脂酰肌醇 3 激酶调节亚基（PI3KR）。磷脂酰肌醇 3 激酶（PI3K）是在信号转导中起重要作用的一类酶，根据结构、特异性及调节方式分 Ⅰ 、Ⅱ 、Ⅲ 三类。Ⅰ 类 PI3K 具有异二聚体结构，并进一步分为 Ⅰ A、Ⅰ B 两类。Ⅰ A 类 PI3K 由催化亚基 p110（分为 p110α、p110β 和 p110δ）和调节亚基 p85（分为 PI3KRα、PI3KRβ 和 PI3KRγ）构成。PI3KRα 含两个 SH2 结构域和一个 SH3 结构域。

PI3K 在胰岛素信号转导途径中起关键作用，编码 PI3KRα 的 PIK3R1 基因成为糖尿病候选基因。已在 PIK3R1 中鉴定出多种可能与糖尿病有关的突变，其中一种是 Met326Ile，该突变可能影响脂肪细胞分化、胰岛素的促细胞摄取葡萄糖作用。虽然 Met326Ile 对胰岛素信号转导途径的影响可能很小，但如果该途径其他信号转导蛋白也存在突变，则累加效应会很大，足以导致 2 型糖尿病。

9. 肝细胞核转录因子 4α　是由 HNF4A 基因编码并在肝、肾、小肠和胰岛 β 细胞表达的一种转录因子。

肝细胞核转录因子 4α（HNF-4）在肝细胞内最多，位于细胞核内，以同二聚体形式参与调节多种基因（例如 α₁ 抗胰蛋白酶基因、载脂蛋白 C-Ⅲ 基因、甲状腺素结合前白蛋白基因、HNF1A、HNF1B）的表达，从而影响肝细胞功能。

肝细胞核转录因子 4α 在胰岛 β 细胞内调节胰岛素基因的表达，并与 HNF-1 共同调节其他几种与胰岛素分泌有关的基因（其中包括 GLUT2 和糖代谢酶类基因）的表达。

与 2 型糖尿病相关的一个基因座位于 HNF4A 编码区上游的选择性启动子（alternative promoter）P2 中。P2 位于启动子 P1 上游 46kb 处，P1、P2 在肝细胞和胰岛 β 细胞内都起作用，但在胰岛 β 细胞内以 P2 为主。德系犹太人和芬兰人 *HNF4A* 的 P2 侧翼存在与 2 型糖尿病相关的 4 种单核苷酸多态性：rs4810424、rs1884613、rs1884614 和 rs2144908。

10. 胰高血糖素受体   是由 *GCGR* 基因的一种 G 蛋白偶联受体。其一个突变 Gly40Ser 位于外显子 2 内，编码肽段属于受体的细胞外配体结合域，使胰高血糖素与受体（GL-R）的亲和力减弱至原来的 1/3，导致 cAMP 合成减少，胰高血糖素刺激的胰岛素分泌也减少。不过，在一些地区虽有 Gly40Ser 导致胰岛素分泌减少，但并不伴发 2 型糖尿病。

11. 脂蛋白脂肪酶   是由 *LPL* 基因编码的一种脂肪酶，分布于心脏、肌肉及脂肪组织，并与肝脂肪酶、胰脂肪酶组成脂肪酶超家族。脂蛋白脂肪酶（LPL）由一个大的氨基端结构域（Ala1～Lys312，催化域）和一个小的羧基端结构域（Phe314～Lys437，PLAT/LH2 域，其中 Lys319～Lys414 是肝素结合域）构成。通过与上皮细胞表面蛋白聚糖的硫酸乙酰肝素结合，脂蛋白脂肪酶以同二聚体形式结合在细胞表面，并可在细胞表面与脂蛋白之间搭桥，使细胞摄取更多的脂蛋白，特别是低密度脂蛋白，这种作用被认为与动脉粥样硬化有关。

胰岛素促进脂蛋白脂肪酶合成。许多 2 型糖尿病的脂蛋白脂肪酶水平明显低于正常人，但注射胰岛素后可以升高。

LPL 3′端的单核苷酸多态性与胰岛素抵抗、冠心病有关，可能是糖尿病、动脉粥样硬化的遗传因素。

12. 过氧化物酶体增殖物激活受体   是由 *PPARG* 基因编码的一种转录因子（PPAR-γ），属于核受体超家族，主要分布于脂肪细胞内，通过亮氨酸拉链与视黄酸受体 RXR-α 形成异二聚体，可被过氧化物酶体增殖物（peroxisome proliferator）如脂肪酸、降血脂药、降血糖药等结合激活，促进一组脂代谢基因表达，包括脂蛋白脂肪酶基因（*LPL*）、脂肪酸转运蛋白 1 基因（*SLC27A1*，*FATP1*）、乙酰辅酶 A 合成酶基因（*ACS*）等。这些基因的表达影响脂肪酸代谢，在脂肪细胞分化及葡萄糖稳态中起关键作用。

PPARG 已被确定为肥胖及 2 型糖尿病的遗传因素。PPAR-γ 还是治疗 2 型糖尿病药物的靶点。噻唑烷二酮类（TZD）如罗格列酮（rosiglitazone）可以激活脂肪细胞 PPAR-γ-RXR-α 异二聚体，增强 2 型糖尿病的胰岛素降血糖效应。

三、特殊类型糖尿病

特殊类型糖尿病包括由明确的单基因突变引起的糖尿病和由胰腺内外其他病因引起的糖尿病，占全部糖尿病患者的不到 5%（表 12-16）。

表 12-16　特殊类型糖尿病

病因	类型
β 细胞功能基因缺陷	青年发病的成年型糖尿病，线粒体 DNA 突变所致糖尿病，其他
胰岛素作用的基因缺陷	A 型胰岛素抵抗综合征，leprechaunism 综合征，Rabson-Mendenhall 综合征，脂肪萎缩性糖尿病，其他
胰腺外分泌疾病	纤维钙化性胰腺病，胰腺炎，胰腺创伤，胰腺切除术，胰腺癌，胰腺囊性纤维化，血色病，其他
其他内分泌疾病	Cushing 综合征，肢端肥大症，嗜铬细胞瘤，胰高血糖素瘤，甲状腺功能亢进，生长抑素瘤，醛固酮瘤，其他
药物或化学品诱发	烟酸，糖皮质激素，甲状腺激素，肾上腺素 α 受体激动剂，肾上腺素 β 受体激动剂，噻嗪类利尿药，苯妥英钠二氮嗪，喷他脒（戊双脒），毒鼠药吡甲硝苯脲，α 干扰素，其他
感染	先天性风疹病毒感染，巨细胞病毒感染，其他
非常见型免疫介导	胰岛素自身免疫综合征（胰岛素抗体），胰岛素受体抗体阳性（B 型胰岛素抵抗），僵人（Stiff Man）综合征，其他
有时伴有糖尿病的其他遗传综合征	Down 综合征，Friedreich 共济失调，Huntington 舞蹈病，Klinefelter 综合征，Laurence-Moon-Biedel 综合征，强直性肌营养不良，卟啉病，Prader-Willi 综合征，Turner 综合征，Wolfram 综合征，其他

（一）β 细胞功能基因缺陷所致糖尿病

主要有青年发病的成年型糖尿病和线粒体 DNA 突变所致糖尿病等。

1. 青年发病的成年型糖尿病（MODY）　属于单基因遗传病，具有常染色体显性遗传特征，占全部糖尿病患者的不到 5%。MODY 基本特征是胰岛素分泌不足，通常在 25 岁之前（儿童期和青少年期）发病，有亲代个体患糖尿病。不过，某些 MODY 患者仅具有轻度高血糖，而且其早期治疗与 2 型糖尿病一样不需要胰岛素，因此会被误诊为 2 型糖尿病（一些 MODY 因在儿童期测出高血糖而会被误诊为 1 型糖尿病）。MODY 与 2 型糖尿病有以下区别（表 12-17）。

表 12-17　2 型糖尿病与青年发病的成年型糖尿病对比

特征	2 型糖尿病	青年发病的成年型糖尿病
遗传性	多基因遗传	单基因遗传，常染色体显性遗传
发病年龄	通常 >40 岁	通常 <25 岁
外显率	10% ~40%	80% ~90%
肥胖	通常肥胖	无肥胖
代谢综合征	通常存在	无

目前已报道的 MODY 有 11 型（表 12-18），其中 MODY3 最多，其次是 MODY2，两者约占全部 MODY 的 2/3。这些 MODY 由不同基因突变引起，其中 *GCK* 突变导致 β 细胞不能精确感受血糖水平，引起 MODY2；其余 MODY 相关基因多编码转录因子，形成转录因子调控网络，调节胰岛 β 细胞的基因表达。这些基因突变在胚胎期会影响 β 细胞分化，导致成年后 β 细胞功能障碍。这些基因产物在成年 β 细胞内的功能有待阐明。

表 12-18 MODY 与相关基因缺陷

MODY 分型	基因名称缩写	染色体定位	基因产物（名称缩写）	功能产物（AA）	分子基础	其他相关糖尿病
MODY1	*HNF4A*, *TCF14*	20q12-q13.1	肝细胞核转录因子 4α（HNF-4α，TCF-14）	474	β 细胞基因表达调控异常，导致胰岛素分泌不足，β 细胞不足	T2DM
MODY2	*GCK*	7p15.1-p15.3	葡萄糖激酶（GCK）	465	葡萄糖磷酸化低下，导致 β 细胞对葡萄糖的感受缺陷，肝糖原合成缺陷	T2DM
MODY3	*HNF1A*, *TCF1*	12q24.3	肝细胞核转录因子 1α（HNF-1α，TCF-1）	631	β 细胞基因表达调控异常，导致胰岛素分泌不足，β 细胞不足	—
MODY4	*PDX1*, *IPF1*	13q12.1	胰/十二指肠同源异形框蛋白 1（PDX-1），胰岛素启动子因子 1（IPF-1）	283	与 β 细胞分化和功能有关的基因表达调控异常	T2DM
MODY5	*HNF1B*, *TCF2*	17q11.2-q12	肝细胞核转录因子 1β（HNF-1β，TCF-2）	557	β 细胞基因表达调控异常，导致胰岛素分泌不足，β 细胞不足	—
MODY6	*NEUROD1*, *BHLHA3*	2q32	神经源性分化因子 1（NeuroD1，bHLHa3）	356	与 β 细胞分化和功能有关的基因表达调控异常	T1DM, T2DM
MODY7	*KLF11*	2p25	Krueppel 样因子 11（KLF11）	512	β 细胞基因表达调控异常	—
MODY8	*CEL*, *BAL*	9q34.3	胆盐激活性脂肪酶（BAL）	733	胰腺外分泌功能障碍	—
MODY9	*PAX4*	7q32	配对框蛋白 4（Pax-4）	350	转录阻遏因子	T1DM, T2DM
MODY10	*INS*	11p15.5	胰岛素（INS）	51	点突变 Arg6His 或 Arg6Cys 导致胰岛素分泌不足	T1DM, T2DM
MODY11	*BLK*	8p22-p23	酪氨酸激酶 Blk（p55-Blk）	504	β 细胞基因表达调控异常，导致胰岛素分泌不足	T2DM

2. 线粒体 DNA 突变所致糖尿病　线粒体 DNA 突变是引起糖尿病的罕见因素。线粒体 tRNA^{Leu} 基因的一个点突变（A3243G）与母系遗传的耳聋性糖尿病有关。例如 MELAS 综合征（线粒体肌病 – 脑病 – 乳酸性酸中毒 – 中风）存在该点突变，但该综合征不含糖尿病，提示受未知因素影响，该突变有不同表型。

3. 其他因素导致 β 细胞功能基因缺陷　①有家族存在基因突变，为常染色体显性遗传，表现为胰岛素翻译后修饰障碍，有轻度糖耐量异常。②有家族存在基因突变，为常染色体显性遗传，出现高胰岛素血症，糖代谢基本正常。

（二）胰岛素作用的基因缺陷所致糖尿病

胰岛素作用缺陷即机体存在胰岛素抵抗，是指机体对正常水平的胰岛素不能产生正常应答，包括 A 型胰岛素抵抗综合征、leprechaunism 综合征、Rabson-Mendenhall 综合征、脂肪萎缩性糖尿病、B 型胰岛素抵抗综合征等。目前阐明的导致胰岛素抵抗的原因是肥胖，此外还有其他遗传缺陷导致的重度胰岛素抵抗。

1. A 型胰岛素抵抗综合征　表现为高血糖，出生发病，伴发黑棘皮病，女性伴发多囊卵巢综合征、雄激素过多、月经稀发、多毛症，无自身抗体。10% ~ 20% 患者存在 *INSR* 突变，例如 Phe382Val、Arg1174Gln。

2. leprechaunism 综合征　1954 年由 Donohue 和 Uchida 报道，所以又称 Donohue 综合征，是一种重度胰岛素抵抗综合征，特征包括出生前后发育迟缓，妖精貌（elfin-like，耳朵突出，手足大，皮下脂肪和肌肉减少，皮肤多毛，常伴发黑棘皮病），通常在两岁前死亡。某些 leprechaunism 综合征（LEPRCH）患者存在 *INSR* 缺陷，例如 Val28Ala、Leu93Gln。

3. Rabson-Mendenhall 综合征　1956 年由病理学家 Rabson 和家庭医生 Mendenhall 报道，是一种重度胰岛素抵抗综合征，特征是胰岛素抵抗型糖尿病，并发松果体增生、黑棘皮病、面貌衰老、牙齿异常、腹部肿胀、女性阴蒂和男性阴茎硕大，有时伴有脂肪组织缺陷或缺乏，通常在 20 岁前死亡。某些 Rabson-Mendenhall 综合征（RMS）患者存在 *INSR* 缺陷，例如 Asn15Lys、Arg1131Trp。

4. 脂肪萎缩性糖尿病　例如先天性全身性脂肪营养不良（CGL），又称 Berardinelli-Seip 综合征，为常染色体隐性遗传病，患者几乎没有脂肪组织，极度胰岛素抵抗、高甘油三酯血症、肝脂肪变性、早发糖尿病。

5. B 型胰岛素抵抗综合征　表现为高血糖，伴发黑棘皮病、其他自身免疫性疾病，有自身胰岛素受体抗体，中年发病。

（三）胰腺外分泌疾病所致糖尿病

胰腺的任何损伤都可能引起糖尿病，例如纤维钙化性胰腺病、胰腺炎、胰腺创伤、胰腺切除术、胰腺癌、胰腺囊性纤维化、血色病等。除了胰腺癌之外，其余损伤需很广泛才会引起糖尿病。较轻的胰腺癌即可引起糖尿病，提示糖尿病的病因不是单纯的 β 细胞减少。胰腺囊性纤维化和血色病发展到一定程度也会损伤 β 细胞，影响胰岛素分泌。

（四）其他内分泌疾病所致糖尿病

生长激素、皮质醇、胰高血糖素、肾上腺素等激素与胰岛素相抵抗，某些疾病因伴发这些激素分泌过多而引起糖尿病，例如 Cushing 综合征、肢端肥大症、嗜铬细胞瘤、胰高血糖素瘤、甲状腺功能亢进，其高血糖可在清除过多激素后回落。

生长抑素瘤及醛固酮瘤诱发的低血钾会引起糖尿病，部分原因是胰岛素分泌被抑制，其高血糖可在切除肿瘤后回落。

（五）药物或化学品诱发糖尿病

有些药物会影响胰岛素分泌。这些药物本身不引起糖尿病，但会使胰岛素抵抗型糖尿病加重。如果不能先确定其病因究竟是 β 细胞功能障碍，还是胰岛素抵抗，则这类糖尿病的分型很困难。某些毒素能彻底破坏 β 细胞，例如毒鼠药吡甲硝苯脲、喷他脒（戊双脒）。有些药物和激素能抑制胰岛素作用，例如烟酸、糖皮质激素、甲状腺激素、肾上腺素 α 受体激动剂、肾上腺素 β 受体激动剂、噻嗪类利尿剂、苯妥英钠二氮嗪、α 干扰素。

（六）感染所致糖尿病

某些病毒会破坏 β 细胞，例如某些先天性风疹患者伴发糖尿病。此外还有 Coxsackie B 病毒感染、巨细胞病毒感染、腺病毒感染等。

（七）非常见型免疫介导的糖尿病

有几种不同于 1 型糖尿病的非常见型免疫介导的糖尿病。

1. 胰岛素自身免疫综合征　属于胰岛素抗体阳性的罕见病例，通常禁食时出现低血糖，但餐后血糖极高。

2. 胰岛素受体抗体阳性　即 B 型胰岛素抵抗综合征。胰岛素受体抗体通过与靶组织胰岛素受体结合抑制胰岛素结合，从而引起糖尿病。不过，胰岛素受体抗体也可能产生激动剂效应，即与胰岛素受体结合导致低血糖。一些系统性红斑狼疮及其他自身免疫性疾病患者有时也有胰岛素受体抗体。前已述及，和其他重度胰岛素抵抗一样，胰岛素受体抗体阳性个体常患黑棘皮病。

3. 僵人综合征　是一种中枢神经系统自身免疫性疾病，特征是中轴肌僵硬、疼痛、痉挛。患者通常有高滴度的谷氨酸脱羧酶抗体，其中约一半继发糖尿病。

4. 其他　有报道一些接受 α 干扰素治疗的患者因出现胰岛细胞抗体而继发糖尿病，其中部分患者有重度胰岛素缺乏。

（八）有时伴有糖尿病的其他遗传综合征

一些遗传综合征患者为糖尿病高发群体，如 Down 综合征、Friedreich 共济失调、Huntington 舞蹈病、Klinefelter 综合征、Laurence-Moon-Biedel 综合征、强直性肌营养不良、卟啉病、Prader-Willi 综合征、Turner 综合征、Wolfram 综合征等。

四、妊娠期糖尿病

妊娠期糖尿病（GDM）是指孕妇在妊娠期（通常在妊娠中期或后期）发现糖耐量异常及高血糖，发病率高达 4%。①不排除在妊娠之前已经存在糖耐量异常，只是在妊娠期才发现。②不考虑是否需用胰岛素治疗，或分娩之后是否恢复正常。③妊娠前已知糖尿病患者称为糖尿病合并妊娠，不属于妊娠期糖尿病。④健康孕妇妊娠头四个半月血糖低于其他健康女性。如果不低反高，说明怀孕前已患糖尿病，应进一步做糖耐量实验。

妊娠期糖尿病高发因素有：高龄妊娠，有糖耐量异常史，有超重儿生产史，高发人群，偶发高血糖。通常应在头三个月内做相关检查，以确定是否在妊娠前已患糖尿病。通常在妊娠 24～28 周期间诊断妊娠期糖尿病。

妊娠期糖尿病患者及其后代易患 2 型糖尿病，其中约一半产妇在产后 5～10 年内会患 2 型糖尿病。

第七节　乙型肝炎

病毒性肝炎是由各种肝炎病毒（表 12-19）感染引起的、以肝脏损害为主的一组全身性传染病，其中由乙型肝炎病毒（HBV）引起的称为**乙型病毒性肝炎**（virus B hepatitis），简称**乙型肝炎**或**乙肝**。乙型肝炎的临床表现与其他肝炎相似，以疲乏、食欲减退、厌油、肝功能异常为主，部分出现黄疸，但乙型肝炎多呈慢性感染，主要经血液等胃肠外体液途径传播，少数病例可发展为肝硬化或肝细胞癌。我国是病毒性肝炎的高发区，有 1.2 亿乙型肝炎病毒携带者（全球 3.7 亿）。乙肝疫苗的应用是预防和控制乙型肝炎的根本措施。

表 12-19　人类肝炎病毒命名及特点

病毒名称	名称缩写	基因组结构	包膜	传播途径
甲型肝炎病毒	HAV	ssRNA（+）	无	口腔，粪便
乙型肝炎病毒	HBV	DNA（非闭环双链）	有	血液，体液，性接触
丙型肝炎病毒	HCV	ssRNA（+）	有	血液，性接触
丁型肝炎病毒	HDV	ssRNA（−）	有	血液
戊型肝炎病毒	HEV	ssRNA（+）	无	口腔，粪便
庚型肝炎病毒	HGV	ssRNA（+）	有	血液，性接触
输血传播病毒	TTV	ssDNA	无	血液
Sen 病毒	SENV	ssDNA（环状）	无	输血

一、HBV 形态结构

乙型肝炎病毒感染者血浆中存在三种相关颗粒。

1. 大球形颗粒　直径 42nm，为完整的乙型肝炎病毒颗粒，在血浆中含量最少，由 Dane 等于 1970 年通过电镜观察发现，故又称 **Dane 颗粒**。乙型肝炎病毒颗粒由包膜与核心颗粒（核衣壳）构成：包膜厚 7nm，含乙型肝炎表面抗原（HbsAg，包括小、中、大分子型）、糖蛋白和膜脂；核衣壳为二十面体，直径 27nm，含基因组 DNA、DNA 聚合酶、蛋白激酶 C、HSP90、核心抗原（HBcAg）和少量分泌型核心抗原（HbeAg，又称前核心抗原）（图 12-3）。Dane 颗粒是病毒复制和感染的主体。

Dane 颗粒对环境因素不敏感，可以抵抗有机溶剂、高温、酸碱、干燥等。

2. 小球形颗粒　直径 17～25nm，由乙型肝炎表面抗原（主要是小分子型）构成，在血浆中含量最多，无感染性。

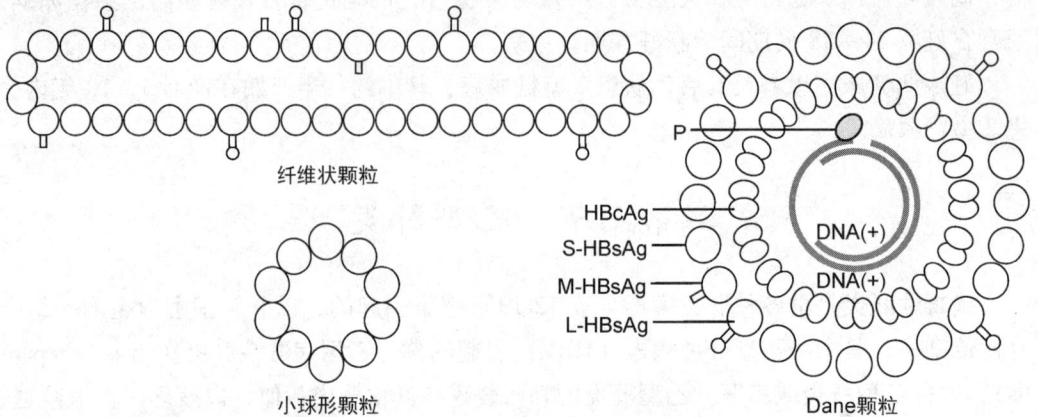

图 12-3　HBV 形态结构

3. 纤维状颗粒　直径 17~20nm，长 100~200nm，由乙型肝炎表面抗原（小、中、大分子型）构成，无感染性。

二、HBV 基因组与编码产物

1. HBV 基因组　是由两股不等长 DNA 链构成的非闭环双链 DNA，长链为负链 DNA，长 3182~3248nt，短链为正链 DNA，长度可变（5′端确定，3′端不定），约 1700nt。图 12-4（上）是乙型肝炎病毒基因组用限制性内切酶 *Eco*R I 切割后的线性结构（常以 *Eco*R I 限制性酶切位点作为起点对乙型肝炎病毒基因组碱基序列进行编号），虚线部分是正链短缺部分，感染细胞后将填补并连接成闭环 DNA（cccDNA）。乙型肝炎病毒有 8 种基因型，其中一种 3182nt 的 HBV 基因组由 Galibert 于 1979 年完成测序。分布于我国的是 B 型和 C 型乙型肝炎病毒，长链 3215nt。

乙型肝炎病毒基因组有四个编码区：C 区、P 区、S 区、X 区，编码区之间存在重叠，其中 S 区完全重叠于 P 区内，C 区和 X 区分别有 23% 和 53% 与 P 区重叠，X 区有 5% 与 C 区重叠（图 12-4）。

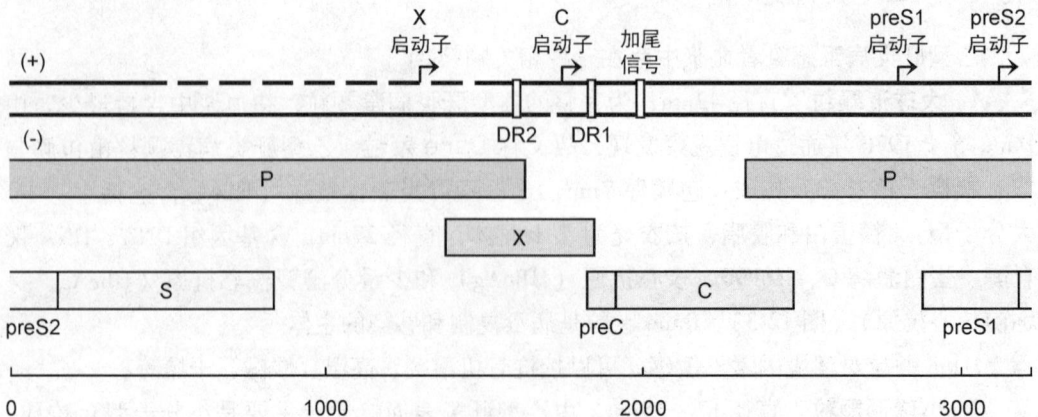

图 12-4　HBV 基因组结构

2. HBV 基因组编码产物 乙型肝炎病毒基因组的四个编码区编码七种蛋白质（表12-20）。其中，DNA 聚合酶是一种多功能酶，含 DNA 聚合酶/逆转录酶活性中心（Glu347 ~ Gln690）、RNase H 活性中心（Arg691 ~ Pro843）；S-HBsAg 是主要的乙型肝炎病毒表面抗原；L-HBsAg 仅占乙型肝炎病毒表面抗原的 5% ~ 15%，但其 N 端 preS1 序列为感染所必需；HBxAg 除了可以激活 HBV 本身、其他病毒或细胞的多种调节基因，促进乙型肝炎病毒或其他病毒（如艾滋病病毒）的复制之外，还可能在慢性肝病（CLD）、原发性肝细胞癌（HCC）的发生过程中起重要作用。

表 12-20 乙型肝炎病毒基因组编码区编码产物

编码区	编码产物			
	名称	名称缩写	大小（AA）	功能
C 区	乙型肝炎病毒分泌型核心抗原	HBeAg	212	衣壳蛋白
	乙型肝炎病毒核心抗原	HBcAg	183	
P 区	乙型肝炎病毒 DNA 聚合酶	P	843	DNA 聚合酶
S 区	小分子型乙型肝炎病毒表面抗原（S 蛋白）	S-HBsAg	226	包膜蛋白
	中分子型乙型肝炎病毒表面抗原（M 蛋白）	M-HBsAg	281	
	大分子型乙型肝炎病毒表面抗原（L 蛋白）	L-HBsAg	400	
X 区	乙型肝炎病毒 X 抗原	HBxAg	154	调节

乙型肝炎病毒的结构基因由四个启动子控制转录（图 12-4，表 12-21），其中 C 启动子控制的转录起始位点具有不均一性，转录产物既可以是编码分泌型核心抗原 HBeAg、核心抗原 HBcAg、DNA 聚合酶的 mRNA，又可以是前基因组 RNA（pgRNA）。另一方面，乙型肝炎病毒的结构基因共用一套转录终止信号，加尾信号是 TATAAA，有别于真核生物的加尾信号 AATAAA。

表 12-21 乙型肝炎病毒基因组转录产物与翻译产物

启动子	转录产物长度（nt）	翻译产物
C 启动子	3500	分泌型核心抗原 HBeAg，核心抗原 HBcAg，DNA 聚合酶
preS1 启动子	2400	L 蛋白
preS2 启动子	2100	M 蛋白，S 蛋白
X 启动子	700	HBxAg

乙型肝炎病毒基因组突变率高，是其他 DNA 病毒的 10 倍，大部分为同义突变。S 区突变体可引发 HBsAg 阴性肝炎。C 启动子突变体可引发 HBeAg 阴性/HBeAb 阳性肝炎。C 区突变体可引发 HBcAg 阴性肝炎。P 区突变可导致复制缺陷或复制水平低下。

三、HBV 感染检测

乙型肝炎的诊断主要有血清特异性抗原抗体检测和乙型肝炎病毒基因检测。

1. 临床上检测 HBsAg、HBcAg、HBeAg 及其抗体，对评价乙型肝炎病毒感染及慢性活动等具有重要意义：①HBsAg 及其抗体滴度升高提示有病毒感染但大多已被清除，是早期诊断乙型肝炎病毒感染的重要间接指标。②HBcAg 及其抗体检测是病毒感染的直接指标，其抗体 IgM 出现早，滴度升高提示病毒复制活跃，对急性乙型肝炎具有确诊价值，而滴度低下表示既往有过感染；不过 HBcAg 检测方法较复杂，临床上通常不做。③HBeAg 及其抗体检测是临床最实用的乙型肝炎病毒感染指标。HBeAg 阳性表示病毒复制，持续阳性则提示患者易转变成慢性活动性肝炎，可能导致肝硬化，而其抗体滴度升高提示患者传染性降低。

2. HBV-DNA 是乙型肝炎病毒复制和感染的直接标志，对其进行定量检测对判断病毒复制程度、致病力、抗病毒药物疗效等有重要意义。①临床上可针对其保守的 C 区的一段 270bp 特异序列用 PCR 技术进行检测。②在母婴传播的监控中检测孕妇血液中 HBV-DNA 的数量，并进行免疫阻断，可降低母婴传播乙型肝炎病毒的几率。

第八节　艾滋病

人类首例艾滋病患者于 1981 年在美国报道，1983 年由法国病毒学家 Montagnier（2008 年诺贝尔生理学或医学奖获得者）等确定艾滋病的病原体为艾滋病病毒。

艾滋病（AIDS）是获得性免疫缺陷综合征的简称，是由艾滋病病毒感染引起的慢性传染病。**艾滋病病毒又称人类免疫缺陷病毒**（HIV），是一种单链 RNA 病毒，属于逆转录病毒科、慢病毒属、人类慢病毒组，包括 HIV-1 和 HIV-2 两型，两者的氨基酸序列有 40% ~ 60% 同源。全球流行的主要是 HIV-1。HIV-2 的毒力较弱，主要流行于西非和西欧国家。艾滋病病毒主要感染和杀死 CD4$^+$ T 细胞（辅助性 T 细胞），导致机体细胞免疫功能低下甚至缺陷，最终并发各种严重机会性感染和肿瘤。艾滋病主要经性接触、血液及母婴传播，具有传播迅速、发病缓慢、死亡率高的特点。

2012 年 11 月 20 日，联合国艾滋病规划署发布的《2012 艾滋病疫情报告》显示：截至 2011 年底，全球存活艾滋病病毒感染者和患者 3400 万；2011 年新发感染者 250 万人，艾滋病相关死亡 170 万。

根据我国法定传染病疫情报告，截至 2012 年 10 月底，全国累计报告艾滋病病毒感染者和患者 492191 例，存活感染者和患者 383285 例。

2013 年 7 月 26 日，世界卫生组织公布 2011 年人类十大死亡原因，艾滋病排第六位（表 12-22）。

表 12-22　2011 年人类十大死亡原因

原因	死亡人数（万）	比例（%）	原因	死亡人数（万）	比例（%）
缺血性心脏病	700	12.9	艾滋病	160	2.9
中风	620	11.4	气管、支气管、肺部癌症	150	2.7
下呼吸道感染	320	5.9	糖尿病	140	2.6
慢性阻塞性肺疾病	300	5.4	交通事故	130	2.3
腹泻类疾病	190	3.5	早产	120	2.2

一、HIV 形态结构

艾滋病病毒由包膜、基质和二十面体核衣壳构成，直径 100 ~ 120nm（图 12-5）。

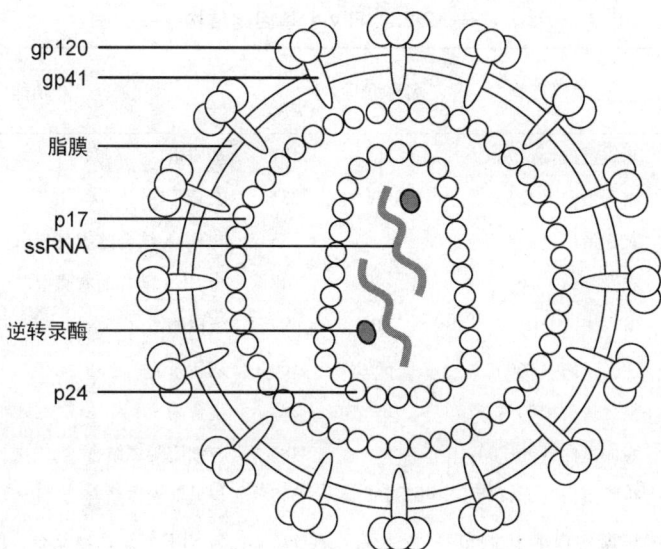

图 12-5 艾滋病病毒形态结构

1. 包膜由外膜糖蛋白 gp120、跨膜糖蛋白 gp41、多种宿主蛋白（如 MHAⅡ）与脂双层构成，其中 gp41、MHAⅡ与艾滋病病毒感染宿主细胞密切相关。

2. 基质位于包膜与核衣壳之间，成分是基质蛋白 p17。

3. 核衣壳含两个 ssRNA（＋）拷贝、衣壳蛋白 p24、与 RNA 结合的衣壳蛋白 p7 和 p6、逆转录酶 p66/p51、整合酶 p32、蛋白酶 p10、tRNA^{Lys}。

二、HIV 基因组与编码产物

HIV-1 基因组（9719nt）和 HIV-2 基因组（10279nt）结构一致。

1. 9 个基因 ①3 个结构基因：组特异性抗原基因 *gag*、聚合酶基因 *pol*、包膜蛋白基因 *env*。②2 个调节基因：病毒蛋白表达调节因子基因 *rev*、反式激活基因 *tat*。③4 个辅助基因（accessory gene）：病毒颗粒感染因子基因 *vif*、负调节因子基因 *nef*、病毒蛋白 R 基因 *vpr*、病毒蛋白 U 基因 *vpu*（HIV-1）或病毒蛋白 X 基因 *vpx*（HIV-2）。9 个基因序列存在重叠（图 12-6），其中 *gag*、*pol*、*env* 编码 9 种蛋白质，其余 6 个编码区各编码一种蛋白质（表 12-23）。

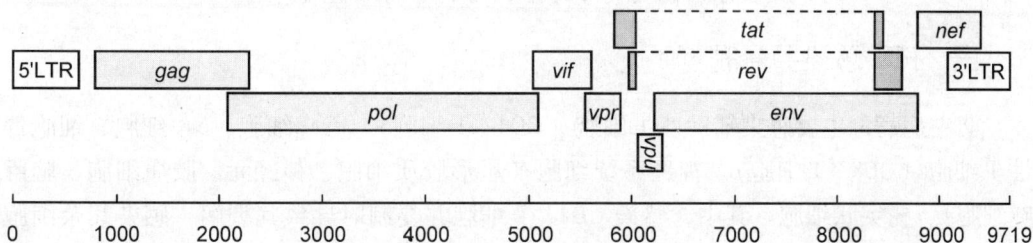

图 12-6 HIV-1 基因组结构

表 12-23　HIV-1 基因组结构

基因分类	基因名称缩写	编码产物	名称缩写	大小（AA）	功能
结构基因	gag	基质蛋白（p17）	MA	131	基质蛋白
		衣壳蛋白（p24）	CA	231	衣壳蛋白
		衣壳蛋白（p7）		55	与 RNA 结合的衣壳蛋白
		衣壳蛋白（p6）		48	与 RNA 结合的衣壳蛋白
	pol	蛋白酶（p10）	PR	99	蛋白酶
		逆转录酶（p66）*	p66RT	560	逆转录酶
		整合酶（p32）	IN	288	整合酶
	env	表面蛋白（gp120）	SU	484	与细胞受体结合
		跨膜蛋白（gp41）	TM	345	与辅助受体结合
调节基因	rev	病毒蛋白表达调节因子	Rev	116	与 RRE 转录产物结合，促进转录产物向细胞质转运
	tat	反式激活蛋白	Tat	86	与 TAR 转录产物结合，增强 RNA 聚合酶的延伸能力
辅助基因	vif	病毒颗粒感染因子	Vif	192	在其他细胞因子协助下促进 HIV 复制，影响 HIV 毒力
	vpr	病毒蛋白 R	Vpr	96	促使 HIV 在吞噬细胞内复制，影响 HIV 毒力
	vpu‡	病毒蛋白 U	Vpu	81	促使细胞释放 HIV-1，影响 HIV 毒力
	nef	负调节因子	Nef	209	抑制 HIV 复制，影响 HIV 毒力

* 部分逆转录酶（p66）裂解成为逆转录酶（p51，440AA）和 RNase H（p15，120AA），形成 p66/p51 二聚体

‡ HIV-2 为 vpx，编码病毒蛋白 X（112AA），为 HIV-2 在淋巴细胞和巨噬细胞内复制所必需

2. 5 个顺式作用元件　①U3：3′ 非翻译区，含启动子元件、转录因子结合位点。②R：末端重复序列，含启动子元件、转录因子结合位点。③U5：5′ 非翻译区，含启动子元件、转录因子结合位点。④TAR：反式激活应答元件，长约 57nt，位于 5′ 非翻译区内（+1 ~ +57），其转录产物与 Tat 结合，增强 RNA 聚合酶的延伸能力，可将转录效率提高至少 1000 倍。⑤RRE：Rev 应答元件，长约 350nt，位于 env 编码区内（+7709 ~ +8063），其转录产物与 Rev 结合，有利于向细胞质转运。

三、HIV 感染与复制

艾滋病病毒主要感染辅助性 T 细胞（CD4$^+$ T 细胞）、巨噬细胞、NK 细胞、细胞毒性 T 细胞（CD8$^+$ T 细胞）、神经系统细胞（星形胶质细胞、神经元、胶质细胞、脑巨噬细胞）、树突状细胞。其中，感染 CD4$^+$ T 细胞并复制时导致其裂解，感染其余细胞不会导致其裂解。

艾滋病病毒通过与细胞受体和辅助受体结合进入细胞。艾滋病病毒的细胞受体主要是 CD4，辅助受体是 CXCR4（又称融合素 fusin）或 CCR5。辅助性 T 细胞膜富含 CD4

和 CXCR4。

CCR5 是一种细胞因子受体，一种称为 *CCR5-Δ32* 的突变因存在 32bp 缺失而不能合成 CCR5。欧洲人中有 15%～20% 为该突变杂合子，对艾滋病病毒有一定抵抗性，感染后发病较慢。另有 1% 为纯合子，几乎完全抗艾滋病病毒感染。

当艾滋病病毒与细胞接触时，艾滋病病毒先通过 gp120 与细胞受体 CD4 结合，导致 gp120-gp41 构象改变，与辅助受体 CXCR4 结合，gp41 进一步变构，N 端嵌入宿主细胞膜，艾滋病病毒包膜与细胞膜融合，核衣壳进入细胞。

在细胞质中，艾滋病病毒的逆转录酶逆转录其基因组 RNA，合成前病毒 DNA（HIV-DNA），进入细胞核，由整合酶催化与宿主染色体 DNA 整合，进入潜伏期。

一定条件下前病毒 DNA 可被激活，利用宿主 RNA 聚合酶 Ⅱ，由 5′-LTR 内的单一启动子启动转录，合成 HIV-RNA 初级转录物。这一过程需要 Tat、Rev 参与。

HIV-RNA 初级转录物是基因组 RNA，有的运至细胞质装配核衣壳，或翻译合成多聚蛋白（polyprotein）Gag 和 Gag-Pol（需经过翻译移码），由艾滋病病毒蛋白酶裂解得到成熟艾滋病病毒蛋白；有的经过选择性剪接加工成各种成熟 mRNA，运至细胞质，其中 *env* mRNA 在内质网翻译合成多聚蛋白并嵌入内质网膜，转运到高尔基体后糖基化得到 gp160，由细胞蛋白酶裂解得到 gp120 和 gp41。二者以非共价键结合，随高尔基体小泡转运到细胞膜，成为膜蛋白，包装核衣壳，出芽成为成熟艾滋病病毒颗粒。艾滋病病毒蛋白酶是抗艾滋病药物（例入沙奎那韦）的靶点之一。

艾滋病病毒破坏 CD4$^+$ T 细胞的机制是其糖蛋白嵌入细胞膜及艾滋病病毒颗粒出芽释放导致细胞膜通透性增加，离子和水的内流破坏离子平衡，导致渗透性溶细胞。

四、HIV 感染检测

通过培养病毒或检测病毒的抗原、抗体、核酸可以确诊艾滋病病毒感染。

1. 病毒分离　可从受检者血浆、单核细胞、脑脊液分离出艾滋病病毒。因操作复杂，主要用于科研。

2. 抗体检测　是目前诊断艾滋病病毒携带者和艾滋病患者的主要指标和标准检测项目，应用酶联免疫吸附测定技术检测血清、尿液、唾液、脑脊液艾滋病病毒抗体可获得阳性结果，特别是查血清 p24、gp120 抗体，阳性率可达 99%。不过，血清病毒抗体阳性者仅 10%～15% 会发展成为艾滋病患者，其余 85%～90% 只能确诊为艾滋病病毒携带者，需通过蛋白质印迹法进一步检测，确诊是否为艾滋病患者。

3. 抗原检测　以 p24 单克隆抗体用酶联免疫吸附测定技术检测血清 p24 抗原，采用流式细胞术检测血液或其他体液中艾滋病病毒特异性抗原，对诊断有一定帮助。

4. 基因诊断　可以体外培养淋巴细胞，再用 RNA 印迹法、逆转录 PCR 检测 HIV-RNA，或用 PCR 检测 HIV-DNA。

小　结

疾病是指机体在一定条件下与致病因素相互作用而产生的一个损伤与抗损伤斗争的有规律过程，

机体有代谢、功能和形态的一系列改变，与环境之间的协调发生障碍，临床出现一定的症状与体征。

致病因素包括先天因素和后天因素。先天因素引发先天性疾病，其中遗传因素引发遗传性疾病；后天因素引发获得性疾病，其中某些生物因素引发感染性疾病。

遗传性疾病是指由生殖细胞或受精卵的遗传物质发生突变或畸变而引发的疾病，包括基因病、染色体病和线粒体基因病，特征是生殖细胞突变、垂直传递、终身性。

感染性疾病是指由病原体通过一定的传播途径进入人体所引发的疾病，包括非传染性感染性疾病和传染性感染性疾病。

病原体的致病性取决于机体的免疫力和病原体的毒力。①病原体的毒力是侵袭力和毒力因子的综合效应。毒力因子包括毒素和其他毒力因子。病原菌毒素是病原菌代谢产生的对另一种生物有毒性的代谢物，包括外毒素和内毒素。②病毒的毒力主要取决于病毒能否进入宿主机体并接触到易感细胞、感染细胞后能否损伤细胞。

第十三章　基因诊断和基因治疗

现代科学技术的飞速发展使医学研究进入了分子时代。随着人类基因组计划的完成和后基因组时代的到来，与基因相关的功能基因组学、蛋白质组学等研究相继展开，使我们能够在基因水平上揭示更多疾病的本质及其发生、发展的机制，为在基因水平上预防、诊断和治疗疾病提供了新的手段和方法。

基因致病主要分为两类：①内源基因突变，体现为基因的结构改变和表达异常。突变若发生在生殖细胞，会导致各种遗传病的发生；若发生在体细胞，会导致肿瘤、心血管疾病等的发生。②外源基因侵入。例如：各种病原体感染人体细胞之后，其致病基因表达或与人类基因整合而引起代谢紊乱，导致各种疾病的发生。因此，在基因水平上研究疾病的病因和发病机制，并采取措施矫正代谢紊乱，是当前基础医学和临床医学的研究方向，由此发展起来的基因诊断和基因治疗已经成为医学的重要内容。

第一节　基因诊断

随着在基因水平上对疾病病因和发病机制研究的不断深入，人们越来越多地发现：疾病的发生往往是内源基因结构异常、表达异常，或外源基因入侵所致。**基因诊断**（gene diagnosis）是指直接检测基因组中致病基因或疾病相关基因的改变，或病原体基因的存在，并以此作为疾病的诊断指标。基因诊断是继形态学、生物化学和免疫学诊断之后的第四代诊断技术，它的建立和发展得益于分子生物学的发展。目前，基因诊断主要针对遗传性疾病（例如镰状细胞贫血）的基因异常分析、各种疾病（例如心血管疾病）的生物学特性判断、感染性疾病（例如病毒性肝炎）的病原体诊断和分类分型、器官移植的组织配型。基因诊断的检测物是 DNA 和 RNA，DNA 用于了解内源基因结构是否正常，或者是否存在外源基因；mRNA 则用于分析基因的结构和表达是否正常。基因诊断属于概念全新和内容全新的诊断技术。

一、基因诊断的特点

常规诊断多为表型诊断，以疾病或病原体的表型为依据，优点是比较直接和直观，但有以下不足：①某些疾病表型的特异性不高。②表型改变晚于基因型改变，容易错过最佳治疗期。③某些疾病表型不显著，检测方法不灵敏，容易漏诊。④诊断耗时，精确度低。

基因诊断以已知基因作为检测对象，具有以下特点：

1. 特异性高 以特定基因为检测对象，可以直接检测导致疾病发生的基因异常，不仅可以确诊患者，还可以筛查出致病基因携带者和一些易感个体。

2. 灵敏度高 采用核酸杂交技术和 PCR 技术，用微量标本即可检测，例如可以诊断病毒抗体呈阴性的艾滋病病毒携带者。

3. 早期诊断 可以诊断尚无临床表现的个体，适用于产前诊断（孕后 10 周绒毛膜取样，或孕后 16 周羊膜腔穿刺）和遗传筛查。

4. 采样方便 一般不受采样部位、方式或时间的限制。

5. 安全高效 可以快速检测那些不能或不易在体外安全培养的病原体（例如人乳头瘤病毒、艾滋病病毒），还能对其亚型进行基因分型（又称基因型分析）。

6. 应用广泛 内源基因和外源基因都可以检测：既能对一些疾病的内因或病原体直接做出精确检测，又能对疾病的易感性、抗药性和发展阶段等作出判断，还能对毛发、血渍和精斑中的 DNA 进行法医学鉴定。

总之，基因诊断应用广泛，发展迅速。

二、基因诊断的内容和技术

基因诊断从本质上讲就是基因鉴定，鉴定自身基因是否存在结构异常或表达异常，或是否存在病原体感染。可以根据致病基因结构、突变谱、基因连锁特征等建立特异的诊断方法。基因诊断分为直接诊断和间接诊断。

（一）基因诊断的分子基础

遗传病的致病基因通常存在结构异常，这种异常可能是发生碱基置换、插入和缺失、重排或扩增等的结果，其碱基序列与野生型基因不同，可以通过 DNA 测序或多态性分析作出诊断。

有些疾病的致病基因可能结构正常，但表达异常，例如转录效率异常或转录后加工异常，可以通过对 RNA 进行定量分析、检测转录和转录后加工缺陷等作出诊断。

感染性疾病是病原体侵入、病原体基因表达引起的，可以通过设计病原体核酸探针、寻找病原体特异基因或特异序列作出诊断。

（二）基因异常的直接诊断

直接诊断是指检测与疾病有直接因果关系的致病基因，从而对疾病作出正确诊断。对于那些致病基因及其突变谱已经阐明的遗传病，检出基因异常即可确诊，例如 LDL 受体缺乏症（LDL receptor deficiency）、α_1 抗胰蛋白酶缺乏症（α_1 antitrypsin deficiency）、亨廷顿病（Huntington disease）、肌营养不良（muscular dystrophy）等。

例如用 PCR-ASO 诊断 CD17（A→T）点突变导致的 β 地中海贫血：先用 PCR 扩增含突变点的序列，再设计以下 ASO 探针，用等位基因特异性寡核苷酸杂交法（ASOH）

进行分析，可以鉴别健康个体、CD17 点突变携带者、β 地中海贫血患者。

野生型探针：GTGGGGC<u>A</u>AGGTGAAC
突变型探针：GTGGGGC<u>T</u>AGGTGAAC

直接诊断的优点：①不依赖系谱分析，在缺乏家系成员遗传信息时也可对患病个体作出诊断。②检测方法简单，诊断结果可靠。

直接诊断的必要条件：①致病基因异常的确是引起疾病的根本原因。②致病基因定位已经明确。③致病基因的结构异常或表达异常已经在分子水平上被阐明。

（三）基因异常的间接诊断

许多疾病的致病基因从序列到定位及突变谱等尚未在分子水平上被阐明，不能采用直接诊断，但可以采用**间接诊断**，又称**连锁分析**（linkage analysis），即分析与该致病基因连锁的遗传标志（genetic marker）。连锁分析的遗传学基础是基因连锁。**连锁**（linkage）是指在细胞分裂时，位于同一条染色体上的基因一起遗传的现象。

在一个遗传病家系中，如果致病基因与某一基因座（locus）连锁，就可以用该基因座作为该遗传病的遗传标志，间接判断家系成员或胎儿是否携带致病基因。用作遗传标志的基因座通常是多态性位点（第十四章，280 页）。

例如用 DNA 印迹法诊断非洲人镰状细胞贫血：将非洲人基因组 DNA 用限制性内切酶 *Hpa* I （GTT·AAC）切割，与 β 珠蛋白基因探针杂交，可以检出 7.6kb 和 13kb 两种限制性片段，其中 13kb 片段在正常人群检出率只有 3%，在镰状细胞贫血患者检出率却高达 87%，提示 13kb 片段可以作为非洲人镰状细胞贫血间接诊断的遗传标志。

间接诊断的优点：不需要阐明致病基因结构及其致病机制，可用于大多数由尚未阐明的基因异常引起的遗传病的基因诊断。

间接诊断的必要条件：①只能用于遗传病家系中，且亲代遗传信息可以获得。②子代有患病个体。即便如此，基因发生重组、家系成员信息不全或遗传信息量不足等均影响间接诊断的特异性。因此，应谨慎看待间接诊断的结果。

（四）基因诊断的常用技术

基因诊断可分为基因鉴定和基因定量。各种核酸技术，包括核酸杂交技术、PCR 技术、基因芯片技术、DNA 测序等，都可以用于基因诊断。

1. **核酸杂交技术** 核酸杂交技术在基因诊断中可以用于检测样品中是否存在异常基因或外源基因、基因表达是否异常等，所检测的标本既可以是 DNA，又可以是 RNA。

2. **PCR 技术** 应用 PCR 技术可以扩增微量核酸，用于检测已知序列或已知部分序列的基因，具有简便快捷、成本低廉等优点，常与凝胶电泳、核酸杂交、单链构象多态性分析、DNA 测序等技术联合应用。

3. **基因芯片技术** 基因芯片技术不仅可以检测基因结构、基因突变和 DNA 多态性，还可以分析基因表达情况。具有快速、高效、灵敏、高通量、平行化和自动化等优点。

4. DNA 测序 许多单基因遗传病（例如 β 地中海贫血、镰状细胞贫血、苯丙酮尿症、肌营养不良等）都是由单一基因发生突变引起的。直接测定其致病基因的全序列可以实现准确诊断、早期诊断。不过，DNA 测序耗时、费力、成本高，并且不适用于诊断致病基因尚未阐明的遗传病。

此外，采用变性高效液相色谱技术、基质辅助激光解吸电离飞行时间质谱技术（MALDI-TOF-MS）能使基因诊断更快捷、更准确。

三、遗传性疾病的基因诊断

绝大多数遗传病目前尚无有效治疗手段，有些遗传病虽然可以治疗但成本高，往往给患者及其家庭带来沉重的经济负担和心理负担。遗传病的基因诊断主要有以下意义：①对有遗传病家族史的孕妇进行产前诊断，指导生育，可以提高人口素质。②对有一定治疗措施的遗传病进行检测，可以做到早发现、早控制、早治疗。目前有部分遗传病可以进行基因诊断，例如地中海贫血、镰状细胞贫血、血友病 A、苯丙酮尿症和 Duchenne 型肌营养不良症等。

（一）血红蛋白病

血红蛋白病（hemoglobinopathy）是由血红蛋白（Hb）结构或水平异常引起的遗传性血液病，是最常见的人类遗传病，也是最早实现产前基因诊断的遗传病。血红蛋白病习惯上分为异常血红蛋白病和地中海贫血。

1. 异常血红蛋白病（abnormal hemoglobinopathy） 目前已经发现 900 多种血红蛋白变异，大多数是由点突变导致氨基酸置换，其中仅少数导致血红蛋白结构及功能明显异常而致病。

镰状细胞贫血是第一种被阐明的**分子病**（molecular disease，遗传因素造成 RNA、蛋白质合成出现异常而引起的疾病），由 Ingram 于 1956 年阐明，患者血红蛋白（HbS）β 珠蛋白基因发生 Glu6Val 突变，分子遗传学基础是谷氨酸密码子 GAG 突变为 GTG（A→T 颠换）。GAG 位于 *Mst*Ⅱ限制性酶切位点（CC·TNAGG）上，突变导致该限制性酶切位点丢失。

因此，可以设计镰状细胞贫血的 PCR-RFLP 诊断方法：通过 PCR 扩增 β 珠蛋白基因，用限制性内切酶 *Mst*Ⅱ切割扩增产物，然后用琼脂糖凝胶电泳分析。正常人 DNA 产生 1.15kb 和 0.20kb 两种片段，镰状细胞贫血患者 DNA 则产生 1.35kb 片段（图 13-1）。

此外，该镰状细胞贫血还可以用 PCR-ASO 诊断，例如用以下 ASO 探针：

HbA探针：CT CCT GAG GAG AAG TCT GC
HbS探针：CT CCT GTG GAG AAG TCT GC

2. 地中海贫血（thalassemia） 又称**珠蛋白生成障碍性贫血**，是由于珠蛋白基因存在突变，导致基因表达异常等，珠蛋白合成失去平衡，导致溶血性贫血。地中海贫血包括 α 地中海贫血、β 地中海贫血和 δ 地中海贫血等类型，其中以 α 地中海贫血和 β 地中海贫血较为常见。

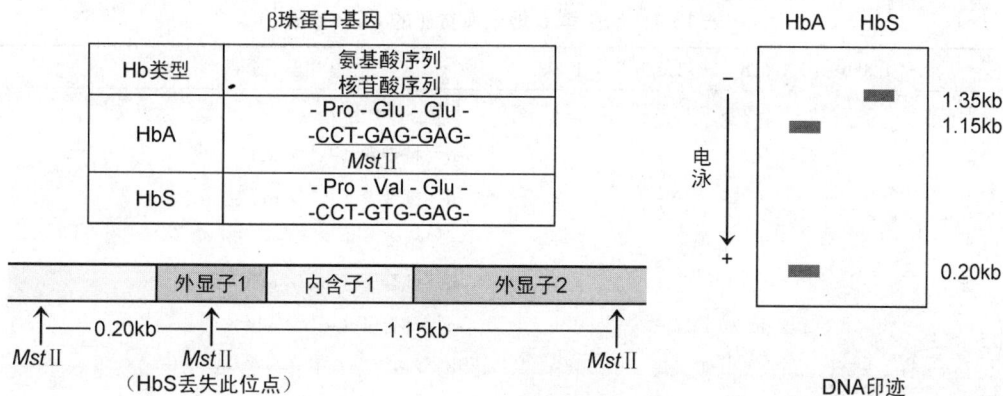

图 13-1 PCR-RFLP 分析镰状细胞贫血

（1）α 地中海贫血：分子基础是第 16 号染色体短臂末端 α 珠蛋白基因簇存在缺陷，分为缺失型和非缺失型两种。我国 α 地中海贫血主要是缺失型，包括三种：①左侧缺失型（-α$^{4.2}$）：缺失了 α2 基因及其两侧区域，缺失片段长度约 4.2kb。②右侧缺失型（-α$^{3.7}$）：缺失了 α2 基因的 3′端和 α1 基因的 5′端，缺失片段长度约 3.7kb。③东南亚缺失型（--^{SEA}）：缺失了包含 ψα2、ψα1、α2、α1、θ 的一段序列，缺失片段长度约 20.5kb。目前本病尚无有效的治疗方法，携带者筛查及产前基因诊断是控制患儿出生、提高人口素质的有效措施（图 13-2）。

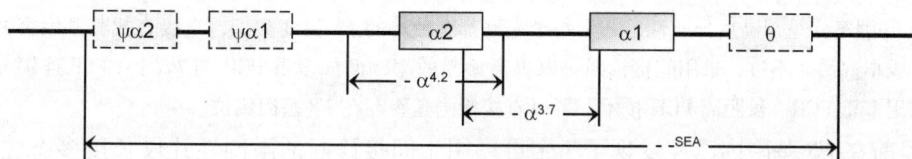

图 13-2 α 地中海贫血的基因诊断

α 地中海贫血的 PCR 诊断方法：针对 3 种缺失，设计 3 组引物，通过 PCR 扩增，分别得到长度不同的 DNA 片段：1.8kb（正常 αα）、1.6kb（左侧缺失型，-α$^{4.2}$）、2.0kb（右侧缺失型，-α$^{3.7}$）、1.3kb（东南亚缺失型，--^{SEA}）。根据凝胶电泳分析结果可以作出诊断（表 13-1）。

（2）β 地中海贫血：分子基础主要是第 11 号染色体上的 β 珠蛋白基因发生点突变，这类点突变目前已有 200 多种得到鉴定，包括剪接位点突变、启动子突变、无义突变、移码突变、加尾信号突变等。我国有 30 多种，常见以下 6 种：CD41/42（-TCTT）占 45%，IVS-Ⅱ654（C→T）占 24%，CD17（A→T）占 14%，TATA 盒 -28（A→G）占 9%，CD71/72（+A）占 2%，CD26（G→A）占 2%。这些突变多数没有造成限制性酶切位点形成或丢失，可以用 PCR-ASO、AS-PCR、DNA 测序作出诊断。

例如 PCR-ASO 诊断方法：用两个引物对分别扩增 β-140~473 区、β952~1374 区，可以获得 613bp、423bp 两个扩增片段，各包含了中国人常见的 14 种和 1 种突变类型，然后用 15 对 ASO 探针进行 ASOH 分析，即可作出诊断。

表 13-1　缺失型 α 地中海贫血的 PCR 诊断

	1.8kb	1.6kb	2.0kb	1.3kb	诊断
1	+	−	−	−	正常（αα/αα）
2	+	−	+	−	-α$^{3.7}$携带者（-α$^{3.7}$/αα）
3	+	+	−	−	-α$^{4.2}$携带者（-α$^{4.2}$/αα）
4	+	−	−	+	--^{SEA}携带者（--^{SEA}/αα）
5	−	−	+	−	-α$^{3.7}$纯合子（-α$^{3.7}$/-α$^{3.7}$）
6	−	+	−	−	-α$^{4.2}$纯合子（-α$^{4.2}$/-α$^{4.2}$）
7	−	+	+	−	-α$^{3.7}$/-α$^{4.2}$杂合子（-α$^{3.7}$/-α$^{4.2}$）
8	−	−	+	+	右侧缺失型 HbH 病（-α$^{3.7}$/--^{SEA}）
9	−	+	−	+	左侧缺失型 HbH 病（-α$^{4.2}$/--^{SEA}）
10	−	−	−	+	巴氏水肿胎儿（--^{SEA}/--^{SEA}）

（二）血友病 A

血友病（hemophilia）是临床上常见的一种出血性遗传病，目前尚无有效的根治方法。通过基因诊断检出携带者，以及通过产前基因诊断控制患儿出生，是阻断致病基因传播的有效方法。

血友病 A 的分子基础是 *F8* 基因突变，并且突变类型广泛，有点突变、缺失、插入、重排、倒位等。*F8* 基因突变呈现高度异质性，几乎每个家庭都有独特的 *F8* 突变类型，直接查找其基因突变操作繁琐，成本高昂。不过，采用间接诊断可以提高诊断效率，例如多重 PCR 与 *Bcl* I-RFLP 连锁分析联合。采用多重 PCR、长距离 PCR 技术，可以直接检测是否存在 *F8* **基因倒位**。

目前在 *F8* 基因内已经发现了 7 个可以用于间接诊断的限制性片段长度多态性标志（RFLP），中国人中多态性信息含量较高的 RFLP 主要有位于 *F8* 内含子 18 中的 *Bcl* I 限制性酶切位点（T·GATCA）、内含子 19 中的 *Hind* Ⅲ限制性酶切位点（A·AGCTT）、内含子 22 中的 *Xba* I 限制性酶切位点（T·CTAGA）及 *Msp* I/*Hpa* Ⅱ限制性酶切位点（C·CGG）。对于非倒位型血友病 A，采用 *Bcl* I-RFLP 法进行连锁分析，有 85% 可以作出诊断。

Bcl I-RFLP 连锁分析原理：首先，根据 *F8* 外显子 18 和内含子 18 的序列，设计以下引物：

引物1：TTCATTTCAGTGGACATGTG
引物2：CCTATGGGATTTGAGATGGT

然后，通过 PCR 获得长度为 374bp 的扩增片段，用限制性内切酶 *Bcl* I 切割，电泳分析其 RFLP。野生型基因扩增片段含 *Bcl* I 限制性酶切位点，被限制性内切酶 *Bcl* I 切割之后得到长度为 211bp 和 163bp 的两个片段，非倒位型血友病 A 的 *Bcl* I 限制性酶切位点缺失，扩增片段不被限制性内切酶 *Bcl* I 切割，长度仍为 374bp。女性携带者含一

个野生型的 *F8* 等位基因和一个突变型的 *F8* 等位基因，所以扩增产物既有 211bp 和 163bp 的正常酶切片段又有 374bp 的片段（图 13-3）。

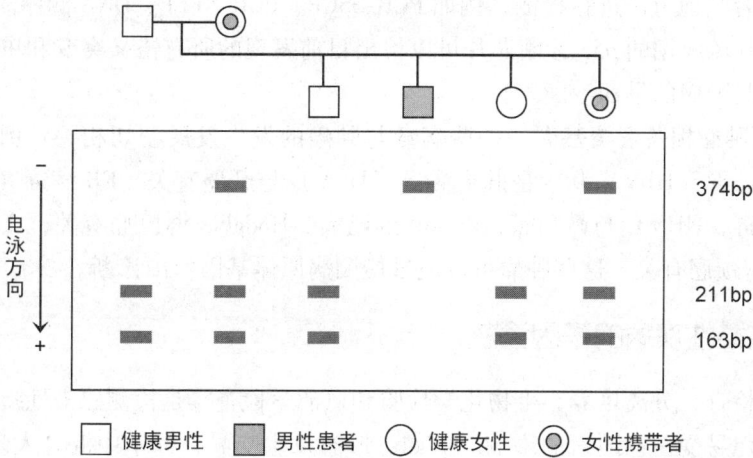

图 13-3　血友病 A 的 *bcl* I /RFLP 连锁分析

四、肿瘤的基因诊断

肿瘤的形成大多数伴有肿瘤相关基因（特别是原癌基因和抑癌基因）的结构异常、表达产物的结构和功能异常，同时伴有肿瘤细胞基因表达谱的改变，其中一些可以作为肿瘤的标志或标志物。不过，肿瘤的形成是遗传因素与环境因素相互作用的结果，肿瘤的发生和发展是一个多因素、多步骤的过程，所以基因异常与肿瘤形成只有相关性没有特异性，肿瘤的基因诊断属于间接诊断。肿瘤的基因诊断目前多采用以下策略：

1. 检测肿瘤标志基因或 mRNA　例如：费城染色体是慢性粒细胞白血病（CML）的一个标志，其所含的融合基因 *bcr-abl* 表达的 mRNA 是白血病所特有的，阳性率约为 95%。通过 RT-PCR 检测，能在 10^5 个细胞内发现 1 个费城染色体阳性细胞。此外，也可以采用常规细胞遗传学和双色双融合荧光原位杂交（D-FISH）等技术进行检测。

2. 检测肿瘤相关基因　与肿瘤相关的基因有原癌基因、抑癌基因及其他与肿瘤发生、发展、化疗相关的基因。检测原癌基因、抑癌基因的突变有助于肿瘤的早期诊断。

（1）*ras* 癌基因是人类肿瘤中最常被激活的癌基因。人类肿瘤有 20% ~ 30% 可以检出 *ras* 突变，主要是点突变，有三个突变热点，即 Gly12、Gly13、Gln61，分布于人体各种肿瘤中。例如 Gly12 的密码子 GGT 常突变为 TGT、GAT、GTT，少数突变为 GCT。这些点突变可用 PCR-ASO 法和 PCR-SSCP 法检测。

（2）乳腺癌基因 1（*BRCA1*）与遗传性乳腺癌和卵巢癌密切相关，该基因已报道有 400 多种突变，包括点突变、小范围的插入和缺失等。Hacia 用基因芯片检测遗传性乳腺癌和卵巢癌 *BRCA1* 外显子 11 的基因突变，所用的芯片含有 96000 种 20nt 探针，可以检测 *BRCA1* 外显子 11 的所有点突变。结果在 15 例患者中有 14 例检出点突变，在 20 例对照个体中均未检出点突变。

（3）抑癌基因 *p53* 突变在人类恶性肿瘤中最常见，突变率达 50% 以上，突变热点集中于 130~290 号密码子中。*p53* 突变主要是碱基置换，少数为插入和缺失，可以用 PCR 技术结合其他方法进行检测，例如 PCR-SSCP、PCR-RFLP、DNA 测序。

已经在临床应用的 *p53* 诊断芯片可以检出目前发现的所有错义突变和单碱基缺失突变，用于一些肿瘤的早期诊断。

3. 检测肿瘤相关病毒基因　一些病毒与肿瘤的发生发展密切相关。例如：目前认为乙型肝炎病毒（HBV）和丙型肝炎病毒（HCV）与肝癌有关，EB 病毒（EBV，又称人类疱疹病毒，HHV）与鼻咽癌、Burkitt 淋巴瘤、Hodgkin 淋巴瘤有关，人乳头瘤病毒（HPV）与宫颈癌有关，这些肿瘤可以通过检测病原体基因作出诊断。

五、感染性疾病的基因诊断

形态学检查、分离培养、生物化学检验和血清学检查等是检测感染性疾病病原体的常规方法，但易受一些因素的影响。例如：形态发生变异，标本中混有大量正常菌群，病原体培养生长缓慢或难以培养，血清学发生交叉反应。基因诊断技术不受这些因素影响，可以作出准确诊断。

对感染性疾病应用基因诊断具有以下优势：①可以直接分析标本，省去某些培养过程，更避开培养风险。②可以检测潜伏期病原体。

目前，核酸杂交技术和 PCR 技术已经从实验室走向临床。感染性疾病的基因诊断包括以下几方面：①快速准确的病原体检测。②带菌者和潜在性感染的检测。③病原体流行病学的大规模筛查。④对微生物科、属、种的分类鉴定。⑤培养基和无菌试剂中微生物的检测。⑥病原体耐药性的快速敏感试验。

1. 艾滋病病毒　艾滋病病毒（HIV）感染是艾滋病的病因。HIV-DNA 可以整合到宿主基因组中，并长期处于潜伏状态。整合 HIV-DNA 的拷贝数很低，要用非常灵敏而特异的方法才能检出。应用核酸杂交和 PCR 等技术可以在病毒学标志和血清学标志出现之前检出艾滋病病毒，因而可以筛查血清学阴性无症状艾滋病病毒携带者，判定其艾滋病病毒传播的可能性，还可以检出长潜伏期（4~7 年）携带者。在婴儿出生后 6~9 个月期间，基因诊断可以排除母体抗体的干扰，判定婴儿是否真正被艾滋病病毒感染。

2. 幽门螺杆菌　幽门螺杆菌（HP）大量表达尿素酶，能分解尿素产氨而损伤胃黏膜，是 B 型慢性胃炎的主要病因。幽门螺杆菌的 rRNA 基因比较保守，针对其 16S rRNA 基因设计引物对，用 PCR 检测经加热处理的胃液或胃黏膜标本，用标记探针对 PCR 扩增产物进行杂交分析，可获得满意的结果。

六、法医学鉴定中的基因诊断

DNA 指纹是基因诊断用于法医学鉴定的分子基础。

法医学鉴定有两个主要目的，即个体识别和亲子鉴定。以往应用的鉴定方法是血型、血清蛋白型、红细胞酶型、人类白细胞抗原分析，但这些方法无论是单独应用还是联合应用，其个体识别结果都不理想，只能排除而无法达到同一认定。DNA 指纹具有很高的个体特异性，在法医学鉴定中得到广泛应用。DNA 印迹法是进行 DNA 指纹分析的主要手段。

法医学可以利用在犯罪现场采集的少量标本（血渍、精斑、毛发、分泌物或小块组织），通过 PCR 扩增，获得足够量的 DNA，再结合 RFLP 分析等技术，进行个体识别。

在进行亲子鉴定时，需要同时分析生物学意义上的父母或可能个体的 DNA 指纹。被检测个体的 DNA 指纹区带来自亲代，因而在生物学亲代的 DNA 指纹中应该存在相应区带。

第二节 基因治疗

基因治疗（gene therapy）最初是指把正常基因导入靶细胞，与染色体 DNA 整合，成为基因组的一部分，从而发挥正常基因功能，治疗疾病；现在是指把缺陷基因的野生型拷贝导入患者细胞内，以治疗疾病。

基因治疗应用分子生物学、分子遗传学、分子病毒学、细胞生物学等的最新研究成果治疗用其他方法治疗效果不佳的疾病，是一个高技术密集的生物医学领域。尽管基因治疗的技术复杂，策略众多，但它们的基本要素一致，主要包括目的基因、载体、靶细胞。

随着基因治疗研究的深入，基因治疗的应用范围不断拓展，不仅可以治疗遗传性疾病，还可以治疗恶性肿瘤和心血管、内分泌、自身免疫、中枢神经系统疾病及感染性疾病。

一、基因治疗的基本条件

在现阶段，应用基因治疗必须符合以下条件：①对所治疗的疾病已有充分认识，并且传统治疗无效或效果不佳。②致病基因的野生型（正常基因）和突变型（缺陷基因）已经阐明。③正常基因已经克隆，并且可以在体外进行操作，包括与载体重组。④正常基因导入患者细胞内可以稳定存在，正常表达。⑤正常基因的表达水平不需要严格控制，并且即使低水平表达也可治愈或改善症状。⑥治疗方案必须经过审批。

二、基因治疗的基本策略

基因治疗的策略众多，归纳为以下几方面：①将正常基因导入病变细胞，表达产物参与细胞代谢。②将反义核酸导入病变细胞，阻遏致病基因的过度表达。③将特定基因导入非病变细胞，表达特定产物，达到治疗的目的。

1. **基因增补** 又称**基因增强治疗**，是指针对病变细胞的缺陷基因或不表达基因导入相应的正常基因，其表达产物可以纠正或改善细胞代谢，使表型回复正常。正常基因导入之后可能随机整合入基因组，缺陷基因并未除去。最早应用基因治疗获得成功的腺苷脱氨酶缺乏症和血友病 B 等就是采用这一策略。

2. **基因置换** 是指以正常基因通过同源重组置换基因组中的缺陷基因。基因置换效率很低，目前还难以实际应用于基因治疗。

3. 基因修复　又称**基因矫正**，是指通过**回复突变**（reverse mutation，突变型基因转变成野生型基因）修复缺陷基因。基因修复是对缺陷基因进行精确的原位修复，不涉及基因的其他改变，是最理想的治疗策略，但由于技术原因，目前难以实现。

4. 基因干预　是指阻遏致病基因的过度表达甚至使其沉默，以达到治疗目的。这类基因往往是过度表达的癌基因或者是控制病毒复制的关键基因。基因干预可采用反义核酸、核酶、小干扰 RNA 等。

5. 自杀基因治疗　自杀基因（suicide gene）是这样一种基因：它的表达对于宿主细胞来说是致命的。例如以下两类基因：①编码产物是一种酶，该酶能将细胞摄取的无活性前药转化成细胞毒药物（cytotoxic drug），从而杀死细胞。②编码产物诱导细胞凋亡。自杀基因可以用于治疗肿瘤和其他增生性疾病。

6. 免疫基因治疗　有些疾病的发生和发展与机体的免疫系统密切相关。免疫基因治疗是将产生免疫应答的基因（包括细胞因子基因和抗原决定簇基因）导入细胞，提高机体免疫力，达到预防疾病和治疗疾病的目的。例如：将 *IL2* 基因导入肿瘤患者细胞，提高患者 IL-2 水平，增强免疫系统的抗肿瘤活性，可以防止肿瘤复发。

三、基因治疗的基本程序

基因治疗的基本程序与第十一章介绍的重组 DNA 技术有异曲同工之处，不过在某些环节上有自己的特点。

（一）正常基因选择和制备

选择正常基因是基因治疗的第一步，只要已经确定某种遗传病是单基因遗传病，其相应正常基因就可以考虑用于该遗传病的基因治疗。例如：腺苷脱氨酶缺乏症可以用腺苷脱氨酶基因 *ADA* 治疗。

用于基因治疗的正常基因要符合以下条件：①基因序列和功能已经阐明，并且其基因序列能够制备。②基因在体内只要有少量表达就可以显著改善症状，并且过量表达也不会对机体造成危害。③在抗病原体治疗中，正常基因应该是特异的，并且作用于病原体生命周期的关键环节。④正常基因必须受合适调控序列的控制。⑤分泌蛋白的信号肽序列必须完整，以确保可以分泌到细胞外。⑥为了了解和检测靶细胞在体内的位置、功能、寿命，正常基因要与标志基因联合使用。

（二）靶细胞选择

生殖细胞和体细胞均可作为基因治疗的靶细胞，并且在当前技术条件下，就某些遗传病而言，生殖细胞显然更适合。但是，为了防止给人类造成永久性危害，更涉及伦理因素，国际上严禁使用生殖细胞作为基因治疗的靶细胞，所以只能使用体细胞。体细胞既可以选用病变细胞，又可以选用正常细胞。

选择靶细胞的原则：①特异性高，有效表达。②取材方便，生命期长。③培养方便，转化高效。④耐受处理，适合移植。

根据疾病的性质和基因治疗的策略，目前可供选择的靶细胞有造血干细胞、皮肤成纤维细胞、淋巴细胞、血管内皮细胞、神经胶质细胞、神经细胞、肌细胞、肝细胞和肿瘤细胞等。

1. 造血干细胞　来自骨髓，能进一步分化成其他血细胞，并能保持基因组 DNA 的稳定，但数量少，且分离和培养难度较大。脐带血细胞是造血干细胞的重要来源，它在体外增殖能力强，移植后宿主抗移植物反应发生率低，是替代骨髓造血干细胞的理想靶细胞。

2. 皮肤成纤维细胞　容易移植且可进行体外培养，因此是理想的靶细胞。用重组逆转录病毒感染原代培养的成纤维细胞，移植回受体动物，正常基因可稳定表达一段时间，并通过血液循环将表达产物送到其他组织。

3. 淋巴细胞　容易获取和回输，可以进行体外培养。目前已将细胞因子等功能蛋白的基因成功导入淋巴细胞并获得稳定高效表达。

（三）正常基因导入

将正常基因导入靶细胞是基因治疗的关键，因为正常基因只能在细胞内表达并发挥作用。

1. 导入方法　基因导入通常需要载体。基因治疗载体需要符合以下条件：①对人体安全有效。②容易导入靶细胞。③能使正常基因在靶细胞内持续有效地表达。④能使正常基因随靶细胞 DNA 一起复制。⑤携带能被识别、便于鉴定的标志。⑥易于大量制备。导入方法分为病毒载体法和非病毒载体法。

（1）病毒载体法：是目前在基础研究和临床治疗中应用的主要方法，优点是导入效率较高，缺点是成本高、毒性大、靶向性差、免疫原性强、制备工艺复杂。已经构建的病毒载体有逆转录病毒载体（容量 8~10kb，用于增殖细胞）、腺病毒载体（容量 36kb，用于非增殖细胞）、腺相关病毒载体（容量 4.7kb）、慢病毒载体、单纯疱疹病毒载体（用于非增殖细胞）、痘苗病毒载体（用于非增殖细胞）和杆状病毒载体等。不同病毒载体在实际应用中各有优势和不足，选用时要综合考虑。

（2）非病毒载体法：是用化学介质或物理方法将正常基因导入靶细胞，包括脂质体载体法、受体介导法、直接注射法、磷酸钙共沉淀法、基因枪法和电穿孔法等。非病毒载体法操作相对简便和安全，但导入的基因很难整合到靶细胞基因组中，反而会被靶细胞降解，因此转化效率较低。

2. 导入途径　①*ex vivo* 途径：又称体外基因治疗，是先从患者体内获取靶细胞，进行体外培养，然后导入正常基因，回输到患者体内，使其在体内表述以达到治疗的目的。这种方法安全性好（但不易形成规模，且必须有固定的临床基地），是目前应用较多的方法。②*in vivo* 途径：又称体内基因治疗，是将正常基因直接导入体内，使其进入相应细胞表达之后发挥作用，是最简便的导入方法，已经在腹腔、静脉、动脉、肝脏和肌肉等多种组织器官获得成功。这种方法易于规模操作，但安全条件苛刻，技术要求更高，且存在导入效率低和表达效率低等问题。

3. RNA 药物导入 ①可以和其他基因一样，将相应基因与表达载体重组，导入靶细胞内甚至整合到靶细胞基因组中，通过转录合成 RNA 药物。存在如何有效控制其表达水平的问题。②可以先在体外合成，通过脂质体载体法等导入靶细胞，导入效率较高，但存在如何提高导入特异性和抗 RNase 降解问题。

（四）转染细胞筛选和正常基因鉴定

基因导入的效率通常很低，即使用病毒作载体也很难超过 30%。所以在导入之后需要筛选出转染细胞。由于转染细胞与非转染细胞在形态上难以区分，因此可以利用标志基因、基因缺陷型靶细胞的选择性、基因共转染技术（用正常基因和标志基因转染同一靶细胞）进行筛选。其中，利用标志基因进行筛选是最常用的筛选法，可以判断正常基因是否成功导入。多数哺乳动物表达载体中都有标志基因 neo^R，可以用 neo^R-G418 系统筛选。

在转染细胞筛出之后，往往还需要鉴定正常基因的表达状况。常用方法有 PCR-RFLP、qPCR、印迹杂交、基因芯片、蛋白质芯片、免疫组织化学和免疫沉淀等。此外，大多数还要进行动物实验，评价转染细胞和目的蛋白的整体效应。

四、基因治疗的临床应用

基因治疗基础研究开展较早，但直至 1990 年才开始临床应用。基因治疗对某些疾病疗效显著，并且发展很快，国际上已经有 400 多个基因治疗方案开始临床应用。基因治疗目前多应用于缺陷型单基因隐性遗传病，大多数是采用基因增补策略，即导入正常基因，表达活性产物，弥补缺陷基因。

腺苷脱氨酶缺乏症（ADA deficiency）是一种单基因隐性遗传病，是世界上第一种实施体细胞基因治疗的遗传病。

腺苷脱氨酶（ADA）可以催化腺苷和 2′-脱氧腺苷脱氨基：

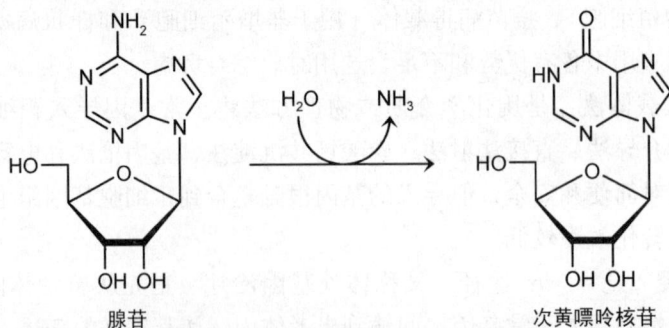

腺苷脱氨酶缺乏会引起腺苷积累，进而引起脱氧腺苷和 S-腺苷同型半胱氨酸积累。它们具有细胞毒性，且不能被淋巴细胞排出，所以对淋巴细胞毒性最强，可以杀死淋巴细胞，导致免疫力低下。85% 的腺苷脱氨酶缺陷患者伴有致死性的重症联合免疫缺陷（SCID）。

腺苷脱氨酶缺乏症因以下特点而适合采用基因治疗：①该疾病是由单基因突变引起的，基因治疗成功的可能性高。②腺苷脱氨酶基因 *ADA* 表达调控简单，总是处于开放状态。③腺苷脱氨酶合成无需严格调控，量少能受益，量多也能忍受。

1990 年 9 月 14 日，美国一名患重症联合免疫缺陷的 4 岁女孩 Ashanti 成为世界上首例接受基因治疗的患者。治疗策略是用逆转录病毒载体携带腺苷脱氨酶基因 *ADA* 转染其增殖 T 细胞，然后回输体内。结果 Ashanti 免疫力增强，临床症状改善，年感染次数已经降到正常人水平。1991 年 1 月 30 日，患重症联合免疫缺陷的 9 岁女孩 Cutshall 成功接受了同样的基因治疗。不过这一基因增补治疗策略有其局限性：由于 T 细胞寿命有限，这种治疗需定期进行。为此，有人提出干细胞疗法：干细胞携带的正常基因可以在患者体内终身表达，不仅比 T 细胞疗法疗效好，而且可以提供更广泛的免疫保护，因而有可能一次治疗即达到治愈目的。1993 年，Cutshall 和另外三名新生儿成功接受了干细胞治疗。

目前应用基因治疗的单基因遗传病有腺苷脱氨酶缺乏症、嘌呤核苷磷酸化酶缺乏症、鸟氨酸氨甲酰基转移酶缺乏症、精氨酸代琥珀酸合成酶缺乏症、β 地中海贫血、镰状细胞贫血、血友病等。此外，肿瘤、高血压、糖尿病、躁狂抑郁症、支气管哮喘、先天性巨结肠、类风湿性关节炎及先天性心脏病等多基因遗传病的基因治疗也已成为各国生命科学工作者的研究目标。

五、基因治疗的问题与展望

由于基因治疗针对的是疾病的根源而不是表现，因而比传统治疗手段更直接有效。基因治疗的研究目前多集中在恶性肿瘤方面，并且覆盖了大多数恶性肿瘤，有些肿瘤基因治疗的临床试验已经取得了一定疗效。不过，基因治疗总体还处在研究和探索阶段，虽然有些已经试用于临床，但仍存在不少理论、技术、安全、伦理问题。

1999 年，美国一名 18 岁的鸟氨酸氨甲酰基转移酶缺乏症患者 Jesse 死于腺病毒介导的基因治疗；2003 年，法国两名男孩因接受逆转录病毒介导的基因治疗而患上白血病。为此，美国 FDA 中止了某些基因治疗试验，人们也更加关注基因治疗的安全性。

1. 基因治疗存在的技术问题 主要表现在以下方面：

（1）正常基因：目前可以用于基因治疗的正常基因为数不多。除了部分单基因病之外，许多疾病（例如恶性肿瘤、高血压、糖尿病、冠心病、神经退行性疾病）的致病基因尚未阐明。大多数多基因遗传病涉及的致病基因较多，并且多为微效基因，要找到适用于基因治疗的主效基因并非易事。

（2）正常基因导入效率：现有导入技术的效率不高，不能把正常基因导入每一个靶细胞，体内导入率通常只有 10% 左右。

（3）基因治疗的特异性：现有基因导入技术的靶向性不够，使得基因治疗的效果大打折扣。理想的方法是将正常基因直接导入特定的组织细胞。

（4）正常基因表达的可控性：很多疾病在进行基因治疗时，需要严格调控正常基因的表达，最好是将正常基因与调控序列一起导入。目前一些基因治疗研究就采用了这种方法。

2. 基因治疗存在的伦理问题 基因治疗可能带来的社会问题和伦理问题一直是人们争论的热点。如果盲目应用基因治疗，给社会带来的远期影响难以预料。目前倡导以下伦理原则：

（1）尊重患者的原则：对于有基因缺陷的患者，医务人员应该像对待正常人或其他患者一样，尊重其人格和权利，不能仅仅作为研究或实验对象，更不能在某种利益或压力的驱动下损害其利益。

（2）知情同意的原则：医务人员必须向患者或其家属作出适当解释，让其充分理解相关问题的信息，然后作出决定，即在知情同意的前提下实施基因诊断和治疗。

（3）有益于患者的原则：在实施基因治疗前，医务人员必须确信其他治疗方案无效，基因治疗有效。

（4）保守秘密的原则：为患者保守秘密，这是医务人员的道德义务。当然，如果在适当的范围内公布病情，能够使其他人的受益大于对患者带来的副作用，并且征得患者同意，可以适当解密。

随着人类基因组计划的完成和对人类遗传病的深入研究，特别是致病基因的克隆，基因治疗将逐步走向成熟。国际上批准实施的基因治疗方案已有 400 多个，临床实验方案已有 1500 多个，专业的基因治疗公司已有 100 多家。在我国，已有多个基因治疗方案获得国家食品药品监督管理总局批准，进入临床试验。不过，基因治疗要想作为一种常规治疗方案，还有待完善和提高。基因治疗前景美好，任重道远。

小　结

基因诊断是继形态学、生物化学和免疫学诊断之后的第四代诊断技术，特点是特异性高、灵敏度高、早期诊断、采样方便、安全高效、应用广泛。

基因诊断分为直接诊断和间接诊断。直接诊断是指检测与疾病有直接因果关系的致病基因，优点是不依赖系谱分析，检测方法简单，诊断结果可靠。间接诊断是分析与致病基因连锁的遗传标志，优点是不需要阐明致病基因。

各种 DNA 技术，包括核酸杂交技术、PCR 技术、基因芯片技术、DNA 测序等，都可以用于基因诊断。

基因诊断可用于遗传性疾病、肿瘤、感染性疾病的诊断及法医学鉴定。

基因治疗是指把缺陷基因的野生型拷贝导入患者细胞内，以治疗疾病。

应用基因治疗必须符合一定条件。基因治疗的策略是采用基因增补、基因置换、基因修复、基因干预、自杀基因治疗、免疫基因治疗等将正常基因导入病变细胞，将反义核酸导入病变细胞，或将特定基因导入非病变细胞。

基因治疗的基本程序是选择和制备正常基因，选择靶细胞，将正常基因导入靶细胞，筛选转染细胞和鉴定正常基因。

基因治疗目前大多数是采用基因增补策略，多应用于缺陷型单基因隐性遗传病。

基因治疗总体还处在研究和探索阶段，虽然有些已经试用于临床，但仍存在不少理论、技术、安全、伦理问题。基因治疗前景美好，任重道远。

第十四章 人类基因组计划与组学

人类基因组计划是人类从本质上认识自身的需要。人类基因组计划彻底改变了当今生命科学的研究模式。规模化、整体化、自动化、信息化研究已经发展到包括分子生物学在内所有生命科学的相关领域。

人类基因组计划的启动使一个新的学科——基因组学迅速崛起。人类基因组计划的完成催生了一批后基因组学——功能基因组学、转录组学、RNA 组学、蛋白质组学、代谢组学等。这些组学研究不仅可以改善人类生活质量，提高人类健康水平，更将揭示生命奥秘。组学研究被公认为 21 世纪生命科学发展的热点，将为医学研究带来革命性变化。

第一节 人类基因组计划

1984 年，美国能源部（DOE）与国立卫生研究院（NIH）及其他国际组织发起会议讨论人类基因组作图和测序的可行性和有效性。

1986 年，Dulbecco（1975 年诺贝尔生理学或医学奖获得者）在《Science》上发表题为"A turning point in cancer research：sequencing the human genome"的文章，率先提出人类基因组计划，并认为这是加快肿瘤研究进程的有效途径，引起世界性反响。

1987 年，美国能源部向国会提交人类基因组倡议（Human Genome Initiative）。1988 年，美国国家研究委员会（NRC）建议进行人类基因组作图和测序，当年美国国会举行听证会。

一、人类基因组计划目标

1990 年 10 月，美国国会批准了**人类基因组计划**（HGP）：用 15 年时间绘制人类基因组图谱并测定基因组序列（表 14-1）。这是一个由多个国家和众多科学家共同实施的人类历史上最大规模的生命科学计划，仅美国的预算就达 30 亿。

表 14-1 人类基因组计划目标

内容	目标	实际完成内容	完成时间
遗传图谱	600~1500 个标志，分辨率 2~5cM	3000 个标志，分辨率 1cM	1994.9
物理图谱	30000 个序列标签位点	52000 个序列标签位点	1998.10
序列图谱	基因组测序完成 95%，准确度 99.99%	基因组测序完成 99%，准确度 99.99%	2003.4
测序效率及成本	测序 500Mb/年，费用 < $0.25/b	测序 >1400Mb/年，费用 < $0.09/b	2002.11
人类基因组变异图	100000 个单核苷酸多态性位点作图	3700000 个单核苷酸多态性位点作图	2003.2
基因鉴定	全长 cDNAs	15000 种全长 cDNAs	2003.3
模式生物基因组	大肠杆菌	大肠杆菌 ($E.\ coli$ K-12) (4.63×10^6 bp)	1997.9
作图与测序	酿酒酵母	酿酒酵母 ($S.\ cerevisiae$) (1.20×10^7 bp)	1996.5
	线虫	线虫 ($C.\ elegans$) (9.03×10^7 bp)	1998.12
	果蝇	果蝇 ($D.\ melanogaster$) (1.20×10^8 bp)	2000.3
		以下基因组草图	
		线虫 ($C.\ briggsae$) (1.04×10^8 bp)	
		果蝇 ($D.\ pseudoobscura$) (1.25×10^8 bp)	
		小鼠 ($M.\ musculus$) (2.63×10^9 bp)	
		大鼠 ($R.\ norvegicus$) (2.75×10^9 bp)	
功能分析	发展基因组技术	高通量寡核苷酸合成技术	1994
		基因芯片技术	1996
		真核生物基因组敲除技术	1999
		双杂交技术	2002

二、人类基因组计划进程

2003 年 4 月 14 日，科学家们在华盛顿宣布：经过美国、英国、日本、法国、德国和中国科学家 13 年的共同努力，人类基因组测序工作基本完成（表 14-2）。

三、人类基因组遗传标志

绘制人类基因组图谱简称**作图**（mapping），即确定基因在染色体上的相对位置或限制性酶切位点等其他遗传标志在 DNA 分子上的相对位置。人类基因组作图首先需要选择合适的**位标**（landmark），它们是一些特定的遗传标志（多态性位点）。

1. **限制性片段长度多态性**（RFLP） 是用于绘制遗传图谱的第一代遗传标志。

2. **短串联重复序列**（STR） 是用于绘制遗传图谱的第二代遗传标志。

表 14-2　人类基因组计划主要进程

时间	内容
1986.3.7	Dulbecco 提出人类基因组计划
1987.10.23	人类基因组第一张遗传图谱公布，以 RFLP 为标志
1989.3	发现新的遗传标志：微卫星 DNA，适用于绘制遗传图谱
1989.9.29	发现新的遗传标志：序列标签位点，适用于绘制物理图谱
1990.10	人类基因组计划启动
1991.6.21	发现新的遗传标志：表达序列标签，适用于绘制转录图谱
1992.10.29	人类基因组第二张遗传图谱公布，以微卫星 DNA 为标志
1994.9.30	人类基因组第三张遗传图谱公布，以单一序列、短串联重复序列、基因序列为标志
1995.5.21	完成原核生物流感嗜血杆菌（*H. influenzae*）基因组（1830137bp）测序
	完成生殖支原体（*M. genitalium*）基因组（580070bp）测序
1995.12.22	人类基因组第一张物理图谱公布，含 15086 个序列标签位点，图距 199kb
1996.5.29	完成酿酒酵母（*S. cerevisiae*）基因组（12080000bp）测序
1996.10.25	人类基因组第一张转录图谱公布，其表达序列标签来自 16000 个基因
1996	启动人类基因组测序
1997.9.5	完成大肠杆菌（*E. coli* K-12）基因组（4639675bp）测序
1998.6.11	完成结核分支杆菌（*M. tuberculosis*）基因组（4.4Mb）测序
1998.10	人类基因组第二张物理图谱公布，含 52000 个序列标签位点，图距 58kb
1998.10.23	人类基因组第二张转录图谱公布，其 41664 个表达序列标签来自 30181 个基因
1998.8	发现新的遗传标志：单核苷酸多态性（SNP），适用于绘制遗传图谱
1998.12.11	完成线虫（*C. elegans*）基因组（90269800bp）测序
2000.3.24	完成果蝇（*D. melanogaster*）基因组常染色质（120367260bp）测序
2001.2.12	第一张人类基因组草图及初步分析公布
2002.12.5	完成小鼠（*M. musculus*）基因组（2634266500bp）草图
2003.4.14	基本完成人类（*H. sapiens*）基因组（3070128600bp）测序

1981～1989 年的众多研究表明：人类基因组中有一种以 CpA 为重复单位的短串联重复序列，重复次数 15～30 次，散在分布于整个基因组中，多达 50000～100000 处，平均每隔 30～60kb 就有一处。这种短串联重复序列具有个体特异性，所以赋予个体 DNA 长度多态性，并且很容易用 PCR-PAGE 检测，检测的速度和灵敏度都大大高于传统的印迹杂交技术，于 1989 年被选为绘制遗传图谱的第二代遗传标志。

3. 序列标签位点（STS）　具有以下特点：①是基因组中的一类 200～500bp 短序列。②其碱基序列和基因组定位都已阐明。③是单一序列，即一种序列标签位点在基因组中只出现一次。④很容易用 PCR 检测。⑤序列标签位点数据库已经建立，因此其检测手段可以从数据库中获取。序列标签位点于 1989 年被选为绘制物理图谱的遗传标志。

4. 表达序列标签（EST）　从 cDNA 文库随机取样，可以获得基因的外显子序列片段，经过测序，可以在基因组中定位，作为表达基因的位标，这种位标称为表达序列标签。表达序列标签是 300~500bp 的单一序列，适用于从基因组中鉴定基因，1991 年被选为绘制转录图谱的遗传标志。

5. 单核苷酸多态性（SNP）　1998 年被选为绘制人类基因组图谱新的遗传标志。

四、人类基因组图谱

人类基因组计划的核心内容是解析人类基因组图谱，包括遗传图谱、物理图谱、转录图谱、序列图谱。

1. 遗传图谱（genetic map）　又称**基因图谱、连锁图谱**，是反映基因等遗传标志在染色体 DNA 上的相对位置、连锁关系的基因组图谱，以遗传标志为位标、遗传学距离为图距绘制。遗传图谱的图距单位是**厘摩**（cM），其含义是：染色体上相距 1cM 的两个遗传标志在子一代中由于交换而分离的可能性是 1%。在人类基因组中，1cM 平均相当于 1000kb。

（1）第一张遗传图谱完成于 1987 年（人类基因组计划尚未正式启动），含 403 个遗传标志（图距为 7.4cM），其中 393 个是 RFLP 标志。

（2）第二张遗传图谱完成于 1992 年，含 814 个遗传标志（图距为 3.7cM），都是以 CpA 为重复单位的短串联重复序列，其中 813 个标志在 22 条常染色体和 X 染色体上构成连锁群（linkage group）。有 605 个标志的杂合度（heterozygosity）高于 0.7，553 个标志的比值比（odds ratio）高于 1000。

（3）第三张遗传图谱完成于 1994 年，含 5840 个遗传标志（图距为 0.7cM），其中包括 970 个单一序列，3617 个短串联重复序列，427 个基因序列。第三张遗传图谱是人类基因组计划完成的第一个主要目标。

遗传图谱的建立为基因鉴定和基因定位创造了条件。遗传图谱有助于疾病相关基因的染色体定位。如果一个遗传标志与某致病基因连锁，那么它可能就位于该致病基因旁。遗传图谱所含的遗传标志越多，遗传标志与致病基因连锁的可能性就越大。

2. 物理图谱（physical map）　是以基因、序列标签位点等遗传标志为位标、实际距离（位标间隔的碱基对数）为图距绘制的基因组图谱。人类染色体带型（banding pattern）就是一张低分辨率的物理图谱。

（1）第一张物理图谱完成于 1995 年，含 15086 个序列标签位点，图距为 199kb。

（2）第二张物理图谱完成于 1998 年，含 52000 个序列标签位点，图距为 58kb。

物理图谱的图距小，便于 DNA 测序。

3. 转录图谱（transcriptional map）　又称**表达图谱**（expression map），是以基因（以外显子或表达序列标签为标志）为位标、实际距离（位标间隔的碱基对数）为图距绘制的基因组图谱，是遗传图谱与物理图谱的统一。

（1）第一张转录图谱完成于 1996 年，其表达序列标签来自 16000 个基因。

（2）第二张转录图谱完成于 1998 年，其 41664 个表达序列标签来自 30181 个基因，所含的基因数约为第一张基因图谱的 2 倍，包括了大多数已经阐明的蛋白质基因，精确度提高了 2~3 倍。

这两张转录图谱所"定位"的基因数与当时的一个假设相关：人类基因组"可能"含 50000~100000 个基因。目前认为人类基因组含 20000~25000 个基因。

绘制转录图谱的目的是要鉴定基因组中所有的功能基因以及它们在基因组序列中的定位。在人类基因组中，蛋白质的编码序列仅占全部序列的不到2%，而人体特别是成年个体的不同组织中又只有10%的基因是表达的。

转录图谱具有特殊的生物学意义：①基因表达具有特异性，因而可以绘制基因表达的时空图——基因表达谱，以研究基因表达的特异性，为医学研究奠定基础。②通过分析cDNA可以发现基因，确定人类基因的准确数目、每一个基因的序列及其在基因组中的定位，深入分析基因产物的功能及其与相关疾病的关系，从而从基因组中获得与医学和生物制药产业关系最密切的信息。

4. 序列图谱（sequence map）　是染色体DNA的全部碱基序列，实际上也是最高分辨率的物理图谱。遗传图谱、物理图谱、转录图谱等的全部信息都可以整合到序列图谱上。

人类基因组测序于1996年启动，到2006年陆续公布了全部染色体DNA的碱基序列（表14-3）。

表14-3　人类基因组各染色体DNA序列公布时间

公布时间	染色体	公布时间	染色体	公布时间	染色体	公布时间	染色体
1999. 12. 2	22	2003. 10. 10	6	2004. 12. 23	16	2006. 3. 16	12
2000. 5. 18	21	2004. 3. 1	13	2005. 3. 17	X	2006. 3. 23	11
2001. 12. 20	20	2004. 3. 1	19	2005. 4. 7	2	2006. 3. 30	15
2003. 1. 1	14	2004. 5. 27	10	2005. 4. 7	4	2006. 4. 20	17
2003. 6. 19	Y	2004. 5. 27	9	2005. 9. 22	18	2006. 4. 27	3
2003. 7. 10	7	2004. 9. 16	5	2006. 1. 19	8	2006. 5. 18	1

2003年宣布人类基因组计划基本完成的含义是：①全部序列的99%已经测定，仅有341个缺口的序列用当时的组学技术尚无法分析。②测序的准确度达99.99%。分析发现人类基因组有以下特点：

（1）人类基因组有20320个基因（截至2009年），仅比线虫（*C. elegans*）（20000个）多几百个，而比拟南芥（*A. thaliana*）（25498个）还少几千个。

（2）基因组序列的个体差异仅为1/1100。相比之下，人与黑猩猩基因组序列的个体差异为1/80。

（3）基因组序列的50%以上都是重复序列，不编码蛋白质。

（4）蛋白质编码序列仅占基因组序列的不到2%。

（5）每个基因序列平均长度40kb，但差异很大，最长的是抗肌萎缩蛋白（2400kb）。

（6）有19599个蛋白质基因已经得到鉴定。

（7）一个基因平均指导合成三种蛋白质。

（8）人类基因不均衡分布于基因组中；相比之下，原核生物基因均衡分布于基因组中。

（9）基因密集区G-C多，基因稀疏区A-T多。

（10）基因密集区随机分布，密集区之间被大量非编码DNA（noncoding DNA，又称非编码序列）隔开。

（11）1号染色体所含的基因最多（≈3000个）；Y染色体所含的基因最少（≈230个）。

（12）基因组序列的个体差异大多数是单核苷酸多态性（SNP）。已经鉴定的SNP超过6×10^6个，估计有1.1×10^7个（即每300bp就有1个），其中0.7×10^7个的等位基因频率>5%。此外，每个基因的编码区（开放阅读框）平均含4个SNP。

（13）男性生殖细胞突变率约为女性生殖细胞的2倍。

第二节　基因组学

基因组学（genomics）是研究基因组的组成、结构、功能及表达产物的学科，是揭示生命全部信息的前沿学科。基因组学主要研究内容包括结构基因组学、功能基因组学、比较基因组学。人类基因组计划使基因组学迅速崛起，将对生物学、医药学乃至整个人类社会产生深远影响。

一、基因组学基本内容

基因组学以遗传学技术、分子生物学技术、生物信息学技术、电子计算机技术和信息网络技术为研究手段，在群体水平上研究基因组，研究内容包括分析基因组序列，绘制基因组图谱，研究基因（基因定位、基因结构和基因功能及其关系、基因相互作用），建立数据库，储存、管理、分析基因组信息，并应用于生物学、医药学及农业、工业、食品、环境等领域。

1977 年，Sanger 等完成了 ΦX174 噬菌体的基因组测序（5386nt），这是人类完成的第一个基因组序列分析，标志着基因组学的诞生。1986 年，Roderick 创造了"genomics"一词。1987 年，Donis-Keller 等绘制出第一张人类遗传图谱。1995 年，Fleischmann 等完成了流感嗜血杆菌（*H. influenzae*）基因组测序（1830137bp），这是人类完成的第一种原核生物基因组序列分析。1996 年，人类基因组计划的 633 位科学家完成了酿酒酵母（*S. cerevisiae*）基因组序列（12057500bp），这是人类完成的第一种真核生物基因组序列分析。

到 2014 年 2 月 14 日，已经公布基因组序列 12889 种（其中 9894 种是完成草图绘制），正在进行测序的有 27528 种（表 14-4）。

表 14-4　基因组测序进展（截至 2014 年 2 月 14 日）

物种	已经完成测序数	正在进行测序数
古菌	320	455
原核生物	12255	20438
真核生物	314	6635
合计	12889	27528

除了人类之外，基因组学目前研究的其他物种可以分为五类（表 14-5）。

二、基因组学与医学

基因组学研究改变了生命科学的研究模式，人类基因组计划加快了医学研究的发展速度。基因组图谱可以让我们方便地寻找致病基因、疾病相关基因，以阐明疾病的分子机制，并为寻找特异的诊断指标、设计有效的治疗方案提供全部基本信息。

1. 基因组学与疾病遗传基础研究　人类基因组计划最重要的医学意义是确定各种疾病的遗传基础，即基因组基础。人类基因组中仅有 7% 的基因为致病基因。利用基因组信息可以对已知单基因遗传病的致病基因进行定位，然后从基因组数据库中鉴定致病基因，这种策略将加快对致病基因的研究。

表 14-5　基因组学目前研究的其他物种分类

物种	举例	完成测序时间
①病原体	流感嗜血杆菌（*H. influenzae*）	1995
②模式生物	酵母（*S. cerevisiae*）	1996
	线虫（*C. elegans*）	1998
	果蝇（*D. melanogaster*）	2000
③医学研究常用的动物模型	狗（*C. familiaris*）	2004
	黑猩猩（*P. troglodytes*）	2005
	小鼠（*M. musculus*）	2006
④经济生物	水稻	2002
	猪	2005
	牛	2007
	玉米	2009
⑤濒危物种	大熊猫	2009

2. 基因组学与疾病易感性研究　遗传学长期以来一直期望能够在了解人类遗传变异的基础上确定疾病的易感性。随着人类基因组测序的完成，这种期望有望实现。随着大规模分析的展开，基因组学将以遗传病群体和疾病易感群体为资源，寻找致病基因和疾病相关基因，阐明疾病和疾病易感性的遗传基础。

在阐明疾病易感性的基础上，通过筛查，一方面可以对一些易感个体的生活方式和生活环境给出建议，使其消除或降低遗传病的危险性；另一方面可以跟踪某些易感个体，一旦患病，可以在最佳时期介入治疗。

3. 基因组学与肿瘤研究　肿瘤相关基因是肿瘤研究的目标之一。人体细胞内的DNA一方面在代谢过程中受到各种损伤，另一方面在复制过程中不可避免地出现错误，其中有些会导致关键基因发生突变。如果不及时修复，就有可能引起细胞恶性转化，导致肿瘤发生。利用基因组信息及相关技术，可以有效地筛查和鉴定肿瘤相关基因，阐明多态性与肿瘤预警、发生、分类、分型、分级、发展、浸润、转移、治疗、预后等的关系，确定个体化诊断指标，设计个体化治疗方案。

三、药物基因组学

药物基因组学（pharmacogenomics）是药理学与基因组学的结合，在基因组水平上研究不同个体和群体遗传因素的差异对药物反应的影响，探讨个体化用药（personalized medicine）及以特殊群体为对象的新药研发。虽然年龄、饮食、环境、生活方式、健康状况都影响药效，但个体遗传因素是决定高效安全的个体化用药的关键。

1. 药物基因组学内容　药物基因组学的最终目标是实现药物设计与应用的个体化，即根据个体遗传特征设计特异性药物和有效性方案。

（1）第一时间安全用药：改变传统的尝试用药法，在第一时间就根据患者的遗传特征设计治疗方案，既缩短治疗周期，又保证用药安全，降低不良反应，并降低因不良反应导致的住院治疗率和死亡率。

（2）优化用药量和用药时间：传统的用药量是根据患者的体重和年龄来确定的，药物基因组学可以根据个体遗传特征来确定用药量和用药时间，既能提高治疗效果，又能避免用药过量。

（3）研发高效药物：根据疾病相关基因选择蛋白质、酶、RNA 作为药物靶点，研发疗效好、特异性高的药物。

（4）降低研发成本，缩短研发周期：在基因组水平上更容易寻找药物靶点，还可以从那些已被否定的候选药物中筛选适应特殊群体的药物。针对特殊群体研发药物成功率高并且成本低、风险小、周期短、上市快。

（5）研发第三代疫苗：比第一、二代疫苗更稳定，更安全。

（6）降低医疗保健成本：降低药物不良反应率，缩短治疗周期（通过提高早期确诊率、减少尝试用药次数）。

2. 药物基因组学现状　以人类基因组计划为基础，药物基因组学已经成为新药研发的技术平台。各大制药公司和实验室已经注意到其潜在商机，纷纷投资进行研发。

例如：肝细胞色素 P450 酶系统（CYP）在一定程度上参与 30 多类药物的转化。*CYP* 基因的多态性使 CYP 活性存在个体差异，从而影响某些药物的转化。低活性或无活性 CYP 不能有效地转化药物，会造成用药过量。目前一些临床试验已经开始根据基因组信息分析 CYP 的个体差异，设计不同的用药方案，许多医药企业在新药研发时也考虑到了 CYP 的个体差异这一因素。

又如：6-巯基嘌呤等巯基嘌呤类化疗药物常用于治疗白血病。这类药物通常在肝细胞被巯基嘌呤甲基转移酶（TPMT）甲基化灭活。巯基嘌呤甲基转移酶基因（*TPMT*）存在多态性，如在白种人中 90% 有高活性，10% 中等活性，但每 300 人中有 1 人活性极低，后者不能有效灭活巯基嘌呤类化疗药物，导致积累中毒。目前从基因组水平可以检测这种多态性，确定用药量。

3. 药物基因组学问题　药物基因组学是一个新兴领域，需要面对以下问题：

（1）影响用药的 DNA 多态性复杂多样：①每 300bp 中就有 1 个单核苷酸多态性（SNP）标志，需要分析上百万的单核苷酸多态性标志以确定其对药物反应的影响。②与每一种药物反应有关的基因可能有很多，以我们目前的认知程度还不能完全阐明这些基因，并且阐明它们将是极其耗时费力的。

（2）候选药物太少：某些疾病可能只有一种或两种候选药物。如果某个患者因为存在个体差异而不能使用这些药物，那他就无药可救了。

（3）医药企业要考虑经济效益：研发一种药物可能要投入上亿的资金，为一个小群体研发替代药物没有经济效益。

（4）处方医生需要接受培训：针对同一疾病的不同患者使用不同药物进行治疗，毫无疑问使处方、配药复杂化了。处方医生必须执行额外的诊治程序，确定患者使用哪种药最合适。为了向患者解释诊断结果，设计治疗方案，处方医生还必须精通遗传学。

第三节 功能基因组学

完成基因组测序只是迈出了基因组研究的第一步。接下来，还要解读基因组信息，包括全部基因序列和非基因序列，阐明其功能，研究其如何控制细胞、组织、整体的生命活动。

功能基因组（functional genome）是指细胞内所有具有生理功能的基因序列。**功能基因组学**（functional genomics）是研究基因组中全部基因序列和非基因序列功能、包括基因表达及其调控的学科。它利用基因组所提供的大量信息，借助大规模、高通量、自动化的分析技术及生物信息学平台，在整体规模上全面系统地研究基因组。

一、功能基因组学内容

功能基因组学主要研究动态的基因组信息，包括转录、翻译、蛋白质相互作用等。相比之下，基因组学主要研究静态的基因组信息，包括 DNA 序列和结构等。

1. **鉴定基因组元件及其定位** 包括基因编码序列、基因调控序列和非基因序列。
2. **研究基因表达产物及其功能** 研究内容发展成为转录组学、蛋白质组学。
3. **研究基因表达及其调控** 研究内容发展成为转录组学、蛋白质组学。
4. **研究非蛋白编码序列的功能** 研究内容发展成为 RNA 组学。
5. **研究基因组功能的相关信息** 例如 DNA 损伤信息和 DNA 多态性信息。
6. **研究生物医学** 例如基因表达调控与肿瘤的关系，神经系统基因表达模式与神经系统疾病的关系，疾病易感性，药物反应，个体化用药。
7. **研发基因产品** 例如基因药物。

二、功能基因组学技术

功能基因组学技术的特点是大规模、高通量、自动化。常用技术有基因芯片技术（第八章，186 页）、基因表达系列分析技术、RNA 干扰技术、生物信息学技术、消减杂交技术、转基因技术与基因打靶技术。

1. **基因表达系列分析技术**（SAGE） 是一种快速、高效、规模化地分析转录组的技术，其基本原理是从一种组织细胞的每个 cDNA 上截取一个表达序列标签，连接成串联体，克隆之后测序，应用计算机系统分析串联体中 cDNA 标签的种类和数量，因为每一种标签代表一种 cDNA，所以分析结果反映的是细胞所表达全部基因的种类和每一种基因的表达水平，也就是转录组。SAGE 技术的优点是既可以定性分析表达基因的种类，又可以定量分析每一种基因的表达水平，并且不需要事先知道 mRNA 序列。

2. **消减杂交技术**（SH） 是将实验组 mRNA（或 cDNA）与对照组 cDNA 杂交，除去杂交体和未杂交对照组 cDNA 之后得到未杂交实验组 mRNA，以分析仅在实验组表达的基因。传统的消减杂交技术对 mRNA 的质和量要求很高，并且很难获得低丰度的差异基因 mRNA。为此，人们将消减杂交技术与 PCR 技术联合，建立了抑制性消减杂交（SSH）、代表性差异分析（RDA）等方法，极大地提高了分析的效率和灵敏度。

3. 基因功能研究生物模型 尽管生物信息学和基因芯片技术等的发展加快了功能基因组的研究进程，但它们主要是通过分析序列同源性，根据已知基因功能推测未知基因功能。由于基因序列还有复杂的二级结构，其功能最终要在整体水平阐明。研究基因功能最有效的方法是观察基因表达减弱或增强时细胞水平和整体水平的表型变化，因此需要建立生物模型。

（1）微生物：主要是细菌和酵母，是现代生命科学不可缺少的研究材料，也是简单和古老的基因功能研究平台。其优点是培养简便，增殖迅速；缺点是作为单细胞生物不适用于研究细胞 - 细胞相互作用。

（2）哺乳动物细胞：主要是一些鼠类培养细胞和人体培养细胞，是研究基因（特别是高等动物基因）功能的重要平台，用于研究基因表达、信号转导、细胞周期调控以及原癌基因和抑癌基因的功能。不过，培养细胞系统也是单细胞的体外集合，不能提供整体功能信息；并且，哺乳动物细胞培养条件苛刻，不易控制。

（3）转基因和基因打靶小鼠：小鼠的遗传资源十分丰富，其基因组已经完成测序。小鼠有 99% 的基因与人类基因同源，在生理上和人类极为接近。不足之处：技术难度大，研究费用高，实验周期长。此外，胚胎受母体内环境影响较大。

三、转录组学

转录组（transcriptome）又称**转录物组**，是指一定条件下基因组在一种细胞或组织内表达的全部转录产物的总称，可以反映某一生长阶段、某一生理或病理状态下、某一环境条件下，机体细胞所表达基因的种类和表达水平。**转录组学**（transcriptomics）又称**转录物组学**，研究转录组图谱，即研究基因组的表达模式及表达的全部转录物的种类、结构和功能。

1. 转录组学内容 转录组学是功能基因组学的一个分支，所以转录组学内容也是功能基因组学内容。转录组学研究转录组的过程就是大规模分析转录组图谱的过程。

（1）研究基因功能：研究各种组织细胞的转录组可以知道一种基因在不同细胞内的表达情况，从而分析其功能。例如：①如果两种基因的表达模式相似，则它们可能具有相似的功能。②如果一种基因在脂肪组织表达，但在骨骼和肌肉组织不表达，则该基因可能参与脂肪代谢。③如果一种基因在肿瘤细胞内的表达水平明显高于正常细胞，则该基因可能在细胞生长过程中起重要作用。

（2）研究基因表达特异性：基因组没有时间特异性、空间特异性和条件特异性，但基因组的表达却具有时间特异性、空间特异性和条件特异性。转录组是基因组的转录产物，所以分析转录组可以知道一定条件下细胞内有哪些基因表达，哪些基因不表达。任何一种细胞在特定条件下所表达基因的种类和表达水平都有特定的模式，称为**基因表达谱**（gene expression profile）。基因表达谱包括**转录组图谱**和**蛋白质组图谱**。分析基因表达谱应当注意细胞类型、代谢条件（正常状态、疾病状态、治疗状态、治疗阶段）。

（3）研究基因表达调控：包括基因表达的调控机制、调控网络，基因及其表达产物在代谢途径中的地位，基因及其表达产物的相互作用。一个细胞的基因表达水平能够反映其细胞类型、所处分化阶段以及代谢状态。因此，系统研究基因组表达的所有mRNA和蛋白质及其相互作用，可以阐明个体在不同发育阶段和不同生长条件下的基因表达调控网络。

（4）诊断疾病：有时一种标志还不足以区分两种类似的疾病，例如一些肿瘤。通过研究基因表达谱可以作出正确诊断。

（5）寻找诊断标志：分析病变组织及相应正常组织的转录组，其中的差异基因可能成为诊断标志。

（6）寻找药物靶点：如果一种药物作用之后的基因表达谱与一种突变体的基因表达谱相似，则突变影响的编码产物可能就是该药物的靶点。

2. 转录组与基因组比较　基因组包含全部遗传信息，但只是一个信息库，是静态的，必须表达才能发挥作用；基因组是均一的，与细胞类型无关；基因组是稳定不变的，与发育阶段、生长条件无关。

转录组只反映基因组的一小部分，在人类还不到 5%；不过，一个基因可能转录得到多种 mRNA，所以转录组又比基因组中相应的编码序列复杂；因为基因组在不同条件下有不同的表达模式，所以转录组是动态的，反映的是正在表达的基因，与细胞类型、发育阶段、生长条件、健康状况等有关。

四、RNA 组学

在完成于 2003 年的人类基因组计划中，有一个结果让人吃惊：人类基因组只有 2 万~2.5 万个蛋白质基因，远少于之前所估计的 10 万个。如果换个角度来看，这一结果更让人意外：这些基因序列只占用了整个基因组资源的不到 2%。于是我们可以提出两个问题：①2 万~2.5 万个蛋白质基因如何决定了如此复杂的生命活动？②基因组中 98% 的其他部分有何功能？这就是 RNA 组学要阐明的。

RNA 组学（RNomics）在基因组水平研究细胞内全部非编码 RNA 的结构与功能，从而阐明其生物学意义。

1. 非编码 RNA 分类　非编码 RNA（ncRNA）是指除信使 RNA 及其前体之外的全部 RNA，故又称非信使 RNA，可以根据分子大小、结构特征、分子伴侣、亚细胞定位等进一步分类（表 14-6，表中未列出 rRNA、tRNA）。已经阐明或部分阐明的非编码 RNA 有些已经在相关章节中介绍过，例如端粒酶 RNA（第二章，35 页）、核内小 RNA（第三章，69 页）、信号识别颗粒 RNA、反义 RNA（第五章，114 页）、微 RNA（第五章，126 页）。

（1）转移-信使 RNA（tmRNA）：发现于细菌，结构独特，其 5′和 3′端序列有一个类似于丙氨酰 tRNA 的结构，中间序列编码标记肽（tag peptide）。tmRNA 兼有 tRNA 和 mRNA 的双重功能。3′端携带丙氨酸的 tmRNA 在细胞内参与一种特殊的反式翻译反应（trans-translation）：进位到 A 位，从 P 位获得肽链，开始翻译其标记肽序列，所以合成产物是一种融合蛋白，其 C 端有一段由 tmRNA 编码的标记肽。真核生物尚未发现相应的 tmRNA。

（2）类似 mRNA 的 ncRNA（mRNA-like ncRNA）：是一类有 poly(A)、无编码区、不编码蛋白质的

表 14-6   ncRNA 一览

ncRNA 作用环节	举例	大小（nt）	功能
复制	人端粒酶 RNA	451	端粒模板
基因沉默	人 Xist	16500	抑制 X 染色体
	小鼠 Air	~100000	常染色质基因印迹
转录	E. coli 6S RNA	184	调节启动
	人 7SK RNA	331	抑制转录延长因子 P-TEFb
	人 SRA	875	类固醇激素受体共激活因子
转录后加工	E. coli M_1 RNA	377	活性中心
	人 U2 snRNA	186	剪接体成分
	人 H1	341	人 RNase P
	S. cerevisiae CD snoRNA	102	指导 rRNA 特定位点 2′-O-甲基化
	S. cerevisiae snR8 H/ACA snoRNA	189	指导 rRNA 特定位点形成假尿苷
	T. brucei gCYb gRNA	68	指导尿嘧啶插入或删除
RNA 稳定性	E. coli RyhB sRNA	80	介导 mRNA 降解
	真核生物 miRNA	20~25	介导 mRNA 降解
翻译	E. coli OxyS RNA	109	封闭 SD 序列，阻遏翻译
	E. coli DsrA sRNA	87	阻止 mRNA 形成抑制性结构，促进翻译
	C. elegens lin-4 miRNA	22	与 mRNA 3′端结合，阻遏翻译
蛋白质稳定性	E. coli tmRNA	363	给终止合成的肽链加标记肽
蛋白质靶向转运	E. coli 4.5S RNA	114	信号识别颗粒成分，参与跨膜转运

RNA 分子，它广泛存在于不同的细胞内，直接在 RNA 水平上发挥调控作用，与细胞的增殖和分化、胚胎的发育、肿瘤的形成和抑制密切相关。

（3）指导 RNA（gRNA）：指导锥虫线粒体 mRNA 的编辑，主要是在初级转录物中插入或删除 U。

2. 非编码 RNA 功能　非编码 RNA 的功能复杂多样，包括参与 DNA 复制、基因沉默、RNA 转录合成、转录后加工、RNA 稳定、蛋白质翻译合成、蛋白质稳定、蛋白质靶向转运（表 14-6）。

3. 非编码 RNA 作用机制　已经阐明的包括以下几方面：

（1）通过碱基配对与靶核酸结合。例如：真核生物的核仁小 RNA 与 rRNA 修饰位点旁序列结合，大肠杆菌的 OxyS RNA 与 SD 序列结合。

（2）是靶核酸结构类似物。例如：大肠杆菌 RNA 聚合酶把 6S RNA 误认成启动子，70S 核糖体把 tmRNA 误认成 tRNA 和 mRNA。

（3）作为核蛋白组分，例如信号识别颗粒 RNA。

（4）具有催化活性，例如 RNase P。

功能基因组学将为我们阐明人类基因组信息的逻辑构架，基因结构与功能的关系，信号转导的机制，细胞增殖、分化和凋亡的机制，神经活动和脑功能的机制，个体生长、发育、衰老和死亡的机制，疾病发生、发展的机制等奠定基础。

第四节 蛋白质组学

蛋白质组的概念由澳大利亚学者 Wilkins 于 1994 年提出，并仿造了一个混成词 proteome。因为蛋白质是基因编码的产物，所以蛋白质组似乎可以被简单地理解成是由一个基因组编码的全部蛋白质。然而，至少有一个事实告诉我们蛋白质组与基因组绝不是简单的对应关系：蛋白质组既有细胞特异性甚至细胞器特异性，又有条件特异性；而基因组只有物种特异性，没有细胞特异性，更没有条件特异性。因此应该从多个层面动态地理解**蛋白质组**，即一个个体、一种组织、一种细胞、一种细胞器或一种体液在一定的生理或病理状态下所拥有的全部蛋白质。

蛋白质组学的概念由瑞士学者 James 于 1997 年提出，并仿造了一个混成词 proteomics。**蛋白质组学**应用组学技术研究一定条件下的蛋白质组，包括组成、结构规律、分布、相互作用、功能和条件变异等，建立和应用蛋白质信息数据库。

一、蛋白质组学内容

蛋白质组学高通量、全方位、多层次、动态研究蛋白质组。

1. 分析蛋白质丰度 利用双向凝胶电泳技术、蛋白质印迹技术、蛋白质芯片技术、抗体芯片技术、免疫共沉淀技术，分析特定细胞在特定时间和特定条件下的蛋白质组图谱，即所含蛋白质的种类和丰度，研究基因表达的特异性及疾病相关性。

2. 揭示蛋白质结构 阐明蛋白质功能的一个重要前提是揭示其空间结构。蛋白质组学应用质谱技术、X 射线衍射技术和核磁共振技术等在蛋白质组水平研究蛋白质的空间结构信息，建立数据库，通过信息分析揭示一级结构决定空间结构的规律，最终可以预测蛋白质的空间结构。

3. 阐明蛋白质功能 系统应用中和抗体、小分子化合物等方法干预蛋白质的活性或使蛋白质失活，观察对某一生命活动过程的影响，从而阐明蛋白质功能模式。

4. 研究蛋白质作用 几乎所有生命活动的化学本质都是蛋白质作用，既包括辅基的结合、亚基的组装，更包括蛋白质 – 蛋白质、蛋白质 – 核酸、酶 – 底物、抗体 – 抗原、受体 – 配体等相互作用。因此，蛋白质组学应用双杂交技术、表面展示技术等研究蛋白质作用，可以绘制蛋白质作用图谱，阐明蛋白质在代谢途径和调控网络中的作用，以获得对生命活动的全景式认识。

二、蛋白质组学特点

DNA 只是遗传信息的载体，蛋白质才是生命活动的主要执行者。蛋白质组的多样性和动态性使蛋白质组学研究要比基因组学研究复杂得多。因此，基因组学只是组学研究的起步，蛋白质组学才是组学研究的核心。

1. 蛋白质组不是基因组的映射 人类基因组有 95% 基因在转录时存在选择性剪接，平均每个基因指导合成三种 mRNA。

2. **蛋白质组也不是 mRNA 组的映射** mRNA 组展示了一定条件下细胞内 mRNA 的种类及每种 mRNA 的相对丰度。它并不与蛋白质组一致，因为 mRNA 的翻译效率及寿命并不与其编码的蛋白质的翻译后修饰效率及寿命对应。

3. **蛋白质组具有多样性** 不同组织细胞的蛋白质组不尽相同，因为基因表达具有组织特异性。相比之下，基因组具有统一性，同一个体不同组织细胞的基因组完全一样。

4. **蛋白质组具有动态性** 一种组织细胞的蛋白质组在不同发育阶段、不同代谢条件下不尽相同，并且直接决定了组织细胞的表型，这是因为基因表达具有时间特异性、条件特异性。相比之下，基因组具有稳定性。

5. **蛋白质组包含翻译后修饰信息** 蛋白质的翻译后修饰对蛋白质的功能至关重要，所有蛋白质在合成之后一直经历着各种修饰，许多代谢调节也是通过调节蛋白质的翻译后修饰实现的。

6. **蛋白质组学研究更接近生命活动的本质和规律** 蛋白质是生物体的结构基础，是生命活动的主要执行者和体现者。蛋白质组的变化直接反映了生命现象的变化。研究蛋白质组可以更全面、细致、直接地揭示生命活动的规律。

三、蛋白质组学应用

分析比较正常人与患者完整的、动态的蛋白质组图谱，可以发现在疾病不同发展阶段蛋白质水平的差异，找到某些特异性蛋白质分子，作为疾病的分子标志或药物靶点，指导建立诊断指标，设计治疗方案。

1. **病理研究** 阐明人类各种疾病的发病机制。

疾病发病机制目前是蛋白质组学研究的一个薄弱环节，至今发现的疾病相关蛋白质仍然不多，许多疾病的发病机制尚未阐明。蛋白质组学研究通过比较正常状态下和病理状态下的细胞和组织的蛋白质组图谱，即分析蛋白质在表达部位、表达水平、修饰状态上的差异，发现疾病相关蛋白质甚至疾病特异蛋白，进一步研究这些蛋白质可能存在的结构变化及导致的功能变化，可以为阐明发病机制提供信息。

2. **疾病诊断** 包括疾病的筛查、分期、分型等。

所有疾病在表型显示之前已经有一些蛋白质发生变化。因此寻找疾病相关蛋白质，特别是疾病标志蛋白，对于疾病诊断和药物筛选等具有重要意义。单纯的遗传分析很难诊断多因素疾病，可靠的诊断和有效的治疗应当基于对机体生长发育过程的调控和失控的认识，同时必须考虑环境因素的影响。蛋白质组研究是寻找疾病标志蛋白最有效的方法，在肿瘤、阿尔茨海默病等人类重大疾病的诊断方面已经显示出诱人前景（表 14-7）。

3. **疾病治疗** 例如病程分析、治疗方案及手术时机的确定等。

与 DNA 多态性相比，蛋白质组图谱直接反映代谢的个体差异，可以为处方医生提供基本信息，设计个体化治疗方案，提高疗效，避免不良反应。

表 14-7 部分肿瘤的标志蛋白

分子标志	疾病
已经确定的标志蛋白	
①肿瘤抗原 125（CA125）	卵巢癌
②癌胚抗原（CEA）	乳腺癌，结肠癌，胰腺癌，肺癌
③甲胎蛋白（AFP）	肝癌，睾丸癌
④前列腺特异性抗原（PSA）	前列腺癌
蛋白质组学技术发现的标志蛋白	
①RhoGDI，Glx I，FKBP12	浸润性卵巢癌
②膜联蛋白 I	早期前列腺癌和食道癌
③Hsp27，Hsp60，Hsp90，PCNA，transgelin，RS/DJ-1	乳腺癌
④PGP9.5，角蛋白	肺癌
⑤Hcc-1，核纤层蛋白 B1，肌氨酸脱氢酶	肝癌
⑥Op18，NDKA	白血病
⑦Hsp70，S100-A9，S100-A11	结肠癌
⑧角蛋白，银屑素	膀胱癌

4. 新药研发 蛋白质组学应用于新药研发是最有希望的。如果通过蛋白质组学信息确定某种蛋白质是疾病相关蛋白质，就可以根据其空间结构信息设计药物，对其生物活性进行干预。例如：一个分子如果能与酶的活性中心不可逆结合，就可以抑制其活性，这就是药物发现模式之一。

通过对比药物治疗前后蛋白质组差异，可以评价先导化合物结构与活性的关系，研发高活性药物。

在病原体研究方面，蛋白质组学技术可以用于病原体鉴定、疫苗研制和新药研发。例如：幽门螺杆菌感染与慢性胃炎、胃和十二指肠溃疡有关，研究表明该菌有 32 个蛋白质点可以与阳性血清特异性结合，其中某些蛋白质可以用于疫苗研制。

在中药品质鉴定中，蛋白质芯片技术与药用植物化学结合，可以用于药用植物种群和个体的鉴别。

蛋白质组学虽然还是一门新兴学科，但已经成为当今生命科学领域的前沿学科。蛋白质组学不仅可以与基因组学衔接，揭示生命活动的规律和本质；更可以研究人类各种疾病的分子基础以及发生和发展的机制。

第五节 代谢组学

人类认识生命现象，最初是在整体水平上对个体表型的认识，之后深入到组织器官水平和细胞水平，随着生物化学和分子生物学等学科的发展，开始在分子水平上认识生命现象，并发现了从 DNA 经 mRNA 到蛋白质再到代谢和表型的生物信息流。

如果要分析一个细胞或个体在不同环境条件和生理状态下所含代谢物的种类和浓

度，我们会发现代谢物与基因、蛋白质并没有简单的对应关系。生命活动是一个复杂的代谢网络，这个网络随着环境的变化在不断地调整。因此，现阶段对生命现象的进一步理解需要上升到对整个细胞或个体全部生物化学过程的认识这一层次，即对各种基因表达产物和物质代谢产物进行综合分析，对众多的研究数据进行整合，实现系统性认识，从而由分子生物学时代进入系统生物学时代，代谢组学应运而生。

代谢组学（metabonomics）通过组群指标分析、高通量检测和数据处理，研究生命体系受到环境影响、物质干扰，生理出现扰动或基因发生变异时，生物体整体或组织细胞代谢系统表现出的各种动态变化及其变化规律，从整体水平上评价生命体系的功能状态及其变化。因此，如果说基因组学、转录组学和蛋白质组学能够预测可能发生的事件，代谢组学则研究已经发生和正在发生的事件。代谢组学已经成为生物学与医药学的研究热点，作为系统生物学的核心组学，通过与其他组学数据整合，构建系统生物学数据库，对生命体系进行定量化和系统化研究，为深入认识生命现象，也为研究中医药提供新思路和新方法。

一、代谢组学概述

代谢组学研究的是基因、环境、营养、时间、病因、药物等诸多因素综合作用于机体时的系统反应。代谢组学研究需要借助先进的分析技术、高通量的分析方法以及系统科学的理论和方法。

2005 年 1 月，加拿大科学家 Wishart 发起**人体代谢组计划**（Human Metabolome Project）。目前的**人体代谢组数据库**（HMDB3.5）包括 41514 种代谢物、约 1600 种药物及其代谢物、约 3100 种毒素及环境污染物、约 28000 种食物成分及食物添加剂的代谢信息。

（一）代谢组学的建立

20 世纪 80 年代，一些科技工作者开展了对动物尿液进行质谱分析从而确定其代谢物的动态变化的研究，初步体现出代谢组学研究的思路。1997 年，Fiehn 提出 "metabolomics" 的概念，指的是细胞内的代谢物组学；1999 年，Nicholson 提出 "metabonomics" 的概念，指的是动物体液和组织中的代谢组学，也就是目前代谢组学概念的基础。

（二）代谢组学的基本概念

代谢组学所研究的代谢物是指在生命过程中产生的小分子代谢物。

代谢组（metabolome）是指在一定生理状态下，特定细胞、组织、器官或个体中所有小分子代谢物的集合。

代谢指纹分析（metabolic fingerprinting）是对不同的生物样品进行整体性定性分析，通过比较图谱差异对样品进行快速鉴别和分类。

代谢通量组（fluxome）是在功能与表型关系的研究中，从代谢工程学角度，对复杂生物代谢网络的代谢物流量进行数学动态模拟、计算和定量分析。

生物标志物（biomarker）是对相关生命状态（如疾病等）具有指示作用的物质或现象，如某些特异抗原、生物发光等。它可以准确定量，并且它的水平与生命状态相关，即在健康状态、病理状态下，甚至接受治疗前后是不一样的。通过对生物标志物功能进行分析和确认，最终可以完成对代谢机制和生命现象的整体认知和系统解析。

（三）代谢组学的研究方法

代谢组学的研究方法是以高通量、大规模实验方法和计算机统计分析为特征的，具有"整体性研究"和"动态性研究"的特点。

代谢组学研究过程包括三个部分：前期的样品制备，中期的代谢产物分离、检测与鉴定，后期的数据分析与模型建立（表14-8）。

表14-8　代谢组学研究方法

流程	内容	流程	内容
（1）样品采集	血液，尿液，组织，其他	（5）数据分析	主成分分析，聚类分析，其他
（2）样品处理	灭活，预处理	①代谢指纹分析	找出生物标志物
（3）成分分离	气相色谱，液相色谱，电泳，其他	②数据库与专家系统	给出事件相应的规律
（4）成分分析	质谱，核磁共振，红外光谱，紫外光谱，其他	③机制分析	分析事件的机制，给出干预的方法

1. 样品制备　根据研究对象确定样品制备方法，样品可以是细胞、组织或体液。具体步骤包括样品采集、灭活和预处理。在样品处理和测试分析过程中应尽量保留和体现样品中完整的代谢组信息，使分析结果的差异主要体现样品的内在差异，所以对生物样品的采集、灭活、储存、预处理和仪器分析等环节已经提出了标准化的要求。

2. 代谢产物分离、检测与鉴定　在代谢组学研究中，需要分析的小分子代谢物种类多、理化性质差异大、含量少并且动态范围宽（高低相差 $10^7 \sim 10^9$ 倍）、时空分布差异明显，所以代谢组学分析要做到无损、灵敏、快速、精确、特异、原位、动态、高通量。目前采用的分离分析技术有色谱、质谱、核磁共振等，其中色谱 – 质谱联用技术和核磁共振技术最常用。

（1）色谱 – 质谱联用技术：色谱 – 质谱联用技术的优势是具有很高的灵敏度，可以同时对多种化合物进行快速分析与鉴定，检测动态范围较宽。例如：气相色谱 – 质谱联用技术（GC-MS）是用气相色谱技术分离混合物，分离组分用质谱技术鉴定。液相色谱 – 质谱联用技术（LC-MS）进一步简化了样品处理步骤，能够鉴定和分析含量极低的代谢物。近年来，随着分析技术的发展，新的质谱技术不断涌现。

（2）核磁共振技术：核磁共振技术（NMR）可以在接近生理状态下分析样品，无需样品处理，无损样品结构，可以动态测定，因而可以分析完整器官或组织细胞内的各种微量代谢物。特别值得一提的是：新发展的魔角旋转（MAS）、活体磁共振波谱（*in vivo* MRS）和磁共振成像（MRI）等技术能够无创、整体、快速地获得活体指定部位的核磁共振谱，直接鉴别和解析其中的化学成分。^{1}H-MAS-NMR 技术已经成功地应用于肝脏、肾脏、心脏、肠道等实体组织的分析。

3. 数据分析与模型建立　目的是找到生物标志物，建立相应的模型。数据分析主要包括原始数据采集和处理，运用化学计量学理论和多元统计分析方法对获得的多维数据进行压缩降维和归类分析，从中发现生物标志物等有用信息。要求做到数据采集完整，数据处理有效、快速，能够完成多维技术联用。

从分析仪器得到的原始图谱信息量大、噪音复杂，还有基线漂移和测试重现性等问题，不能直接分析，可以先进行前处理，即对原始图谱进行分段积分、滤噪、峰匹配、标准化和归一化等。

解决复杂体系中归类问题和标志物鉴别的主要手段是模式识别，常用无监督学习方法和有监督学习方法。

（1）**无监督学习**（unsupervised learning）：这类方法适用于缺少有关样品分类的信息，需要在原始图谱信息采集和处理之后，根据样品间的相似性对样品进行归类，得到分类信息，并将得到的分类信息和样品的原始信息（例如药物的靶点或疾病的种类等）进行比较，建立代谢产物的分类信息与原始信息之间的联系，筛选与原始信息相关的标志物，进而研究其中的代谢途径。应用较多的方法是**主成分分析法**（PCA），该方法的目标是用较少的独立主成分综合体现原多维变量中蕴含的绝大部分整体信息。

（2）**有监督学习**（supervised learning）：这类方法用于建立已有类别之间的数学模型，突出各类样品之间的差异，并利用建立的多参数模型对未知样品的类别进行预测。

此外，可以利用各种数据库，特别是代谢途径数据库，帮助分析及建模。

在上述分析的基础上，可以针对样品的原始信息和所建立的模型，给出对样品进行系统定性定量分析的全套解决方案，即为**专家系统**（ES）。

总之，通过以上工作，可以判断生物体的代谢状态、基因功能、药物毒性和药效等，找出相关的生物标志物。

（四）代谢组学技术的整合

现有分析技术都有各自的利弊和适用范围，通过整合运用代谢组学技术，可以对机体中不同来源的生物样品进行分析和数据比较，完成综合评价。

1. 分析技术联用　例如：将气相色谱 – 质谱联用技术与液相色谱 – 质谱联用技术联合应用，得到对有关代谢物组分更全面的了解。

2. 分析数据整合　运用数学统计方法对不同代谢组数据进行整合。例如：气相色谱 – 质谱联用分析数据与液相色谱 – 质谱联用分析数据整合，核磁共振分析数据与超高效液相色谱 – 质谱联用（UPLC-MS）分析数据整合。

在以上工作的基础上，将机体不同样品的代谢组学分析整合起来，完成整体水平的代谢组学分析。

二、代谢组学与其他组学的联系

基因组决定着生物个体的生长、发育、表型和代谢，但生物个体的生长、发育、表型和代谢还受环境因素的影响。

转录组反映基因表达过程中 RNA 的代谢状况，基因转录、转录后加工、RNA 降解等环节均受到调控，并受基因组、蛋白质组、代谢网络、饮食、体内微生物和药物等因素的影响。

蛋白质组反映基因表达过程中蛋白质的代谢状况，蛋白质的合成和修饰、转运和降解等环节均受到调控，并受基因组、转录组、代谢网络、饮食、体内微生物和药物等因素的影响。

代谢组作为生物信息流的终端结果，与基因组、转录组、蛋白质组均有密切联系，并受饮食、体内微生物和药物等因素的影响（图 14-1）。

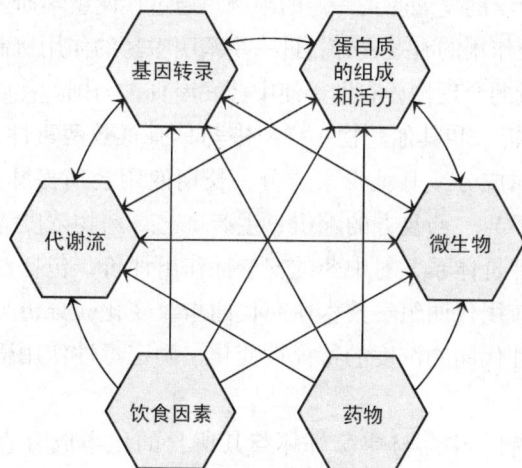

图 14-1　代谢组与诸多因素相互影响

基因组、转录组、蛋白质组与代谢组是生物信息传递的几个阶段，可以运用代谢组学的研究成果建立相应的数据库和专家系统，并且与其他组学的数据库相互整合，建立基因突变、基因表达和代谢扰动之间的内在联系，在整体水平上系统地认知生命。

三、代谢组学在中医药研究中的应用

通过与其他组学联合，代谢组学不仅已经应用于疾病诊断和疾病治疗、靶点确证和新药研发等，也开始应用于中医药研究。

（一）代谢组学与中医理论

代谢组学通过研究体内小分子代谢物的动态变化揭示机体的生理病理变化趋势和变化机制。中医诊疗的特点是充分考虑人体内在反应与外在表现的联系，具有整体观、动态观和辨证观的特点。

中医的"证"是指在一种或多种致病因子的影响下，机体各系统及与内外环境的相互关系发生紊乱所产生的综合反应。代谢组学能够针对特定的证候对机体进行全面研究及动态研究，识别和分析各种代谢物，找出该证候代谢指纹的特征，建立符合中医证候的模型，所以代谢组学技术的应用有利于使中医学更加客观化、标准化，避免人为因素产生误诊。

（二）代谢组学与中药研究

在中药研究中，目前代谢组学技术主要用于研究中药对代谢的影响，研究中药的药理、毒理和安全性，建立中药材质量评价标准等。

1. 中药药理研究 中药具有多组分、多靶点、多层次、多途径的作用特点，与代谢组学的整体性特点相吻合。方剂配伍是中医治病的主要手段，组方灵活多变，每因一药的增减或用量的不同即可有不同的疗效。由于复方有效成分极其复杂，配伍原则和效应机制不甚明确，中医治疗学的发展受到一定的限制。通过代谢组学研究方药对机体的整体影响，寻找方药中起主要作用的有效成分，进一步阐明中药的作用机制，包括确证药物靶点或受体，反证方药组成的合理性，有助于使中药发展真正与国际接轨，实现中药现代化。

2. 中药安全性分析 和其他药物一样，中药具有毒效两重性。因为化学成分复杂，有些中药还含有重金属成分或其他毒素成分，长期使用会损害肝肾等。值得注意的是：现代中成药的安全性还与中药复方的配伍、生产工艺、药物浓度等因素有关。因此，必须建立整体、动态的评价体系，对中药的安全性作出评价，包括对其副作用成分进行标识和控制。为此可以应用代谢组学技术研究代谢指纹变化，分析与毒性作用靶点及作用机制密切相关的内源性代谢物浓度的特征性变化，确定毒性作用靶点、毒性作用过程以及生物标志物。

3. 中药材质量控制 中药材质量好坏与其所含的化学成分直接相关，中药材的成分复杂，其组成和含量受中药材的品种、产地、气候、加工方法、储藏条件等多种因素的影响，所以中药材的质量控制是中药研发中的一个难点。利用代谢组学技术分析中药材中各化学成分的含量及状态变化，建立数据库和专家系统，从而制定中药材质量评价标准，可以促进中药材评价的规范化、自动化和现代化。

小　结

人类基因组计划的核心内容是解析人类基因组图谱，包括遗传图谱、物理图谱、转录图谱、序列图谱，所用的位标是限制性片段长度多态性、短串联重复序列、序列标签位点、表达序列标签、单核苷酸多态性等。

基因组学是研究基因组的组成、结构、功能及表达产物的学科，是揭示生命全部信息的前沿学科。基因组学主要研究内容包括结构基因组学、功能基因组学、比较基因组学。基因组学研究改变了生命科学的研究模式，体现在疾病遗传基础研究、疾病易感性研究、肿瘤研究等方面。

药物基因组学是药理学与基因组学的结合，在基因组水平上研究不同个体和群体遗传因素的差异对药物反应的影响，探讨个体化用药及以特殊群体为对象的新药研发，最终目标是实现药物设计与应用的个体化，即根据个体遗传特征设计特异性药物和有效性方案。

功能基因组学研究基因组中全部基因序列和非基因序列功能、包括基因表达及其调控。它利用基因组所提供的大量信息，借助大规模、高通量、自动化的分析技术及生物信息学平台，在整体规模上全面系统地研究基因组。

转录组学是功能基因组学的一个分支，研究基因表达调控，诊断疾病，寻找诊断标志和药物靶点等。

RNA 组学在基因组水平研究细胞内全部非编码 RNA 的结构与功能，从而阐明其生物学意义。

蛋白质组学应用组学技术研究一定条件下的蛋白质组，包括组成、结构规律、分布、相互作用、功能和条件变异等，建立和应用蛋白质信息数据库。蛋白质组学可以应用于病理研究、疾病诊断、疾病治疗、新药研发等。

代谢组学通过组群指标分析、高通量检测和数据处理，研究生命体系受到环境影响、物质干扰，生理出现扰动或基因发生变异时，生物体整体或组织细胞代谢系统表现出的各种动态变化及其变化规律，从整体水平上评价生命体系的功能状态及其变化。

附录一　缩写符号

3′-UTR	3′-untranslated region	3′非翻译区
4E-BP1	eIF-4E binding protein 1	eIF-4E 结合蛋白 1
5′-UTR	5′-untranslated region	5′非翻译区
6-FAM	6-carboxyfluorescein	6-羧基荧光素
AA	amino acid	氨基酸，肽链长度单位
AAD	acidic activation domain	酸性激活域
ABCC8	ATP-binding cassette sub-family C member 8	ATP 结合盒转运蛋白 C 亚家族蛋白 8（磺酰脲类受体 1）
AC	adenylate cyclase	腺苷酸环化酶
ACE	angiotensin-converting enzyme	血管紧张素转化酶
ACTH	adrenocorticotropic hormone	促肾上腺皮质激素
ADA	adenosine deaminase	腺苷脱氨酶
ADD	adducin	内收蛋白
AFLP	amplified fragment length polymorphism	扩增片段长度多态性
AGTR	angiotensin receptor	血管紧张素受体
AHF	antihemophilic factor	抗血友病因子
AIA	anti-insulin antibody	胰岛素抗体
AIDS	acquired immune deficiency syndrome	获得性免疫缺陷综合征
ALP	alkaline phosphatase	碱性磷酸酶
AME	apparent mineralocorticoid excess	盐皮质激素增多症
AMH	anti-müllerian hormone	抗苗勒管激素
Amp	ampicillin	氨苄西林，氨苄青霉素
AMV	avian myeloblastosis virus	禽成髓细胞性白血病病毒
ANP	atrial natriuretic peptide	心钠素，心房钠尿肽
ANXA1	Annexin A1	膜联蛋白 A1

AP	ammonium persulfate	过硫酸铵
AP-1	activator protein 1	激活蛋白1，一种转录因子
APC	adenomatosis polyposis coli tumor suppressor	结肠腺瘤性息肉病蛋白
APC	antigen-presenting cell	抗原提呈细胞
ApoB	apolipoprotein B	载脂蛋白 B
APP	amyloid precursor protein	淀粉样前体蛋白
Ara	arabinose	阿拉伯糖
aRPA	alternative replication protein A complex	选择性复制蛋白 A 复合物
ARS	autonomously replicating sequence	自主复制序列
ASGP	asialoglycoprotein	去唾液酸糖蛋白
ASGR	asialoglycoprotein receptor	去唾液酸糖蛋白受体
ASO	allele-specific oligonucleotide	等位基因特异性寡核苷酸探针
ASOH	allele specific oligonucleotide hybridization	等位基因特异性寡核苷酸杂交法
AS-PCR	allele-specific PCR	等位基因特异性 PCR
asRNA	antisense RNA	反义 RNA
ASS	argininosuccinate synthetase	精氨酸代琥珀酸合成酶
BAC	bacterial artificial chromosome	细菌人工染色体
Bad	Bcl-2-associated death promoter	Bcl-2 家族的一种促凋亡蛋白
BAP	bacterial alkaline phosphatase	细菌碱性磷酸酶
BCIG	5-bromo-4-chloro-3-indolyl-beta-D-galactopyranoside	5-溴-4-氯-3-吲哚-β-D-半乳糖苷
Bcl-2	B cell leukemia/lymphoma-2	原癌基因 bcl-2 编码的一种抗凋亡蛋白
bHLH	basic helix-loop-helix	碱性螺旋－环－螺旋
BMP	bone morphogenetic protein	骨形态发生蛋白
bp	base pair	碱基对，双链核酸长度单位
BSE	bovine spongiform encephalopathy	牛海绵状脑病
BTK	Bruton tyrosine kinase	一种蛋白酪氨酸激酶
C/EBP	CAAT/enhancer-binding protein	CAAT/增强子结合蛋白
CAD	coronary artery disease	冠心病
CaM	calmodulin, calcium modulated protein	钙调蛋白
CaMK	CaM kinase	钙调蛋白激酶
CANP	calpain	钙蛋白酶
CAP	catabolite gene activator	分解代谢物基因激活蛋白

CBP/p300	CREB binding protein	CREB 结合蛋白，一种组蛋白乙酰转移酶
cccDNA	covalently closed circular DNA	共价闭合环状 DNA
CCR5	CC chemokine receptor 5	趋化因子受体 5
CD	cytosine deaminase	胞嘧啶脱氨酶
CDK	cyclin-dependent kinase	周期蛋白依赖性激酶
cDNA	complementary DNA	互补 DNA
Cdt1	cdc10-dependent transcript 1	Cdc10 依赖性转录因子 1，DNA 复制因子 1
CEN	centromere	着丝粒
CFTR	cystic fibrosis transmembrane conductance regulator	囊性纤维化跨膜转导调节因子
CGL	congenital generalized lipodystrophy	先天性全身性脂肪营养不良
CIP	calf intestinal alkaline phosphatase	牛小肠碱性磷酸酶
CLD	chronic liver disease	慢性肝病
cM	centimorgan	厘摩
CML	chronic myelogenous leukemia	慢性粒细胞白血病
co-Smad	common partner Smad	协同型转录因子 Smad
CPC	closed promoter complex	闭合复合物
CPE	core promoter element	核心启动子元件
CRE	cAMP-response element	cAMP 应答元件
CREB	CRE-binding protein	cAMP 应答元件结合蛋白
CRP	cAMP receptor protein	cAMP 受体蛋白
cRPA	canonical replication protein A complex	典型复制蛋白 A 复合物
CTD	carboxy-terminal domain	羧基端结构域
CTF	CCAAT-box-binding transcription factor	CCAAT 盒结合转录因子
CTLA-4	cytotoxic T lymphocyte-associated antigen 4	细胞毒性 T 细胞相关抗原 4
CXCR4	CXC chemokine Receptor 4	趋化因子 CXC 亚家族受体 4
Cy	cyanine	花青素
CYP	cytochrome P450	细胞色素 P450
DAG	diacylglycerol	甘油二酯
Dam	DNA adenine methylase	DNA 腺嘌呤甲基化酶
DBD	DNA-binding domain	DNA 结合域
Dbf4	Dumbbell forming protein 4	CDC7-DBF4 蛋白激酶（DDK）的调节亚基

Dcm	DNA cytosine methylase	DNA 胞嘧啶甲基化酶
DDK	Dbf4-dependent kinase	Dbf4 依赖性激酶
D-FISH	dual-color and dual-fusion fluorescence *in situ* hybridization	双色双融合荧光原位杂交
DHFR	dihydrofolate reductase	二氢叶酸还原酶
DKA	diabetic ketoacidosis	酮症酸中毒
DM	diabetes mellitus	糖尿病
DM	double minute	双微体
DMD	Duchenne muscular dystrophy	Duchenne 型肌营养不良症
DMSO	dimethyl sulphoxide	二甲基亚砜
DNA	deoxyribonucleic acid	脱氧核糖核酸
DPE	downstream promoter element	下游启动子元件
DR	direct repeat	同向重复序列
DRIP	vitamin D receptor interacting protein	维生素 D 受体相互作用蛋白
dscDNA	double-stranded complementary DNA	双链互补 DNA
dsRNA	double-stranded RNA	双链 RNA
E2F	E2 promoter binding factor	一组细胞周期依赖性转录因子
EB	ethidium bromide	溴化乙锭
E-box	enhancer box sequence	E 盒，一种增强子序列
EBV	Epstein-Barr virus	EB 病毒
ECE	endothelin-converting enzyme	内皮素转化酶
EDTA	ethylenediaminetetraacetic acid	乙二胺四乙酸
eEF	eukaryotic elongation factor	真核生物延伸因子
EF	elongation factor	延伸因子
EGF	epidermal growth factor	表皮生长因子
EGFR	epidermal growth factor receptor	表皮生长因子受体
eIF	eukaryotic initiation factor	真核生物翻译起始因子
EIF-2AK	eukaryotic translation initiation factor 2-alpha kinase	EIF-2α 激酶
ELISA	enzyme-linked immunosorbent assay	酶联免疫吸附测定
ENaC	epithelial Na^+ channel	上皮细胞钠通道
Endo I	endonuclease I	内切核酸酶 I
eNOS	endothelial nitric oxide synthase	内皮细胞一氧化氮合酶

EPO	erythropoietin	促红细胞生成素
EPO-R	erythropoietin receptor	促红细胞生成素受体
ErbB	epidermal growth factor receptor	表皮生长因子受体
ErbB2	human epidermal growth factor receptor 2/ neuroglioblastoma	表皮生长因子受体 2
eRF	eukaryotic release factor	真核生物翻译终止释放因子
ERK	extracellular signal-regulated kinase	胞外信号调节激酶，即 MAPK
ES	expert system	专家系统
EST	expressed sequence tag	表达序列标签
ET	endothelin	内皮素，内皮肽，内皮缩血管肽
ETS	external transcribed sequence	外转录间隔区
Exo I	exonuclease I	外切核酸酶 I
Exo VII	exonuclease VII	外切核酸酶 VII
Exo X	exonuclease X	外切核酸酶 X
F VIII	coagulation factor VIII	凝血因子 VIII
FATP	fatty acid transport protein	脂肪酸转运蛋白
FBS	Fanconi-Bickel syndrome	Fanconi-Bickel 综合征
FDB	familial defective ApoB-100	家族性 ApoB-100 缺陷症
FEN1	flap endonuclease 1	Flap 内切核酸酶
FFI	fatal familial insomnia	致死性家族性失眠
FGF	fibroblast growth factor	成纤维细胞生长因子
FH	familial hypercholesterolemia	家族性高胆固醇血症
FHH	familial hyperkalemia and hypertension	家族性高钾性高血压
FISH	fluorescence *in situ* hybridization	荧光原位杂交
FITC	fluorescein isothiocyanate	异硫氰酸荧光素
FSH	follicle-stimulating hormone	卵泡刺激素
FSHD	facio scapulo humeral muscular dystrophy	面肩肱肌营养不良
G418	Geneticin	遗传霉素
GADA	glutamic acid decarboxylase autoantibody	谷氨酸脱羧酶抗体
GAP	GTPase activating protein	GTP 酶激活蛋白
GC	glucocorticoid	糖皮质激素
GCK	glucokinase	葡萄糖激酶
GC-MS	gas chromatography-mass spectrometry	气相色谱 - 质谱联用法

G-CSF	granulocyte-colony stimulating factor	粒细胞集落刺激因子
GCV	ganciclovir	更昔洛韦，丙氧鸟苷
GD	glutamine-rich domain	富含谷氨酰胺域
GDI	guanine nucleotide dissociation inhibitor	鸟苷酸解离抑制因子
GDM	gestational diabetes	妊娠期糖尿病
GEF	guanine nucleotide exchange factor	鸟苷酸交换因子
GL-R	glucagon receptor	胰高血糖素受体
GLUT	glucose transporter	葡萄糖转运蛋白
GPCR	G protein-coupled receptor	G 蛋白偶联受体
GR	glucocorticoid receptor	糖皮质激素受体
GRA	glucocorticoid-remediable aldosteronism	糖皮质激素可抑制性醛固酮增多症
GRB2	growth factor binding protein 2	生长因子结合蛋白 2
GRE	glucocorticoid receptor responsive element	糖皮质激素受体应答元件
GRK	GPCR kinase	G 蛋白偶联受体激酶
gRNA	guide RNA	指导 RNA
GSK3	glycogen synthase kinase 3	糖原合酶激酶 3
GSP	gene specific primer	基因特异性引物
G_t	transducin	转导素
Hb	hemoglobin	血红蛋白
HBcAg	HBV core antigen	乙型肝炎核心抗原
HBeAg	HBV external core antigen	分泌型核心抗原，前核心抗原
HbS	sickle cell anemia hemoglobin	镰状细胞贫血血红蛋白
HBsAg	HBV surface antigen	乙型肝炎表面抗原
HBV	hepatitis B virus	乙型肝炎病毒
HBxAg	HBV X protein	乙型肝炎 X 抗原
HCC	hepatocellular carcinoma	原发性肝细胞癌
HCG	human chorionic gonadotropin	人绒毛膜促性腺激素
HCMV	human cytomegalovirus	人巨细胞病毒
HCV	hepatitis C virus	丙型肝炎病毒
hDNA2	DNA replication ATP-dependent helicase/ nuclease DNA2	一种解旋酶
HER2/neu	human epidermal growth factor receptor 2/ neuroglioblastoma	表皮生长因子受体 2

HGF	hepatocyte growth factor	肝细胞生长因子
HGP	Human Genome Project	人类基因组计划
HHV	human herpesvirus	人类疱疹病毒
HIV	human immunodeficiency virus	人类免疫缺陷病毒
HLA	human leukocyte antigen	人类白细胞抗原
HLH	helix-loop-helix	螺旋－环－螺旋
HLPP1B	hyperlipoproteinemia type 1B	ⅠB型高脂蛋白血症
HLPP3	hyperlipoproteinemia type 3	Ⅲ型高脂蛋白血症
HNF-4α	hepatocyte nuclear factor 4 α	肝细胞核转录因子4α
HNPCC	hereditary nonpolyposis colorectal cancer	遗传性非息肉病性结直肠癌
HP	helicobacter pylori	幽门螺杆菌
HPV	human papillomavirus	人乳头瘤病毒
Hsp	heat shock protein	热休克蛋白，热激蛋白
HSR	homogeneously staining region	均染区
HSV	herpes simplex virus	单纯疱疹病毒
HTH	helix-turn-helix	螺旋－转角－螺旋
HTNB	hypertension and brachydactyly	高血压－短趾
IA-2A	islet antigen 2 antibody	胰岛细胞抗原2抗体
IBP	IRE-binding protein	铁应答元件结合蛋白
ICA	islet cell autoantibody	胰岛细胞抗体
IDDM	diabetes mellitus, insulin-dependent	胰岛素依赖型糖尿病
IEF	isoelectric focusing	等电点聚焦电泳
IF	initiation factor	起始因子
IFN	interferon	干扰素
IGF	insulin-like growth factor	胰岛素样生长因子
IGFBP1	insulin-like growth factor binding protein 1	胰岛素样生长因子结合蛋白1
IKATP	ATP-sensitive inward rectifier potassium channel	ATP敏感性内向整流钾通道
IKK	I kappa-B kinase	NF-κB抑制蛋白激酶
IL	interleukin	白细胞介素
Inr	initiator	起始子
INS	insulin	胰岛素
IP$_3$	Inositol 1,4,5-trisphosphate	1,4,5-三磷酸肌醇

IPTG	isopropyl β-D-thiogalactopyranoside	异丙基-β-D-硫代半乳糖苷
IR	insulin receptor	胰岛素受体
IR	inverted repeat	反向重复序列
IRE	iron responsive element	铁应答元件
IRS	insulin receptor substrate	胰岛素受体底物
IS	insertion sequence	插入序列
ISH	*in situ* hybridization	原位杂交
I-Smad	inhibitory Smad	抑制型转录因子 Smad
ITS	internal transcribed spacer	内转录间隔区
IUBMB	International Union of Biochemistry and Molecular Biology	国际生物化学与分子生物学联盟
IUPAC	The International Union of Pure and Applied Chemistry	国际纯粹与应用化学联合会
IκB	inhibitor of nuclear factor kappa-B	NF-κB 抑制蛋白
JAK	Janus kinase	一种蛋白激酶
kb	kilobase pair	千碱基对，核酸长度单位
kDa	kilodalton	千道尔顿，原（分）子量单位
Kir6.2	inward rectifier K⁺ channel	ATP 敏感性内向整流钾通道
LacI	lactose operon repressor	乳糖操纵子阻遏蛋白
LADA	latent autoimmune diabetes of adult	成人隐匿性自身免疫性糖尿病
LBD	ligand-binding domain	配体结合域
LC-MS	liquid chromatography-mass spectrometry	液相色谱 – 质谱联用法
LDLR	low density lipoprotein receptor	低密度脂蛋白受体
lDNA	linear DNA	线性 DNA
LD-PCR	long distance PCR	长距离 PCR
LEPRCH	leprechaunism	leprechaunism 综合征
LIDDS	Liddle's syndrome	Liddle 综合征
LINE	long interspersed element	长散在重复序列
lncRNA	long noncoding RNA	长链非编码 RNA
LPL	lipoprotein lipase	脂蛋白脂肪酶
LRP	LDL receptor-related protein	LDL 受体相关蛋白
LTR	long terminal repeat	长末端重复序列
LZ	leucine zipper	亮氨酸拉链

MALDI-TOF-MS	matrix assisted laser desorption ionisation time-of-flight mass spectrometry	基质辅助激光解吸电离飞行时间质谱技术
MAP	mitogen-activated protein	丝裂原活化蛋白
MAP2K	MAPK kinase	MAPK 激酶
MAP3K	MAPKK kinase	MAPKK 激酶
MAPK	mitogen-activated protein kinase	丝裂原活化蛋白激酶
MAPKK	MAPK kinase	MAPK 激酶
MAPKKK	MAPKK kinase	MAPKK 激酶
MAS	magic angle spinning	魔角旋转
Mb	megabase	兆碱基，核酸长度单位
MCM	minichromosome maintenance protein	微染色体维持蛋白
MCS	multiple cloning site	多克隆位点
MEK	mitogen-activated，ERK-activating kinase	MAPK 激酶
MELAS	mitochondrial myopathy, encephalopathy, lactic acidosis, and stroke-like syndrome	MELAS 综合征
MGMT	6-O-methylguanine-DNA methyltransferase	6-O 甲基鸟嘌呤甲基转移酶
MHA	major histocompatibility antigen	主要组织相容性抗原
MHC	major histocompatibility complex	主要组织相容性复合体
miRNA	microRNA	微 RNA
MLCK	myosin light chain kinase	肌球蛋白轻链激酶
MMLV	Moloney murine leukemia virus	Moloney 鼠白血病病毒
MMTV	mouse mammary tumor virus	鼠乳瘤病毒
MODY	maturity-onset diabetes of the young	青年发病的成年型糖尿病
MR	mineralocorticoid receptor	盐皮质激素受体
MRI	magnetic resonance imaging	磁共振成像
mRNA	messenger RNA	信使 RNA
mRNP	messenger ribonucleoprotein	信使核糖蛋白
mtDNA	mitochondrial DNA	线粒体 DNA
MTX	methotrexatum	甲氨蝶呤，氨甲蝶呤
nAChR	nicotinic acetylcholine receptor	烟碱型乙酰胆碱受体
ncRNA	non-coding RNA	非编码 RNA
NF1	nuclear factor 1	核转录因子 1，即 CTF
NFAT	nuclear factor of activated T cell	活化 T 细胞核因子

NF-κB	nuclear factor of kappa light polypeptide gene enhancer in B cell	B 细胞 κ 轻肽基因增强子核因子
NGF	nerve growth factor	神经生长因子
NLS	nuclear localization signal, nuclear localization sequence	核定位信号，核定位序列
NMR	nuclear magnetic resonance	核磁共振
NPC	nuclear pore complex	核孔复合体
nt	nucleotide	核苷酸，单链核酸长度单位
NTD	N-terminal domain	氨基端结构域
ocDNA	open circular DNA	开环 DNA
OPC	open promoter complex	开放复合物
ORC	origin recognition complex	复制起点识别复合物
ORF	open reading frame	开放阅读框
ori	origin of replication	复制起点
p70S6K	ribosomal protein S6 kinase	一种丝氨酸/苏氨酸激酶
PABP-1	poly(A) binding protein 1	poly(A)结合蛋白 1
PAGE	polyacrylamide gel electrophoresis	聚丙烯酰胺凝胶电泳
PAI-1	plasminogen activator inhibitor-1	纤溶酶原激活剂抑制物 1
PAK1	p21-activated kinase 1	一种蛋白丝氨酸/苏氨酸激酶，属于 MAP-KKK
PBS	phosphate buffer saline	磷酸盐缓冲溶液
PBS	primer binding site	引物结合位点
PCA	principal component analysis	主成分分析法
PCNA	proliferating cell nuclear antigen	增殖细胞核抗原
PCR	polymerase chain reaction	聚合酶链反应
PD	proline-rich domain	富含脯氨酸域
PDGF	platelet-derived growth factor	血小板源性生长因子
PDI	protein disulfide isomerase	蛋白质二硫键异构酶
PDK1	phosphoinositide dependent kinase 1	磷脂酰肌醇依赖性激酶 1
PEG	polyethylene glycol	聚乙二醇
pg	pictogram	皮克，质量单位，$1\text{pg} = 10^{-12}\text{g}$
pgRNA	pregenomic RNA	前基因组 RNA
PH	pleckstrin homology domain	PH 结构域

PHHI	familial persistent hyperinsulinemic hypoglycemia of infancy	婴儿家族性持续性高胰岛素性低血糖
PI	phosphatidylinositol	磷脂酰肌醇
$PI(4,5)P_2$	phosphatidylinositol 4,5-bisphosphate	磷脂酰肌醇-4,5-二磷酸
PI3K	phosphatidylinositol-3 kinase	磷脂酰肌醇 3 激酶
PI3KR	phosphoinositide 3-kinase regulatory subunit	磷脂酰肌醇 3 激酶调节亚基
PKA	protein kinase A	蛋白激酶 A
PKB	protein kinase B	蛋白激酶 B
PKC	protein kinase C	蛋白激酶 C
PKG	protein kinase G	蛋白激酶 G
PKR	dsRNA activated protein kinase	双链 RNA 激活的蛋白激酶
PKU	phenylketonuria	苯丙酮尿症
PLC	phospholipase C	磷脂酶 C
PNDM	permanent neonatal diabete	永久性新生儿糖尿病
PNP	purine nucleoside phosphorylase	嘌呤核苷磷酸化酶
POL	DNA polymerase	DNA 聚合酶
poly(A)	polyadenylic acid	多腺苷酸
PPAR-γ	peroxisome proliferator activated receptor gamma	过氧化物酶体增殖物激活受体
PPD	preaxial polydactyly	肢体内侧多趾症
PPI	peptidyl-prolyl isomerase	肽基脯氨酰顺反异构酶
PPT	polypurine tract	多嘌呤序列
pre-RC	pre-replication complex	复制前复合物
prion	proteinaceous infectious only	朊病毒
PRL	prolactin	催乳素
PrP	prion protein	朊病毒蛋白
PTK	protein tyrosine kinase	蛋白酪氨酸激酶
PV	polycythemia vera	真性红细胞增多症
PVDF	polyvinylidene fluoride	聚偏氟乙烯
qPCR	quantitative PCR	定量 PCR
R	purine	嘌呤
R	repetitive sequence	重复序列
Raf	rapidly accelerated fibrosarcoma	细胞癌基因 c-raf 编码的蛋白丝氨酸/苏氨酸激酶

Ran	ras-related nuclear protein	一种小分子 GTP 酶、小 G 蛋白
RBS	ribosomal binding site	核糖体结合位点
rDNA	recombinant DNA	重组 DNA
RE	responsive element	应答元件
RF	release factor	原核生物翻译释放因子
RF DNA	replicative form DNA	复制型 DNA
RFC	replication factor C	复制因子 C
RFLP	restriction fragment length polymorphism	限制性片段长度多态性
rhG-CSF	recombinant human granulocyte colony-stimulating factor	重组人粒细胞集落刺激因子
RMS	Rabson-Mendenhall Syndrome	Rabson-Mendenhall 综合征
RNA	ribonucleic acid	核糖核酸
RNAi	RNA interference	RNA 干扰
RPA	replication protein A	复制蛋白 A
RRE	Rev response element	Rev 应答元件
rRNA	ribosomal RNA	核糖体 RNA
R-Smad	receptor-regulated Smad	膜受体激活型转录因子 Smad
RSV	rous sarcoma virus	Rous 肉瘤病毒
RTK	receptor tyrosine kinase	受体酪氨酸激酶
RT-PCR	reverse transcriptionPCR	逆转录 PCR
rut	rho utilization	依赖 ρ 因子的终止子元件
RXR-α	retinoid X receptor alpha	视黄酸受体
RyR	Ryanodine receptor	兰尼碱受体
SAGE	serial analysis of gene expression	基因表达系列分析技术
SBH	sequencing by hybridization	杂交测序
SCF	Skp1/Cul1/F-box protein	一种 E3 泛素连接酶
SCID	severe combined immunodeficiency	重症联合免疫缺陷
SD	Shine-Dalgarno sequence	SD 序列
SDS	sodium dodecyl sulfate	十二烷基硫酸钠
SG	SYBR green	一种花青素类荧光染料
SH	subtractive hybridization	消减杂交技术
SH2	Src homology 2 domain	SH2 结构域
SH3	Src homology 3 domain	SH3 结构域

Ski	Sloan-Kettering Cancer Institute	一种癌蛋白
SLE	systemic lupus erythematosus	系统性红斑狼疮
SMA	spinal muscular atrophy	脊髓性肌萎缩症
SnoN	Ski-related novel protein non-Alu-containing	一种癌蛋白
snoRNA	small nucleolar RNA	核仁小 RNA
snoRNP	small nucleolar ribonucleoprotein	核仁小核糖核蛋白
SNP	single nucleotide polymorphism	单核苷酸多态性
snRNA	small nuclear RNA	核内小 RNA
snRNP	small nuclear ribonucleoprotein	核内小核糖核蛋白
SOCS	suppressor of cytokine signaling	细胞因子信号转导抑制因子
Sos	son of sevenless	一种鸟苷酸交换因子
Sp1	specificity protein 1	高等真核生物的一种转录激活因子
SRP	signal recognition particle	信号识别颗粒
SSB	single-stranded DNA binding protein	单链 DNA 结合蛋白
sscDNA	single-stranded complementary DNA	单链互补 DNA
SSCP	single strand conformation polymorphism	单链构象多态性
SSH	suppression subtractive hybridization	抑制性消减杂交
SSR	simple sequence repeat	简单重复序列
ssRNA	single-stranded RNA	单链 RNA
STA2	heat-stable enterotoxin A2	大肠杆菌耐热肠毒素
STAT	signal transducers and activators of transcription	信号转导和转录激活因子
STR	short tandem repeat	短串联重复序列
STS	sequence tagged site	序列标签位点
SUR1	sulfonylurea receptor 1	磺酰脲类受体 1
SV40	simian vacuolating virus 40，simian virus 40	猿猴空泡病毒 40
T1DM	diabetes mellitus type 1	1 型糖尿病
T2DM	diabetes mellitus type 2	2 型糖尿病
T4 PNK	T4 polynucleotide kinase	T4 多核苷酸激酶
TAD	trans-activating domain	转录激活域
TAF	TBP-associated factor	TBP 相关因子
TAK1	transforming growth factor β-activated kinase 1	一种 MAPKKK 亚家族激酶

TAMRA	6-carboxy-tetramethyl-rhodamine	6-羧基四甲基罗丹明
TAR	trans-activation response element	反式激活应答元件
TBP	TATA-box-binding protein	TATA 盒结合蛋白
TCF	transcription factor	转录因子
TCR	T-cell receptor	T 细胞受体
TdT	terminal deoxynucleotidyl transferase	末端脱氧核苷酸转移酶
TEL	telomere	端粒
TEMED	tetramethylethylenediamine	N,N,N',N'-四甲基乙二胺
Ter	terminus sequence	大肠杆菌 DNA 复制终止序列
Tet	tetracycline	四环素
TF	transferrin	转铁蛋白
TFE3	transcription factor E3	转录因子 E3
TFR	transferrin receptor	转铁蛋白受体
TGF-β	transforming growth factor-β	转化生长因子 β
Tim	translocon of the inner membrane	线粒体内膜易位子
TK	thymidine kinase	胸苷激酶
T_m	DNA melting temperature	解链温度，熔点
tmRNA	transfer-messenger RNA	转移 – 信使 RNA
Tn	transposon	转座子
TNDM2	transient neonatal diabetes mellitus type 2	2 型短暂性新生儿糖尿病
TNFR	TNF receptor	肿瘤坏死因子受体
TNF-α	tumor necrosis factor α	肿瘤坏死因子 α
Tom	translocon of the outer membrane	线粒体外膜易位子
t-PA	tissue-type plasminogen activator	组织型纤溶酶原激活剂
TPMT	thiopurine methyltransferase	巯基嘌呤甲基转移酶
TRAF	TNF receptor associated factor	肿瘤坏死因子受体相关因子
Tris	trihydroxymethyl aminomethane	三羟甲基氨基甲烷
tRNA	transfer RNA	转移 RNA
TrpR	Trp operon repressor	色氨酸操纵子阻遏蛋白
Tus	terminator utilization substance	大肠杆菌 DNA 复制终止蛋白
TZD	thiazolidinediones	噻唑烷二酮类
U3	3'-untranslated region	3'非翻译区
U5	5'-untranslated region	5'非翻译区

Ub	ubiquitin	泛素
uORF	upstream open reading frame	上游开放阅读框
UPE	upstream promoter element	上游启动子元件
UPLC-MS	ultra performance liquid chromatography-tandem mass spectrometry	超高效液相色谱—质谱联用
VEGF	vascular endothelial growth factor	血管内皮生长因子
VNTR	variable number of tandem repeat	可变数目串联重复序列
vWF	von Willebrand factor	FVIII的分子伴侣
VZV	varicella zoster virus	水痘带状疱疹病毒
WHO	world health organization	世界卫生组织
WNK	with no K (lysine)	一类蛋白丝氨酸/苏氨酸激酶
XLA	X-linked agammaglobulinemia	X 连锁的无 γ 球蛋白血症
XLH	X-linked hypophosphatemia	X 连锁低磷血症
XP	xeroderma pigmentosa	着色性干皮病
Y	pyrimidine	嘧啶
YAC	yeast artificial chromosome	酵母人工染色体
ZRS	ZPA regulatory sequence	人类 Shh 基因上游的一种增强子元件
ψ	pseudogene	假基因
ψ	pseudouridine	假尿苷
ψ	retroviral ψ packaging element	逆转录病毒包装信号

附录二　专业术语索引

附录三　参考书目

1. Boron WF，Boulpaep EL. Medical Physiology. 2nd ed. Saunders，2009

2. Krebs JE，et al. Lewin's Genes X. 北京：高等教育出版社，2010

3. Lodish H，et al. Molecular Cell Biology. 7th ed. W. H. Freeman and Company，2012

4. Nelson DL，et al. Lehninger Principles of Biochemistry. 6th ed. W. H. Freeman and Company，2012

5. Stryer L. Biochemistry. 7th ed. W. H. Freeman and Company，2012

6. Weaver R. Molecular Biology. 5th ed. McGraw Hill Higher Education，2011

7. 黄诒森，张光毅. 生物化学与分子生物学. 第 2 版. 北京：科学出版社，2008

8. 贾弘褆，冯作化. 生物化学与分子生物学. 第 2 版. 北京：人民卫生出版社，2011

9. 王建枝，殷莲华. 病理生理学. 第 8 版. 北京：人民卫生出版社，2013

10. 李玉林. 病理学. 第 8 版. 北京：人民卫生出版社，2013

11. 邱宗萌，严一兵. 临床蛋白质组学. 北京：科学出版社，2008

12. 杨宝峰. 药理学. 第 8 版. 北京：人民卫生出版社，2013

13. 查锡良，药立波. 生物化学与分子生物学. 第 8 版. 北京：人民卫生出版社，2013

14. 周爱儒，何旭辉. 医学生物化学. 第 3 版. 北京：北京大学医学出版社，2008

15. 朱大年，王庭槐. 生理学. 第 8 版. 北京：人民卫生出版社，2013